人工智能与大数据系列

Python
数据科学实战

[美] Nathan George◎著
殷海英◎译

電子工業出版社
Publishing House of Electronics Industry
北京 • BEIJING

内 容 简 介

数据科学已经深入我们生活中的各个领域，行业从业者都应该懂得一些数据科学的知识。那么如何能够快速掌握这门流行的技术呢？通过系统地学习本书和动手实践，可以满足这个需求。本书共六个部分，用通俗的语言和生动的例子为读者展现数据科学的魅力。第一部分介绍了数据科学的基础知识，让读者可以轻松了解它的流程与原理。第二部分，通过几个例子为读者介绍如何处理各种数据，从电子表格到网页抓取，涵盖了工作中的常用数据处理方法。第三部分，使用通俗易懂的语言为读者介绍数据科学中使用到的统计学知识。第四部分，通过示例介绍机器学习技术，让读者可以根据以往的数据对未来进行预测。在本书的后两部分，为读者介绍如何对文本进行分析及制作生动的报告，并讨论了数据科学的未来发展趋势。

版权贸易合同登记号　图字：01-2023-0092

图书在版编目（CIP）数据

Python 数据科学实战 / （美）内森 • 乔治（Nathan George）著；殷海英译. —北京：电子工业出版社，2023.7
（人工智能与大数据系列）

书名原文：Practical Data Science with Python: Learn tools and techniques from hands-on examples to extract insights from data

ISBN 978-7-121-45942-9

Ⅰ. ①P… Ⅱ. ①内… ②殷… Ⅲ. ①软件工具—程序设计 Ⅳ. ①TP311.561

中国国家版本馆 CIP 数据核字（2023）第 125805 号

责任编辑：刘志红（lzhmails@163.com）　　特约编辑：李　姣
印　　刷：三河市鑫金马印装有限公司
装　　订：三河市鑫金马印装有限公司
出版发行：电子工业出版社
　　　　　北京市海淀区万寿路 173 信箱　邮编　100036
开　　本：787×980　1/16　印张：34.25　字数：767.2 千字
版　　次：2023 年 7 月第 1 版
印　　次：2023 年 7 月第 1 次印刷
定　　价：178.00 元

凡所购买电子工业出版社图书有缺损问题，请向购买书店调换。若书店售缺，请与本社发行部联系，联系及邮购电话：（010）88254888，88258888。

质量投诉请发邮件至 zlts@phei.com.cn，盗版侵权举报请发邮件至 dbqq@phei.com.cn。

本书咨询联系方式：18614084788，lzhmails@163.com。

作 者 序

在实际操作中学习数据科学工具及技术，并从数据中提取见解。

《Python 数据科学实战》主要介绍数据科学核心概念，并通过真实的示例加强读者对数据准备、存储、统计、概率论、机器学习和 Python 编程的基本和高级原理等知识的掌握，帮助读者为精通数据科学打下坚实的基础。

本书首先概述了基本的 Python 技能，随后介绍了数据科学的基础技术，然后对这些技术所涉及的 Python 代码进行详尽的讲解。读者将通过示例来理解这些代码。在本书中，代码已被分解成小型代码块，以便读者进行深入的讨论。

随着图书内容讲解得不断深入，读者将学习如何执行数据分析，同时探索关键的 Python 数据科学包提供功能，包括 Pandas、SciPy 和 scikit-learn。最后，本书介绍了数据科学中的道德和隐私问题，并给出了提高数据科学技能的学习资源，以及了解最新数据科学发展的方法。

阅读本书后，读者应该能够轻松地将 Python 用于基本的数据科学项目，并且应该具备在任何数据源上执行数据科学过程的能力。

本书主要内容：

- 高效地使用 Python 数据科学包；
- 为数据科学工作清理和准备数据，包括特征工程和特征选择；
- 数据建模，包括经典的统计模型（例如，t 检验）和基本的机器学习算法，例如，随机森林和增强模型；
- 评估模型性能；
- 比较和理解不同的机器学习方法；
- 通过 Python 与 Excel 电子表格交互；
- 通过 Python 创建自动化数据科学报告；
- 掌握文本分析技术。

Nathan George

（内森 · 乔治）

译 者 序

在正式介绍本书之前，我想和读者分享一个小故事。2023 年春节，随着大家的生活逐步恢复正常，我回国见到了十多年未见的前同事宋老师，他依旧在我当初工作的学校任教。当时我们同为讲师，如今宋老师已经是教授、博导。我们在叙旧的同时，也在探讨不同国家和文化下，关于人工智能和机器学习的教学方法，如何将这门流行的技术，以最容易理解的方式传达给渴望学习这门技术的人。他目前在本科教学中的一些做法，我认为非常值得大家学习，我也想将这种教学方法应用在我的教学工作中。

人工智能的课程在国内一般被安排在大学三年级下学期和大四上学期，宋老师将教学和实训的时间比设定为 1:2。换句话说，每 3 小时的授课，将搭配 6 小时的助教实训，让学生针对课堂学习的内容，进行充分的实践，这样同学们就能更好地掌握所学知识。我说："我记得我们在二十年前讲授 Java 和 Oracle 的时候，我们的教学和实训的时间比是 1:1，这样还不够吗？"他回答："之前我也是按照我们多年前的计划，进行 1:1 配置的，但是对于机器学习和人工智能的内容，需要更多训练与练习，并且通过近 5 年的实践，我们的人工智能方向的本科毕业生在大四上学期就被预订一空，这也证明了这种教学方法很成功。"这让我认识到，我也必须在今年春季开始的课程中，加入更多的示例，让同学们能够更好地实践所学内容。那么，问题来了。市面上的机器学习示例书籍千万种，我们应该如何选择呢？我觉得，那些示例新颖、内容连贯、语言风趣的书籍，应该是我们的最佳选择。比如，您现在正在阅读的这本图书，本书的作者 Nathan George 先生，用生动的示例为读者介绍从 Python 基础到机器学习的实用知识。

本书共六个部分，用通俗的语言和生动的例子为读者展现数据科学的魅力。第一部分，为读者介绍了数据科学的基础知识，让读者可以轻松了解它的流程与原理。第二部分，通过几个例子为读者介绍如何处理各种数据，从电子表格到网页抓取，涵盖了工作中的常用数据处理方法。第三部分，使用通俗易懂的语言为读者介绍数据科学中使用到的统计学知识。第四部分，通过示例介绍机器学习技术，让读者可以根据以往的数据对未来进行预测。在本书的后两部分，为读者介绍如何对文本进行分析及制作生动的报告，并讨论了数据科学的未来发展。

最后，我想衷心感谢电子工业出版社的刘志红老师，感谢她帮我出版了多本机器学习、人工智能相关的书籍，感谢她为我提供一种新的与大家分享知识的平台。

殷海英

埃尔塞贡多，加利福尼亚州

2023.2

关于作者

Nathan George 在科罗拉多州丹佛市的里吉斯大学（Regis University）担任教授，并讲授了 4 年的数据科学课程。他拥有化学工程、LED 照明用荧光粉和薄膜太阳能电池方面的相关研究背景。他是一名数据科学家，为 Regis、DataCamp 和 Manning liveProject 创建了许多数据科学课程。Nathan George 还为在 Udacity 学习人工智能和机器学习的学生提供指导。他目前在瑞典斯德哥尔摩的一家金融科技公司 Tink 担任数据科学家。

“我要感谢我的父母和兄弟姐妹，感谢他们对本书写作的支持。感谢评论家 David Mertz 和 Saloua Litayem，感谢他们的评论。我要感谢我的博士生导师 Ram Seshadri 多年来一直对我的支持，感谢 Shailesh Jain 给我机会完成这本书。”

关于审阅者

Saloua Litayem 目前正在领导数据科学团队。她拥有通过机器学习模型理解数据和交付成熟自动化系统、简化模型的所有生命周期步骤（MLOps）的经验。多年来，她一直在互联网行业工作，使用文本（自然语言处理）和图像（基于内容的图像检索）创建和改进搜索引擎。她认为学习是一个终生的旅程，并且热衷于利用最佳实践来提供高效的机器学习产品。

前 言

PREFACE

"在计算机科学方面比任何统计学家都好，在统计方面比任何计算机科学家都好"——这是我自从开始接受正式的数据科学培训以来就听到的关于数据科学家的一句评论。这可能是事实，数据科学已经发展到融合了许多不同的领域和技术，以至于它可能不能够再用如此简单的陈述来描述。不光统计学，就算计算机科学，也涵盖了很多领域。但如果非要用两个词来描述数据科学，那么应该是"统计学+计算机科学"。

许多人学习数据科学是为了改善他们的生活。对我来说，我想摆脱受地理位置限制的物理科学，并有更多的自由去环游世界。在数据科学这样的数字空间中工作可以做到这一点，而在高科技制造行业则不能。对于其他人来说，加薪是诱人的。对于我们中的许多人来说，我们看到了关于数据科学家快乐和高薪的故事，并立即对这项工作产生了兴趣。有些人学习数据科学是因为他们的求知欲和兴趣。无论如何，如果想成为一名数据科学家，最好喜欢与计算机和数据打交道，并能从中找到乐趣！

我写这本书主要想编写教材用于教授课程，通过教授课程能更好地理解这些教学材料。所以，如果真想学习的话，建议您做一件事，那就是创建一些教学材料。一个简单的方法是利用来自 Kaggle 的数据集，或者是您可以访问允许使用的一些数据，写一篇关于使用数据科学解决问题的博客文章。

在本书中，我们使用 Python 完成数据科学工作。但是，有太多的工具可以被用于数据科学领域，所以不要觉得 Python 是唯一的方法。数据科学家中有一个争论：一位数据科学家是否必须掌握编程技术。一方面，通过编程技术可以使人们能够更容易地使用尖端工具，并将数据科学集成到其他软件产品中。

另一方面，并不是所有的数据科学工作都是相同的，有些工作不一定要用 Python 代码来完成。许多做数据科学的人使用 R 语言和其他工具（如 GUI）来开展工作。然而，Python 似乎是首选，并且可以很好地集成到公司的软件栈中。和其他技能一样，学习 Python 需要不断练习才能掌握。这本书能够帮助读者开始数据科学的学习旅程，我希望读者在学习 Python 和数据科学时能收获乐趣，并对未来的数据科学之旅感到兴奋。

本书主要读者

这本书是为那些想进入数据科学领域的人准备的，他们也许有不同的职业或背景（甚至非技术背景）。本书面向具有 Python 和数据科学知识的初级和中级水平学习者。比如：

- 已经学习或即将开始学习数据科学、分析或相关课程的学生（例如，学士、硕士、数据科学训练营或在线课程听众）。
- 应届大学毕业生或想要在就业市场上脱颖而出的在读大学生。
- 需要或希望使用 Python 学习数据科学和机器学习技术的公司职员。
- 那些刚刚开始向数据科学领域过渡，打算转行从事数据科学工作的人。

本书主要内容

第 1 部分，简介和基础知识

第 1 章，数据科学简介，概述了数据科学的相关知识，包括历史、该领域使用的顶级数据科学工具和技能，数据科学相关专业知识，以及数据科学项目的最佳实践等。

第 2 章，Python 入门，介绍了安装 Python 和 Python 发行版（特别是 Anaconda），使用代码编辑器编辑和运行代码，IPython，Jupyter Notebooks，命令行的基本使用，安装 Python 包和创建使用虚拟环境，Python 编程基础知识，如何处理错误和使用文档，以及软件工程最佳实践（包括 Git 和 GitHub）等。

第 2 部分，处理数据

第 3 章，Python 中的 SQL 和内置文件处理模块，介绍了使用 Python 内置函数从普通文本文件中加载数据，使用 Python 的内置 sqlite3 数据库模块，基本 SQL 命令和 Python 中的 SQLAlchemy 包。

第 4 章，使用 Pandas 和 NumPy 加载和整理数据，介绍了如何在 Python 中使用 Pandas 和 NumPy 包。通过使用 Pandas，学习如何使用几种不同的数据源类型（CSV、Excel 文件等）加载和保存数据，如何进行一些基本的探索性数据分析（EDA），如何准备和清理数据以供后续使用，以及如何使用一些 Pandas 和 NumPy 的基本数据整理工具。还学习了 Pandas 如何调用 NumPy，以及一些 NumPy 的基础知识。

第 5 章，探索性数据分析和可视化，介绍了 Python 中的 EDA 和可视化包，如 pandas-profiling、seaborn、plotly 等，还介绍了可视化的最佳实践。

第 6 章，数据处理文档和电子表格，展示了如何使用 Python 包从 Microsoft Word 和 PDF 文档中加载数据，以及对文本数据的一些基本准备、清理和分析。还介绍了如何从 Microsoft Excel 文件中读取、写入和处理数据。

第 7 章，网页抓取，演示了使用基本 Python 和 Python 包进行 Web 抓取的基础知识。介绍了互联网和网页的基本结构，以及如何解析网页。还介绍了 Web 应用程序编程接口（API）的使用。最后，总结了网页抓取的道德规范及合法性。

第 3 部分，数据科学统计

第 8 章，概率、分布和抽样，解释了基本概率概念，数据科学中的常见概率分布，以及数据科学中常用的采样技术。

第 9 章，数据科学的统计检验，涵盖了一些常用的统计检验，如 t 检验和 z 检验、方差分析和事后检验、分布检验、异常值检验，以及变量之间的关系检验。

第 4 部分，机器学习

第 10 章，为机器学习准备数据：特征选择、特征工程和降维，解释了特征选择的方法，包括单变量统计方法，如相关性、互信息分数、卡方和其他特征选择方法。

介绍了分类、日期时间和异常数据的特征工程方法。还介绍了用于特征转换的数值数据转换，如 Yeo-Johnson。最后，介绍了使用主成分分析（PCA）进行降维，并介绍了其他降维方法。

第 11 章，机器学习分类，介绍使用 Python 进行机器学习分类算法，包括二元分类、多类和多标签分类。涵盖的算法包括逻辑回归、朴素贝叶斯和 *k*-最近邻（KNN）。

第 12 章，评估机器学习分类模型和分类抽样，介绍分类的性能指标，如准确度、Cohen's Kappa 统计系数、混淆矩阵等。还涵盖了采样和平衡分类的数据，从而提高机器学习分类性能。

第 13 章，带有回归的机器学习，介绍了使用 scikit-learn 和 statsmodels Python 包实现和解释线性回归，以及线性回归模型的正则化，也包括 KNN 和其他模型，还涵盖了使用诸如决定系数（R^2）和信息标准（如 AIC）等指标的回归模型的评估。

第 14 章，优化模型和使用 AutoML，演示了使用随机、网格和贝叶斯搜索对 ML 模型进行超参数优化。讨论了 Python 中用于优化模型的各种包。介绍了如何使用学习曲线来优化 ML 模型的数据量。涵盖了使用递归特征选择优化特征数量。最后，介绍了 Python 中 AutoML 的一些不同方法，并学习如何使用 pycaret AutoML 包。

第 15 章，基于树的机器学习模型，解释了树在 ML 算法中的工作原理，学习了如何使用一些最先进的基于树的 ML 模型，包括随机森林、XGBoost、LightGBM 和 CatBoost。还讨论了从基于树的方法中引入的特性。

第 16 章，支持向量机（SVM）机器学习模型，涵盖支持向量机背后的基本理论，以及如何使用它们在 Python 中进行分类和回归，如何调整支持向量机的超参数。

第 5 部分，文本分析与报告

第 17 章，使用机器学习进行聚类，解释了一些用于无监督学习的常见聚类算法的理论和使用，如 *k*-means 聚类、DBSCAN 和层次聚类，还研究了聚类的其他无监督方法。

第 18 章，处理文本，涵盖了文本分析和自然语言处理（NLP）的基础知识。从文本的预处理和清理开始，然后介绍基本文本分析和统计方法。介绍了文本的无监督学习，包括主题建模。还介绍了用于文本分类的监督学习，最后介绍了情绪分析。

第 6 部分，总结

第 19 章，讲述数据故事和自动报告及仪表板，解释了如何将分析和数据串联成一个引人入胜的故事，以及汇报数据科学工作结果的最佳实践。还学习了使用仪表板来显示我们对监控结果的分析，以及如何使用 Python 中的 streamlit 包来创建仪表板。

第 20 章，道德和隐私，涵盖了数据科学中的道德和隐私问题，包括机器学习算法中的偏见、数据准备和分析中的数据隐私问题、数据隐私的法律法规，以及将数据科学用于公共利益。还介绍了用 k-anonymity、l-diversity 和 t-closeness 来衡量数据集中的隐私级别，并提供相关示例。

第 21 章，数据科学的发展与未来，讨论了如何在不断变化的数据科学领域中保持领先的方法，并提供了一些与时俱进的资源。还简要讨论了书中未涵盖的一些主题，并讨论了数据科学的未来发展方向。

如何充分利用本书

- 读者应该对计算、使用 Python 和从事数据科学具有浓厚的兴趣。
- 这本书面向 Python 和数据科学的初学者和中级人员，不过更高级的从业者也可以通过阅读它受益（例如，复习和学习一些新事物）。
- 读者应该对如何使用计算机和互联网有一些基本了解。
- 需要安装 Python 环境，安装方法在本书中有介绍。

下载示例代码文件

本书的代码包托管在 GitHub 上，网址为 https://github.com/PacktPublishing/Practical-Data-Science-with-Python。在 https://github.com/PacktPublishing/还提供了其他丰富的资源，建议浏览并下载。

下载彩图

本书提供了一个 PDF 文件，其中包含本书中使用的屏幕截图、图表的彩色图像。可以在这里下载：https://static.packt-cdn.com/downloads/9781801071970_ColorImages.pdf。

使用的约定

本书通篇使用了许多文本约定。

文本中的代码：包括文本中的代码、数据库表名、文件夹名、文件名、文件扩展名、路径名、虚拟 URL、用户输入和 Twitter handles。例如，可以使用 tuple()函数将列表或集合转换为元组。

代码将以如下方式显示：

```
def test_function(doPrint, printAdd='more'):
    """
    A demo function.
    """
    if doPrint:
        print('test' + printAdd)
        return printAdd
```

所有命令行输入或输出将按照如下方式显示：

```
SELECT * FROM artists LIMIT 5;
```

粗体：表示在屏幕上（例如，在菜单或对话框中）看到的新术语、重要词。例如："我们可以通过选择 **New** 和 **Python3** 来创建一个新 notebook。"

表示警告或重要说明

表示提示和技巧

保持联络

我们会很高兴能够收到读者的反馈。

一般反馈：发送电子邮件至 lzhmails@phei.com.cn，并在邮件主题中提及书名。如果您对本书的任何方面有疑问，请发送电子邮件至 lzhmails@phei.com.cn。

勘误：尽管我们已尽一切努力确保内容的准确性，但确实还可能有错误。如果在本书中发现错误，请告知我们，我们将不胜感激。请访问 http://www.packtpub.com/submit-errata，选择您的图书，单击 Errata Submission Form 链接，输入详细信息。

侵权：如果您在互联网上发现任何形式我们作品的非法复制品，请向我们提供网站地址或网站名称，我们将不胜感激。请通过 dbqq@phei.com.cn 联系我们并提供材料链接。

如果您有兴趣成为作者：如果您对某个主题有专长，并且有兴趣撰写或贡献一本书，请发电子邮件至 lzhmails@phei.com.cn。

分享您的想法

当您阅读本书时，我们很想听听您的想法！扫描下面的二维码，直接进入本书在亚马逊的评论页面，分享您的反馈。

https://packt.link/r/1801071977

您的评论对我们和技术社区很重要，这将帮助我们确保提供优质的内容。

目录

CONTENTS

第1部分 简介和基础知识

第 2 部分　处理数据

第 3 部分 数据科学中的统计学

第 4 部分　机器学习

第 5 部分　文本分析和报告

第 6 部分 总结

第 1 部分

简介和基础知识

第 1 章　数据科学简介

正如人们可能已经知道的那样，数据科学是一个蓬勃发展的领域。大家都认为，每个人都应该具备一些基本的数据科学技能，有时称为“数据素养”（data literacy）。本书旨在让人们使用当今最流行的数据科学编程语言 Python 快速掌握数据科学的基础知识。在第 1 章中，将介绍如下内容：

- 数据科学的历史；
- 数据科学中使用的常用工具和相关技能，以及为什么使用这些工具和技能；
- 与数据科学相关的专业；
- 管理数据科学项目的最佳实践。

数据科学被广泛应用在各个领域。一些数据科学家专注于事物分析方面的知识，从数据中提取隐藏的模式和见解，然后将这些结果与可视化和统计数据融合在一起。其他人则致力于创建预测模型以预测未来事件，例如，预测是否有人会在他们的房子上安装太阳能电池板。还有一些人致力于分类模型，例如，对图像中汽车的品牌和型号进行分类。有一个重要的因素将数据科学的所有应用联系在一起，那就是数据。在任何拥有足够数据的地方，都可以使用数据科学来完成很多在一般人看来非常神奇的事情。

数据科学的起源

数据科学界有句话已经流传了很长一段时间，它是这样说的：“数据科学家在统计学方面比任何计算机科学家都好，在计算机编程方面比任何统计学家都好。”这概括了大多数数据科学家的一般技能，以及该领域的历史。

数据科学将计算机编程与统计学相结合，有时数据科学甚至被称为应用统计学。而另一些统计学家认为数据科学就是统计学。因此，我们虽然可以说数据科学的根源可以追溯到 19 世纪统计学，但现代数据科学的起源实际上是在 2000 年左右。那个时候，互联网开始蓬勃发展，随之而来的是海量的数据。网络产生的海量数据催生了新的数据科学领域。

关键的数据科学历史事件，如下所示。

- 1962 年：John Tukey 撰写了《数据分析的未来》，他在其中设想了一个从数据中学习洞察力的新领域。
- 1977 年：Tukey 出版了《探索性数据分析》一书，这是当今数据科学的关键指南。
- 1991 年：Guido Van Rossum 首次在网上发布了 Python 编程语言，该语言后来成为撰写本文时使用的顶级数据科学语言。
- 1993 年：R 编程语言公开发布，成为第二大最常用的数据科学通用语言。
- 1996 年：国际分类协会联合会举办了一场名为"数据科学、分类和相关方法"的会议——这可能是数据科学一词第一次被用来指代现代数据科学。
- 1997 年：Jeff Wu 在密歇根大学的就职演讲中提议将统计学重命名为数据科学。
- 2001 年：William Cleveland 发表了一篇论文，描述了一个新领域数据科学，该领域扩展了数据分析的内容。
- 2008 年：Jeff Hammerbacher 和 DJ Patil 在为他们的工作想出一个好的职位名称后，在职位发布中使用了数据科学家这个词。
- 2010 年：Kaggle.com 作为在线数据科学社区和数据科学竞赛网站被推出。
- 2010 年：一些大学开始提供数据科学的硕士和学士学位，数据科学职位的数量与日俱增，达到了前所未有的新高度。深度学习取得了重大突破，数据科学软件库和出版物的数量激增。
- 2012 年：《哈佛商业评论》发表了一篇文章，题为《数据科学家：21 世纪最性感的工作》，为数据科学火上浇油。
- 2015 年：DJ Patil 担任美国首席数据科学家两年。
- 2015 年：TensorFlow（深度学习和机器学习库）发布。
- 2018 年：谷歌发布了云端 AutoML，使机器学习和数据科学的新自动化技术民主化。

- 2020 年：Amazon SageMaker Studio 发布一个用于构建、训练、部署和分析机器学习模型的云端工具。

我们可以根据以上时间线做一些观察。一方面，数据科学的概念在它广为流行之前已经存在了几十年。人们预见到未来社会将需要像数据科学这样的技术，但直到数字数据的数量变得广泛和易于取得，数据科学才真正被有效地使用。我们还注意到，在数据科学领域真正存在之前，数据科学中使用最广泛的两种编程语言 Python 和 R 语言已经存在了 15 年，之后它们作为数据科学语言得到了大力推广。

数据科学还有一个趋势正在发生，那就是数据科学竞赛的兴起。第一个在线数据科学竞赛组织是 2010 年的 Kaggle.com。从那时起，它们被谷歌收购并不断发展壮大。Kaggle 为机器学习竞赛提供现金奖励（通常为 1 万美元或更多），并且还拥有庞大的数据科学从业者和学习者社区。其他几个网站也举办了各种数据科学竞赛，通常也有现金奖励。查看其他人的代码（尤其是获胜者的代码，如果有的话）可能是学习新的数据科学技术和技巧的快捷方法。以下是目前数据科学竞赛常见的网站：

- Kaggle；
- Analytics Vidhya；
- HackerRank；
- DrivenData（专注于 social justice）；
- AIcrowd；
- CodaLab；
- Topcoder；
- Zindi；
- Tianchi；
- 其他一些专业的比赛，如微软的 COCO。

可以通过如下网站了解更多关于数据科学竞赛的信息：

ods.ai

www.mlcontests.com

2010 年，Kaggle 被推出后不久，一些大学开始提供数据科学硕士学位和学士学位。与此同时，大量的在线资源和书籍不断涌现，以多种方式教授数据科学。

正如人们所看到的，在 2010 ~ 2020 期间，数据科学的某些技术开始变得自动化。这让那些认为数据科学可能很快会完全自动化的人感到害怕。虽然数据科学的某些方面可以实现自动化，但仍然需要有人具备数据科学专业知识才能正确使用自动化数据科学系统。拥有通过编写代码从头开始进行数据科学工作的能力是必要的技能，这提供了极大的灵活性。数据科学项目仍然需要数据科学家来了解业务需求，在生产中使用数据科学产品，并将数据科学工作的结果传达给其他人。

自动化数据科学工具包括由 Google Cloud、Amazon 的 AWS、Azure、H2O 提供的**自动机器学习技术（AutoML）**。借助 AutoML，人们可以快速筛选多个机器学习模型，从而优化预测性能。自动数据清理也在开发中。在这种自动化发生的同时，我们也看到公司希望在员工中建立“数据素养”，这种数据素养意味着员工需要了解一些基本的数据统计和数据科学技术，例如，利用现代数字数据和工具，通过将数据转换为有用的信息来使组织受益。实际上，这意味着人们可以从 Excel 电子表格或数据库中获取数据，并创建统计可视化和机器学习模型，从而将数据中的意义提取出来。在更高级的情况下，这可能意味着创建用于指导决策或可以出售给客户的预测型机器学习模型。

随着数据科学技术的不断发展，人们能看到可用工具集的不断扩展，以及日常工作的自动化。我们还预计公司将越来越多地期望其员工具备“数据素养”的相关技能，包括基本的数据科学知识和技术。

这将有助于公司做出更好的数据驱动决策，提高公司的效能，并能够更有效地利用它们的数据。

如果您有兴趣进一步了解数据科学的历史、构成和其他人的想法，David Donoho 的论文 *50 Years of Data Science* 是一篇很好的文章。该论文的访问网址为：http://courses.csail.mit.edu/18.337/2016/docs/ 50YearsDataScience.pdf

顶级数据科学工具和技能

Drew Conway 因其在 2010 年提出数据科学维恩图而闻名，他假设数据科学是黑客技能

（编程/编码）、数学和统计学及领域专业知识的结合。我觉得还应该将商业敏锐度和沟通技巧添加到这个组合中，我认为在某些情况下，领域专业知识并不是真正需要的。为了有效地利用数据科学，人们应该知道如何编程，知道一些数学和统计方法，知道如何用数据科学解决业务问题，并且知道如何将结果传递给他人。

Python

在数据科学领域，Python 的王者地位是毋庸置疑的。它是进行数据科学的主要编程语言和工具。这在很大程度上是由于网络效应造成的，这意味着使用 Python 的人越多，Python 就会成为更好的工具。随着 Python 网络和技术的发展，它会带来雪球效应并进行自我强化。网络效应的产生是由于大量的库和包、Python 的相关用途（例如，DevOps、云服务和服务网站）、围绕 Python 的庞大且不断增长的社区，以及 Python 的易用性。Python 和基于 Python 的数据科学库和包是免费和开源的，这与许多 GUI 解决方案（如 Excel 或 RapidMiner）不同。

Python 是一种非常容易学习和使用的语言，这在很大程度上取决于 Python 的语法特性——没有很多括号需要跟踪（如 Java），整体风格简洁明了。核心 Python 团队还发布了官方风格指南 PEP8，其中指出 Python 旨在易于阅读（因此也易于编写）。学习和使用 Python 的便捷性可以促使更多的人更快地加入 Python 社区，从而发展 Python 网络。

由于 Python 已经存在了一段时间，人们已经有足够的时间来构建方便的库，从而处理过去烦琐且需要许多工作量的任务。一个例子是用于绘图的 Seaborn 包，将在第 5 章“探索性数据分析和可视化”中介绍它。21 世纪初期，在 Python 中绘制图形的主要方法是使用 Matplotlib 包，这个包使用起来有些费力。Seaborn 创建于 2013 年左右，它将若干行 Matplotlib 代码抽象为单个命令。Python 在数据科学中的情况就是如此。现在可以通过包和库来做各种事情，如 AutoML（H2O、AutoKeras）、绘图（Seaborn、Plotly）、通过软件开发工具包或 SDK（AWS 的 Boto3、微软的 Azure SDK）与云交互等。将以上这些与另一种顶级数据科学语言 R 语言进行对比可知，R 语言没有那么强的网络效应。例如，AWS 不提供官方的 R SDK，尽管在 AWS 上可以使用一个非官方的 R SDK。

与此同时，各种先进的包和库也将作为 Python 的运行环境。这包括许多用于安装 Python

的发行版，如 Anaconda（将在本书中使用）。这些 Python 发行版使安装和管理 Python 库变得更加方便，甚至可以跨多种操作系统。安装 Python 后，有几种方法可以编写 Python 代码并与之交互，从而进行数据科学相关工作，这包括人们熟知的 Jupyter Notebook，它最初是专门为 Python 创建的（但现在可以与多种编程语言一起使用）。用于编写代码的集成开发环境（IDE）有多种选择。事实上，人们甚至可以使用 R Studio IDE 编写 Python 代码。许多云服务使得在其平台中使用 Python 变得很轻松。

最后，大型社区使学习 Python 和编写 Python 代码变得更加容易。网络上有大量的 Python 教程和数千本有关 Python 的书籍，读者也可以很容易地从 Stack Overflow 社区和其他专门的在线支持社区获得帮助。从图 1-1 所示的 2020 年 Kaggle 数据科学家调查结果中可以看到，Python 被认为是机器学习和数据科学相关工作使用最多的语言。事实上，本章中所见到的图片和数字都是利用 Python 计算得出的。尽管 Python 有一些缺点，但它作为主要的数据科学编程语言具有巨大的潜力，并且这种情况短期内似乎不会改变。

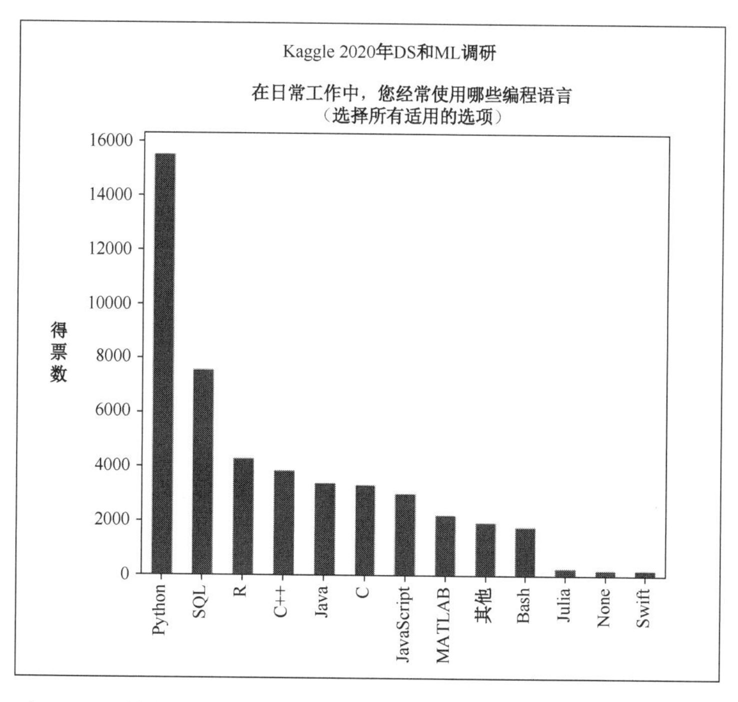

图 1-1　2020 年 Kaggle 数据科学调查结果显示，Python 是数据科学家们使用最多的编程语言，其次是 SQL，然后是 R 语言，之后才是其他编程语言。

其他编程语言

还有许多其他用于数据科学的编程语言，有时它们可以很好地服务于某些应用程序。就像选择正确的工具来修理汽车或自行车一样，选择正确的编程工具可以让工作变得更加容易。但需要注意的是，编程语言通常是混合使用的。例如，可以在 Python 内部运行 R 代码，反之亦然。

说到 R 语言，它是继 Python 之后第二大数据科学通用编程语言。R 语言与 Python 存在的时间一样长，但最初是一种关注统计的语言，而不是像 Python 这样的通用编程语言。这意味着有了 R 语言，通常更容易实现经典的统计方法，如 t 检验、方差分析和其他统计检验。R 社区非常受欢迎，而且规模也很大，任何数据科学家都应该了解如何使用 R 语言的基本知识。然而，如图 1-2 所示的 Stack Overflow 帖子的数量来看，Python 社区比 R 社区大——Python 的帖子大约是 R 语言的 10 倍。在 R 语言中编程很有趣，而且有几个库可以使常见的数据科学任务变得容易。

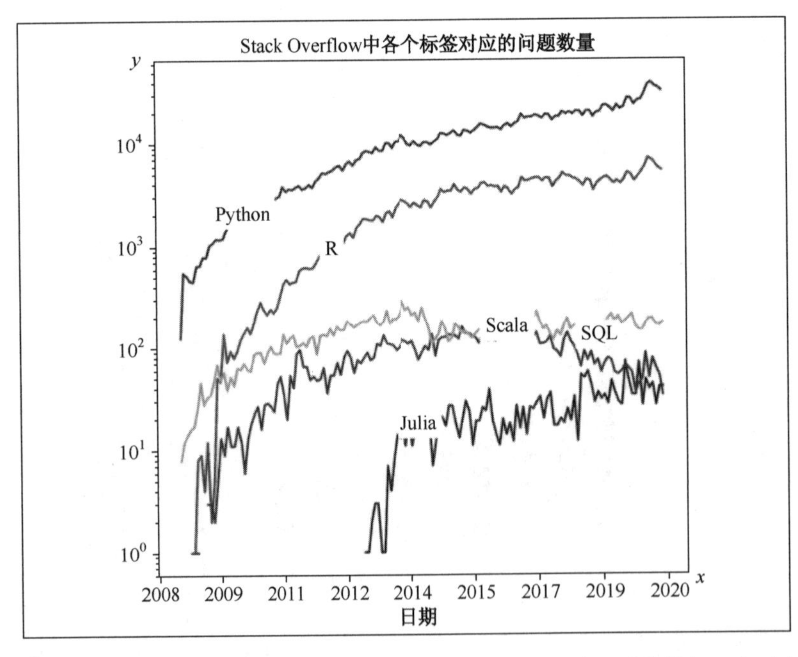

图 1-2 随着时间的推移，编程语言的 Stack Overflow 问题数量。y 轴是对数指标，在不太流行的语言（如 Julia）和更流行的语言（如 Python 和 R 语言）之间，帖子的数量相差甚远。

数据科学中另一种关键的编程语言是 SQL。我们可以从 Kaggle 机器学习和数据科学调研结果（见图 1-1）中看到，实际上，SQL 是仅次于 Python 的第二大使用语言。SQL 已经存在了几十年，并且在许多情况下从数据库中检索数据 SQL 是必需的。但是，SQL 专门用于数据库，不像 Python 和 R 语言等能用于更通用的任务。例如，不能使用 SQL 轻松地为网站提供服务或使用 SQL 从 Web 上抓取数据，但可以使用 R 语言和 Python 来完成这些工作。

Scala 是另一种在数据科学中使用的编程语言，通常与 Spark 结合使用。Spark 是一个大数据处理和分析引擎。另一种值得关注的语言是 Julia。这是一种相对较新的语言，但正在迅速普及。Julia 的目标是克服 Python 的缺点，同时使其成为一种易于学习和易于使用的语言。即使 Julia 可能最终会取代 Python 成为顶级数据科学语言，但这需要经过很长的时间。Julia 的计算速度比 Python 快，因为默认它是并行运行的，对于全球气候模拟等大规模模拟任务非常有用。然而，Julia 缺乏 Python 所拥有的强大的基础设施、网络和社区。

其他几种语言也可用于数据科学，如 JavaScript、Go、Haskell 等。所有这些编程语言都是免费和开源的，就像 Python 一样。然而，所有这些语言都缺乏 Python 和 R 语言所拥有的大型数据科学生态系统，并且其中一些语言很难学习。对于某些专门的任务，这些语言使用起来可能很棒。但总体来说，最好一开始就保持简单，坚持使用 Python 作为数据科学工作的语言。

GUI 和平台

有大量的图形用户界面（GUI）的数据科学分析平台。在我看来，用于数据科学的最大的 GUI 是 Microsoft Excel，它已经存在了几十年，使分析数据变得简单。但是，与所有 GUI 一样，Excel 缺乏灵活性。例如，不能在 Excel 中创建一个以 *y* 轴为对数刻度的箱线图（将在第 5 章“探索性数据分析和可视化”中介绍箱线图和对数刻度）。这始终是 GUI 和编程语言之间的权衡——使用编程语言，拥有最大的灵活性，但这通常需要更多的工作；使用 GUI，可以更轻松地完成与使用编程语言相同的事情，但通常缺乏自定义技术和灵活性。像 Excel 这样的一些 GUI 也对它们可以处理的数据量有限制——例如，Excel 目前每个工作表只能处理大约 100 万行记录。

Excel 本质上是一个通用的数据分析 GUI。其他人创建了类似的 GUI，但更专注于数据科学或分析任务，例如，Alteryx、RapidMiner 和 SAS。它们旨在将统计学和数据科学过程合并到 GUI 中，从而使这些任务更容易、更快地完成。然而，这样做再次用灵活性换取了易用性。大多数 GUI 解决方案往往需要付费订阅，这是缺点。

与数据科学相关的最后一种 GUI 是可视化 GUI，包括 Tableau 和 QlikView 等工具。尽管这些 GUI 可以执行一些额外的分析和数据科学任务，但它们更专注于创建交互式的可视化操作。

许多 GUI 工具都具有与 Python 或 R 语言脚本交互的功能，这增强了它们的灵活性。甚至还有一个基于 Python 的数据科学 GUI，称为"Orange"，它允许人们使用 GUI 创建数据科学工作流。

云端工具

与当今流行的其他技术一样，数据科学的某些部分正迁移到云中。当我们处理大型数据集或需要能够快速扩展时，云是最佳的帮手。一些主要的数据科学云提供商包括：

- Amazon Web Services（AWS）（通用用途）；
- Google Cloud Platform（GCP）（通用用途）；
- Microsoft Azure（通用用途）；
- IBM（通用用途）；
- Databricks（数据科学与人工智能平台）；
- Snowflake（数据仓库）。

从 Kaggle 的 2020 年数据科学和机器学习调研结果可以看出，AWS、GCP 和 Azure 似乎是数据科学家使用最多的云资源，如图 1-3 所示。

在这些云服务中，许多云服务都提供软件开发工具包（SDK），允许人们编写代码来控制云资源。几乎所有云服务都有 Python SDK，以及其他语言的 SDK。这使得通过可重复的方式利用巨大的计算资源变得容易。人们可以编写 Python 代码来配置云资源（称为基础设施即代码或 IaC）、运行大数据计算、生成报告并将机器学习模型集成到产品中。通过 SDK

与云资源进行交互是一个高级主题，理想情况下，在尝试利用云运行数据科学工作流之前，应该先学习 Python 和数据科学的基础知识。即使在使用云时，最好在将 Python 代码部署到云端并消耗云端资源之前，在本地进行原型设计和测试。

云工具也可以与 GUI 一起使用，如 Microsoft 的 Azure Machine Learning Studio，AWS 的 SageMaker Studio。这将让同时使用云资源与大数据来完成数据科学工作变得容易。但是，为了正确使用数据科学云资源进行数据科学相关工作，仍然必须了解数据科学概念，如数据清理和超参数调整。不仅如此，云上的数据科学 GUI 平台可能会遇到与在本地机器上运行 GUI 产生的相同的问题——有时 GUI 缺乏灵活性，不能完全按照人们的意愿行事。

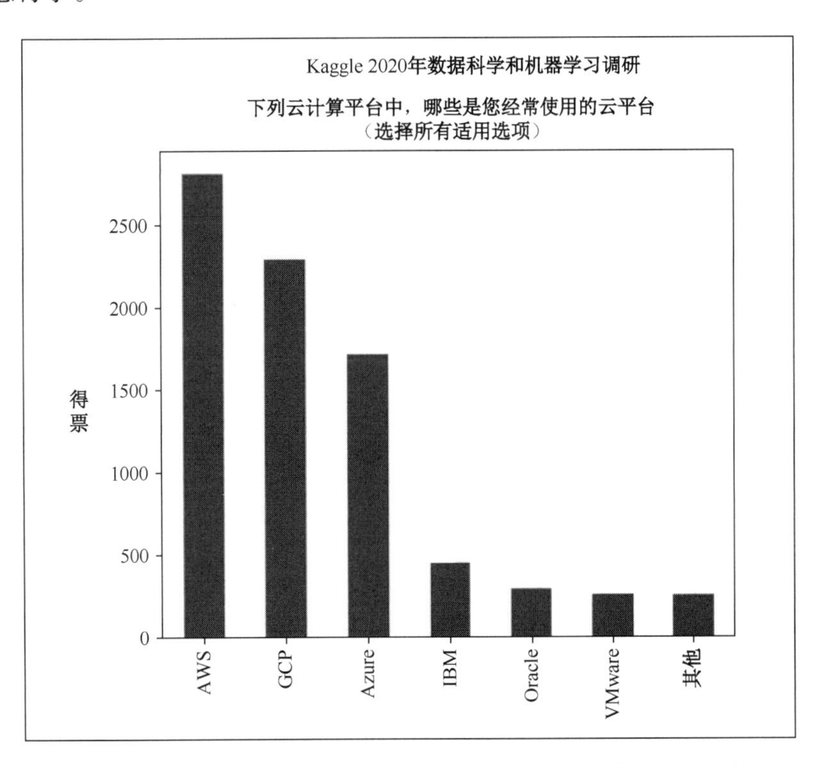

图 1-3　2020 年 Kaggle 数据科学调研的结果显示了最常用的云服务

统计方法和数学

正如人们所了解的，数据科学诞生于统计学和计算机科学。对一些核心统计方法有很好的理解是进行数据科学工作的必要条件。这些基本的统计技能包括：

- 探索性分析统计（exploratory data analysis，或简称 EDA），如统计绘图和聚合计算，如分位数；
- 统计检验及其原理，如 p 值、卡方检验、t 检验和 ANOVA；
- 机器学习建模，包括回归、分类和聚类方法；
- 概率和统计分布，如高斯和泊松分布。

借助统计方法和模型，人们可以做一些惊人的事情，例如，预测未来事件并发现数据中的隐藏模式。发现这些模式可以带来有价值的见解，这些见解可以改变企业的运营方式并提高效率，或可以改善医疗诊断准确率等。

虽然不需要广泛的数学背景，但具备分析思维是必要的。数据科学家的能力可以通过理解数学技术来提高，例如：

- 几何（例如，像欧几里得距离这样的距离计算）；
- 离散数学（用于计算概率）；
- 线性代数（用于神经网络和其他机器学习方法）；
- 微积分（用于训练及优化某些模型，尤其是神经网络模型）。

这些数学技术中许多较难的方面对于大多数数据科学工作来说并不是必需的。 例如，了解线性代数和微积分对于深度学习（神经网络）和计算机视觉非常有帮助，但对于大多数数据科学工作来说并不是必须的。

数据的收集、组织和准备

根据 2016 年 Crowdflower 调研和 2018 年 Kaggle 调研可知，大多数数据科学家花费 25%到 75%的时间来清理和准备数据。然而，还有数据表明，许多数据科学家将 90%或更多的时间用于清理和准备数据。具体处理数据所需的时间取决于数据的混乱程度和杂乱程度，但事实是大多数数据都是混乱的。例如，处理数千个不同格式的 Excel 电子表格需要很长时间才能清理完成，但加载已清理的 CSV 文件几乎是瞬间完成的。数据加载、清理和组织有时被称为数据整理（有时也称为数据管理员工作）。这通常使用 Python 中的 pandas 包来完成，读者可以在第 4 章“使用 Pandas 和 NumPy 加载和整理数据”中了解它们。

软件开发

像 Python 这样的编程技能在软件开发中是必备的，同时还需要其他的软件开发技能。这包括使用 Git 和 GitHub 等工具进行代码版本控制，使用 Docker 和 Kubernetes 等技术创建可重现和可扩展的软件产品，以及其他高级编程技术。有人说，数据科学越来越像软件工程，因为它已经开始涉及更多的机器学习模型在云中的编程和部署。作为一名数据科学家，具备软件开发技能总是有好处的，其中一些技能是许多数据科学工作所必需的，比如知道如何使用 Git 和 GitHub。

业务理解与沟通

最后，如果人们无法与他人交流，数据科学产品和结果将毫无用处。沟通通常从了解问题和受众开始，这涉及商业思维。如果人们知道企业面临哪些风险和机遇，那么人们可以通过这个视角来组织数据科学工作。人们可以使用 Microsoft PowerPoint 等经典业务工具来完成结果的交流，但也可以使用 Jupyter Notebook 等其他新工具（带有诸如 Reveal.js 之类的附加组件）来创建更具交互性的演示文稿。使用 Jupyter Notebook 创建演示文稿可以让人们在演示过程中增加更多互动的机会，从而获得更好的信息传递效果。

数据科学及相关专业

尽管很多人都渴望得到一份数据科学家的工作，但还有其他几项与数据科学相关的工作和职能，有些几乎与数据科学同等重要。理想的数据科学家应该是一个“独角兽”，并且掌握如下技能。

机器学习

机器学习是数据科学的重要组成部分，甚至还有专门从事机器学习的职位，被称为“机器学习工程师”或类似的名称。机器学习工程师仍将使用其他数据科学技术，如数据处理，但将对机器学习方法有更广泛的了解。机器学习领域也在朝着“部署”的方向发展，这意味着需要具备大规模部署机器学习模型的能力。这通常将云与应用程序编程接口（API）结合使用，允许软件工程师或其他人访问机器学习模型，通常被称为 MLOps。但是，如果不提前了解机器学习的基础知识，就无法很好地部署机器学习模型。数据科学家应该将机器学习知识和技能作为其核心技能的一部分。

商业智能

商业智能（BI）领域与数据科学密切相关，并且它们共同使用许多技术。与其他数据科学专业相比，BI 的技术含量比较低。虽然机器学习专家可能会深入了解超参数调整和模型优化的细节，但 BI 专家将能够利用分析和可视化等数据科学技术，与客户沟通做出业务决策。BI 专家可以使用 GUI 工具来更快地完成数据科学任务，并在需要更多定制化任务时，使用 Python 或 SQL 代码。在数据科学的技能要求中，包含许多 BI 方面的技能。

深度学习

深度学习和神经网络几乎是同义词。深度学习仅仅意味着使用大型神经网络。现实中，神经网络的几乎所有应用、网络的规模都是大而深的。这些模型通常用于图像识别、语音识别、语言翻译和其他复杂数据的建模。

深度学习的热潮始于 21 世纪初和 2010 年左右，当时 GPU 的计算能力按照摩尔定律迅速提高。这使得更强大的软件应用程序能够利用 GPU 资源，如计算机视觉、图像识别和语言翻译。为 GPU 开发的软件呈指数级增长，因此在 2020 年，人们拥有大量 Python 和其他用于运行神经网络的库。

深度学习领域有学术底蕴，人们可以在攻读博士学位期间花费四年或更长时间研究深度学习。成为深度学习专家需要大量的工作和很长的时间。但是，人们也可以学习如何利用神经网络并使用云资源进行部署，这是一项非常有价值的技能。许多初创企业和公司需要能够为图像识别应用程序创建神经网络模型的专家。作为数据科学家，尽管很少需要深入的专业知识，但深度学习的基本知识是必要的。由于计算效率和可解释性等原因，更简单的模型（如线性回归或增强树模型）通常比深度学习模型更适合人们的工作场景。

数据工程

数据工程师就像数据管道工一样。如果这听起来很无聊，请不要误会——数据工程实际上是一项令人愉快且感到有趣的工作。数据工程包含在进行数据科学工作时，首先要使用的技能，如收集、组织、清理和存储数据库中的数据，这也是消耗数据科学家大量时间的工作。数据工程师应该具有 Linux 和命令行方面的技能，类似于 DevOps 人员。数据工程师也能够像机器学习工程师一样，大规模部署机器学习模型。但数据工程师通常没有机器学习工程师或一般数据科学家那样广泛的机器学习模型知识。作为一名数据科学家，应该了解基本的数据工程技能，例如，如何通过 Python 与不同的数据库进行交互，以及如何操作和清理数据。

大数据

大数据和数据工程的内容有些重叠，这两个专业都需要了解数据库，了解如何与它们交互并使用它们，以及如何使用各种云技术来处理大数据。但是，大数据专家应该是 Hadoop 生态系统、Apache Spark 及用于大数据分析和存储的云解决方案的专家。这些是用于大数据工作的常用工具。Spark 在 2010 年左右开始超越 Hadoop，因为 Spark 更适合当今的云技术。

然而，Hadoop 仍在许多组织中被使用，并且 Hadoop 的许多方面，如 Hadoop 分布式文件系统（HDFS），仍然存在并与 Spark 结合使用。大数据专家和数据工程师往往会从事非常相似的工作。

统计方法

就像我们将在第 8 章和第 9 章中学习的那样，统计方法是数据科学家应该关注的领域。正如已经提到的，统计学是数据科学发展的领域之一。统计学专业可能会利用其他软件，如 SPSS、SAS 和 R 语言来进行统计分析。

自然语言处理（NLP）

自然语言处理（NLP）涉及使用编程语言将人类语言理解为文本和语音。通常，这涉及对文本数据进行处理和建模，这些数据通常来自社交媒体或大量文本。事实上，NLP 中的一个子专业是聊天机器人。NLP 的其他方面包括情感分析和主题建模。现代 NLP 也涉及深度学习的相关知识，因为现在许多 NLP 方法都使用神经网络。

人工智能（AI）

人工智能（AI）通常包括机器学习和深度学习，还包括用于部署它们的云技术。与人工智能相关的工作有人工智能工程师和人工智能架构师之类的。这种专业与机器学习、深度学习和 NLP 有很多重叠。但是，有一些特定的 AI 方法，如导航算法，对机器人等领域非常有帮助。

选择如何专业化

首先，人们应该意识到不需要选择专业——人们可以坚持一般的数据科学工作方法。但是，拥有专业化技能可以更容易地在该领域找到心仪的工作。例如，如果人们花费大量时间在 Hadoop、Spark 和云端大数据项目上工作，那么将更容易获得大数据工程师的工作。为了选择专业，首先要更多地了解关于该专业的内容，然后通过实践与该专业相关的项目来加强相关内容的学习。

尝试不同专业中的一些工具和技术是一个好主意。如果人们喜欢某个专业，人们可能会坚持下去。除了深度学习和大数据，还将学习上述专业所使用的一些工具和技术。因此，如果发现自己非常喜欢机器学习相关主题，可以通过完成机器学习中的一些项目来更深入地探索该专业。例如，参加 Kaggle 比赛可能是在数据科学中尝试机器学习技术的好方法。人们还可以查看有关该主题的专业书籍以了解更多信息，例如，Packt 出版社出版的由 Serg Masis 所著的 *Interpretable Machine Learning with Python*。此外，人们还可以阅读并了解一些 MLOps 相关的知识。

如果知道自己喜欢与他人交流，喜欢并使用过 Alteryx 和 Tableau 等 GUI 工具，那么可以考虑从事 BI 专业。为了加强这一专业的技能，人们可以从 Kaggle 或政府网站（如 data.gov）获取一些公共数据并创建一个 BI 项目。同样，人们可以阅读有关该主题的书籍或使用 BI 工具，例如，Packt 出版社出版的由 Brett Powell 所著的 *Mastering Microsoft Power BI*。深度学习是许多人喜欢但很难的专业。专注于神经网络需要多年的实践和学习，尽管初创公司会雇佣经验较少的人。即使在深度学习中也有子专业——图像识别、计算机视觉、声音识别、循环神经网络等。要了解有关此专业的更多信息并查看是否喜欢它，人们可以从一些简短的在线课程开始，例如，https://www.kaggle.com/learn/上的 Kaggle 课程。然后，可以查看更多相关材料，例如，Packt 出版社出版的由 Pablo Rivas 所著的 *Deep Learning for Beginners*。还有许多与深度学习相关的库，如 TensorFlow/Keras、PyTorch 和 MXNet。

数据工程是一个很好的专业，因为它有望在不久的将来发生快速增长，人们往往会喜欢这项工作。在第 4、6 和 7 章中处理数据时，读者将体验数据工程是如何工作的，但如果对其他材料感兴趣，想了解更多关于该主题的信息，可以阅读由 Packt 出版社出版的由 Paul Crickard 所著的 *Data Engineering with Python*。

关于大数据方向，人们可能需要阅读更多的学习材料，例如，Packt 出版社出版的关于 Apache Spark、Hadoop 及云数据仓库的相关书籍。正如前面所述，大数据和数据工程专业有很大的重叠。但是在不久的将来，数据工程专业可能会更容易找到一份工作。将统计学作为一门专业可能会有些棘手，因为它依赖于使用专业的软件，如 SPSS 和 SAS。但是，人们可以免费试用 R 语言中的几种统计方法，并且可以通过阅读 Packt 出版社出版的许多 R 语言相关的书籍来了解有关该专业的更多信息。

NLP 是一门有趣的专业，但和深度学习一样，它需要很长时间来学习。我们将在第 17 章中体验 NLP，但也可以在以下网址尝试 spaCy 课程：https://course.spacy.io/en/。Rajesh

Arumugam 和 Rajalingappaa Shanmugamani 所著的 *Hands-On Natural Language Processing with Python* 也是了解更多该主题的优秀书籍。

最后，人工智能也是人们可能会考虑的一个有趣的专业。然而，它是一个内容涉及非常广泛的专业，因为它包括机器学习、深度学习、NLP、云技术等方面。如果喜欢机器学习和深度学习，人们可能会研究更多关于人工智能的知识。Packt 出版了几本关于 AI 的书籍，另外，David L. Poole 和 Alan K. Mackworth 所著的 *Artificial Intelligence: Foundations of Computational Agents* 一书，可在 https://artint.info/2e/html/ArtInt2e.html 免费阅读。

如果选择专攻某个领域，人们也可以学习平行行业的相关知识。例如，数据工程和大数据专业高度相关，人们可以轻松地从一个专业切换到另一个。另外，机器学习、人工智能和深度学习密切相关，可以在它们之间组合或切换。请记住，要尝试进入某一专业领域，首先从课程或书籍中了解它，然后通过实践该领域的项目来尝试它。

数据科学项目方法论

在处理大型数据科学项目时，最好将其设计成一个由多个步骤组成的过程。这在团队合作时尤其重要。本章将讨论一些数据科学项目的管理策略。如果自己在一个项目上工作，不一定需要完全遵循这些过程中的每一个细节。但是，了解一般流程将帮助人们考虑在执行任何数据科学任务时需要采取哪些步骤。

在其他领域使用数据科学

除了主要关注数据科学并有所专攻外，人们还可以将这些技能用于他们当前的工作当中。一个例子是使用机器学习来寻找具有特殊性能的新材料，例如，超硬材料（https://par.nsf.gov/servlets/purl/10094086）或将机器学习用于一般材料科学（https://escholarship.org/uc/item/0r27j85x）。同样，只要有数据，人们就可以使用数据科学和相关方法。

CRISP-DM

CRISP-DM 是跨行业数据挖掘标准流程（Cross-Industry Standard Process for Data Mining）的缩写，自 20 世纪 90 年代后期以来一直存在。这个过程有六个步骤，如图 1-4 所示。

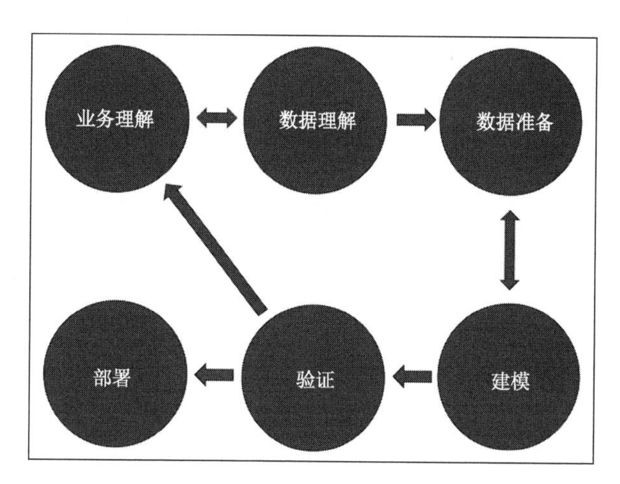

图 1-4 CRISP-DM 工艺流程图

这是在数据科学作为单独的领域存在之前创建的，但它仍然可以用于数据科学项目。虽然正式实现需要大量工作，但粗略实现却很容易。概述该方法的官方文档有 60 多页，但是，如果您正在进行数据科学项目，还是应该去了解该方法的相关内容。

TDSP

TDSP 是团队数据科学过程（Team Data Science Process）的缩写，由 Microsoft 开发并于 2016 年推出，显然它比 CRISP-DM 更先进，因此几乎可以肯定 TDSP 是当今运行数据科学项目的更好选择。

该过程的五个步骤与 CRISP-DM 类似，如图 1-5 所示。

TDSP 在几个方面对 CRISP-DM 进行了改进，包括为流程中的人员定义角色。它还具有现代化的便利设施，例如，带有项目模板的 GitHub 存储库和更具交互性的基于 Web 的文档。此外，它允许在步骤之间进行更多迭代，并提供增量可交付的成果，使用现代软件方法进行项目管理。

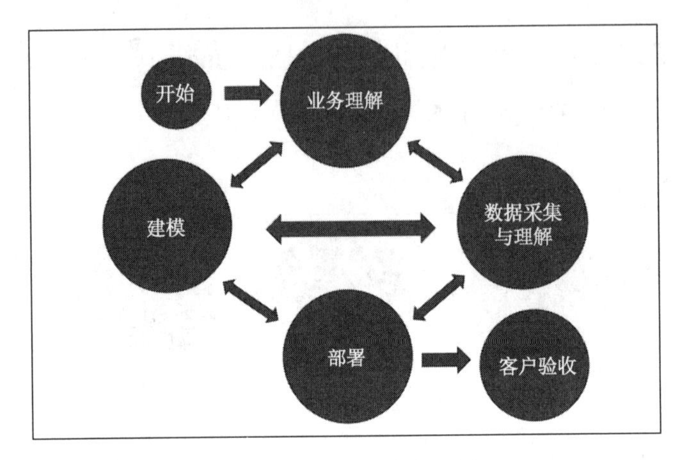

图 1-5 TDSP 工艺流程图

进一步阅读数据科学项目管理策略

其他数据科学项目管理策略，人们可以在 https://www.datascience-pm.com/阅读有关它们的信息。

CRISP-DM 的官方指南：https://www.the-modeling-agency.com/ crisp-dm.pdf。

TDSP 的指南：https://docs.microsoft.com/en-us/azure/machine-learning/team-data-scienceprocess/overview。

其他工具

数据科学家使用的其他工具包括 Kanban、Scrum 和敏捷软件开发框架。由于数据科学家经常与软件工程师合作实现数据科学产品，因此软件工程中的许多组织流程已被数据科学家采用。

本章测试

为了帮助人们记住刚刚学到的内容，请尝试回答以下问题。尝试回答问题时不要先查看本章中的答案。答案包含在本书的 GitHub 存储库中（https://github.com/PacktPublishing/Practical-Data-Science-with-Python）。

1. 根据 2020 年 Kaggle 数据科学和机器学习调研，排名前三的数据科学编程语言是什么？

2. 使用 GUI 与使用编程语言进行数据科学之间的权衡是什么？提到的数据科学 GUI 有哪些？

3. 根据 Kaggle 的 2020 年调研，数据科学和机器学习的三大云提供商是什么？

4. 数据科学家一般花费多少时间清理和准备数据？

5. 本书讨论了数据科学及其周边的哪些专业？

6. 本书讨论了哪些数据科学项目管理策略，哪一个是最新的？它们的首字母缩略词是什么，这些首字母缩略词代表什么意思？

7. 本书讨论的两种数据科学项目管理策略是什么？试着画出它们的策略图。

本章小结

现在读者应该对数据科学是如何产生的、该领域使用了哪些工具和技术、数据科学的专业化及管理数据科学项目的一些策略有了基本的了解。数据科学背后的想法已经存在了几十年，但数据科学直到 2010 年左右才得到迅速发展。正是基于 21 世纪初和 2010 年以来，来自互联网的海量数据加上高性能计算机的普及，使人们能够对大型数据集进行有效的分析。

我们还了解到一些需要学习的数据科学相关技能，其中许多内容都将在本书中介绍。这些技能包括 Python 和通用编程技能、软件开发技能、数据科学的统计和数学、商业知识和沟通技能、云工具、机器学习和 GUI。

我们也了解到数据科学的一些专业，如机器学习和数据工程。最后研究了一些有助于组织团队数据科学项目的数据科学项目管理策略。

现在我们对数据科学有一些了解，接下来可以了解一下数据科学的通用语言——Python。

第2章　Python入门

正如在第1章“数据科学简介”中已经了解的，Python是数据科学中最常用的编程语言，因此将在本书中专门使用它。在本章中，我们将学习Python速成课程，这可以让人们快速掌握Python的基础知识，但要更深入地学习Python，应该寻求更多的资源。例如，Packt出版社出版的由Fabrizio Roman编写的*Learning Python*，通过该书人们可以更深入地学习Python。

在本章中将介绍以下内容。

- 使用Python发行版安装Python（Anaconda）。
- 使用代码文本编辑器和Jupyter Notebook编辑Python代码。
- 使用Jupyter Notebook、IPython及命令行运行Python代码。
- 安装Python包和创建虚拟环境。
- Python编程的基础知识，包括字符串、数字、循环、数据结构、函数和类。
- 调试错误和使用文档。
- 软件工程最佳实践，如用于版本控制的Git。

接下来，开始安装Python。

使用Anaconda安装并使用Python

安装Python的方法有很多种，但在这里将使用Anaconda Python发行版。发行版是一种安装Python和若干相关Python库，以及其他一些软件的方式，这在安装时节省了一些时间，并且可以提供额外的功能，例如，能够轻松安装具有软件依赖关系的复杂软件包。

如果由于某些原因（例如，系统管理权限限制）无法安装 Anaconda，可以尝试从其他来源安装 Python，例如，Python 官方网站（www.python.org/downloads/）或 Microsoft store。在这种情况下，将需要使用 pip 包管理器，而不是 conda。

安装 Anaconda

人们使用 Anaconda 的原因是多方面的。一方面，Anaconda 在 Python 社区中被广泛使用，这意味着它的网络效应很强，这既意味着有一个大型社区可以帮助人们解决问题（例如，通过 Stack Overflow），也意味着更多的人正在为该项目作出贡献。Anaconda 的另一个优点是它使安装具有复杂依赖关系的 Python 包变得更加容易。例如，TensorFlow、PyTorch 等神经网络包需要安装 CUDA 和 cuDNN 软件，H2O（机器学习和 AI 软件包）需要正确安装 Java。Anaconda 在安装这些软件包时会为人们处理这些依赖关系，从而为人们节省了大量时间并减轻负担。Anaconda 带有一个 GUI（Anaconda Navigator）和一些其他的便捷功能。它还允许人们使用不同版本的 Python 创建虚拟环境，我们很快就会看到它的具体实现。

安装 Anaconda 相对容易。人们只需在互联网搜索引擎中查询“下载 Anaconda”并使用安装程序进行安装（目前，下载页面位于 www.anaconda.com/products/individual）。在 Mac 上安装 Anaconda 时，使用安装程序的默认选项即可。在 Linux 上安装时，当询问是否希望安装程序通过运行 conda init 来初始化 Anaconda3 时，请务必选择“是”。在安装时，可以参考 Anaconda 文档推荐的设置（docs.anaconda.com/anaconda/install/）。对于 Windows，通常选择将 Anaconda3 添加到系统 PATH 环境变量中（在 Add Anaconda3 to my PATH environment variable 前面的选择框打钩），即使这不是推荐选项，但如果选择添加到环境变量中，这将允许人们从系统上的任何终端或 shell 运行 Python 和 conda。

人们也可以手动将 conda 和 Anaconda Python 添加到 PATH 环境变量中，但在安装时选中该框更容易（即使 Anaconda 不建议这样做）。根据一般经验，在 Windows 上的 Anaconda 安装中选中 Add to PATH 框时，一般不会遇到任何问题。

安装 Anaconda 后，应该能够打开终端或命令提示符并运行 Python 命令，从而获取基本的 Python shell，这些内容将在下一节中介绍。现在进入下一步——运行 Python 代码。

运行 Python 代码

将在这里介绍运行代码的几个选项：基本的 Python shell、IPython 和 Jupyter Notebook。一些文本编辑器和 IDE 还允许人们从编辑器或 IDE 中运行 Python 代码，但这些内容不在这里进行介绍。

Python shell

运行 Python 代码有多种方法，从最简单的方法开始——通过简单的 Python shell 来运行代码。Python 是所谓的“解释型”语言，这意味着代码可以即时运行（它不会转换为机器代码）。编译代码意味着将人类可读的代码翻译成机器代码，机器代码是一串 1 和 0，作为指令提供给 CPU。解释代码意味着通过将 Python 代码即时翻译成计算机可以更直接运行的指令来运行它。编译代码通常比解释代码运行得更快，但是需要先编译程序，然后才能运行它。这意味着人们不能一次一位地以交互方式运行代码。因此，解释代码的优点是能够以交互方式一次一行地运行部分代码，而编译代码的优点通常是运行得更快。

要尝试 Python 的解释代码执行，应该首先在 Mac 或 Linux 上打开一个终端，或者从 Windows 的“开始”菜单打开 Anaconda Power Shell 提示符（PowerShell 比 Windows 上的普通命令提示符提供更多可用的命令）。准备好命令行后，只需键入 python，就可以访问 Python shell。人们可以尝试一些基本命令，如 2+2 和 print('hello')。

这使人们可以根据需要运行 Python 命令并实时查看结果，如图 2-1 所示，这被称为 REPL（read-eval-print loop）。

要退出 Python shell，可以按 Ctrl+d，或键入 exit()。

Python shell 适用于快速而复杂的任务，如运行单行代码，但它有很多缺点。而 IPython shell 要比 Python shell 好得多，接下来将介绍它。

Windows 也有一个终端应用程序，叫做“Windows Terminal”，它类似于 Mac 和 Linux 中的 Terminal。目前，我更喜欢使用 Windows Terminal，而不是 Windows 中的其他 PowerShell 或命令提示符选项。您可以从 www.aka.ms/terminal 下载它。

对于 Mac，iTerm2 提供了一个不同于默认终端的（有些人认为它更优秀）的 shell。

```
Anaconda Powershell Prompt
(base) PS C:\Users\words> python
Python 3.7.9 (default, Aug 31 2020, 17:10:11) [MSC v.1916 64 bit (AMD64)] :: Anaconda, Inc. on win32
Type "help", "copyright", "credits" or "license" for more information.
>>> 2+2
4
>>> print('hello')
hello
>>>
```

图 2-1　以交互方式运行 Python 代码的示例

IPython shell

虽然基本的 Python shell 非常适合快速获得结果，但它却有严重的缺陷。IPython shell 或交互式 Python shell 有许多改进。它有很多 Python shell 没有的特性：

- 内省（获取有关 shell 中对象的信息）。
- 交互式代码补全。
- 命令历史。
- 语法高亮。
- Magic 函数。

要启动 IPython shell，人们只需从命令行键入 ipython。可以尝试与之前相同的命令（2+2 和 print('hello')），但请注意语法被突出显示（例如，字符串'hello'的颜色与其他文本不同），如图 2-2 所示。

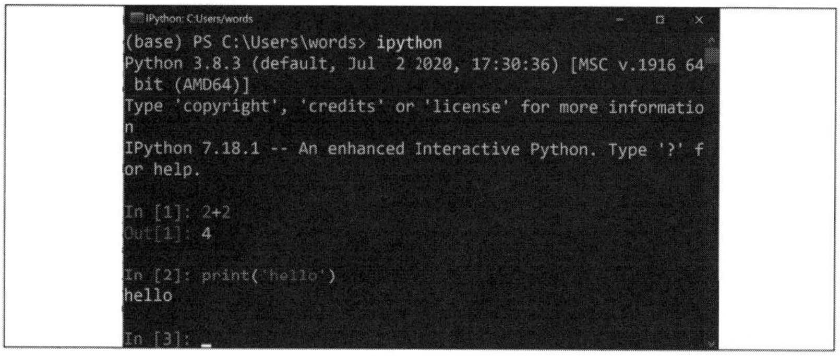

```
(base) PS C:\Users\words> ipython
Python 3.8.3 (default, Jul  2 2020, 17:30:36) [MSC v.1916 64
 bit (AMD64)]
Type 'copyright', 'credits' or 'license' for more informatio
n
IPython 7.18.1 -- An enhanced Interactive Python. Type '?' f
or help.

In [1]: 2+2
Out[1]: 4

In [2]: print('hello')
hello

In [3]:
```

图 2-2　使用 IPython 运行 Python 代码的示例

如果按下键盘上的向上箭头，可以看到它显示了之前的命令，可以对其进行编辑。这是 IPython 的“历史”特性。人们还可以通过在命令旁边添加问号来调出函数或对象的文档，如?print 或 print?，如图 2-3 所示。

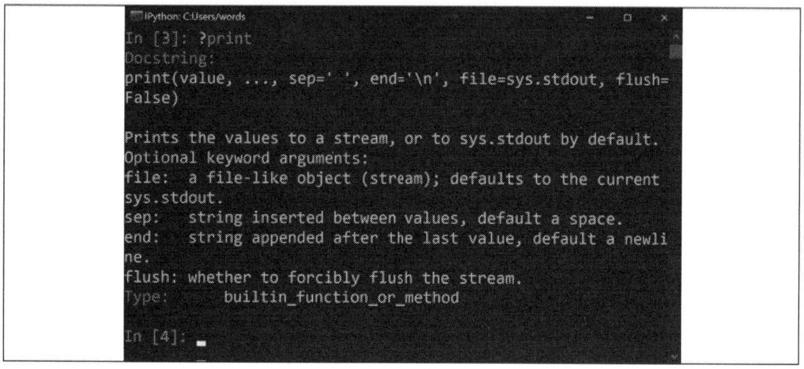

```
In [3]: ?print
Docstring:
print(value, ..., sep=' ', end='\n', file=sys.stdout, flush=
False)

Prints the values to a stream, or to sys.stdout by default.
Optional keyword arguments:
file:  a file-like object (stream); defaults to the current
sys.stdout.
sep:   string inserted between values, default a space.
end:   string appended after the last value, default a newli
ne.
flush: whether to forcibly flush the stream.
Type:      builtin_function_or_method

In [4]:
```

图 2-3　可以在 IPython 中通过在命令或对象之前或之后使用问号来显示函数或对象的文档

在 Python 或 IPython shell 中，还可以使用 help（print）来显示对象的文档。

IPython 还有几个魔术命令，它们以一个或两个百分号（%）为前缀，并具有特殊功能。例如，人们可以在计算机上复制一些文本（如 print('this is pasted test')），然后使用魔术命令%paste 将其粘贴到 IPython 中。其中一些魔术函数也可以在没有百分号的情况下运行，例如 paste，我们只需在 IPython shell 中键入 paste，一旦按下 Enter 键就会运行人们粘贴的文本。这个命令对于一次将多行代码粘贴到 IPython 中非常方便，如图 2-4 所示。

```
In [5]: paste
print('this is a paste test')

## -- End pasted text --
this is a paste test

In [6]: pas
        pass          %paste
        pasted_block  %pastebin
```

图 2-4　paste 魔术命令将文本从剪贴板粘贴到 IPython 并作为代码运行，
也可以通过键入“paste”的若干个字母，然后按 Tab 键来自动补全

IPython 文档很全面，可以在 ipython.readthedocs.io/en/stable/interactive/magics.html 找到所有魔术命令的介绍。

最后，与其他 shell 一样，IPython 具有 Tab 自动补全功能。这意味着人们可以输入一些内容，如 pas，按下 Tab 键，shell 将自动补全正在输入的内容（如果只有一个选项），或者为人们提供自动补全的选择（当前输入不足以确定唯一的命令或关键字时）。如果当前输入不足以确定唯一的命令或关键字时，将出现一个下拉菜单，使用箭头键可用于从下拉菜单中选择一个选项，或者 Tab 键将在选项中循环选择。尽管 Python shell 也有 Tab 补全功能，但它只有在人们输入足够多的对象名称以明确无误时才起作用（例如，tr 将自动补全为 try，但 t 将显示多个选项）。

要退出 IPython shell，可以按 Ctrl+d 两次或键入 exit()。在 Windows 中，按 Ctrl+d 之后必须输入 y，并按下 Enter 键，并且在 shell 退出之前不能再次发送 Ctrl+d。对于 Mac 和 Linux，人们可以多次按 Ctrl+d 并退出 shell。

Jupyter

Jupyter 生态系统包含几个不同的开源软件包。这些软件包支持人们在 Python 和 IPython shell 中看到的 REPL 代码执行，但是以一种可以轻松保存和共享的方式。基本的 Jupyter 工具是 Jupyter Notebook。人们可以从 Anaconda Navigator GUI 或命令行（如 Terminal）打开它。在 GUI 中，有一个 Jupyter Notebook 面板，人们可以在其上单击 Launch；在命令行

中，人们键入 jupyter notebook。无论使用哪种方法都会打开默认的 Web 浏览器，进入 Jupyter Notebook 主页。从那里，可以通过依次选择 New 和 Python3 创建一个新 Jupyter Notebook，如图 2-5 所示，也可以安装 Python3 以外的其他内核，包括 R、Julia 等。

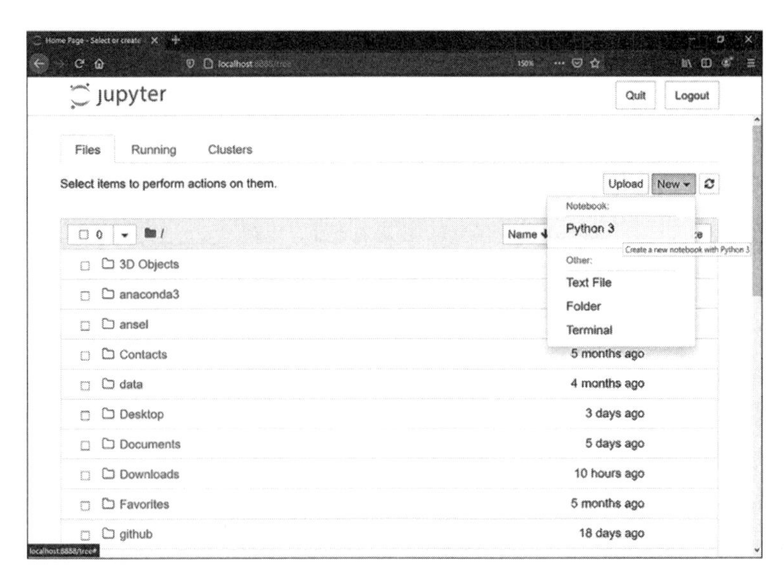

图 2-5　通过 Jupyter Notebook 页面右上角的“New”按钮可以创建新的 Jupyter Notebook

打开 Notebook 后，可以在单元格中运行 Python 代码。例如，在单独的单元格中尝试之前运行的命令（2+2 和 print('hello')），结果如图 2-6 所示。要在单元格中运行代码，有以下几种方法可供选择：

- 单击顶部菜单栏上的“Run”按钮（它显示为一个播放按钮图标）。
- Shift + Enter。
- Ctrl + Enter（或者在 Mac 系统中 Cmd + Enter）。
- Alt + Enter（或者在 Mac 系统中 Option + Enter）。

Shift + Enter 将运行当前单元格中的代码并移动到下一个单元格，如果我们在最后一个单元格上，则将在 Notebook 末尾创建一个新单元格。单击“Run”按钮与 Shift + Enter 可以取得相同的效果。Ctrl + Enter 运行当前单元格并停留在选定的单元格上。Alt + Enter 运行当前单元格并在下面插入一个新单元格。

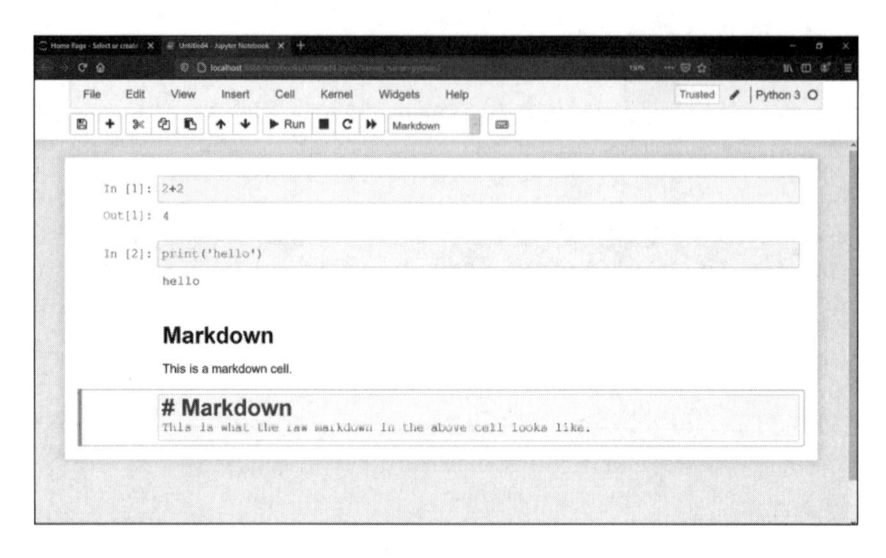

图 2-6　在 Jupyter Notebook 中运行 Python 代码及 Markdown 的示例

当单击一个单元格时，人们可以通过按 Enter 进入编辑模式，这意味着人们可以在单元格中输入内容。如果按下 Esc 键，将进入命令模式，人们可以在其中使用热键。

默认情况下，所有新单元格都是代码单元格，这意味着它们将运行 Python 代码。我们还可以将它们更改为 Markdown 单元格，用于创建笔记或说明。可以通过选择 Cell→CellType 或通过菜单中的下拉菜单项来切换单元格的类型。

除了代码和 Markdown，菜单中提供的其他单元格选项通常不被使用。Markdown 单元格使用 Markdown 语法，有许多在线指南可供参考。在命令模式下（按下 Esc 键后），我们可以使用热键 m 将单元格更改为 Markdown，然后使用 y 将其更改回代码单元格。

在互联网上搜索"markdown guide"或"markdown cheat sheet"会得到若干结果。我比较喜欢的是 www.markdownguide.org/cheat-sheet/。

Jupyter Notebooks 的文档也相当不错，可以访问 jupyter-notebook.readthedocs.io 找到。

由于本书 GitHub 存储库中的许多 Jupyter Notebook 都很大，因此使用 Jupyter Notebook 扩展来制作可折叠的标题是很有帮助的。这使人们可以折叠 Notebook 的各个部分，以便于阅读。要安装这个插件，需要先安装一个 Python 包。可以从命令行运行以下这两个命令：

```
conda install -c conda-forge jupyter_contrib_nbextensions
```

然后需要完成另一个安装步骤：

```
jupyter contrib nbextension install --user
```

最后，需要重新启动 Jupyter Notebook，然后选择 Jupyter Notebook 主页面顶部菜单中的 Nbextensions 选项卡。从这里，选中 Collapsible Headings 插件的复选框。可能还需要取消选择 Disable configuration for nbextensions without explicit compatibility 选项。这些说明也可以在包的说明文档 https://jupyter-contribnbextensions.readthedocs.io/en/latest/中找到。

fast.ai 的 Jeremy Howard 为 Jupyter Notebook 提供了精彩的演示，展示了有用的工具和最佳实践，视频网址为：https://www.youtube.com/watch?v=9Q6sLbz37gk。

Jupyter 生态系统还包括 Jupyter Lab，它可以在一个浏览器窗口中运行 Jupyter Notebook、Terminal 和编辑文本文件。Jupyter Lab 可以使用命令 jupyterlab 从命令行启动，也可以从 Anaconda Navigator GUI 启动。

为什么使用命令行

虽然人们可以使用 Anaconda GUI 取得较好的效果，但有时使用命令行会更加方便。这是因为它使人们能够更好地控制环境，帮助人们更好地理解文件系统，并为人们使用云资源和其他 CLI（命令行界面）做好准备。

随着学习了越来越多关于数据科学和编程方面的知识，人们最终可能会越来越多地使用命令行。

命令行基础

为了使用命令行工具，了解一些基本命令会有所帮助。与 IPython 一样，当人们使用 shell（如 PowerShell 或 Terminal）时，可以通过向上或向下箭头键获得命令历史记录，还提供 Tab 自动补全功能，方法是键入部分内容并按 Tab 键来自动补全。

我们在这里学习的是命令行工具的最基本命令。如下资源可以帮助您了解有关命令行的更多信息：

- https://linuxjourney.com/
- https://www.datacamp.com/courses/introductionto-shell
- https://www.cfa.harvard.edu/rtdc/shell_cmds/basic/

在 Windows 中使用 PowerShell 时，基本上拥有与在 Linux 或 Mac 中使用 Terminal 相同的所有命令。如果在 Windows 中打开基本命令提示符，则情况会发生变化，因此通常最好坚持使用 PowerShell、Windows Terminal 或 Anaconda PowerShell Prompt。

cd

cd 命令是 change directory 的缩写，表示变更目录。请注意，人们可能更熟悉"文件夹"这个词。人们使用 cd 来导航文件系统。例如，当我们在 Windows 中打开 Anaconda PowerShell 时，系统显示位于主目录（C:\Users\<your_username>\）中。可以使用 cd Desktop 来到桌面文件夹。请注意，在这里也有 Tab 自动补全功能，所以如果输入 cd Des 然后按 Tab 键，系统将自动进行路径补全。人们可以在 Windows 中使用 Tab 键循环浏览自动补全的选项。如果在 Mac 或 Linux 中，多次按 Tab 键就可以显示所有的自动补全选项，并且可以使用箭头键进行选择。

如果想移动到上一层目录（例如，从桌面回到我们的主文件夹），可以使用命令 cd ..。要一次向上移动两个目录，可以使用 cd ../..。一个句点(.)代表当前目录，两个句点(..)代表当前目录的上层目录。

ls

ls 命令列出文件和文件夹。如果在 Windows 主目录（如 C:\Users\<your_username>\）中使用 PowerShell 并键入 ls，将看到列出的文件和文件夹。ls 适用于大多数 shell 和 Terminal。如果人们使用的是普通的 Windows 命令提示符（不是 PowerShell），可以使用 dir 而不是 ls（而 ls 将不起作用）。如果可能，最好在 Windows 中坚持使用 PowerShell，以便人们可以使用 ls 和其他一些 POSIX/Linux 命令。在 Mac 和 Linux 中，POSIX 命令可以在 Terminal 中使用。

Ctrl + c 和 Ctrl + d

如果有一个进程在终端中运行（例如，Jupyter Notebook）并且想要取消或停止它，人们通常可以按 Ctrl+c。有时可以通过多次按 Ctrl+c 来加快取消进程。而一般情况下，人们只需要按一次或几次 Ctrl+c 就可以使进程停止。人们也可以按 Ctrl+d 退出 shell 和 Terminal，如 Python 或 IPython shell。Ctrl+d 组合适用于 Linux 和 Mac，但并不总适用于 Windows 中的 Terminal 或 shell。

安装并使用代码文本编辑器——VS Code

Visual Studio Code（VS Code）是 Microsoft 专门用于编写代码的文本编辑器。它们成熟的集成开发环境（IDE）为 Visual Studio。IDE 是一种允许人们编写代码，然后在 IDE 中编译、运行和调试代码的软件，而 VS Code 等文本编辑器并不总是提供所有所需的编译和调试工具。使用 Python 数据科学代码时，并不总是需要 IDE，但这些代码编辑器更容易上手。这些代码编辑器是数据科学家必不可少的工具，因为编写代码通常是工作的一部分。IDE 和代码编辑器有许多可以安装的有用工具和扩展，如自动补全扩展（例如，Tabnine 和 GitHub Copilot），它们可以对部分代码块或单词进行补全。大多数 IDE 和代码编辑器已经为几种常见的编程语言提供了自动补全的扩展。

VS Code 和 Visual Studio 是软件工程师和数据科学家的首选。同样，这产生了一种网络效应，更多的人为软件创造特性，社区中更多的人可以得到支持。在 2019 年和 2020 年 Kaggle 数据科学调研中，数据科学家将 Visual Studio 和 VS Code 推举为使用次数第二多的 IDE 或代码编辑器，仅次于 Jupyter Notebook 和 Jupyter Lab。

要安装 VS Code，人们可以使用 Anaconda Navigator（来自 Anaconda 的 GUI），或者直接从 Microsoft 安装它。在线搜索“vs code install”，人们应该可以找到安装文件（在撰写本书时，它位于 code.visualstudio.com/download）。安装时使用默认设置即可。安装后，可以在程序列表（例如，Windows 中的“开始”菜单）或 Terminal 中打开它。请注意，人们也可以在 VS Code 中从菜单（Terminal → New Terminal）打开一个终端，并在那里运行 Python 或 IPython。

使用 VS Code 编辑 Python 代码

使用 VS Code 有两种常用方法：从应用程序菜单或命令行。如果人们从应用程序菜单中打开 VS Code，可以选择 File→OpenFile 或 OpenFolder。如果打开一个文件夹，人们可以在 VS Code 窗口的左侧看到该文件夹中的所有文件。直接从文件夹打开 VS Code 的另一种方法是通过命令行（如 Anaconda PowerShell Prompt）打开。为此，打开 Terminal，通过命令行（使用 cd）导航到正确的文件夹，然后输入 code. 打开 VS Code。回想一下，句号表示当前目录，因此该命令告诉计算机在当前目录中打开 VS Code。在该目录中打开的文件，将在下次从同一目录运行 code. 时被打开，这对长期项目来说非常方便。

运行 Python 文件

人们会发现有时想要运行整个 Python 文件。Python 文件可以使用 python file.py 从命令行运行，其中 file.py 包含 Python 代码。Python 文件的扩展名为.py。尝试打开 PowerShell 或 Terminal，然后使用 cd Desktop 导航到桌面。然后用 code 命令打开 VS Code，并创建一个新文件。在文件中输入 print('hello')并保存为 test.py。然后，从命令行运行 python test.py（确保位于 Desktop 目录中），应该会在终端中看到输出的 hello。

运行 Python 文件的另一种方法是使用 IPython。如果从命令行使用 ipython 进入 IPython shell，可以使用魔术命令 run 或%run 及文件名在 IPython 中运行它：run test.py。这是很方便的，因为它运行文件时，保持 Python shell 处于打开状态。这使人们能够在 IPython 中检查变量和代码结果，这对于开发和调试代码非常有用。

请注意，您在许多 Python 文件中，可能会看到 if__name__=="__main__":这一行。如果正在运行该文件，特殊变量__name__将等于"__main__"，因此在这行代码之后，任何缩进 4 个空格的代码，都将在运行该文件时被运行。

例如，如果将此代码保存在一个文件中并使用 Python 运行它，运行以下代码将在终端中打印 hello：

```
if __name__ == "__main__":
    print("hello")
```

此代码包含在本书 GitHub 存储库的第 2 章名为 name_main_demo.py 的文件中。请注意，如果使用 import name_main_demo 导入文件，它不会打印出“hello”。随后将介绍导入包的操作。

安装 Python 包和创建虚拟环境

使 Python 成为数据科学编程语言的部分原因是开发人员和软件包的生态系统。包可以扩展功能，并使某些任务变得更加容易，如运行机器学习模型。有几种安装和管理软件包的方法，如 conda 和 pip。

pip

pip 是 Python 的包安装程序，是 Python 中管理包的经典方式。使用 pip 安装软件包的命令是 pip install <packagename>。例如，数据科学中常用的包是 pandas，可以使用 pip install pandas 来安装它。这将默认安装最新版本的软件包。如果打算升级早期版本的软件包，可以使用 pip --upgrade pandas 进行升级。有时需要为兼容性或其他问题对包进行自分级。可以安装特定版本的包，如 pip install pandas==1.1.4。可以将--force-reinstall 标志添加到命令中，从而强制安装特定版本的软件包（例如，如果通常的 pip install 无效，可以使用 --force-reinstall 对软件包进行降级或升级）。

我们只介绍了一些基础知识，关于 pip 的全面使用指南，请参考如下网址：https://pip.pypa.io/en/stable/user_guide/。

pip 可以在 Python 中安装所有软件包，并且可以在其他替代方案（如 conda）不起作用时使用它。默认情况下，pip 安装来自 PyPI 的最新版本的包，Python 包索引位于 www.pypi.org。可以在 PyPI 中搜索包，从而查看可用的包和版本。pip 还可以从下载的文件或 GitHub 安装包。人们可以在 PyPI 上找到 Python 包的版本历史和更多信息。

conda

conda 是 Anaconda Python 发行版附带的包管理器。与 pip 相比，使用 conda 的优点在于 conda 可以在安装软件包时将相关依赖软件包一起安装。例如，某些包（如 H2O）需要安装特定版本的 Java。如果使用 pip，这可能会很困难——需要分别安装包和特定版本的 Java，但 conda 会为人们安装 Java 或其他软件依赖项。神经网络包，如用于 GPU 的

TensorFlow 和 PyTorch，具有复杂的依赖项，如 CUDA 和 CuDNN，自行安装可能既困难又耗时。conda 为人们解决了这些问题。

使用 conda 安装包类似于 pip。人们只需运行 conda install <packagename>。conda 不是从 PyPI 下载包，而是从 Anaconda 下载它们。使用 conda config --add channels conda-forge 添加 conda-forge channel 会很有帮助，该 channel 包含大多数最新版本的主要软件包。可以在 www.anaconda.org 上搜索可用的软件包。与 pip 类似，人们可以通过 conda install pandas=1.1.4 安装特定版本的软件包。

Anaconda 的包被组织成不同的 channel。人们可以为软件包创建自己的 channel，但最新版本的软件包通常位于 conda-forge channel 中。可以按如下方式指定要安装的 channel：conda install -c conda-forge pandas。这将从 conda-forge channel 安装最新版本的 pandas。

conda 的一个缺点是它可能很慢，尤其是当人们安装了许多软件包或者计算机配置不高时。有时会看到 conda 长时间停留在 solving environment 这个步骤上。

解决环境问题（solving environment）意味着检查安装了哪些其他的软件包，并确保安装的任何新软件包都是兼容的。如果对 conda 安装过程等待得不耐烦，可以按 Ctrl+c（有时需要按多次）取消安装，然后使用 pip 来安装软件包。快速安装的另一个选择是 mamba 包。这是 conda 的替代方案，旨在解决环境问题，从而更快地安装软件包。它可以通过 conda install -c conda-forge mamba 来安装。

conda 的综合指南可以通过如下网址访问：https://docs.conda.io/projects/conda/en/latest/user-guide/getting-started.html

conda 可用于升级包，包括它自己。安装 Anaconda 后，最好使用 conda update conda anaconda -y 更新 conda 和 Anaconda。此命令将更新 conda 和 Anaconda 软件包。-y 表示跳过要求人们确认安装的提示，直接安装。

虚拟环境

虚拟环境为人们提供了一个单独的 Python 安装，它与基本 Python 安装不重叠。这项功能非常有用，因为人们可以使用不同版本的 Python（例如，3.9 和 3.8），并且可以为不同的项目使用带有某些包（甚至固定到某些版本，例如 pandas 1.1.4）的不同虚拟环境。这意味着人们可以使工作更具可重复性，可以实现无论谁在哪台计算机上运行它，程序都可以通过相同的方式运行。

使用 Python 运行虚拟环境的方法有很多种，如 virtualenv、venv、pipenv、conda 等。人们将在这里使用 conda 虚拟环境策略，因为它使用了 conda 包管理器。默认情况下，当人们打开终端时，人们处于“base”虚拟环境中。人们应该在终端行的左侧看到（base），这表明人们处于该虚拟环境中。要创建 conda 虚拟环境，在终端中键入 conda create -n datasci python=3.9 -y。这将使用 Python 3.9 创建一个名为“datasci”的新 Anaconda 虚拟环境。 -y 标志表示跳过要求人们在安装时的确认步骤。当然，人们可以随意命名环境，并且还有许多其他命令可用于管理 conda 环境（https://conda.io/projects/conda/en/latest/user-uide/tasks/manage -environments.html）。要激活此环境，只需在终端中键入 conda activate datasci。

由于本书后面使用的一些包（如 pycaret）的依赖关系很复杂，并且可能与其他包发生冲突，因此最好现在创建一个 conda 环境并根据需要安装包。如果 conda 在安装包（如 pycaret）时遇到问题，最好专门为 pycaret 创建一个新环境。

在终端提示符的左侧，应该在输入 conda activate datasci 后看到（base）更改为（datasci）。人们可以使用 conda env list 查看可用的环境，它应该向人们显示 base 和 datasci。在结果中，在当前所使用的环境旁边显示一个星号。一旦进入我们的虚拟环境，可以使用 conda 和 pip 来安装包。

最后，可以将我们的环境导出一个 YAML 文件，以便我们可以与他人共享我们的环境，或将我们的环境移植到另一台机器上。这种方法很实用，这将让其他人可以运行我们的代码，或者可以将代码从我们的机器移植到云端或其他生产环境中。

要导出我们的环境，可以在终端中运行以下命令：conda env export --from-history > datasci.yml。--from-history 选项表示仅包含要求安装的软件包的名称。通常最好删除.yml 文件的最后一行，它指定环境的文件路径。有时，如果没有添加 conda-forge，我们还需要将 conda-forge 添加到.yml 文件中的 channel 列表中。请注意，如果使用--from-history 选项，这将不包括使用 pip 安装的包，因此还需要手动添加这些包。从 conda 导出用于跨平台使用的环境绝对是一个缺点。其他更复杂的命令可用于更轻松地导出更好的.yml 环境文件，如 Stack Overflow 上有关该主题的帖子中显示的示例（例如，stackoverflow.com/questions/41274007/anaconda-exportenvironment-file）。但是，在 Windows PowerShell 中，这些命令大多数都无效。

导出环境的另一种方法是使用 pip freeze > requirements.txt，然后可以使用 pip install -r requirements.txt 将其安装在另一个环境中。

一旦准备好 Python 虚拟环境，人们就可以开始学习 Python 的基础知识。

Python 基础

Python 被设计成一种易于使用和易于阅读的编程语言。因此，它也相对容易学习，这也是它如此受欢迎的原因。

要跟随并运行本章和其他章节中的示例，我建议您使用以下方法之一：

- 将代码键入或复制并粘贴到 IPython、.py 文件或 Jupyter Notebook 中。
- 从本书的 GitHub 存储库运行 Jupyter Notebook。

但是，从书中复制粘贴代码时要小心，因为有时代码会在本书中通过多行显示。这意味着在复制粘贴时，可能会添加额外的换行符，需要注意（并手动删除这些换行符）。人们可以从语法高亮和格式化推断出代码预期的格式，或者直接查看本书 GitHub 存储库中 Jupyter Notebook 中的代码。

当处理本书中的例子时，建议人们对代码进行修改，看看改变代码后会发生什么。如果正在复制粘贴或运行现有 Notebook 中的代码，应该停下来仔细阅读并思考运行的每一段代码。

注释可以在整个代码中使用，可以包含在#字符之后的一行中，如下所示：#this is a comment。还可以创建带有三个引号的多行注释，如下所示：

```
"""
multi-line
comments
can be done like this
"""
```

这些多行注释实际上是多行字符串，只是不将它们赋给变量。

数字

在考虑使用编程技术时，首先想到的事情之一就是数学。用Python为数据科学所做的很多事情都和数学相关，因此了解如何在Python中使用数字至关重要。大多数时候，人们只关心Python中的两种数字：整数和浮点数。整数是没有小数位的数字，如2。浮点数有小数位，如2.0。人们可以在Python中使用函数type()来检查对象的类型，如type(2)，输出结果为int。

使用数字，可以执行常规的数学运算：加法、减法、乘法和除法，如下所示：

```
2 + 2 # 加法
2 - 2 # 减法
2 * 2 # 乘法
2 / 2 # 除法
2 // 2 # 整数除法
```

在上面示例中，最后一行为整数除法运算符“//”。这会将除法结果向下舍入到最接近的整数，也称为下除法。除法运算符/是一个“浮点”除法，它返回一个浮点数（带有十进制值）。

人们可以对数字求幂，如2^3，这意味着2*2*2。例如，要计算2的3次方，应这样做：

```
2 ** 3
```

如果我们想取一个数字的平方根，一种方法是将0.5作为数字的指数，如2 ** 0.5。

还有一个特殊的运算符%，称为模运算符，它将返回整数除法的余数。例如，如果将5除以2，得到的结果是2，但余数是1。可以执行模数计算，如下所示：

```
5 % 2 #结果为1
```

最后，人们可以通过几种方式对数字进行四舍五入。一种简单的方法是使用int()将数字转换为整数。例如，int(5.1)将返回5。这将始终返回向下舍入到最接近的整数值。如果需要，还可以使用float()将整数转换为浮点数。

有一个round()函数，它默认将一个数字四舍五入到最接近的整数。这个函数还有一个参数ndigits，它允许人们将一个数字四舍五入到一定数量的小数位数。随后将介绍有关参数的知识，但现在要知道，这些是在调用诸如round()之类的函数时指定的参数。例如，将

2.11 舍入到 2，可以使用内置函数 round，如 round(2.11)，而要将 2.11 舍入到 2.1，可以使用 round(2.11,ndigits=1)。接下来将深入介绍函数的使用。

在 Python 中，有几个额外的内置模块和包。与数字相关的是 math 模块，它具有各种数学函数和常数。例如，如果人们想获得常数 pi 的值，可以使用 math 模块：

```
import math
math.pi
```

import math 将加载数学模块，而 math.pi 从该模块返回 pi 的值（大约为 3.14）。本章将简要介绍导入包和模块。

Python3.9 中添加了数学模块的一些新函数。比如，lcm()用于计算数字的最小公倍数。例如：

```
math.lcm(2, 3, 5)  # 最小公倍数
```

结果为 30，因为这是 2、3 和 5 的最小公倍数。

Python 中数学模块的文档为：docs.python.org/3/library/math.html。

这里介绍了 Python 3.9 中数学模块的新特性：docs.python.org/3/whatsnew/3.9.html#math。

本章后面的部分，将更深入地介绍相关文档。

可以在 Python 中利用 math 库做更多的事情，上面只是其中的一些基础知识。

字符串

在编程中，字符串就是文本。我们可以在 Python 中使用单引号或双引号创建一个字符串：

```
'a string'
"a string"
```

还可以创建带有三个引号的多行字符串，在字符串的每一端使用三个双引号或三个单引号。正如之前看到的，这些也可以用作代码中的多行注释：

```
print("""multi-
line
string""")
```

某些字符在 Python 字符串中带有特殊含义。最重要的是反斜杠“\”，它是“转义”字

符。它告诉Python反斜杠后的字符将按照特殊方式进行解释。例如，字符串'\n'表示换行符，它将输出移动到下一行，而'\t'创建一个“制表符”。还可以告诉Python忽略这些特殊字符，并按照原始字符串来逐字处理它们。

这对于在Windows上指定数据的文件路径很有用，例如：

```
print(r'C:\Users\Me\Desktop\test.csv')
```

这将打印出字符串“C:\Users\Me\Desktop\test.csv”。字符串前面的r指示Python将其视为原始字符串。如果没有r，Python会抛出异常。原始字符串的一个要求是必须对字符串末尾的反斜杠进行转义。因此，如果指定的文件路径末尾带有反斜杠，人们必须像这样对其进行转义：print(r'C:\Users\Me\Desktop\\')。

一些用于数字的运算符也可以用于字符串。+运算符可以用于连接字符串，* 运算符可用于重复字符串：

```
'a' + 'string'  #连接字符串
'a' * 2  #重复字符串
```

之前介绍了使用int()或float()将数字转换为整数或浮点数，我们可以使用str()将其他对象（如数字）转换为字符串。

Python字符串可以被认为是一系列字符并且可以通过索引的方式访问。索引意味着选择字符串的子集。在Python中，索引从0开始，并在字符串后用方括号表示。也就是说，可以使用0位置的索引选择字符串的第一个元素，如'a string'[0]，它将返回a。可以使用'a string'[1]（返回空格字符）选择字符串中的第二个字符，以此类推。如果想要字符串中的最后一个字符，可以指定-1作为索引，如'a string'[-1]，它将返回g。还可以通过提供起点和终点来选择带有索引的字符串子集，如'a string'[0:4]，它为我们提供了前四个字符：“a st”。最后，可以为索引选择一个“步长”作为索引格式的第三个参数。例如，如果想要每隔一个字母取得一个字符，可以这样来实现：'a string'[::2]，结果为“asrn”。如果想反转一个字符串，可以提供-1作为步长：'a string'[::-1]，结果为gnirts a。Python索引系统的这三个部分可以被认为是开始、停止和步长，并用冒号分隔：[start:stop:step]。如果我们不指定开始、停止或步长的任何一个，则采用默认值[0:None:1]，表示对整个字符串进行取值，一次向右取得一个字符。结合以上介绍，如果想要获得字符串的前五个字符，并且每隔一个字符取一个，可以将索引设定为[:5:2]或[0:5:2]。当学习列表（list）时，将很快再次学习 Python 的索引。

```
'a string'[0] # 字符串的第一个字符
'a string'[-1] # 字符串的最后一个字符
'a string'[0:4] # 获取前4个字符
'a string'[:4] # 获取前4个字符
'a string'[::2] # 获取整个字符串，但每隔一个字符取一个
'a string'[::-1] # 反转字符串
'a string'[:5:2] # 在前5个字符中每隔一个字符取一个
```

Python 有许多用于字符串的内置函数，如.join()、.split()、.lstrip()/.rstrip()和.removeprefix()/.removesuffix()。join 和 split 方法相似，但功能相反。join 将列表与字符串组合在一起。随后将很快详细介绍列表（list），简单来说，它们是由方括号内的各个元素组成的。例如，这行代码将字符串“this”“is”“a”和“test”组合成一个字符串，并用破折号连接成“this-is-a-test”：

```
'-'.join(['this', 'is', 'a', 'test'])
```

方括号中的字符串是一个列表，并被传递给 join()函数。这个函数是 Python 字符串的内置方法，通过在字符串后面加上句点，然后在后面加上 join()函数即可使用。然后，在 join()函数的括号内提供了一个值列表（通常是字符串或数字）。最后，整行代码返回字符串“this-is-a-test”。

split 接受一个字符串并将其拆分为多个片段。默认情况下，它在空白处拆分，包括空格、制表符和换行符。下面的例子将字符串分解为字符串列表['this','is','a','test']：

```
'this is a test'.split()
```

请注意，这个函数可以直接用于字符串，这里遵循相同的模式：字符串后跟句点，然后是函数，然后是一对括号。

其他一些常用的方法包括删除后缀和前缀。lstrip 和 rstrip 方法已经在 Python 中存在相当长一段时间了。这些方法可以从字符串的开头或结尾删除任意数量的字符。如下方示例：

```
'testtest - remove left'.lstrip('tes')
```

从字符串左侧删除集合't' 'e'和's'中任意数量的连续字符。在前面的示例中，lstrip 删除字符串的整个 testtest 部分，返回一个字符串' - remove left'。rstrip 的效果相似，只不过从字符串的末尾删除字符。

在 Python3.9 中，添加了一些新的方法（函数），包括 removesuffix 和 removeprefix。这

些不是从字符串的开头或结尾删除一组字符，而是删除完全匹配的字符串。例如，要从字符串的开头删除'testte'字符串，可以执行以下操作：

```
'testtest - remove left'.removeprefix('testte')
```

这会产生字符串“st – remove left”，因为它只删除提供给 removeprefix 函数的完全匹配部分。

Python 中的其他内置字符串方法(函数)，在官方文档中有详细的介绍，文档地址为：https://docs.python.org/3/library/stdtypes.html#string-methods。

最后介绍一下字符串格式。人们可以将来自变量或计算的动态值插入到字符串中。下一小节将介绍变量——用来代表一个值。字符串格式化对于格式化输出结果非常有用。例如，如果根据正在加载的更新数据计算一些性能指标，可能希望将其按照人们预想的方式打印出来。

有几种方法可以做到这一点，但对于大多数情况，f-string 格式是最好的选择。如下所示：

```
f'string formatting {2 + 2}'
```

可以将任何人们想要的动态代码放在大括号中。这对于运行代码时打印出指标或其他信息非常有用。很快就会看到其他一些 f-string 格式化的例子。之前已经介绍了 Python 中的一些基本变量类型，现在看看如何将它们存储为变量。

变量

编程中使用变量来保存值。例如，假设想记录人们读过多少本书，在这里，可以使用一个变量。在这种情况下，变量将是一个整数：

```
books = 1
```

在 Python 中使用等号设置变量。如果人们更新变量，如将 1 加到 books 变量上，可以用 books=books+1 覆盖旧变量。在 Python 中也有类似这样的数学运算的快捷方式：books+=1。这适用于乘法（*=）、除法（/=）、加法（+=）、减法（-=）、求幂（**=），甚至是模运算符（%=）。

一旦变量中有了数据，就可以对字符串和数字使用上面的操作。例如，要将两个字符串变量 a 和 b 连接成一个字符串，可以执行以下操作：

```
a = 'string 1'
b = 'another string'
a + b
```

表达式 a + b 将返回'string 1another string'。

了解变量是什么类型的对象很有用。要检查这一点，可以使用 type()函数。比如下面的代码会告诉人们变量 a 的类型是字符串（str）：

```
a = 'string 1'
type(a)
```

变量名称只能包含某些字符，如数字、字母和下画线。变量也必须以字母而不是数字开头。最好避免使用与内置函数和关键字相同的变量名称。

例如，如果将一个变量命名为 type，则 type 函数将不再起作用。但不要担心——用变量覆盖内置函数只是在正在运行的 Python 会话中暂时生效。人们可以简单地退出 Python 或 IPython 会话，然后启动新的 Python 或 IPython 会话以恢复正常。type()等内置函数和 None 等内置关键字通常在代码编辑器、IDE、IPython 和 Jupyter Notebook 中以不同的颜色突出显示。因此，如果命名一个变量，并且它在 Jupyter Notebook 中将颜色更改为绿色或粗体绿色，则不应使用该变量名称。

说到 None，这是 Python 中的一个特殊值，类似于其他编程语言中的 null。如果变量的值为 None，则表示该变量为空。很快就会看到一些使用它的方法。接下来，将介绍 Python 中的数据结构。

列表、元组、集合和字典

在大多数编程语言中，都有可以存储一系列值的数据结构。在 Python 中，有列表、元组、集合和字典，现在依次介绍它们。

列表

Python 中的核心数据结构之一是列表（list）。列表包含在方括号中，并且可以包含多个不同数据类型的值。列表还可以包含其他列表。之前在介绍字符串的 join()方法时我们已经看到了一个字符串列表。下面是另一个例子——整数列表：

```
[1, 2, 3]
```

列表在 Python 中有几个常用的方法。下面介绍列表的基础知识。

- 连接；
- 重复；
- 长度；
- 追加；
- 排序；
- 索引。

连接列表很简单，使用加号。以下代码将返回[1,2,3,4,5]的单个列表：

```
[1, 2, 3] + [4, 5]
```

另一个适用于列表的数学运算符是乘法。可以使用它来重复列表。例如，可以用如下代码得到[1, 2, 3, 1, 2, 3]：

```
[1, 2, 3] * 2
```

可以使用 len 函数来获得列表的长度。通过这个函数，我们可以获得列表中的元素数量。对于列表[1,2,3]，该函数将告诉人们它具有三个元素：

```
len([1, 2, 3])
```

很快就会看到这个函数如何与循环一起使用。循环中使用的另一种有用的方法是追加。以下示例将数字 1 添加到空列表的末尾。创建一个带有两个方括号的空列表：

```
a_list = []
a_list.append(1)
```

对列表进行排序也很有用。这可以通过函数 sort()和 sorted()来完成。如下所示：

```
a_list = [1, 3, 2]
a_list.sort()
sorted(a_list)
```

sort()是列表的一个方法，这意味着人们通过在列表之后放置一个句点，然后加上 sort()来使用它，它会对列表进行适当的排序（这意味着它不返回任何内容）。可以运行 a_list.sort()，但是需要打印出 a_list 以查看它是否已排序。另一方面，sorted()是一个独立的函数，它返回一个已排序的新列表。默认情况下，这些函数从最小到最大排序，但是使用 reverse 关键字参数，可以进行从最大到最小排序：

```
a_list.sort(reverse=True)
```

在前面的代码行中，将 sort()函数的 reverse 参数设置为 True，这意味着人们告诉函数按照反序进行排序。请注意，True 是一个布尔值，稍后会详细讨论。

最后，重新回顾一下索引。如前面字符串部分所述，Python 索引的工作方式如下：使用方括号来引用索引，模式为[start:stop:step]。默认值为[0:None:1]，这意味着人们获取整个列表（从开始到结束），并且每次只处理一个元素。start、stop 和 step 的值必须是整数或 None。列表的第一个元素索引为 0，因此要获取列表的第一个元素，可以执行以下操作：

```
a_list[0]
```

要获取列表的最后一个元素，可以使用列表的长度减 1 或-1：

```
a_list[len(a_list) - 1]
a_list[-1]
```

负数语法通过从列表的最后一个元素向前开始计数。-1 表示最后一个元素，-2 表示倒数第二个元素，以此类推。

如果想选择一系列元素，如列表的前三个元素，可以使用如下索引：

```
a_list[0:3]
a_list[:3]
```

开始索引是包含在内的，这意味着它的值包含在返回值中。终止索引是不包含的，这意味着能获取该元素之前的所有内容，但不包括它。由于 Python 的索引从 0 开始，所以第一个元素的索引值为 0，因此索引 3 表示第四个元素。使用[:3]索引列表会为人们提供列表的前三个元素。或者说，我们取得了列表中第四个元素之前的所有元素。

索引的最后一个参数是步长。这是在遍历列表时取得元素所用的步长。如果在列表中打算每隔一个元素进行提取，可以执行以下操作：

```
a_list[::2]
```

由于[start:stop:step]中的 start 和 stop 的默认值为 0 和 None，因此这为人们提供了整个列表的所有元素。当最后一个参数设定为 2 时，表示在取得元素时，每隔一个元素取得一个，并且 a_list[::2]与 a_list[0:None:2]是等效的。还可以使用-1 作为步长，从而对列表进行翻转：

```
a_list[::-1]
```

列表是 Python 中必不可少的数据结构，并且经常被使用。现在了解了列表，接下来将介绍元组。

元组

元组类似于列表，但一旦创建就不能更改，这也称为不变性。元组使用圆括号而不是方括号，如下所示：

```
a_tuple = (2, 3)
```

元组被称为“不可变”对象，因为元组的内容无法更改。在很多 Python 包中的函数或方法经常使用元组作为输入和输出的数据结构。可以使用 tuple()函数将列表或集合转换为元组：

```
tuple(a_list)
```

请注意，可以类似地使用 list(a_tuple)将元组转换为列表。

集合

集合遵循数学定义，即一组唯一的值。可以使用大括号或 set()函数来创建集合。例如，如果想从一个列表中获取唯一的数字，可以将它转换为一个集合：

```
set(a_list)
```

还可以使用大括号从头开始创建一个集合：

```
a_set = {1, 2, 3, 3}
```

该集合包含元素 1、2 和 3。重复的 3 被合并为集合中的一个元素，因为集合不包含重复值。

集合有一些源自数学概念的函数。其中两个函数是 union 和 difference。如果我们想合并两个集合，可以使用 union 函数：

```
set_1 = {1, 2, 3}
set_2 = {2, 3, 4}
set_1.union(set_2)
set_1 | set_2
```

竖线字符（|）是执行集合并集的运算符。在前面的示例中，将获得一个具有值 1、2、3 和 4 的集合，因为并集将得到两个集合中的唯一值。

在下面文档中，提供了有关集合的其他运算符的解释：https://docs.python.org/3/library/stdtypes.html#settypes-set-frozenset。

例如，我们可以使用.difference()或破折号（减号-）获取集合的非重叠元素。

集合可用于自然语言处理、检查数据集中存在的唯一值等。

字典

字典类似于集合，因为它们具有一组唯一的键，但字典中的元素是键值对。下面是一个字典的例子：

```
a_dict = {'books': 1, 'magazines': 2, 'articles': 7}
```

冒号左边的元素是键，右边是值。键通常是字符串或数字，值几乎可以是任何东西。使用字典，可以通过键来获取值，如下所示：

```
a_dict['books']
```

上面的代码执行后将返回值 1。可以通过以下方式将元素添加到字典中：

```
a_dict['shows'] = 12
```

也可以使用字典的 update 方法，如 a_dict.update({'shows':12})，这将给 a_dict 添加一个新元素。最后，Python3.9 中的一个新特性是字典联合，可以通过它将两个字典连接起来：

```
another_dict = {'movies': 4}
joined_dict = a_dict | another_dict
```

字典的联合操作是 Python 3.9 版中的新功能。您可以通过如下链接了解关于字典联合的更多信息：www.python.org/dev/peps/pep-0584/。

现在我们了解了列表和字典的基础知识，接下来看看如何遍历它们。

循环和遍历

循环是编程的基础，因为人们可以有条不紊地遍历列表或其他数据结构，一次获取一个元素。在 Python 中，for 循环可用于遍历列表或字典：

```
a_list = [1, 2, 3]
for element in a_list:
    print(element)
```

上面代码是打印一个 a_list 中的元素。for 循环语法首先使用关键字 for，然后是变量名（在前面的示例中使用了 element 作为变量名），当循环遍历可迭代对象（如列表）时，这个变量用于存储每次读取的元素，然后使用关键字 in，最后提供列表或可迭代对象（前面示例中的 a_list，它可以是其他数据结构，如元组）。它以冒号（:）、换行符和缩进（或四个空格）作为结束。大多数代码编辑器和 Jupyter Notebook 会自动将一个制表符转换为四个空格，因此使用 Tab 键来生成缩进更加容易。如果空格数不正确，Jupyter 和其他语法高亮工具可能会用红色突出显示缩进不足或缩进过多的行。

在循环中可以使用一些特殊的关键字，如 continue 和 break。 break 关键字将结束整个循环，而 continue 关键字将结束本次循环，跳过循环中 continue 下面的所有代码。例如，如果只想运行循环的一次迭代，可以使用 break：

```
for element in a_list:
    print(element)
    break
```

在循环中也经常使用 range()和 len()函数。例如，如果想遍历一个列表并获取该列表的索引，可以使用 range 和 len 来实现：

```
for i in range(len(a_list)):
    print(i)
```

range()函数至少接受一个参数（从 0 到被迭代对象的大小），但最多可以接受三个参数：start、stop 和 step，这与索引列表和字符串的用法相同。例如，如果想要以 2 为步长获取从 1 到 6 的数字范围，可以使用 range(1,7,2)。就像索引一样，范围的上限是不包括在内的，所以如果想获得数值 6，那么需要将第二个参数设定为 7。

与此类似的方法是使用内置的 enumerate()函数：

```
a_list = [1, 2, 3]
for index, element in enumerate(a_list):
    print(index, element)
```

这两种方法都会打印出数字 0、1 和 2，但 enumerate 的示例也打印出每个索引对应的元素 1、2 和 3。enumerate 函数可以返回索引从 0 开始的元组，其中包含索引和对应的元素。

因此，前面示例的输出如下所示：

```
0 1
1 2
2 3
```

列表的循环也可以通过列表推导来完成。这些很方便，因为它们可以使代码更简洁，有时运行速度比 for 循环稍快。

下面是一个 for 循环的示例，与列表推导式完成的事情相同：

```
a_list = []
for i in range(3):
    a_list.append(i)
#与上述循环具有相同结果的列表推导式
a_list = [i for i in range(3)]
```

我们也可以对字典进行遍历。如果要遍历字典，可以使用 .items()方法：

```
a_dict = {'books': 1, 'magazines': 2, 'articles': 7}
for key, value in a_dict.items():
    print(f'{key}:{value}')
```

这个想法与遍历列表相同，但字典的.items()方法为人们提供了字典中键和值的元组，一次提供一对。

请注意，在这里使用 f-string 格式来动态打印出键和值，并循环遍历我们的字典。

人们还可以使用字典推导，它与列表推导非常相似。以下代码创建一个字典，其中键为 1、2、3，值是它们的平方（1、4、9）：

```
a_dict = {i: i ** 2 for i in range(1, 4)}
```

Python 中还有其他更高级的概念和工具，如生成器，这些概念和工具将在后面介绍。使用循环足以满足人们的入门需求。对于循环，经常结合条件和控制流技术，接下来将介绍它们。

布尔值和条件

我们介绍的最后一个 Python 变量类型是布尔型。它们是 True(1)或 False(0)的二进制值。正如括号中所暗示的那样，人们可以使用 1 来表示 True，使用 0 来表示 False。可以使用布尔值来测试条件。假设人们想看看读过的书的数量是否大于 10，可以在 Python 中通过如下方式进行测试：

```
books_read = 11
books_read > 10
```

上面的第二行返回值 True，这是一个布尔值，因为 11 大于 10。人们经常在 if/else 语句中使用这些布尔值。Python 中的 if/else 语句提供了在满足某些条件时如何处理代码的方法。例如，如果 books_read 值在某个范围内，就可以打印出不同的消息：

```
books_read = 12
if books_read < 10:
    print("You have only read a few books.")
elif books_read >= 12:
    print("You've read lots of books!")
else:
    print("You've read 10 or 11 books.")
```

这里使用if关键字，然后提供一个语句进行测试。这将产生一个布尔值。接下来，以冒号字符结束该行。然后，下一行缩进四个空格。还可以在if语句之后使用elif来检查另一个条件，并且可以使用一个else关键字来结束条件判断。如果之前的条件都不满足，则执行else中的代码。人们可以在if和else块之间添加多个elif部分。所使用的格式与for循环类似，在行尾使用冒号，然后下面跟着缩进的行。

对于数字，可以检查某个对象是否大于指定数字（books_read>10），或者小于某个数字（books_read<10），并且可以使用>=表示大于等于，使用<=表示小于等于，使用==来判断相等，使用!=来判断是否不等。

还有一些可以用于比较和条件的关键字。例如，可以用is关键字检查某个对象是否相等，用not关键字判断是否不等。例如：

```
a = 'test'
type(a) is str
```

上面代码运行后将返回True，因为a确实是一个字符串。如果用not来进行判断，结果将得到False：

```
type(a) is not str
```

使用关键字is来判断对象是否为None也非常方便。可以通过如下方法进行判断：

```
a_var = None
a_var is None
```

上面的第二行代码运行后返回True，因为将a_var设置为None。

最后，可以使用in关键字来查看某个变量是否在另一个变量中。这适用于检查子字符串是否在某个字符串中，或者某个元素是否在列表、集合、元组或字典中。检查子字符串的示例如下：

```
'st' in 'a string'
```

上面运行的结果为True，因为st确实包含在string当中。

要检查一个元素是否在列表、集合、元组或字典的键中，可以使用关键字 in：

```
a_set = {1, 2, 3}
1 in a_set
```

上面代码运行结果为 True，因为 1 在集合中。请注意，检查一个值是否在集合或字典中比检查一个对象是否在列表中要快得多。这是因为 Python 一次查看列表中的一个元素。但是，对于集合或字典，人们可以立即知道所查询的元素是否存在其中，这要归功于一种称为散列的数学及计算机科学技术。

使用 in 关键字来检查一个元素是否存在于字典的键中，下面的代码运行结果为 True：

```
a_dict = {1: 'val1', 2: 'val2', 3: 'val3'}
1 in a_dict
```

布尔值还可以组合，如 True and False。使用 and，如果任何单个布尔值是 False，就会得到 False。也可以使用 or，如 True or False。如果由 or 连接的任何语句为 True，那么结果为 True，否则为 False。人们还可以将 and 和 or 进行组合，从而实现更复杂的逻辑判断。

这些关于布尔和条件的基础知识足以满足人们的学习要求，下面将继续介绍导入并使用包和模块。

包和模块

库，也称为包，是 Python 能够提供强大的数据科学分析和处理能力的主要原因。每个软件包都添加了 Python 以前没有的新功能，这好比在人们的智能手机上安装新的应用程序。Python 有许多提供基本功能的内置模块和包，但真正的优势是来自 GitHub 和 PyPI 上的额外包。

在大多数情况下，包和库是同义词，尽管 Python 社区似乎更喜欢使用“包”这个名称（例如，pandas 包）。这些是具有特定功能的 Python 文件的集合。例如，pandas 包提供了使用 Python 代码加载和准备数据的功能。

除了包，在 Python 中还可以使用模块，它们是具有特定功能的单个 Python 文件。例如，之前看到的 math 模块。多个模块组成一个库或包，如标准 Python 库，它由 Python 的核心模块组成。一个常用的 Python 模块的例子是 time 模块。无论是在代码中使用模块还是包，人们都可以用同样的方式导入它们。例如，time 模块可以通过如下代码导入：

```
import time
```

内置的 time 模块具有计时实用程序（所谓内置，这里的意思是它与 Python 一起安装）。该模块中带有 time.time()函数，它为我们获取当前时间（自 1970 年 1 月 1 日起，以秒为单位）。可以使用别名更改包或模块的名称，如下所示：

```
import time as t
t.time()
```

在上面的代码中，将导入的 time 模块的名称改为 t，当人们想使用 time.time()函数时，只需要使用 t.time()即可，其中 t 为 time 的别名。

有时，包有子包或子模块，以便更有效地组织它们。例如，内置的 urllib 包有一个 request 模块，可以这样导入它：

```
import urllib.request
```

然后，如果想用这个包打开一个 URL，可以使用该模块中的一个函数：

```
urllib.request.urlopen('https://www.pypi.org')
```

这么长的函数名称不是很方便，可以通过如下方法来引用该函数，从而在使用时更加简洁：

```
from urllib.request import urlopen
urlopen('https://www.pypi.org')
```

甚至可以使用别名来缩短导入函数的名称，例如，from urllib.request import urlopen as uo。如果想从一个模块或包中导入多个函数或变量，人们可以用逗号分隔它们，如下所示：

```
from urllib.request import urlopen, pathname2url
```

就个人而言，我喜欢使用全名（如 import util）导入包，但如果它们具有长名称（如 import util_for_numbers as ufn），则使用别名。然后可以像 ufn.some_function()这样使用导入的包或模块中的对象，并且清楚对象来自哪里。

虽然从技术上讲，人们可以使用 from time import *之类的方法从包或模块中导入所有函数，但这在 Python 中是不好的做法，应该避免。因为在阅读代码时，它使得识别函数的父包变得困难，并且如果来自多个包的变量或函数重叠，可能会导致其他问题。Python 编码的一般规则是，任何使代码变得更难阅读的东西都不是首选。随着时间的推移，发现让代码更易于阅读可以帮助那些阅读您的代码的人。同时，这也将帮助我们日后快速理解自己先前编写的代码。

您可以通过下面链接查看 Python 内置的包和模块：https://docs.python.org/3/library/搜索 GitHub.com 是查找 Python 包的好地方。另一个是 pypi.org。我还经常浏览 Kaggle.com 从而了解新的 Python 数据科学包。

可以使用 conda install packagename 或 pip install packagename 及其他方法来安装新包。例如，可以使用 conda install pandas 安装 pandas 包。有时包有错误，人们需要检查包的版本来帮助人们理解和修复错误。

可以使用 conda list 和 pip list 查看已安装包的版本，它们都打印出所有已安装的包和版本号。conda list 命令的效果更好，因为它向人们显示了哪些包是用 conda 安装的，哪些是用 pip 安装的。用 pip 安装的包在输出的 Channel 列下被标记为 pypi。如果一个包提示错误，人们可以在互联网上搜索错误并检查包的版本，并将其与 pypi.org 和 anaconda.org 上列出的包的最新版本进行比较。如果版本较旧，人们可以尝试使用 conda update packagename 或 pip install packagename--upgrade 来升级它。人们可能不得不尝试将版本号强制为特定版本，如 conda install pandas=1.1.3。但是，请注意，有时由于其他包的依赖要求，包会被降级，升级一个包可能会破坏已安装的另一个包的功能。

查看 Python 包时，了解包是否得到积极的维护会很有用。一种方法是检查 pypi 包页面上的“发布历史”部分（例如，pandas 页面：https://pypi.org/project/pandas/）。如果页面显示该包经常更新，则该软件包可能是健康的。可以看到 pandas 得到了积极的维护，因为它每年有很多版本更新，通常每月至少更新一次。人们还可以在 GitHub 上查看源代码，这里存储了大多数开源 Python 包的代码。如果单击顶部菜单栏上的“Insights”，然后单击左侧菜单栏中的“Contributors”，可以看到有关包代码更新的统计信息。如果有很多代码更新，并且至少有几个人帮助维护代码，那么它可能是一个健康的包。如果使用的包不是很健康的，这可能不是最好的选择，因为它可能会过时，并在以后对代码造成损害。

现在人们已经了解了包和模块，接下来看看如何使用它们中的函数。

函数

Python 中的函数总是在函数名后使用括号。将参数放在括号内，如下所示：

```
a_list = [2, 4, 1]
sorted(a_list, reverse=True)
```

在这种情况下，使用 sorted 函数从最大到最小对列表进行排序。还将 reverse 参数设置为 True，因此它是从最大到最小进行排序，而不是从最小到最大进行排序。

如果一个函数具有特定名称的参数，如 reverse，人们可以将它作为命名关键字参数，就像上面所做的那样。

可以像下方代码那样定义和创建自己的函数：

```
def test_function(doPrint, printAdd='more'):
    """
    A demo function.
    """
    if doPrint:
        print('test' + printAdd)
        return printAdd
```

创建函数，使用 def 关键字，然后给出函数名。函数名可以由字母、数字、下画线组成，但不能以数字开头，这个要求与变量命名相同。然后在括号之间给出参数，也可以不指定任何参数。如果想为参数提供默认值，可以使用等号来为参数提供默认值，就像上面的 printAdd 参数（printAdd='more'）。然后在括号后面放一个冒号，在下一行缩进四个空格，然后开始编写函数。通常，在函数定义下方通过多行注释的方式，为该函数提供一些文档，以便自己或他人在日后对该函数有更好的理解。如果想从函数中返回一些值或对象，可以添加一个 return 语句，在上面的例子中，函数将 printAdd 作为返回值。

如果通过 test_function(False)来调用函数，它不会打印任何内容，也不会返回任何内容，因为 if 语句将评估为传入的 False。当使用 test_function(True)运行前面的函数时，它会打印 testmore，并返回字符串'more'。可以按名称提供参数，如 test_function(doPrint=True)。

如果通过在 IPython 或 Jupyter Notebook 中使用问号来查看内置函数 sorted，可以看到该函数的文档如下所示：

```
sorted(iterable, /, *, key=None, reverse=False)
```

sorted 函数将对列表（或其他可迭代对象，如元组）从最小到最大进行排序，并将该对象的排序版本作为列表返回。可以看到第一个参数是 iterable，它可以是一个列表、集合或字典。下一个参数是正斜杠，表示可迭代参数。*之后或右侧的参数仅是关键字，这意味着只能通过参数名来为这些参数提供值，如 sorted(a_list,reverse=True)。

通常，在函数定义中没有正斜杠和星号，但可以使用按名称指定的参数，就像示例函数 test_function 中一样。

函数的一个关键概念是作用域。如果在函数内部创建变量，只能在函数内部访问该变量。例如，如果尝试在函数 test_function 外面访问 func_var 变量，将会得到报错信息：

```
def test_function():
    """
    A demo function.
    """
    func_var = 'testing'
    print(func_var)
print(func_var) #返回名称错误； 变量未定义
```

如果运行前面的代码，首先定义 test_function 函数。然后，当人们尝试在函数之外打印 func_var，将得到一个错误：NameError: name 'func_var' is not defined。func_var 变量只能从函数内部访问。有一些方法可以解决这个问题，如将变量声明为全局变量。但是，使用全局变量并不是最佳实践，应该避免。

创建函数的另一种方法是使用 lambda 函数，即所谓的“匿名”函数。这意味着人们不用给函数命名，它会在需要的时候运行。例如，人们可以创建一个函数来接受 2 个参数并加上 10，如下所示：

```
add10 = lambda x, y: x + y + 10
add10(10, 3)
```

将函数存储在变量 add10 中，然后使用参数 10 和 3 调用它，最后的结果为 23。Lambda 函数的语法以关键字 lambda 开头，它后面是用逗号分隔的参数列表，然后是冒号，之后是实际函数。函数中发生的任何事情（在冒号之后）都会被返回。在这种情况下，人们将两个参数相加，再加上 10，然后返回该值。Lambda 函数经常被使用在其他函数中，将在后面的章节中介绍这种使用方法。

虽然已经介绍了 Python 函数的基础知识，但请注意，还有许多更高级的便捷工具可用于 Python 函数，如装饰器和生成器。最后，在 Python 基础知识的介绍部分，让我们了解一下类。

类

Python 是一种面向对象的语言，属于编程语言的一个范畴。这意味着 Python 语言基本上是基于对象的。对象是数据、变量、函数及方法的集合，可以使用 class 关键字来定义对象。例如，下面的代码创建了一个简单的类：

```
class testObject:
    def __init__(self, attr=10):
        self.test_attribute = attr
    def test_function(self):
        print('testing123')
        print(self.test_attribute)
```

上面代码的第一行创建了一个 testObject 类。__init__函数将在人们创建类的新实例时运行，它是 Python 中类的标准特性。例如，如果创建一个 t_o=testObject(123）的类的实例，在变量 t_o 中创建一个新的 testObject 对象，并将属性 t_o.test_attribute 设置为等于 10。设置属性 test_attribute 等于 10 在__init__函数中进行设定，该函数在人们将 t_o 变量初始化为 testObject 类对象时运行。人们可以通过 t_o.test_attribute 访问该属性。函数可以包含在类中，如上面的 test_function 函数。请注意，类中的所有函数定义都需要 self 关键字作为第一个参数，这允许人们在函数中引用类的实例。这使人们能够设置对象的属性，并在对象的方法（或函数）中使用它们。

在使用 to=testObject(123）创建 to 对象后，可以使用 t_o.testFunction()运行 testFunction 方法。这将打印出字符串 testing123，然后打印出该类的 test_attribute 的值。

类在 Python 中被广泛使用。有了对类的基本理解，现在应该准备好使用它们了。接下来将简要讨论 Python 中的并发和并行化。

多线程和多进程

现代 CPU 具有多个 CPU 内核，它们都可以同时运行计算。但是，Python 在默认情况下不是并行的，这意味着它一次只能在一个内核上运行。它具有全局解释器锁（GIL），将运行的 Python 进程一次限制为一个线程（虚拟 CPU 内核）。

如今，每个 CPU 内核通常有两个线程，因此默认情况下 Python 未使用全部 CPU 算力。Python 的这种限制被认为是一个弱点。即使 Python 有 GIL，人们仍然可以用几行 Python

代码来并行化 Python 的运行。

Python 中的 multiprocessing 和 multithreading 模块允许多进程和多线程，但使用 concurrent.futures 包中的函数更容易。可以查看本书 GitHub 存储库中的 multithreading_demo.py 文件，该文件简要说明了如何使用多进程和多线程。

请注意，多进程对于提高性能很有用，但通常可以使用其他人构建的工具，从而避免自己手动通过 concurrent. futures 模块编写并发代码。在后续章节中，人们可以使用 swifter 包来并行化数据处理，而且它比使用 concurrent.futures 模块容易得多。

软件工程最佳实践

如今，数据科学倾向于包含更多的软件工程内容，因此需要了解一些软件工程的最佳实践。

调试错误和利用文档

在运行 Python 代码（或任何语言的任何代码）时，人们不可避免地会遇到一些问题。这通常表现为运行代码时出现的错误，如图 2-7 屏幕截图所示。

```
IPython: C:Users/words
(datasci) PS C:\Users\words> ipython
Python 3.8.5 (default, Sep  3 2020, 21:29:08) [MSC v.1916 64 bit (AMD64)]
Type 'copyright', 'credits' or 'license' for more information
IPython 7.19.0 -- An enhanced Interactive Python. Type '?' for help.

In [1]: 2 + 'test'
---------------------------------------------------------------------------
TypeError                                 Traceback (most recent call last)
<ipython-input-1-930e34e88d84> in <module>
----> 1 2 + 'test'

TypeError: unsupported operand type(s) for +: 'int' and 'str'

In [2]: |
```

图 2-7　IPython 中的错误示例——数字不能添加到字符串中

在这种情况下，尝试在文本（字符串）中添加一个数字，但这是不被允许的，并提示错误信息 TypeError:unsupported operand type(s) for +: 'int' and 'str'。如果可以从输出中判断错误是什么，那么可以尝试立即修复它。需要注意的是，错误中最重要的部分通常在输出的末尾或底部，然后是带有错误的内容，如 TypeError: <error message here>，并且将具有类似于上面的 TypeError 的语法突出显示。选择该文本，然后在 Windows 中右击，在 Mac 中使用 cmd + c 或在 Linux 中使用 Ctrl + Shift + c 来复制此文本。然后，在搜索引擎中搜索这个错误。通常，搜索结果中将出现 Stack Overflow，它收集了几乎所有编程语言的常见错误及其修复方法。因此，在搜索错误时可以查看结果中有关 Stack Overflow 的链接。

调试

Python 带有一个用于调试代码的模块，称为 pdb。要使用它，可以将 import pdb 和 pdb.set_trace()插入代码中。然后，在运行代码时，执行会在该行停止，并允许输入 Python 代码来检查变量。例如，尝试运行以下代码（或运行本书 GitHub 存储库中的 pdb_demo.py 文件）:

```
test_str = 'a test string'
a = 2
b = 2
import pdb; pdb.set_trace()
c = a + b
```

创建了一些变量，a 和 b，然后初始化调试器，最后在代码末尾再运行一次计算。当人们运行它时，会看到代码的执行停止了，在最左边看到一行带有（pdb）的行。这允许人们每次运行一行 Python 代码，就好像在 Python shell 中那样。人们可以检查到目前为止已创建的变量（test_str、a 和 b），但变量 c 尚不可用，因为尚未运行该行。要退出调试器，可以键入 exit 或使用 Ctrl+d。

还有另一个包 ipdb，它是交互式 Python 调试器。使用前必须使用 pip 或 conda 进行安装。ipdb 调试器类似于 IPython，具有自动代码补全等功能。

文档

编码时使用文档是非常重要的。对于任何主要的编程语言或包，都有解释其组件如何工作的文档。

例如，到目前为止，本章引用了官方 Python 文档，这对了解内置 Python 函数和 Python 基础知识很有用。其他包的文档可以通过在搜索引擎中搜索<package name> documentation 或<package name> docs 找到，使用 docs 是因为文档通常被缩写为“docs”。在包中搜索特定函数也有助于更快地获取所需信息。

最后，我们可以使用问号或使用 help()命令访问 IPython 或 Jupyter Notebook 中的文档。例如，要调出 range 函数的文档，我们可以使用"？range"或"range？"。

使用 Git 进行版本控制

由于数据科学任务往往由 Python 代码组成，因此人们需要一种方法来保存和跟踪代码。保存代码、协作和跟踪更改的最佳实践是使用版本控制。虽然有多种版本控制系统和软件解决方案，但 Git 是目前最常用的版本控制软件，GitHub 是使用 Git 的最常用的代码托管平台之一。

Git 是一种用于跟踪代码更改的协议，GitHub 允许人们将 Git 与 Web 服务一起使用。GitHub 允许人们创建账户，将代码存储在服务器上，并与全世界的其他编程者分享。还可以使用 GitHub 轻松地与其他人协作。Git/GitHub 速成课程超出了本书的范围，但如果有人对该主题的书感兴趣，我们推荐 Packt 出版社出版的由 Alex Magana 所著的 *Version Control with Git and GitHub*。

GitHub 的快速入门指南链接如下：docs.github.com/en/freepro-team@latest/github/getting-started-with-github/quickstart。

我们会发现使用 GitHub 最简单的方法是使用 GUI，它可以运行在 Windows 和 Mac 平台上（在这两个平台上提供的是官方发行版），在 Linux 上是非官方版。GitHub GUI 可以从 https://desktop.github.com/下载。但是，人们可能会更喜欢一个用于 GitHub 的命令行界面（CLI）工具。CLI 可以提供更多功能，它需要通过终端来管理 GitHub 存储库。

代码风格

在 Python Enhancement Proposal 8（PEP8）中提供了一个 Python 代码风格指南，它涵盖了 Python 代码最佳实践的所有细节。例如，在使用数学运算符时，最好在运算符和数字之间留一个空格，如 2 * 2。在为函数提供参数时，参数名称、等号和参数之间不添加空格，如 sorted(a_list, reverse=True)。这些标准有助于使 Python 代码更易于阅读和搜索，尤其是当代码在多个程序员之间共享时。

我们可以使用 Python 包 autopep8 轻松地将代码格式化为 PEP8 标准。

关于代码风格要提到的另一件事是命名约定。对于 Python 中的变量、函数和类，可以使用字母、下画线和数字。人们总是希望变量名字以字母开头，尽管可能有一些特殊情况需要以下画线开头。还可以用不同的模式命名变量，如 Camelcase 和 snake_case。Camelcase 是小写和大写字母的组合，单词的开头是大写，或者只将第一个单词首字母大写。snake_case 全都使用小写字母，用下画线来分隔单词。PEP8 规定人们应该使用 snake_case 标准，即所有字母都是小写，并使用下画线分隔单词来命名变量和函数。

PEP8 中有一小节关于命名约定的介绍，其中包括如何命名常量值、类名等对象，介绍的地址如下：https://www.python.org/dev/peps/pep-0008/#prescriptive-naming-conventions。

另外一个可以了解良好代码风格的资源是 Mariano Anaya 编写的 *Clean Code in Python 2nd Edition*。

无论选择使用哪种命名约定，每个项目都应该使用统一的命名约定。

开发技巧

有一些开发技巧可以帮助人们更快地进行编码。前面已经谈到的一个常用技巧是代码的自动补全功能。在许多命令控制台（终端）、IPython、Jupyter Notebook、IDE 和代码编辑器中都可以使用代码自动补全功能。简单地输入单词的一部分，然后按 Tab 键，该单词将自动补全，如果输入的部分字符与多个单词可以匹配，那么按 Tab 键之后会显示所有可能匹配的单词选项。

一个类似的技巧是在终端或 IPython 会话中使用向上箭头。这将循环显示最近的命令，因此无须多次重新键入相同的内容。

另一个有用的技巧是使用键盘上的 Ctrl 键（Mac 上的 command 或 option 键）按字块移动光标。在按住 Ctrl 键的同时，可以按左右箭头键每次移动一个单词。这也可以与 delete 和 backspace 键一起使用，从而删除整个单词。与此相关的是使用 Ctrl 键逐块选择单词，甚至通过使用键盘上的“home”和“end”键一次选择整行。将这种技巧与用于复制或剪切命令的 Ctrl+c 或 Ctrl+x 结合使用，人们可以快速复制或移动代码行。

与 Ctrl+方向键技巧相关的还有在一段文本周围添加括号和引号。例如，如果在 Python 中键入一个不带引号的单词，但想将其变为字符串，可以使用 Ctrl 键和左箭头键选择整个单词，然后键入一个引号（"或'）。在大多数 IDE、文本编辑器和 Jupyter Notebook 中，这会在单词的两侧添加引号，也可以用同样的方法在文本周围快速添加方括号或圆括号。

一般来说，学习使用键盘快捷键可以显著提高人们的编程效率。Jupyter Notebook、VS Code、GitHub 的 GUI 和其他软件有几个可用的热键组合，可以提高人们的工作效率。例如，在 Windows 的 GitHub GUI 中，可以通过按 Ctrl+`（即反引号字符，Esc 键下方的按键）在人们正在查看的存储库的当前文件夹中打开命令提示符。另一个例子是创建新选项卡，在它们之间切换，并在浏览器和终端中使用热键关闭它们。在 Windows 终端中，可以使用 Ctrl+Shift+t 创建一个新选项卡，并使用 Ctrl+Tab 和 Ctrl+Shift+Tab 切换选项卡。关闭选项卡则可以使用 Ctrl+Shift+w 完成。对于大多数带有选项卡的应用程序，可以使用 Ctrl（在 MacOS 中使用 cmd 按键）与 Tab 键或向上/向下翻页键的某种组合在选项卡之间切换，而 Ctrl+t 和 Ctrl+w 通常用于打开/关闭选项卡。在应用程序之间快速切换的另一个技巧是使用 Alt+Tab。使用这些键盘快捷键，几乎不需要使用鼠标，这可以提高人们的编程效率。如果对效率感兴趣，也可以了解一下 Colemak 键盘布局。这种键盘布局比 QWERTY 键盘布局更高效，同时保持相同的热键位置用于复制、粘贴和剪切。

从 IPython 或 Jupyter Notebook 运行命令可以使用与终端中运行命令相同的方法，一个技巧是在命令前面加一个叹号。例如，要从 Jupyter Notebook 使用 pip 安装软件包，可以执行以下操作：!pip install pandas。这通常不适用于需要交互的命令，因此对于conda安装，人们应该添加-y来跳过确认过程，如下所示：!conda install pandas -y。

如果人们从终端输入了一些常用命令，可能会考虑为其添加别名。例如，将Jupyter Notebook的别名设置为jn。要在Windows中使用PowerShell（如www.aka.ms/terminal中的终端）执行此操作，首先使用记事本打开您的配置文件$profile，然后添加行Set-Alias -Name jn -Value jupyter-notebook。当打开新终端时，可以键入jn来启动Jupyter Notebook。

在Mac中，人们可以从命令行使用nano~/.zshrc编辑类似的配置文件，然后添加别名jn="jupyter notebook"的行。保存并退出nano的热键显示在终端底部，这是大多数Linux和Mac终端默认提供的文本编辑器。在大多数Linux变体中，配置文件是~/.bashrc。同样，当打开一个新终端时，只需键入jn即可启动Jupyter Notebook。

最后，如果在终端或命令提示符中运行某些代码，可以使用Ctrl+c组合键取消正在运行的进程，使用Ctrl+d组合键退出终端。在Windows命令控制台中，需要输入exit而不是Ctrl+d，但在其他终端（如Mac、Linux）中，可以按Ctrl+d退出终端。之前已经接触过这些概念和命令，请牢记它们的使用方法。

本章测试

练习本书GitHub存储库中第2章文件夹下的test_your_knowledge.ipynb文件内容。这将帮助人们练习本章学到的一些Python概念和技能。

本章小结

本章的内容较多，但现在拥有了真正深入研究并开始研究数据科学所需的工具。就像厨师没有适当的工具（如锋利的刀具和专用器具）就无法做很多事情一样，如果没有适当的工具，就无法进行适当的数据科学工作。工具包括编程语言（主要是用于数据科学的

Python）、代码编辑器和 IDE（如 VS Code），以及开发、测试和运行代码的方法（如终端、IPython 和 Jupyter Notebook）。

虽然我们已经开始学习 Python 的基础知识，但还有很多东西要学，不断的实践是成为 Python 大师的关键。还有许多其他好的资源可用于更深入地学习 Python，例如，由 Packt 出版社出版的由 FabrizioRomano 所著的 *Learning Python* 和 *Learn Python Programming*。请记住，如果遇到代码错误或不知道如何完成某事的情况，搜索引擎、Stack Overflow 及 Python 和包的文档都是学习的好帮手。

现在已经为数据科学准备好了工具，可以开始学习数据科学工作的第一步——将数据提取到 Python 中。

第 2 部分

处理数据

第 3 章　Python 中的 SQL 和内置文件处理模块

数据科学的第一步总是涉及处理数据，因为没有数据做数据科学是不现实的。Python 中的规范数据操作包是 pandas，但在开始之前，需要学习基础 Python 中的一些其他基本输入/输出（I/O）函数和方法。本章将介绍以下主题：

- 如何使用内置 Python 函数从常见文本文件中加载数据；
- 如何使用内置 sqlite3 模块保存和加载数据；
- 如何使用基本 SQL 命令；
- 如何在 Python 中使用 SQLAlchemy 包。

接下来开始使用基础 Python 加载纯文本文件。

使用基础 Python 加载、读取和写入文件

当人们谈论“基础”Python 时，谈论的是 Python 软件的内置组件。在第 2 章 Python 入门中，已经在数学模块中看到了其中一个组件。在这里，将首先介绍使用内置的 open() 函数和文件对象的方法来读取和写入基本的文本文件。

打开文件并读取其内容

当人们想要读取纯文本文件，或者其他类型的文本文件，如 HTML 文件时，可以使用内置的 open 函数来做到这一点：

```
file = open(file='textfile.txt', mode='r')
text = file.readlines()
print(text)
```

在前面的示例中，首先以“读取”模式打开一个名为 textfile.txt 的文件。file 参数提供文件的路径。在前面的代码片段中已经给出了一个“相对”路径，这意味着程序会在运行此 Python 代码的当前目录中查找 textfile.txt 文件。还可以提供带有完整文件路径的“绝对”路径，语法为 file=r'C:\Users\username\Documents\textfile.txt'。请注意，在绝对路径字符串前加上 r，就像在第 2 章中学到的那样，r 指示 Python 将字符串解释为“原始”字符串，并且意味着所有字符都按字面意思解释。如果没有 r，反斜杠是特殊字符的一部分，如\n 表示换行符。

提供给 open()函数的第二个参数 mode 指定了对文件的处理方式是读取还是写入。使用它的最简单方法是使用 mode='r'读取模式和 mode='w'写入模式。open()函数可以接受多个参数（使用?open 可以查询来自 IPython 或 Jupyter Notebook 的文档，或查看下面的官方文档：https://docs.python.org/3/library/functions.html#open）。

前面示例中的第二行使用 Python 文件对象的 readlines 方法。这会将文件读取成一个列表，其中列表的每个元素对应文件中的一行。我们的示例 textfile.txt 文件如下所示：

```
This is a text file.
Now you can read it!
```

因此，当人们使用 file.readlines()并打印出结果（文本）时，会看到以下内容：

```
['This is a text file.\n', 'Now you can read it!']
```

\n 字符是换行符，这意味着它从那里开始新的一行。一旦人们打开一个文件并读取或写入它的内容，应该使用以下代码关闭它：

```
file.close()
```

但是，一种更好的方法是使用 with 语句，如下所示：

```
with open(file='textfile.txt', mode='r') as f:
    text = f.readlines()
print(text)
```

上述代码示例的第一行使用 open()函数打开文件，并将其分配给 f 变量。可以在 with 语句下方的缩进行中使用打开的文件，比如上面例子中的第二行，将文件中的所有行都读取出来。

with 语句与 if 和 for 语句一起在 Python 中被称为复合语句。它们调用了一个所谓的上下文管理器。它处理 with 语句本身和“套件”中的代码，“套件”指的是 with 语句之后的缩进代码。可以通过下方文档了解更多详细信息：https://docs.python.org/3/reference/compound_stmts.html#the-with-statement。

在格式方面，with 语句类似于 if 语句或循环；在 with...:行之后缩进四个空格的所有行都将在 with 语句中运行。另外，不要忘记行尾的冒号(:)，没有它，您会看到错误：SyntaxError:invalidsyntax。通过不再缩进行来结束 with 块，这意味着在前面的代码中，在 print(text)语句前，with 语句已经结束，并且会自动关闭文件对象，不需要再调用 f.close()。print(text)的结果与第一个示例相同。

现在看看其他几种使用文件对象的方法：一次读取整个文件对象，然后写入文件。要一次读取整个文件，可使用 read 方法，而不是 readlines，如下所示：

```
with open(file='textfile.txt', mode='r') as f:
    text = f.read()
print(text)
```

这与之前的示例几乎相同，但是使用了 f.read()。print(text)现在输出整个 textfile.txt 文件的内容：

```
This is a text file.
Now you can read it!
```

使用 open()写入文件有几种方法：可以简单地写入文件（mode='w'），同时读取和写入（mode='r+'，如果文件已经存在），或者 append(mode='a')等方法。文档中描述了很多方法，可以通过在 IPython 或 Jupyter 中执行?open 命令来查看相关文档。例如，要将内容写入当前目录中，并命名为 writetest.txt，可以执行以下操作：

```
with open(file='writetest.txt', mode='w') as f:
    f.write('testing writing out')
```

请注意，如果 writetest.txt 文件已经存在，上面的代码将覆盖该文件中的所有内容。如果不想覆盖所有内容，可以使用 mode='a'代替，它将文本添加到文件末尾。请注意，在关闭文件之前，写入的内容不会出现在文件中（这会在退出 with 语句时自动写入）。

如果需要一个快速简单的解决方案来保存某些内容，可以将这些内容写入文件中。如网页抓取，将在第 7 章介绍网页抓取技术。在网页抓取时，将网页抓取的结果写入.html 文本文件会很有帮助，这可以使用刚刚介绍的 open()函数来完成。读取文件有多种用途，包括读取凭证和读取 JSON 文件，将在下面介绍。

使用内置 JSON 模块

JavaScript Object Notation（JSON）是一种基于文本的用于表示和存储数据的格式，主要用于 Web 应用程序。可以使用 JSON 将数据保存到文本文件或将数据传输到应用程序编程接口（API），或从应用程序编程接口（API）读取数据。

API 允许人们向 Web 服务发送请求以完成各种任务。例如，向 API 发送一些文本（如电子邮件消息），然后将文本中的情绪（正面、负面或中性）返回给我们。JSON 看起来很像 Python 中的字典。例如，下面是一个 Python 中的示例字典，它存储着有关人们阅读了多少本书和文章的数据，以及它们的主题：

```
data_dictionary = {
    'books': 12,
    'articles': 100,
    'subjects': ['math',
                 'programming',
                 'data science']}
```

可以通过首先导入内置的 json 模块，然后使用 json.dumps()将其转换为 Python 中的 JSON 格式字符串：

```
import json
json_string = json.dumps(data_dictionary)
print(json_string)
```

前面的 json_string 内容如下：

```
'{"books": 12, "articles": 100, "subjects": ["math", "programming", "data science"]}'
```

如果想将该字符串转换回字典，可以使用 json.loads()来实现：

```
data_dict = json.loads(json_string)
print(data_dict)
```

打印出的字典如下所示：

```
{'books': 12,
 'articles': 100,
 'subjects': ['math', 'programming', 'data science']}
```

如果使用Python向API发送一些数据，可以使用json.dumps()。另外，如果想将JSON数据保存到文本文件中，可以使用json.dump()：

```
with open('reading.json', 'w') as f:
    json.dump(data_dictionary, f)
```

在前面的示例中，首先使用with语句打开文件，将文件对象存储在f变量中。然后使用json.dump()，并设定两个参数：字典(data_dictionary)和已经打开用于写入的文件对象(f)。

要从文件中读取JSON数据，可以使用json.load()：

```
with open('reading.json') as f:
    loaded_data = json.load(f)
print(loaded_data)
```

请注意，在前面的open()函数中，没有提供第二个参数（mode参数）。这是因为默认mode是读取模式r。json.load()函数将第一个参数作为要打开的文件对象，并返回一个字典。对数据进行打印，结果如下所示：

```
{'books': 12,
 'articles': 100,
 'subjects': ['math', 'programming', 'data science']}
```

有时从网站下载的数据就是JSON格式，而json.load()是一种将其加载到Python中的方法。Python中还有其他包可用于读取、写入和解析JSON，如simplejson和ujson包。然而，对于JSON的一般操作，内置的json模块就可以满足需求。

在Python文件中保存凭据或数据

人们有时希望将凭据或其他数据保存在.py文件中。例如，将API的身份验证凭据保存在.py文件中。可以通过创建一个包含一些变量的.py文件来实现这一点，如本书GitHub存储库中的credentials.py文件，内容如下所示：

```
username = 'datasci'
password = 'iscool'
```

加载这些保存的凭证很容易：导入模块（一个 Python.py 文件，这里命名为 credentials.py），然后可以访问其中的变量：

```
import credentials as creds
print(f'username: {creds.username}\npassword: {creds.password}')
```

使用 import 语句导入文件或模块，并为其设置别名 creds。然后打印出一个格式化的字符串（使用 f-string 进行格式化），它显示文件中的用户名和密码变量。

回想一下，f-strings 可以通过将 Python 代码放在大括号中来将变量合并到字符串中。请注意，将使用如下语法来读取凭证数据：creds. username，首先是模块的名称，然后是句点，之后是变量名称。在字符串格式化时还包括一个换行符（\n），以便将用户名和密码打印在不同的行上。

当然，可以使用这种方法将任何可以存储在 Python 对象中的数据保存在 Python 文件中，但除了用户名和密码等一些小变量，一般不会使用这项技术。对于更大的 Python 对象（例如，具有数百万个元素的字典），可以使用其他包和模块，如 pickle 模块。

使用 pickle 保存 Python 对象

有时我们需要直接保存 Python 对象，如字典或其他 Python 对象。如果正在运行 Python 代码进行数据处理或收集并希望存储结果以供日后分析，则可能需要将对象保存在文件当中。一个简单的方法是使用内置的 pickle 模块。与 Python 中的许多名称一样，pickle 这个名称比较幽默——它就像腌制蔬菜，但这里正在腌制数据。例如，对于前面代码中提到的字典（包含人们读过的书籍和文章的数据），可以将这个字典对象保存到 pickle 文件中，如下所示：

```
import pickle as pk
data_dictionary = {
    'books': 12,
    'articles': 100,
    'subjects': ['math',
                 'programming',
                 'data science']}
with open('readings.pk', 'wb') as f:
    pk.dump(data_dictionary, f)
```

首先导入 pickle 模块，并为其设定别名 pk。然后创建包含我们数据的 data_dictionary 对象，最后打开一个名为 readings.pk 的文件，并使用 pickle.dump()函数将 data_dictionary 写入该文件（这是 pk.dump()，因为为 pickle 设置了别名为 pk）。在 open()函数中，将 mode 参数设置为值'wb'，这代表“写入二进制”，意味着正在以二进制格式（0 和 1，实际上 pickle 以十六进制格式表示）将数据写入文件。由于 pickle 以二进制格式保存数据，必须使用这个'wb'参数将数据写入 pickle 文件。

一旦完成了在 pickle 文件中写入数据，就可以将其加载到 Python 中，如下所示：

```
with open('readings.pk', 'rb') as f:
    data = pk.load(f)
```

请注意，现在使用“rb”作为 mode 参数，意思是“读取二进制”。由于文件是二进制格式，必须在打开文件时指定“rb”。打开文件后，使用 pickle.load(f)将文件的内容加载到 data 变量中（在前面的代码中为 pk.load(f)，因为给 pickle 设置了别名 pk）。pickle 是一种快速保存几乎所有 Python 对象的好方法。但是，对于特定的、有组织的数据，最好将其存储在 SQL 数据库中，接下来将介绍如何操作 SQL 数据库。

使用 SQLite 和 SQL

SQL（结构化查询语言）是一种用于与关系数据库（有时称为 RDBMS，意为关系数据库管理系统）中的数据进行交互的编程语言。SQL 自 20 世纪 70 年代出现后一直存在，并且在今天继续被广泛使用。如果还没有使用过 SQL 的话，迟早会在工作上与 SQL 数据库进行交互或使用 SQL 查询。经过几十年的沉淀，SQL 在如今仍然保持着高效的数据操作能力，并被广泛使用。

SQL 是与关系数据库交互的标准编程语言，如今大部分数据和数据库都使用关系模型。事实上，SQL 已经被国际标准化组织（ISO）批准为国际标准，且 SQL 标准每隔几年就会进行更新。这种标准语言使更多的人更容易地使用这些数据库，也增加了网络效应。NoSQL 数据库是 SQL 数据库的替代品，可被用于非关系数据的存储和查询，具有更大的灵活性。例如，当人们不确定数据集到底有多少个字段，并且每一行的字段可能随着时间在数量上发生变化时，在这种情况下，传统的 SQL 数据库无法满足要求，人们可以使用像 MongoDB 这样的 NoSQL 文档数据库来解决问题。对于大数据，NoSQL 过去比 SQL 有优势，因为 NoSQL 可以水平扩展（即向集群添加更多节点）。现在，SQL 数据库已经可以轻松地进行扩展，也可以使用 AWS Redshift 和 Google 的 BigQuery 等云服务来轻松扩展 SQL 数据库。

世界上的大部分数据都使用 SQL 存储在关系数据库中。因此了解 SQL 的基础知识非常重要，这样就可以为数据科学工作快速检索数据。人们可以通过命令行或 GUI 工具，以及通过 pandas 和 SQLAlchemy 等 Python 包直接与 SQL 数据库交互。但首先，人们将使用 SQLite 数据库来练习 SQL，因为 SQLite3 是随 Python 一起安装的。SQLite 就像它的名字那样，是 SQL 的轻量级版本数据库。它缺乏 MySQL 等其他 SQL 数据库所提供的丰富功能，但使用起来更快、更容易。而且，它仍然可以保存大量数据，SQLite 数据库最大可以存储 281TB 的数据。

下一个示例，将使用 chinook 数据库。这是来自客户的歌曲和购买的数据集，类似于 iTunes 歌曲和购买的数据集，也可以将此数据集称为 iTunes 数据库。chinook.db 文件包含在本书 GitHub 存储库的第 3 章文件夹中，其源代码和数据可以在 https://github.com/lerocha/chinook-database 找到。先从命令行加载数据库。首先，打开终端或 shell 并打开 chinook.db 文件的目录，然后运行以下命令在 SQLite shell 中打开数据库：

```
sqlite3 chinook.db
```

进入 SQLite shell 后，左侧的提示符应类似于“sqlite>”。让我们尝试第一个命令：.tables，这将打印出数据库中保存数据的表。结果如图 3-1 所示。

SQL 数据库被组织成可以组合在一起以提取更多信息的表。可以绘制数据库的实体关系图（ERD），其中显示了表与表之间的关系，如图 3-2 所示。

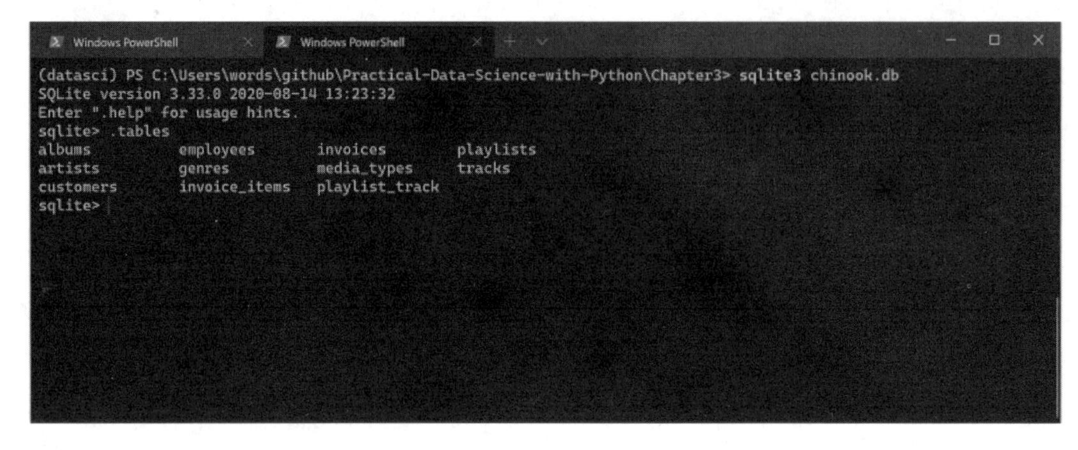

图 3-1　在 SQLite shell 中使用.tables 命令列出数据库中的表

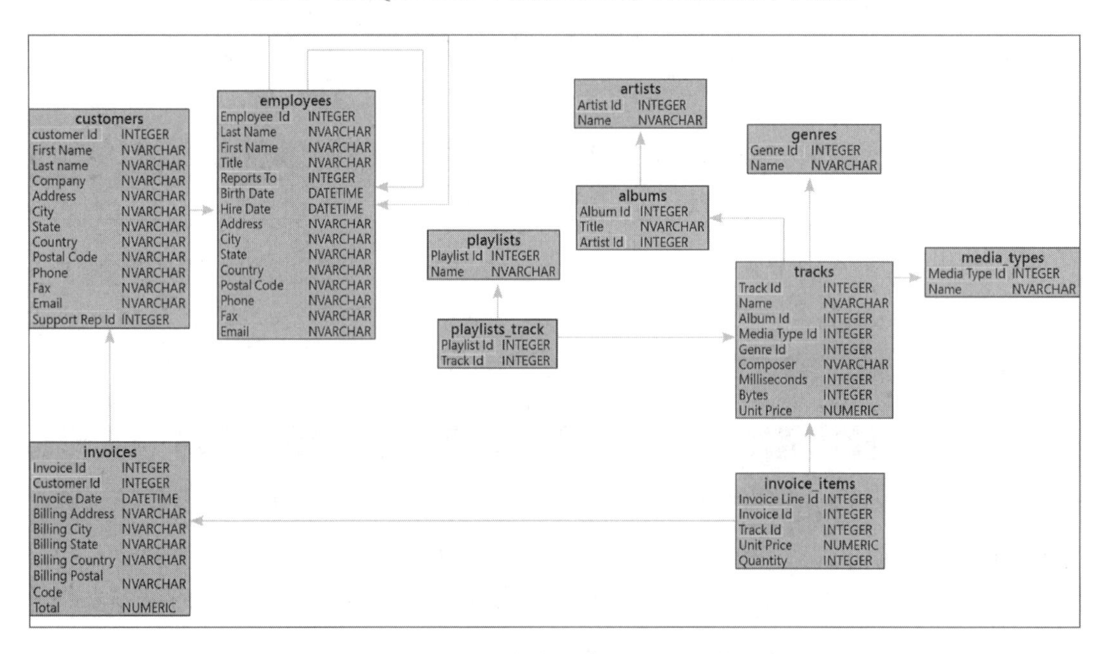

图 3-2　通过 DbVisualizer 软件创建的 chinook 数据库的 ERD

上面的 ERD 显示了人们从 chinook 数据库中列出的表。箭头显示哪些表连接到其他表，图中的每个方框代表一个表，在方框中上部加粗的部分为表的名称。在表名称下方显示了字段的名称和该字段的数据类型。

在 SQLite shell 中尝试一个简单的命令。要从 SQL 数据库中检索数据，可以使用 SELECT 命令。从 artists 表中检索一些数据：

```
SELECT * FROM artists LIMIT 5;
```

按照惯例，SQL 命令以大写形式输入，尽管它们不是必须的，且 SQL 命令中的文本都不区分大小写。因此，前面代码片段中显示的 SELECT、FROM 和 LIMIT 命令是人们使用的特定 SQL 命令。SELECT 告诉 SQL shell 选择哪些列。使用*选择所有列。请注意，从 ERD 中，可以看到 artists 表中有 ArtistId 和 Name 两个字段。接下来，提供表的名称，以从中选择所需数据，在这里使用 artists 作为表的名称放在 SQL 语句中。最后，使用 LIMIT5 将结果限制为 5 条，因此它不会打印出所有结果（因为所有结果可能会很多）。

重要的是，请注意这里以分号结束 SQL 语句。如果没有分号，SQL shell 会一直寻找更多的代码来运行。将看到如下打印结果：

```
1|AC/DC
2|Accept
3|Aerosmith
4|Alanis Morissette
5|Alice In Chains
```

返回的结果在 SQLite shell 中采用最小显示格式，甚至没有显示列名，但从 ERD 或查看表的字段列表中可以知道字段的名称。可以使用 PRAGMA table_info(artists);查看字段列表。要退出 SQLite shell，可以按 Ctrl+C 或 Command+C。

尽管没有像 PEP8 那样的 SQL 代码风格的官方指南，但有一些风格指南大体上是一致的，可以参考如下链接获取更多信息：https://www.sqlstyle.guide/和 https://about.gitlab.com/handbook/business-ops/datateam/platform/sql-style-guide/。

如果有一个 SQLite 文件，可以通过命令行或 SQLite Studio（目前网址为 https://sqlitestudio.pl/）等其他软件与它进行交互，也可以使用内置的 sqlite3 模块在 Python 中访问文件内容。要使用此方法，首先需要导入 sqlite3，然后连接到数据库文件，并创建一个游标：

```
import sqlite3
connection = sqlite3.connect('chinook.db')
cursor = connection.cursor()
```

sqlite3.connect()的字符串参数应该是数据库文件的相对路径或绝对路径。相对路径意味着它相对于当前的工作目录。如果想使用绝对路径，可以提供如下内容：

```
connection = sqlite3.connect(r'C:\Users\my_username\github\Practical-
Data-Science-with-Python\Chapter3\chinook.db')
```

请注意，字符串前面有 r 字符。正如前面提到的，这代表原始字符串，意味着它将特殊字符（如反斜杠\）视为普通文字字符。对于原始字符串，反斜杠只是一个反斜杠字符，这允许人们将文件路径直接从 Windows 文件资源管理器复制并粘贴到 Python 当中。

前面的游标允许运行 SQL 命令。例如，要运行之前已经在 SQLite shell 中尝试过的 SELECT 命令，按照如下方式使用游标：

```
cursor.execute('SELECT * FROM artists LIMIT 5;')
cursor.fetchall()
```

使用 fetchall 函数从查询中检索所有结果。还可以使用 fetchone 和 fetchmany 函数，它们在 Python 的 sqlite3 文档中都有描述。这些函数检索一条记录（fetchone）或者几条记录（fetchmany，它检索人们指定的记录条数）。

当执行更大的 SQL 查询时，可以通过不同的方式对语句进行格式化。可以将一条 SQL 命令分解为多行，如下所示：

```
query = """
SELECT *
FROM artists
LIMIT 5;
"""
cursor.execute(query)
cursor.fetchall()
```

将多行查询字符串用三引号引起来，并将每个 SQL 命令放在单独的行上。然后将这个字符串变量 query 提供给 cursor.execute()函数。最后，使用 fetchall 检索结果。

选择数据时，按其中一列对其进行排序往往很有用。看一下 invoices 表获取最大金额：

```
cursor.execute(
    """SELECT Total, InvoiceDate
    FROM invoices
```

```
    ORDER BY Total DESC
    LIMIT 5;"""
)
cursor.fetchall()
```

在这里，使用与之前相同的连接和游标。从 invoices 中选择了几列：Total 和 InvoiceDate。然后使用 ORDER BY 命令并按 Total 列进行排序，添加 DESC 实现降序排列。

如果使用不带 DESC 关键字的 ORDER BY，则 DBMS（数据库管理系统）默认按升序（从小到大）对指定的数据列进行排序。也可以对文本和日期列进行排序，文本列按字母顺序排序，日期默认从最早到最晚进行排序。

另一个有用的 SQL 命令是 WHERE，它允许人们对数据进行过滤。它类似于 Python 中的 if 语句。可以使用布尔条件进行过滤，例如，相等（==）、不等（!=）或其他比较条件（包括小于<和大于>）。在下面的示例中，仅显示来自 Canada 的数据：

```
cursor.execute(
    """SELECT Total, BillingCountry
    FROM invoices
    WHERE BillingCountry == "Canada"
    LIMIT 5;"""
)
cursor.fetchall()
```

除了使用 WHERE 命令通过 BillingCountry 字段过滤来自 Canada 的记录，还有一个与前面的示例类似的 SELECT 语句。请注意，将 Canada 作为双引号中的字符串提供，因为整个查询字符串都在单引号中，所以可以在字符串中使用双引号。当人们获取所有结果时，看到显示的记录只来自 Canada：

```
[(8.91, 'Canada'),
 (8.91, 'Canada'),
 (0.99, 'Canada'),
 (1.98, 'Canada'),
 (13.86, 'Canada')]
```

作为 WHERE 的一部分，可以使用 LIKE 通配符进行过滤。这类似于正则表达式，将在第 18 章“处理文本”中介绍。可以找到任何包含字串“can”的国家或地区字符串，如下所示：

```
cursor.execute(
    """SELECT Total, BillingCountry
    FROM invoices
    WHERE BillingCountry LIKE "%can%"
    LIMIT 5;"""
)
cursor.fetchall()
```

LIKE "%can%" 与 WHERE 语句一起使用可以完成对记录的过滤。百分号%表示字符串的开头或结尾可以有任意数量的字符，包括 0 个字符。%表示任一字符，可以是数字、符号或者字母，并且字母不区分大小写。

在撰写本书时，SQLite 的文档并不全面或完整（尽管将来可能会有所改进）。其他 SQL 变体则有更好的文档可供参考。例如，微软的 SQL 文档对 LIKE 提供了更多的描述和介绍，可参考 https://docs.microsoft.com/en-us/sql/t-sql/language-elements/like-transact-sql?view=sql-serverver15。由于 SQL 是一种标准，大多数 SQL 变体具有许多相同的命令和特性（但并不完全相同）。

对数据进行分组并获取汇总统计信息在进行数据分析工作时会很有用。例如，如果人们想知道按国家/地区分组的总销售额，看看哪些国家带来的收入最多，可以这样做：

```
cursor.execute(
    """SELECT SUM(Total), BillingCountry
    FROM invoices
    GROUP BY BillingCountry
    ORDER BY SUM(Total) DESC
    LIMIT 5;"""
)
cursor.fetchall()
```

在 invoices 表的 Total 列上使用 SUM()命令。这将根据分组字段对数据进行分组，然后统计各个分组的 Total 总和。通过 GROUP BY 子句，可以看到当前使用 BillingCountry 字段对数据进行分组。这意味着具有相同 BillingCountry 值的数据将被分在一组，然后为每个组计算 Total 列的总和。还使用带有 DESC 的 ORDER BY 字句将分组后的结果，按照 Total 总和从最大到最小排列，由此可以看到美国的总销售额最大：

```
[(523.0600000000003, 'USA'),
 (303.9599999999999, 'Canada'),
 (195.09999999999994, 'France'),
 (190.09999999999997, 'Brazil'),
 (156.48, 'Germany')]
```

SUM 函数称为聚合函数。还有其他的函数，包括 MIN、COUNT 等。SQLite 关于这些函数的文档可以在 https://sqlite.org/lang_aggfunc.html 找到。

其他 SQL 变体（如 Microsoft SQL Server 的 T-SQL 扩展）具有更多聚合函数，如标准差。

正如从 chinook 数据库的 ERD 中看到的，数据被拆分为多个表，这称为数据库规范化，这样做是为了最大限度地减少数据库使用的空间，并最大限度地减少更改数据时可能产生的错误。这意味着人们需要对表格进行组合，从而提取所需的数据。例如，假设人们要找到哪些国家/地区购买了哪些音乐，可以从一个简单的例子开始，查找购买的单个曲目，并将其与 invoice 中的国家/地区结合起来。

```
query = """
SELECT invoices.BillingCountry, invoice_items.TrackId
FROM invoices
JOIN invoice_items
ON invoices.InvoiceId = invoice_items.InvoiceId
LIMIT 5;
"""
cursor.execute(query)
cursor.fetchall()
```

在查询中可以看到，人们选择了 TrackId 和 BillingCountry 列，还指定了它们来自哪个表。因为国家字段来自 invoices 表，但 track ID 来自 invoice_items 表，需要将这两个表合并。在上面查询的第三行中，使用 JOIN 子句来执行此操作。在 SELECT...FROM 之后，使用 JOIN invoice_items 指定人们想要加入的表。然后，在 ON 关键字之后，指定如何将这两个表连接起来。就像 SELECT 语句一样，需要先指定表，然后使用句点，最后指定列，如上面语句所示，使用等号连接了来自两个不同表中的字段。默认情况下，这是一个 INNER JOIN 语句，这意味着在返回的结果中仅包含来自两个表，在这两个字段上具有相同值的记录。这是最常用的连接，但还有其他连接，包括左连接、右连接和外连接，这些其他连接将返回更多的结果，但绝大多数时候人们只使用内部联接（INNER JOIN）。因此，在此示例中，返回的每一行在两个表中的 InvoiceId 字段上具有完全匹配。使用连接时，需要小心选择哪些列。一般情况下，想使用其中一张表中的主键列，这意味着这些值在以该列作为主键的表中是唯一的。在图 3-2 所示的 ERD 中，主键列和外键列在每个表中都被突出显示。人们还可以通过检查表的信息来查看主键。可以在 invoices 表上使用带有 table_info()的 PRAGMA 命令来检索每个列的信息：

```
cursor.execute('PRAGMA table_info(invoices);')
cursor.fetchall()
```

此查询返回以下内容：

```
[(0, 'InvoiceId', 'INTEGER', 1, None, 1),
 (1, 'CustomerId', 'INTEGER', 1, None, 0),
 (2, 'InvoiceDate', 'DATETIME', 1, None, 0),
 (3, 'BillingAddress', 'NVARCHAR(70)', 0, None, 0),
 (4, 'BillingCity', 'NVARCHAR(40)', 0, None, 0),
 (5, 'BillingState', 'NVARCHAR(40)', 0, None, 0),
 (6, 'BillingCountry', 'NVARCHAR(40)', 0, None, 0),
 (7, 'BillingPostalCode', 'NVARCHAR(10)', 0, None, 0),
 (8, 'Total', 'NUMERIC(10,2)', 1, None, 0)]
```

结果的最后一列是 pk 字段，意思是“主键”。如果值为 1，则它是主键。从结果可以看出，InvoiceId 是 invoices 表中的主键列。扩展之前的示例，获取每个曲目在不同国家/地区的购买次数，并将其从高到低排序：

```
query = """
SELECT
    invoice_items.TrackId,
    COUNT(invoice_items.TrackId),
    invoices.BillingCountry
FROM invoices
JOIN invoice_items
ON invoices.InvoiceId = invoice_items.InvoiceId
GROUP BY invoices.BillingCountry
ORDER BY COUNT(invoice_items.TrackId) DESC
LIMIT 5;
"""
cursor.execute(query)
cursor.fetchall()
```

在这里，使用内部连接将 invoices 表和 invoice_items 表组合在一起，并再次使用 InvoiceId 字段连接两个表，按国家分组。随后得到按国家/地区分组之后的 TrackId 和

TrackId 的数量。COUNT 函数是另一个聚合函数，它返回每个组中项目的计数。最后，使用 ORDER BY 和 DESC 关键字，按照每个国家/地区的 TrackId 计数从大到小对其进行排序。结果如下所示：

```
[(99, 494, 'USA'),
 (42, 304, 'Canada'),
 (234, 190, 'France'),
 (738, 190, 'Brazil'),
 (2, 152, 'Germany')]
```

可以看到 TrackId 为 99 的曲目在美国购买量最多（494 次），但人们不知道那是什么歌曲。为了得到带有歌曲标题的结果，需要将 invoice 表和 invoice_items 表与另外的 tracks 表结合起来，tracks 表中包含歌曲标题，可以使用多个 JOIN 子句来做到这一点。

```
query = """
SELECT tracks.Name, COUNT(invoice_items.TrackId), invoices.BillingCountry
FROM invoices
JOIN invoice_items
ON invoices.InvoiceId = invoice_items.InvoiceId
JOIN tracks
ON tracks.TrackId = invoice_items.TrackId
GROUP BY invoices.BillingCountry
ORDER BY COUNT(invoice_items.TrackId) DESC
LIMIT 5;
"""
cursor.execute(query)
cursor.fetchall()
```

在这里，我们将 invoices、invoice_items 和 tracking 表组合在一起，从而获取 track 名称、购买数量和国家/地区，然后按国家/地区对结果进行分组。可以看到人们首先选择了将要显示的列，指定每列来自哪个表，如 tracks.Name，这将从 tracks 表中获取每首歌曲的标题。然后指定第一个表：invoices。接下来，像之前在 InvoiceId 列上所做的那样加入 invoice_items 表，然后再加入 track 表，它与 invoice_items 表都具有 TrackId 列。最后，按国家分组并像以前一样按 TrackId 的计数进行排序，将结果限制为只打印前五条。结果如下所示：

```
[('Your Time Has Come', 494, 'USA'),
 ('Right Through You', 304, 'Canada'),
 ('Morena De Angola', 190, 'France'),
 ('Admirável Gado Novo', 190, 'Brazil'),
 ('Balls to the Wall', 152, 'Germany')]
```

现在可以看到，按国家划分的最畅销歌曲是 *Your Time Has Come*，它在美国卖出了 494 次。接下来可能想要获取艺术家姓名，这需要另外两个连接：将 tracks 表与 albums 表进行连接，并且将 albums 表与 artist 表进行连接，这个任务将留给读者来完成。

如果使用临时表或子查询，还可以获得按国家/地区分组的唱片名称和购买计数的结果。

当人们在 Python 中使用完 SQLite 数据库之后，请使用如下方式将它关闭：

```
connection.close()
```

关闭连接不是必须的，但会使代码更明确（遵循 PEP8 风格指南）。这将确保连接在我们期望的时候关闭，并且可以防止由于忘记关闭连接造成资源浪费或引发其他问题。

还有很多其他的 SQL 命令可以使用，但本书不再进行介绍。事实上，有很多书籍专门讲解如何使用 SQL。如果有兴趣深入学习 SQL，可以阅读 Packt 出版社出版的由 Josephine Bush 撰写的 *Learn SQL Database Programming*，或者学习 Kaggle 的 SQL 课程，网址如下：https://www.kaggle.com/learn/overview。

熟练掌握 SQL 技术，将为数据科学工作提供极大的帮助。人们可以通过 SQL 在多种数据库中检索所需数据。除了查询，还可以使用 SQLite 来存储我们自己的数据，接下来将介绍这方面的内容。

创建 SQLite 数据库并存储数据

正如之前看到的，人们可以将数据存储在文本或 pickle 文件中。但是，随着数据不断增加，从文本或 pickle 文件中检索数据将会变得非常缓慢。可以改用 SQL 数据库（如 SQLite 数据库）来提高读写数据的性能（主要是速度）。例如，人们可能会使用 SQL 数据库来存储从 API 或网页抓取的数据。SQLite 非常适合这一点，因为它将数据保存到.sql 文件中，与从其他 SQL 数据库导出数据文件相比，该文件更容易被共享。现在举一个存储图书销售数据的示例，该数据中包含销售日期、书名、价格和数量：

```
book_data = [
    ('12-1-2020', 'Practical Data Science With Python', 19.99, 1),
    ('12-15-2020', 'Python Machine Learning', 27.99, 1),
    ('12-17-2020', 'Machine Learning For Algorithmic Trading', 34.99, 1)
]
```

可以看到，数据存储在一个列表中，因为外括号是方括号。列表中的每个元素都是一个元组，因为它被括号包围。按日期、书名、价格和数量的顺序获取数据。为每个数据行使用一个元组，因为 Python 的 sqlite 文档（https://docs.python.org/3/library/sqlite3.html）建议使用这种格式，尽管可以使用列表而不是元组。在将数据插入 SQL 数据库时使用元组是一个好主意，因为它们是不可变的，这意味着它们无法被更改。

这意味着在将数据输入数据库之前，数据不会因代码中的错误而被无意更改，也不会被黑客故意更改（因为元组不可被修改，而列表可以被修改）。可以使用 tuple()函数，通过 tuple([1,2,3])的形式将列表转换为元组。

要创建数据库，只需连接到一个文件名并创建一个游标：

```
connection = sqlite3.connect('book_sales.db')
cursor = connection.cursor()
```

如果 book_sales.db 文件不存在，则会创建它。然后执行创建表的 SQL 命令：

```
cursor.execute('''CREATE TABLE IF NOT EXISTS book_sales
                (date text, book_title text, price real, quantity real)''')
```

查询使用一个带有三个单引号的多行字符串。将表命名为 book_sales，并为表中的每一列提供列名和数据类型，并用逗号进行分隔。例如，第一列的名称为 date，数据类型为文本。还用括号将列名和数据类型的集合括起来。需要注意的是，在当前的数据库中，表的名称不能重复，否则会提示错误。但是，在运行 CREATE TABLE 命令时，添加 IF NOT EXISTS 语句将可以减少报错，因为如果表已经存在，则不会重新创建，因此将不会引发错误提示。如果需要删除表重新创建，可以使用“DROP TABLE book_sales;”来实现。

创建表后，可以使用 INSERT INTO 命令插入数据：

```
cursor.execute("INSERT INTO book_sales VALUES (?, ?, ?, ?)", book_data[0])
connection.commit()
```

在 INSERT INTO 命令之后指定表名，使用 VALUES 关键字，然后提供所要插入的数据。在这里，使用问号作为占位符，它们的值将来自提供给 cursor.execute()的第二个参数。

人们应该为每一列设置一个值或占位符。接下来，提供 book_data 作为 cursor.execute()的第二个参数，但只提供 book_data[0]列表中的第一个元素。然后，当执行查询时，问号占位符将被 book_data[0]元组中的每个值替换。还可以使用字符串格式将值放入语句中，但不建议这样做。SQL 查询的字符串格式不太安全，因为这样可能会遭受 SQL 注入攻击。例如，如果黑客能够将任意字符串放入我们的 SQL 查询中，他们也可以插入类似的内容："DROP TABLE book_sales;"，这将删除 book_sales 表中的数据。

插入数据后，需要调用 connection.commit()来保存更改，否则数据不会被持久化到数据库中。现在在数据库中已经有了第一行数据，可以通过一个简单的 SELECT 语句来检查它是否存在：

```
cursor.execute('SELECT * FROM book_sales;')
cursor.fetchall()
```

还可以使用 executemany()方法一次插入多条数据记录，如下所示：

```
cursor.executemany('INSERT INTO book_sales VALUES (?, ?, ?, ?)', book_data[1:])
connection.commit()
connection.close()
```

这会将其余的图书销售数据插入到我们的表中，并使用 commit 保存更改。最后，需要关闭数据库连接，因为已经完成了添加数据。

SQLite 是 Python 中用于保存数据的绝佳工具。但为了与来自其他 SQL 数据库系统（例如 Microsoft SQL Server 等）的数据进行交互，可以使用 Python 中的另一个工具——SQLAlchemy。

在 Python 中使用 SQLAlchemy 包

SQLAlchemy 是 Python 中用于与 SQL 数据库交互的顶级包，它支持连接到各种 SQL 数据库，包括所有主流的关系型数据库。在这里将演示连接到刚刚创建的 SQLite 数据库(book_sales.db)。首先，导入 SQLAlchemy 并连接到数据库。如果没有安装它，请使用 conda（或 pip）：conda install -c conda-forge sqlalchemy -y。导入 SQLAlchemy，连接到数据库的代码如下所示：

```
from sqlalchemy import create_engine
engine = create_engine('sqlite:///book_sales.db')
connection = engine.connect()
```

在前面的示例中，首先从 SQLAlchemy 包中导入 create_engine 函数，然后使用该函数连接到数据库文件。在这里使用数据库文件的相对路径，但也允许使用绝对路径。在 create_engine 函数中，首先给出数据库类型，然后是冒号，接下来是三个正斜杠（///），最后给出数据库文件的名称。接下来，使用 engine.connect()启动与数据库的连接。

SQLAlchemy 文档涵盖了在不同操作系统中使用绝对路径连接到 SQLite 数据库的方法，可在 https://docs.sqlalchemy.org/en/13/core/engines.html#sqlite 获取更多详细信息。

可以使用 execute 方法从数据库中检索数据，类似于使用 sqlite3 包时所用的方法：

```
result = connection.execute("select * from book_sales")
```

请注意，可以在查询末尾包含分号，但这不是必须的。

返回的结果是一个 SQLAlchemy 类（人们可以使用 type(result)命令验证这一点）。可以通过将数据转换为列表来访问结果数据，如 list(result)。还可以遍历数据，并按名称访问每一列：

```
for row in result:
    print(row['date'])
```

前面的示例遍历了检索到的数据中的每一行并打印出 date 列。就像 sqlite3 一样，应该在查询后关闭连接。

```
connection.close()
```

使用 SQLAlchemy，还可以使用 with 语句在退出 with 块时自动关闭数据库连接：

```
with engine.connect() as connection:
    result = connection.execute("select * from book_sales")
    for row in result:
        print(row)
```

这将在 with 语句的第一行创建一个连接，并且它之后的所有缩进行都可以使用该连接。请记住，在 with 语句的末尾有一个冒号字符。当停止代码缩进后，表示 with 语句结束，连接会自动关闭。

现在人们已经了解了一些在 Python 中存储和检索数据的关键方法。建议动手练习其中一些方法，这将巩固人们所学知识。

可以使用 SQLAlchemy 将数据插入 SQL 表中。可以使用与 sqlite3 相同的方法，该方法在 https://docs.sqlalchemy.org/en/13/core/connections.html#sqlalchemy.engine.Connection.execute 的文档中进行了演示。

在 SQLAlchemy 中也可以使用另一种更高级的插入数据范例，这在 https://docs.sqlalchemy.org/en/14/core/tutorial.html 文档的教程中进行了演示。

这种更高级的范例允许人们在插入一行数据时，无须为所有列指定数据，如下所示：

```
from sqlalchemy import MetaData, Table
from sqlalchemy.sql import select
metadata = MetaData(engine)
book_sales = Table('book_sales',
                   metadata,
                   autoload=True)
conn = engine.connect()
ins = book_sales.insert().values(
    book_title='machine learning',
    price='10.99')
conn.execute(ins)
```

使用上述方法，可以将现有表加载为 Python 对象，然后使用 insert 和 select 等命令作为对象的方法，然后使用 SQLAlchemy 游标来执行相关数据库操作。

本章测试

我们已经学习了如何在 Python 中检索和存储数据，练习所学知识是加深理解的一种途径。在本书的 GitHub 存储库中，第 3 章文件夹包含一个名为 test_your_knowledge 的文件夹。在此文件夹中创建一个 Jupyter Notebook，并完成以下操作：

1. 通过使用内置 json 模块打开文件，并加载 bitcoin_price.json 数据文件。
2. 将此数据保存到 SQLite 数据库中。

3．使用 sqlite3 查询数据库以获取以下信息：

- 最早和最晚日期（提示：MAX 和 MIN 聚合函数）；
- 每年的最高价格（按年份分组）并按年份排序。

4．使用 SQLAlchemy 连接到 chinook.db sqlite3 数据库。

5．找到平均歌曲长度最长的流派名称（提示：使用流派名称和歌曲长度连接表，并使用 SQLite 聚合函数获取平均值，使用 GROUP BY 子句进行分组）。

本章小结

正如在本章开头所讨论的，访问和存储数据是数据科学的基础。在本章中，通过 Python 中的 sqlite3 模块和 SQLAlchemy 包，学习了如何打开纯文本文件、处理 JSON 数据及使用 SQL 读取和存储数据。还有许多其他方式可以与 Python 中的数据存储进行交互，包括用于与大数据和云资源交互的 Python 包、用于与 MongoDB 等 NoSQL 数据库交互的包及 pandas 包。我们将在下一章学习如何使用 pandas 来处理数据。

第4章　使用 pandas 和 NumPy 加载和整理数据

数据源有多种格式，如纯文本文件、CSV、SQL 数据库、Excel 文件等。在第 3 章学习了如何处理其中的一些数据源，但是 Python 中有一个库在数据准备方面占据优势——pandas。pandas 库是数据科学家的核心工具，本章将学习如何有效地使用它。在本章中将学习如下内容:

- 从几种不同的数据源加载数据，以及将数据保存到其中
- 一些基本的探索性数据分析（EDA）知识，使用 pandas 进行绘图
- 准备和清理数据以供以后使用，包括缺失数据的插补（填充缺失值）和异常值检测
- 基本数据整理工具，例如过滤、分组和替换

总的来说，本章将是数据科学之旅的另一个基础章节，本章为人们提供开始使用数据所需的工具。通过几个示例来学习如何使用 pandas 和 NumPy 处理数据的基础知识。在第一个示例中，将使用 chinook 音乐数据作为数据源，讲解如何清理和准备数据，然后对歌曲购买进行分析。在第二个示例中，将清理和准备比特币价格数据，然后对其进行分析。

对 iTunes 数据进行整理和分析

术语“数据整理”已成为数据科学中的常用短语，通常意味着为分析和建模等下游用途清理和准备数据。下面将深入介绍 chinook iTunes 数据集当中的数据。

使用 Pandas 加载和保存数据

在第一个示例中，人们在 Apple 的 iTunes 部门做分析工作。现在的首要任务是从一组音乐销售数据中找到任何改善 iTunes 业务的有用信息。人们将再次使用 chinook 数据集，这是在第 3 章中使用过的 iTunes 数据样本。

当然，整理数据的第一步是加载数据。Pandas 提供了多种函数来加载各种文件类型的数据。iTunes 部门的一位同事提供了 CSV、Excel 和 SQLite 数据库文件，我们需要将这些文件加载到 Python 中进行分析。我们将从最简单的文件——CSV 开始。CSV 文件使用逗号来分隔值，它是一个纯文本文件。CSV 的格式如下所示：

```
Track,Composer,Milliseconds,Bytes,UnitPrice,Name,Album,Artist
All the Best Cowboys Have Daddy Issues,,2555492,211743651,1.99,TV
Shows,"Lost, Season 1",Lost
Beira Mar,Gilberto Gil,295444,9597994,0.99,Latin,Unplugged,Eric Clapton
```

可以看到上面使用逗号来分隔值。第一行是标题，它们是电子表格中的列标签。从第二行起是具体数据，每个值用逗号分隔。因此可以通过如下代码将它加载到 DataFram 中：

```
import pandas as pd
csv_df = pd.read_csv('data/itunes_data.csv')
csv_df.head()
```

如果没有安装 pandas，可以用 conda install -c condaforge pandas -y 来安装它（或者用 pip install panda 来安装它）。当大多数人使用 pandas 时，导入 pandas，使用 pd 作为别名，就像在上面代码第一行中所做的那样。在本章的其余示例中，不会导入 pandas 库，所以当看到 pd 时，它就是 pandas 库。加载 pandas 后，使 read_csv()加载数据，最后，使用 df.head() 查看前 5 行记录。

注意在 head()函数的输出中，如图 4-1 所示，Jupyter Notebook 做了很好的格式化。

由此可以看到 DataFrame 的结构，左侧有一个索引列（如图 4-1 所示的 0 到 4），顶部有列标签。然后每个行列交叉点都有一个值。它非常类似于 Excel 或 Google Sheets 电子表格。head()命令的结果如图 4-1 所示。

	Track	Composer	Milliseconds	Bytes	UnitPrice	Genre	Album	Artist
0	All the Best Cowboys Have Daddy Issues	NaN	2555492	211743651	1.99	TV Shows	Lost, Season 1	Lost
1	Beira Mar	Gilberto Gil	295444	9597994	0.99	Latin	Unplugged	Eric Clapton
2	Brasil	Milton Nascimento, Fernando Brant	155428	5252560	0.99	Latin	Milton Nascimento Ao Vivo	Milton Nascimento
3	Ben Franklin	NaN	1271938	264168080	1.99	Comedy	The Office, Season 3	The Office
4	O Último Romântico (Ao Vivo)	NaN	231993	7692697	0.99	Latin	Lulu Santos - RCA 100 Anos De Música - Álbum 02	Lulu Santos

图 4-1　在 Jupyter Notebook 中，使用 head()函数查看 DataFrame 中存储的 CSV 文件前 5 行数据

大量数据确实可以在 pandas 中处理。一种方法是使用 read_csv 中的 chunksize 参数一次读取一大块数据。dask 和 modin 等一些 Python 包也可以帮助读取 pandas 中的大量数据，并且它们可以利用计算机集群来快速处理数据（例如，在 AWS 或 GCP 云资源上的集群）。

另一种常见的文件格式是 Excel。在 Excel 文件中添加了更多歌曲，可以通过如下代码将它加载到 DataFrame 当中：

```
excel_df = pd.read_excel('data/itunes_data.xlsx', engine='openpyxl')
excel_df.head()
```

read_excel 的函数调用类似于 read_csv，只是使用不同的库来读取数据。默认情况下，pandas 使用 xlrd 库来读取 Excel 文件。不幸的是，在撰写本书时，xlrd 存在 bug，因此将使用 openpyxl 库来读取 Excel 文件。xlrd 或 openpyxl 库需要通过 conda 或 pip 额外安装才能让 pandas 读取 Excel 文件。

最后，从 chinook SQLite 数据库中获取完整数据。pandas 有一些方法可以通过 SQL 来加载数据，这里将使用 pd.read_sql_query()函数。首先需要创建一个引擎，它将使用 SQLAlchemy 连接到我们的数据库，就像在第 3 章中所做的那样。

```
from sqlalchemy import create_engine
engine = create_engine('sqlite:///data/chinook.db')
```

然后创建多行字符串的 SQL 查询。

```
query = """SELECT tracks.name as Track,
tracks.composer,
tracks.milliseconds,
tracks.bytes,
tracks.unitprice,
```

```
genres.name as Genre,
albums.title as Album,
artists.name as Artist
FROM tracks
JOIN genres ON tracks.genreid = genres.genreid
JOIN albums ON tracks.albumid = albums.albumid
JOIN artists ON albums.artistid = artists.artistid;
"""
```

在这个查询中，从数据库中的 tracks 表中获取数据，并将其连接到 genres、albums 和 artists 表以获取流派、专辑和艺术家的名称。我们也只从每个表中选择非 ID 列。请注意，我们为某些列设置了别名，例如，将 track.name 设置为 Track，这使得数据在 pandas DataFrame 中更容易被理解，因为更改后的列名更加直观。现在可以使用 pandas read 命令进行 SQL 查询：

```
with engine.connect() as connection:
    sql_df = pd.read_sql_query(query, connection)
```

我们可以使用 with 块在其中创建连接。这个结构会在 with 块完成后自动关闭连接，就像 with open file("filename") as f:（第 3 章已经介绍过）。如我们所见，人们只是将查询字符串和 SQLAlchemy 连接作为两个必须参数提供给 read_sql_query 函数。如果需要，可以指定更多参数，这些参数在 read_sql_query 函数的在线文档中有详细说明。现在可以查看数据的前几行。使用 DataFrames 的 head()方法，这个方法有一个参数 n，这也是该方法的唯一参数，用来指定要打印的记录数。在下面的代码中，打印前 2 行，所以将参数设定为 2，然后用 T 进行转置，从而将行和列进行交换。这对于具有很多列的 DataFrame 很有用。

```
sql_df.head(2).T
```

在 Jupyter Notebook 中运行上述代码，将会得到如下输出，如图 4-2 所示。

	0	1
Track	For Those About To Rock (We Salute You)	Put The Finger On You
Composer	Angus Young, Malcolm Young, Brian Johnson	Angus Young, Malcolm Young, Brian Johnson
Milliseconds	343719	205662
Bytes	11170334	6713451
UnitPrice	0.99	0.99
Genre	Rock	Rock
Album	For Those About To Rock We Salute You	For Those About To Rock We Salute You
Artist	AC/DC	AC/DC

图 4-2　通过 SQL 从 pandas 中获取数据集中的前几行记录

pandas 具有从多个来源加载数据的方法，可以将 CSV、JSON、Excel 甚至 URL 作为数据来源。可以在下方文档中找到所有可用的方法列表：https://pandas.pydata.org/pandas-docs/stable/reference/io.html。

该文档还描述了每种方法的可选参数。例如，read_csv()方法有几十个可以设置的参数。

也可以将列表或 NumPy 数组，通过如下方式创建成一个 DataFrame：

```
df = pd.DataFrame(data={'seconds': [1, 2, 3, 4],
'intensity': [12, 11, 12, 14]})
```

现在已经有了三个 DataFrame，将它们连接在一起，从而生成一个更大的 DataFrame。

了解 DataFrame 结构并组合或连接多个 DataFrame

DataFrame 具有一定的结构：存储数据的许多列和一个索引。该索引可用作访问数据的一种方法。可以像这样获取索引：

```
sql_df.index
```

将得到如下结果：

```
RangeIndex(start=0, stop=3503, step=1)
```

这是加载 DataFrame 时自动生成的索引。还可以在任何 pandas 读取命令中使用 index 参数来指定索引，如 read_csv('filename',index='index_col_name')。可以通过以下方式查看 DataFrame 中的列：

```
sql_df.columns
```

这提供了一个列的列表，可以从中选择一个列作为 DataFrame 的索引：

```
Index(['Track', 'Composer', 'Milliseconds', 'Bytes', 'UnitPrice', 'Name',
       'Album', 'Artist'],
dtype='object')
```

pandas 中的另一个关键数据结构是 Series。DataFrame 可以有多个列，而 Series 只有一列。通过检查变量的类型，看它是 DataFrame 还是 Series：

```
type(sql_df)
```

这会打印出 pandas.core.frame.DataFrame，因为有一个 DataFrame。回想一下第 2 章中的内容，内置函数 type()可以告诉人们对象的类型。

要将三个 DataFrame 合并为一个，可使用 pd.concat()函数：

```
itunes_df = pd.concat([csv_df, excel_df, sql_df])
```

正如上面介绍的，为上述函数提供一个 DataFrames 列表，然后将其存储在一个新变量中。默认情况下，这会将 DataFrame 逐行堆叠在一起。

pd.concat()函数也可用于合并 DataFrame，类似于 SQL 中的 join：

```
itunes_df = pd.concat([csv_df, excel_df, sql_df],
axis=1, join=inner)
```

在这里，设置 axis=1 来告诉函数沿着列而不是行进行连接。还将 join 参数设置为 inner，以便仅连接具有匹配索引的行。

pd.merge()是另一个可用于合并数据的函数，可以实现类似 SQL 中的 join。使用 merge()，人们可以加入任何列，而不仅仅是索引。merge 的官方文档对可用参数进行了详细说明，并提供了示例：https://pandas.pydata.org/pandas-docs/stable/reference/api/pandas.DataFrame.merge.html。其他合并方法可以参考如下文档：https://pandas.pydata.org/pandas-docs/stable/user_guide/merging.html。

现在已经有一个完整的 DataFrame，可以通过它进行数据探索。

使用 pandas 进行探索性数据分析（EDA）和基本数据清理

每当我们加载完一些数据时，接下来要做的就是探索其中的价值。一般来说，我们可以遵循一个通用的 EDA 清单：

- 检查数据的两端记录；
- 检查数据的维度；
- 检查数据类型和缺失值；
- 检查数据的统计属性；
- 对数据进行可视化。

其中一些 EDA 为我们进行进一步数据分析提供了一个良好的起点。

检查数据的两端记录

我们已经知道如何查看数据的顶部记录，如 itunes_df.head()。为了查看数据的底部，可以使用 tail()：

```
itunes_df.tail()
```

结果如图 4-3 所示。

	Track	Composer	Milliseconds	Bytes	UnitPrice	Genre	Album	Artist
3498	Pini Di Roma (Pinien Von Rom) \ I Pini Della V...	None	286741	4718950	0.99	Classical	Respighi:Pines of Rome	Eugene Ormandy
3499	String Quartet No. 12 in C Minor, D. 703 "Quar...	Franz Schubert	139200	2283131	0.99	Classical	Schubert: The Late String Quartets & String Qu...	Emerson String Quartet
3500	L'orfeo, Act, Sinfonia (Orchestra)	Claudio Monteverdi	66639	1189062	0.99	Classical	Monteverdi: L'Orfeo	C. Monteverdi, Nigel Rogers - Chiaroscuro; Lon...
3501	Quintet for Horn, Violin, 2 Violas, and Cello ...	Wolfgang Amadeus Mozart	221331	3665114	0.99	Classical	Mozart: Chamber Music	Nash Ensemble
3502	Koyaanisqatsi	Philip Glass	206005	3305164	0.99	Soundtrack	Koyaanisqatsi (Soundtrack from the Motion Pict...	Philip Glass Ensemble

图 4-3　在 Jupyter Notebook 中查看 iTunes DataFrame 的最后五行记录

请记住，如果人们有很多列，可以使用 itunes_df.tail().T 进行转置打印，它会将行和列进行交换。但对于上面的数据而言，是否转置没有很大的差别。

查看某些数据行的另一种方法是使用索引。在 pandas 中有两种索引方式：按行号或按索引值。

要按行号索引，可以使用 iloc。如果人们想查看第一行或最后一行，iloc 很有用。例如，下面是查看第一行（索引值为 0）和最后一行（索引值为-1）的方式：

```
print(itunes_df.iloc[0])
print(itunes_df.iloc[-1])
```

结果如下所示：

```
Track           All the Best Cowboys Have Daddy Issues
Composer                                           NaN
Milliseconds                                   2555492
Bytes                                        211743651
UnitPrice                                         1.99
Genre                                         TV Shows
Album                                   Lost, Season 1
Artist                                            Lost
Name: 0, dtype: object
```

```
Track                                               Koyaanisqatsi
Composer                                             Philip Glass
Milliseconds                                               206005
Bytes                                                     3305164
UnitPrice                                                    0.99
Genre                                                  Soundtrack
Album   Koyaanisqatsi (Soundtrack from the Motion Pict...
Artist                                     Philip Glass Ensemble
Name: 3502, dtype: object
```

由此可以看到，每一列都打印在单独的行上，列名在左边，值在右边。人们还可以在底部看到其他输出：Name 和 dtype。这是行的索引值及其数据类型。Object 数据类型意味着它是字符串或字符串与数字的混合值。

使用 iloc，还可以选择单个列。例如，以下命令打印出第一行第一列（索引为[0,0]）和最后一行最后一列（以及索引为[-1,-1]）的值：

```
print(itunes_df.iloc[0, 0])
print(itunes_df.iloc[-1, -1])
```

此外，可以通过索引值来获取记录，通过使用 tail()，看到最后一个索引值为 3502（上面 tail()中的 Name 值）。因此，使用 loc 将其打印出来：

```
print(itunes_df.loc[3502])
```

上面命令采用索引值而不是行号。这将打印出索引值为 3502 的所有行：

```
Track                                               Koyaanisqatsi
Composer                                             Philip Glass
Milliseconds                                               206005
Bytes                                                     3305164
UnitPrice                                                    0.99
Genre                                                  Soundtrack
Album   Koyaanisqatsi (Soundtrack from the Motion Pict...
Artist                                     Philip Glass Ensemble
Name: 3502, dtype: object
```

可以看到它与之前从 iloc 得到的最后一行记录相同。请注意，DataFrame 索引不必是唯一的，它们可以有重复的值。例如，创建另一个 DataFrame，并在其中添加最后一行的副本，然后再次使用 loc：

```
test_df = itunes_df.copy()
test_df = test_df.append(itunes_df.loc[3502])
test_df.loc[3502]
```

在第一行，复制了现有的 itunes_df，这样人们就不会改变原来的 DataFrame。然后使用 append 方法将最后一行添加到新的 DataFrame 当中。现在使用 loc 返回以 3502 作为索引的记录，将得到两行记录。

如果确实遇到索引值重复的情况，可以将索引更改为唯一的、连续的数字，如下所示：

```
test_df.reset_index(inplace=True, drop=True)
```

这会将 test_df 的索引重置为连续的 RangeIndex。请注意，如果不使用 drop=True，则当前索引将作为新列插入到 DataFrame 中。

有时，数据在开头或结尾有一些不应该存在的数据，例如，免责声明或结尾的额外信息。在这种情况下，人们可以在读取函数中使用参数来忽略这些行。例如，如果前 5 行有额外的标题信息，可以使用 pd.read_csv() 中的 skiprows 参数跳过这些数据：

```
df = pd.read_csv('csvfile.csv', skiprows=5)
```

如果想去掉最后 5 行，我们可以使用 iloc，如下所示：

```
df = df.iloc[:-5]
```

这将会从 df 的开始一直取到倒数第五行（不包含），然后将这个结果重新赋值给 df，从而覆盖原有的 df，实现删除最后 5 行的效果。

在研究索引的同时，看看如何选择数据列。可以采用如下方代码所示的方法选择一列数据：

```
itunes_df['Milliseconds']
```

如果想选择多列，可以使用字符串列表：

```
itunes_df[['Milliseconds', 'Bytes']]
```

如果选择一列，可以输入部分名称，然后按 Tab 键自动补全。如下方代码中，打算输入“Milliseconds”，但只需输入“Mill”然后按 Tab 键，将自动补齐信息：

```
itunes_df['Mill']
```

将光标放在“Mill”之后，我们可以按 Tab 键，它会为人们填写完整的列名。这适用于 Jupyter Notebook 和 IPython，以及其他一些文本编辑器和 IDE。

检查数据的维度、数据类型和缺失值

接下来，看看数据的更多特征。人们可以使用 shape 参数来了解数据集的行数和列数：

```
print(itunes_df.shape)
```

结果如下所示：

```
(4021, 8)
```

这意味着这个数据集有 4021 行和 8 列。上面的返回结果是一个元组，所以如果人们只想获取行数，可以使用 itunes_df.shape[0]。我喜欢在连接或合并 DataFrame，以及删除行或列之后使用 shape，以确保数据集符合人们的预期。

查看数据类型和缺失值可以使用 info 来完成：

```
itunes_df.info()
```

结果如下所示：

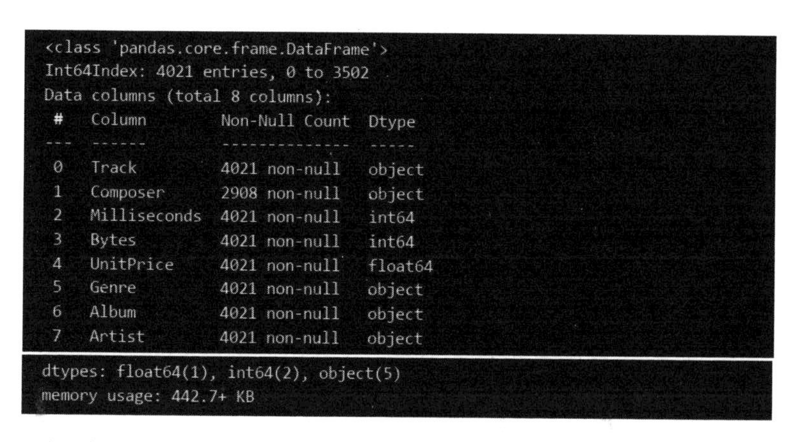

```
<class 'pandas.core.frame.DataFrame'>
Int64Index: 4021 entries, 0 to 3502
Data columns (total 8 columns):
 #   Column        Non-Null Count  Dtype
---  ------        --------------  -----
 0   Track         4021 non-null   object
 1   Composer      2908 non-null   object
 2   Milliseconds  4021 non-null   int64
 3   Bytes         4021 non-null   int64
 4   UnitPrice     4021 non-null   float64
 5   Genre         4021 non-null   object
 6   Album         4021 non-null   object
 7   Artist        4021 non-null   object
dtypes: float64(1), int64(2), object(5)
memory usage: 442.7+ KB
```

由此可以看到数据有以下几种类型：object、int64 和 float64。需要仔细检查这些类型是否正确。在上面例子中，这些看起来都是正确的，数值是整数或浮点数据类型，而字符串表示为 object。

info 方法还向人们展示了非空值的个数。只要它与行数匹配，就意味着没有缺失值。但是，使用以下方法更容易查看缺失值的数量：

```
itunes_df.isna().sum()
```

这提供了缺失值的计数（存储为 NaN 表示非数字，但也称为 NA，表示不可用）。第一部分，itunes_df.isna()，为原始 DataFrame 中的每个单元格返回一个包含 True 或 False 值的 DataFrame。如果值为 NA，则为 True；如果值不是 NA，则为 False。然后用.sum()对每一列进行总结，结果如下所示：

```
Track             0
Composer       1113
Milliseconds      0
Bytes             0
UnitPrice         0
Genre             0
Album             0
Artist            0
dtype: int64
```

很快就会弄清楚如何处理缺失值。目前，只知道 Composer 列中存在一些缺失值。

关于 isna 如何匹配不同数据类型的缺失值的更多细节，请参阅文档：https://pandas.pydata.org/pandas-docs/stable/reference/api/pandas.isna.html。

关于缺失值，还有其他相关函数，如 df.notna()、df.notnull()、df.isnull()。

在了解了数据的一些基本属性之后，就可以查看数据的统计属性。

检查数据的统计属性

检查数据统计属性最简单的方法是使用 pandas 的 describe()方法：

```
itunes_df.describe()
```

对于 iTunes 数据集，结果如图 4-4 所示。

	Milliseconds	Bytes	UnitPrice
count	4.021000e+03	4.021000e+03	4021.000000
mean	3.927276e+05	3.311048e+07	1.050184
std	5.337745e+05	1.042268e+08	0.237857
min	1.071000e+03	3.874700e+04	0.990000
25%	2.069680e+05	6.372433e+06	0.990000
50%	2.554770e+05	8.102839e+06	0.990000
75%	3.217240e+05	1.025143e+07	0.990000
max	5.286953e+06	1.059546e+09	1.990000

图 4-4　在 Jupyter Notebook 中显示 itunes_df.describe()的结果

这显示了一些统计数据的摘要，包括非缺失（non-NA）值的数量（count）、平均值（mean）、标准偏差（std）、最小值和最大值，以及几个百分位数。请注意，这些统计数据也可以通过函数获得，如标准偏差可以使用 df.std()来计算。25%行表示第 25 个百分位数。这告诉人们，在 UnitPrice 列中，25%的数据位于或低于 0.99。在图 4-4 中还可以看到，在 min 和 max 之间包含 25%、50%和 75%三个百分位数。这些数据的术语是分位数，表示大小相等的数据块，按照从最小到最大进行排序。如果像上面那样将数据分成四等分，则这种分位数称为四分位数。

对于非数字列，可以通过 mode()找到该列的最常见值，这个值也称为众数。例如：

```
itunes_df['Genre'].mode()
```

结果如下所示：

```
0    Rock
dtype: object
```

结果表明，"Rock"是该列中最常见的值。我们可以查看每个唯一值具体出现的次数：

```
itunes_df['Genre'].value_counts()
```

运行结果的前几行如下所示：

```
Rock                1498
Latin                656
Metal                420
```

由此可以清楚地看到，Rock 占据了数据中的大部分歌曲的类型。如果有很多唯一值，可以通过索引只查看少数几个：

```
itunes_df['Genre'].value_counts()[:5]
```

这将仅显示按计数排名前 5 位的 Genre 类型。

如果人们想了解有多少独特的条目，unique 函数将很有帮助：

```
itunes_df['Artist'].unique().shape
```

unique()函数将返回一个包含所有唯一值的数组。然后可以使用 shape 属性来查看有多少值。在这种情况下，发现数据中有 204 位不同的艺术家。

最后来看看数据列之间的相关性。pandas 中的 corr 函数可以用于计算相关性：

```
itunes_df.corr()
```

这将返回 DataFrame 中各个列之间的相关性，如图 4-5 所示。

	Milliseconds	Bytes	UnitPrice
Milliseconds	1.000000	0.957791	0.934829
Bytes	0.957791	1.000000	0.938734
UnitPrice	0.934829	0.938734	1.000000

图 4-5　在 Jupyter Notebook 中显示 itunes_df.corr()的结果

这种计算被称为皮尔逊相关性（Pearson correlation），它衡量两个数据之间的线性相关程度。它的范围从-1（反相关，例如，当变量 2 减小时，变量 1 按比例增加）到 0（无相关）再到 1（完全线性相关，例如，当变量 2 增加时，变量 1 按比例增加）。因此，根据定义，单个数值数据列与其自身之间的相关性为 1，在图 4-5 中，可以发现其中一条对角线上的相关性都为 1。同时，还可以从图 4-5 中看到，所有的数值数据都是强线性相关的，这是有道理的。时长较长的歌曲所需的存储空间大，成本也高。粗略地说，我们可以将相关强度以 0.2 为刻度进行划分。因此，0 ~ 0.2 表示相关性非常弱，0.2 ~ 0.4 表示弱相关，0.4 ~ 0.6 表示中等相关，0.6 ~ 0.8 表示强相关，0.8 ~ 1 表示非常强的相关。这仅适用于具有线性关系的数据。换句话说，如果将两个变量绘制成散点图，图中的散点将排列成类似一条直线。如果数据具有非线性关系，则 Pearson 相关性不是最佳的方法。稍后将学习其他非线性关系的相关方法，如 Phik 相关。

绘制 DataFrame 中的数据

绘图是任何 EDA 过程的一部分，幸运的是，pandas 可以轻松地从 DataFrame 中绘制数据。人们可以利用 pandas 绘制一些常见的图表，如条形图、直方图和散点图。

通过 pandas 可以绘制更多图形，具体可以参考如下文档：

https://pandas.pydata.org/pandasdocs/stable/user_guide/visualization.html

看一下歌曲长度的直方图。首先，需要导入标准的 Python 绘图库 matplotlib：

```
import matplotlib.pyplot as plt
```

这是在 Python 中导入绘图库的常规方式。接下来就可以绘制我们的数据：

```
itunes_df['Milliseconds'].hist(bins=30)
plt.show()
```

在上面代码中，第一行选择 Milliseconds 列，并使用 pandas Series 对象的 hist()方法。将 bins 设置为 30，这个参数的默认值是 10，这个参数指定了直方图分解为多少条柱。然后使用 plt.show()命令来显示绘图。在 Jupyter Notebook 中，plt.show()不是必须的，但在 IPython shell 中或运行 Python.py 文件时，需要调用 plt.show()，从而在屏幕上显示绘图。绘图结果如图 4-6 所示：

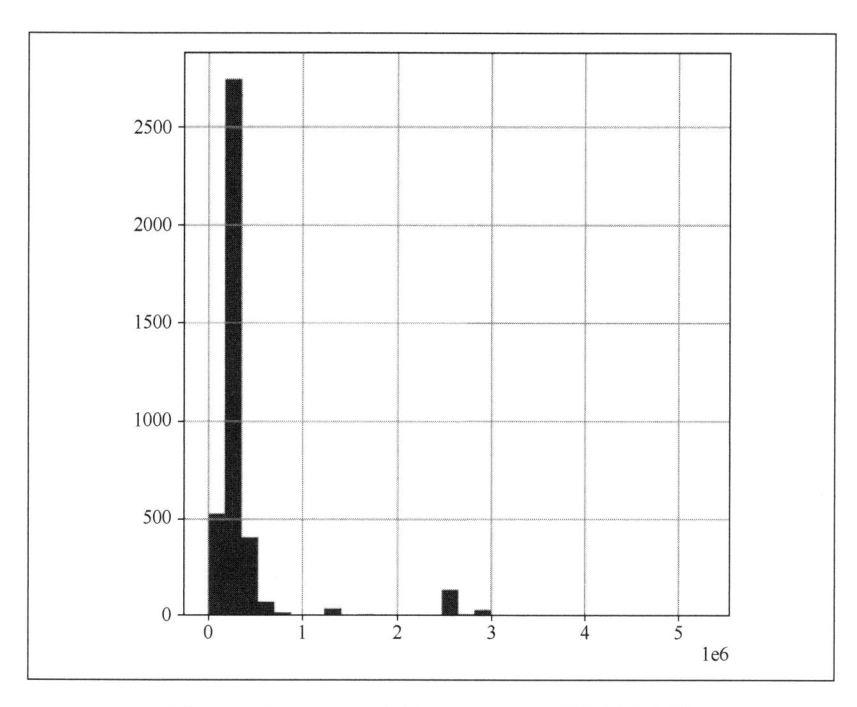

图 4-6　对 itunes_df 中的 Milliseconds 列绘制直方图

直方图可以显示数字数据的分布。在 *x* 轴上，显示以毫秒为单位的音乐长度。在 *y* 轴上，显示了相应的数据点计数。柱的数量由 hist 函数中的 bins 参数指定，我经常将其从默认值 10 增加到合适的值，从而获得更高的分辨率。

从图 4-6 中可以看到，大多数歌曲的长度都比较短，但也有一些长度很长的异常值。*x* 轴刻度为 1e6，表示数字乘以 $1*10^6$，即 100 万。从前面的 describe()函数中，发现歌曲长度的中位数约为 200000 毫秒，即 200 秒。这似乎是正确的，因为大多数歌曲的长度为 3 分钟。

函数 df.hist()和 df.plot.hist()返回不同的结果，尤其是在绘制多列时。例如，df[['Milliseconds','Bytes']].df.hist()将绘制多个单独的直方图的子图，而 df.plot.hist()将在一个图中绘制多个直方图。如果我们在同一个图中绘制两个直方图，可以使用 alpha 参数来调整透明度，以便两个直方图都可见，如下所示：df.plot.hist(alpha=0.5)。

歌曲长度与其他列相关，所以看一下歌曲长度和歌曲文件大小（以字节为单位）的散点图：

```
itunes_df.plot.scatter(x='Milliseconds', y='Bytes')
plt.show()
```

请注意，在这里使用 plot.scatter 而不仅仅是用 scatter。hist 函数也可以通过 plot.hist 进行调用。但有时必须在 pandas 中将 plot 放在绘图函数之前，如 plot.scatter。散点图如图 4-7 所示。

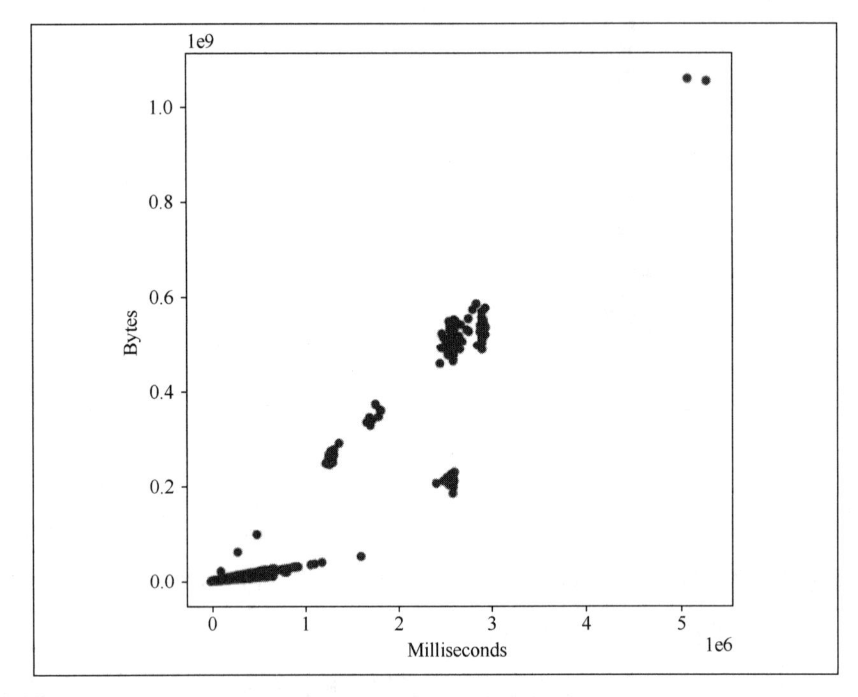

图 4-7　itunes_df 中，音乐长度与音乐文件大小的散点图

请注意，左上角有 1e9，表示字节值应乘以 1000000000；右下角有 1e6，表示毫秒值应乘以 1000000。从图 4-7 中可以看到一些数据聚类，其中有两组在不同的斜率处大致遵循直线。在较陡的线上，至少可以看到三组数据。然后还有另一组数据，在大约 $2.5*10^6$ms 和 0.2e9 字节处。最后，有一组数据具有较长的歌曲长度和较大的文件大小（在图 4-7 的右上角）。稍后我们将对这些数据组进行分析，从中发现数据的价值。

最后看一下非数字数据的条形图。可以再次使用 value_counts，并创建一个条形图：

```
itunes_df['Genre'].value_counts().plot.bar()
plt.show()
```

选择 Genre 列，然后像以前一样使用 value_counts()来获取 Genre 的唯一值数量。在这里需要在绘图函数 bar()之前使用 plot。结果图如图 4-8 所示：

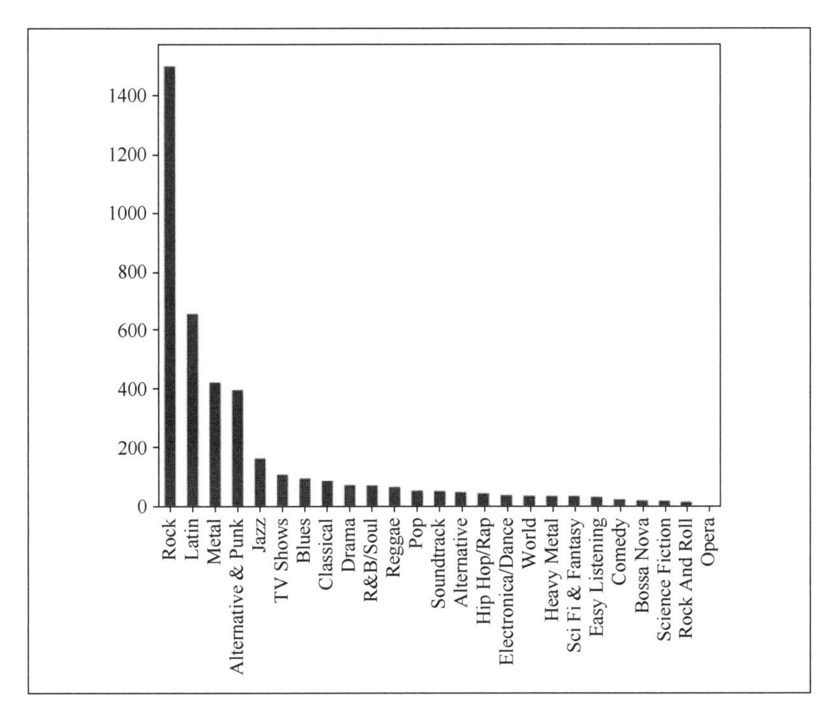

图 4-8　绘制 itunes_df 中 Genre 列的条形图

通过条形图可以更好地表达 value_counts 统计出的数据，因此这种方法非常有用。

清洗数据

在人们完成了一些 EDA 之后，可以继续进行其他一些数据清洗步骤。一些调查发现，数据科学家花费 25%到 75%的时间来清理数据，正如在第 1 章中所介绍的那样，有时数据科学家花费 90%以上的时间来清理数据。很多时候，人们可以使用 pandas 完成大部分或全部的数据清理工作。一些常见的数据清理步骤包括：

- 删除不相关的数据；
- 处理缺失值（填充缺失值或删除缺失值）；
- 处理异常值；

- 处理重复值；
- 确保数据类型正确；
- 标准化数据格式（例如统一大小写或统一单位）。

在开始对数据进行清理之前，先学习如何过滤 DataFrames 以获取特定值。

过滤 DataFrame

与第 3 章中使用的 SQL 命令类似，人们可以对 pandas 的 DataFrames 中的数据进行过滤。例如，从散点图中了解到，长度最长的歌曲时间超过 4000000 毫秒，通过下方命令找出这些歌曲：

```
itunes_df[itunes_df['Milliseconds'] > 4e6]
```

该命令即为过滤条件，在 DataFrame 对象后面提供一对方括号，在方括号当中提供要过滤的字段名称，然后跟上过滤条件，比如“>4e6”：

```
itunes_df['Milliseconds'] > 4e6
```

上面的命令将返回一个带有 True 或 False 值的 pandas Series。这是布尔掩码。当把它作为索引命令提供给 DataFrame 时，它只返回掩码为 True 的那些行。请注意，也使用科学计数法来表示 4000000，4e6 等于 $4*10^6$。

通过上面的过滤命令能得到两行记录。因为数据的列较多，为了避免杂乱，这里只显示 Genre 和 Artist 两个列的值：

	Genre	Artist
2833	TV Shows	Battlestar Galactica
2898	Drama	Lost

由此可以看到，这两首长度较长的歌曲，实际上都是电视节目的音频。进一步分析，看看超过 2000000 毫秒的歌曲流派的值计数：

```
itunes_df[itunes_df['Milliseconds'] > 2e6]['Genre'].value_counts()
```

在这里，采用与之前相同的方式进行过滤。然后，使用['Genre']对结果进行索引。第一部分，itunes_df[itunes_df['Milliseconds']>2e6]，返回一个 DataFrame，它可以像往常一样被索引。然后使用 value_counts 得到以下输出：

```
Drama                69
TV Shows             67
Sci Fi & Fantasy     31
Science Fiction      15
Comedy                2
Name: Genre, dtype: int64
```

通过观察可以发现，所有这些长度较长的歌曲并不是真正的歌曲，而是节目，可能是电子书配乐和喜剧节目。根据歌曲长度与歌曲文件大小散点图回想一下，在 2.5e6 毫秒左右有两个聚类，但歌曲文件大小有几个不同的值。可以通过多个条件过滤得到字节值（歌曲文件大小）较小的点：

```
itunes_df[(itunes_df['Milliseconds'] > 2e6) \
          & (itunes_df['Bytes'] < 0.4e9)]['Genre'].value_counts()
```

请注意，现在使用与以前相同的毫秒条件，但将它放在括号中。这些括号对于组合布尔掩码很重要，因为没有它们，代码将返回错误。然后使用与符号(&)，它代表多个条件同时满足时，结果才为 True。之后，为歌曲文件大小提供另一个过滤条件，以获取较小的字节值（歌曲文件大小）。可以根据需要，用&将任意多个条件串在一起，这些条件都为 True，结果才为 True。当使用管道符号“|”来代替&符号，它的意思是或。这意味着只要满足任一条件，掩码就会返回 True。

上面代码运行的结果如下：

```
TV Shows    32
Name: Genre, dtype: int64
```

果然，出于某种原因，电视节目歌曲的文件大小比其他类型的歌曲文件大小要小。也许节目的音频属性与歌曲相比存在某种差异，这意味着在对这些音频文件压缩时，电视节目的音频文件将比歌曲文件更小。

我们可以通过几种方式来设定否定条件。例如，如果想获取所有不是电视节目的音频，可以使用如下方法：

```
itunes_df[itunes_df['Genre'] != 'TV Shows']
```

此处可以使用第 2 章中介绍的相同的布尔比较运算符：==表示等于，!=表示不等于，>=表示大于等于等。

表示否定条件的另一种方法是使用~字符：

```
itunes_df[~(itunes_df['Genre'] == 'TV Shows')]
```

上面代码执行的结果与之前的代码相同。

还有一些其他的过滤方法，如字符串方法。可以通过下方代码获得在 Genre 列中包含“TV”的数据：

```
itunes_df[itunes_df['Genre'].str.contains('TV')]
```

可以阅读以下文档获取更多字符串方法：

https://pandas.pydata.org/pandas-docs/stable/user_guide/text.html#method-summary。

还可以使用在本章前面讨论的 isna()和其他 NA 方法进行过滤。一种更有用的过滤工具是方法 isin，稍后会介绍。

删除不相关的数据

我们可能想要删除一些数据，这涉及删除我们不想要的列或行。例如，对于 iTunes 数据，可能并不真的需要 Composer 列。人们可以通过如下代码删除无关的列：

```
itunes_df.drop('Composer', axis=1, inplace=True)
itunes_df.columns
```

这里使用 DataFrames 的 drop 函数，并且将列名作为第一个参数。我们可以通过向 drop 函数提供一个列表一次删除多个列。axis=1 参数指定删除列，而不是行，并且 inplace=True 更改 DataFrame 本身，而不是返回一个新的、修改后的 DataFrame。可以使用 DataFrame 的 columns 属性检查剩余的列。

如果想要删除其他不相关的数据，如所有非音乐的流派，可以通过下方代码来做到这一点：

```
only_music = itunes_df[~itunes_df['Genre'].isin(['Drama', 'TV Shows', 'Sci Fi
& Fantasy', 'Science Fiction', 'Comedy'])]
```

上面的代码使用 isin 方法进行过滤。isin 方法检查每个值是否在提供给函数的列表或集合中。在这种情况下，我们还可以使用波浪号（~）来表示否定条件，从而排除所有非音乐的流派，这使 only_music DataFrame 仅包含音乐流派，正如变量名称所暗示的那样。

处理缺失值

缺失值一直出现在数据集当中，它们通常用 NA 或 NaN 来表示，缺失值有时可能由某些数字或值表示，如 None 或-999。这将有助于使用 EDA 检查数据，并应该检查有关数据的相关文档以查看缺失值是否以特殊方式表示。我们可以填充缺失值，这也被称为插补。在处理缺失值方面，有如下几种选择：

- 保持缺失值不变；
- 删除数据；
- 使用特殊值填充；
- 替换为均值、中位数或众数；
- 使用机器学习技术替换缺失值。

您的选择往往取决于具体情况和数据本身。例如，我们看到 Composer 列有几个缺失值，则可以使用过滤技术来查看这些缺失值：

```
itunes_df[itunes_df['Composer'].isna()].sample(5, random_state=42).head()
```

在这里，我们使用 sample()对数据进行随机抽样，将获得 5 个数据点，并设定 random_state 参数，这样每次运行随机采样，都可以得到相同的结果。然后用 head()方法查看前几行记录。在这种情况下，我们会得到包含各种 Composer 的记录——电视节目、拉丁语等。

出于某种未知原因，似乎有些记录缺失了作曲家的数据。对于 EDA，可以保持原样，也可以通过一些机器学习包，如 H2O，通过其中的算法来填充缺失值，也可以将其保留原样用于 H2O 机器学习。

另一种选择是删除缺失值。人们可以像之前所做的那样删除整个列，也可以像下面这样删除带有缺失值的行：

```
itunes_df.dropna(inplace=True)
```

dropna 函数还有其他几个参数（选项），但这里只设定 inplace=True，表示修改现有的 DataFrame。默认情况下，这会删除所有带有缺失值的行（只要该行有一个缺失值，那么就将该行删除掉）。

```
itunes_df.loc[itunes_df['Composer'].isna(), 'Composer'] = 'Unknown'
```

在上面的代码中，再次使用过滤来获取 Composer 列有缺失值的行。然后选择 Composer 列作为 loc 的第二个元素。最后，将缺失值设置为 Unknown。如果觉得上面的方法比较烦琐，也可以使用 fillna 方法，这种方法更加简洁：

```
itunes_df['Composer'].fillna('Unknown', inplace=True)
```

上面代码使用 DataFrame 索引选择要操作的列（Composer），然后将用于填充缺失值的值作为第一个参数。使用 inplace=True 参数，表示对现有 DataFrame 进行更改，而不是返回新的 DataFrame。

假设想用众数填充缺失值，众数是一系列数据中最常见的值。如果有一个数据集，其中大多数值都是某个特定值，如 UnitPrice 列，选择众数来填充缺失值可能是最好的选择。在我们的例子中，UnitPrice 中 94%的值是 0.99，因此在此处使用众数来填充缺失值是比较好的选择。除了像上面那样手工找到该列的众数，然后再使用类似上面的代码来填充缺失值外，也可以使用 mode()函数来简化操作。

```
itunes_df['UnitPrice'].fillna(itunes_df['UnitPrice'].mode(), inplace=True)
```

在其他情况下，可以考虑使用平均值来填充缺失值。如果列中的值分布满足高斯分布或正态分布，这意味着它遵循钟形曲线，在这种情况下，可以使用平均值进行填充。

在某些情况下，使用中位数来填充缺失值更有意义，可以使用 df['Column'].median()进行填充。当列中的数据满足偏态分布时，中位数是最好的选择，如图 4-9 所示。

在偏态分布中，中位数更接近直方图的峰值，如图中实线所示。虚线是平均值，距离直方图的峰值较远。例如，这种分布往往体现在工资和房价上。对于正态非偏态分布，中位数和均值几乎相同。

替换缺失值的最先进方法是使用机器学习技术。本书后面的内容将介绍机器学习技术，使用机器学习技术来预测缺失值，并进行填充。另一种选择是使用预先构建的 imputer 函数，就像 sklearn.impute.KNNImputer 函数一样，它可以完成上述利用机器学习技术进行缺失值填充的工作。一般情况下，用均值、中值或众数（甚至是诸如 0 之类的常数值）替换就足够了，但 KNN（*k*-最近邻）插补效果更好（需要做更多的准备工作）。

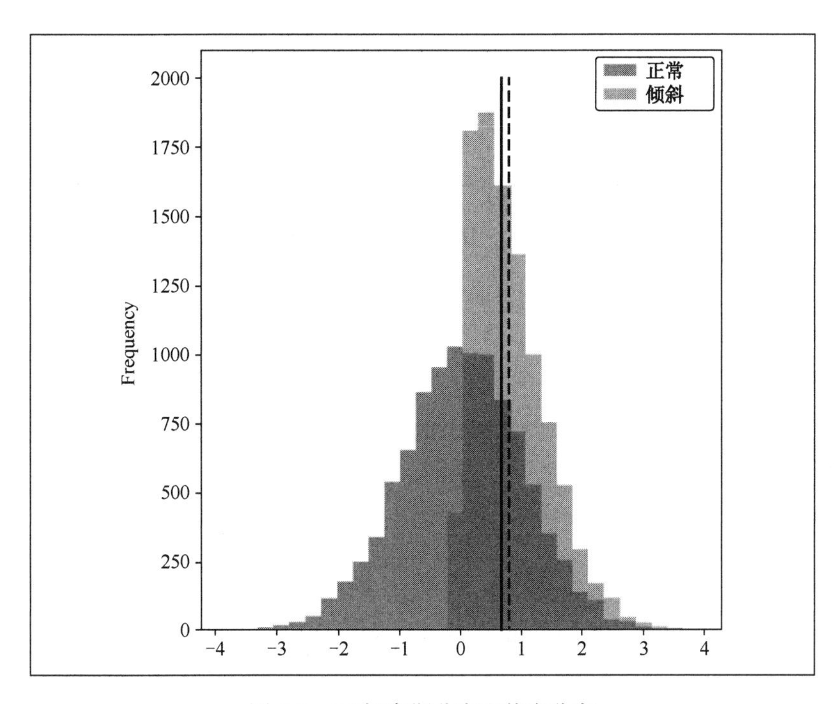

图 4-9　正态/高斯分布和偏态分布

（左边的垂直实线是偏态分布的中位数，右边的垂直虚线是平均值）

一个使用 KNN 进行缺失值填充的例子是人口统计数据。KNN 通过获取一定数量的最近数据点 *n* 来工作，并对它们进行平均计算，从而获得新值。它通过欧几里得距离获取最近的点，欧几里得距离是空间中两点之间的直线距离。将在以后的章节中更详细地介绍这个算法。

要查看 KNN 插补的实际效果，在 Bytes 列中创建缺失值：

```
import numpy as np
itunes_df.loc[0, 'Bytes'] = np.nan
```

首先需要导入 NumPy 库才能创建 NaN 值，然后获取行索引为 0、列为 Bytes 的位置，并将它的值设置为 np.nan。接下来，从 sklearn(scikit-learn)机器学习库中导入 KNNImputer 函数并创建 imputer 对象的实例：

```
from sklearn.impute import KNNImputer
imputer = KNNImputer()
```

上面代码中，使用默认值创建了 imputer 对象，它将使用 5 个近邻值来计算。然后，使用 fit_transform 方法：

```
imputed = imputer.fit_transform(itunes_df [['Milliseconds', 'Bytes',
'UnitPrice']])
```

这会接收具有缺失值的数据，并且拟合 KNN 模型，然后用模型的预测值填充缺失值。不幸的是，sklearn 只能处理数字数据并完成缺失值的填充，所以不能向它传递任何字符串。然后，为了替换缺失值，用新数据覆盖 Bytes 列：

```
itunes_df['Bytes'] = imputed[:, 1]
```

插补变量是一个 NumPy 数组，类似于 pandas 中的 Series。使用[:,1]对其进行索引，这表示检索所有行的第二列。如果将预测值与原始值进行对比，会发现它们很接近，但并不完美。通过 KNNImputer 对 index 为 0 的第一行（因为有几行记录，它们的 index 值都为 0）的预测值为 3.8e8，但在将其设置为 np.nan 之前，它的原始值为 2.1e8。但是，KNNImputer 预测比 3.3e7 字节的平均值更接近真实值，因为平均值比实际值小一个数量级。因此，对于数据分布不均匀或非高斯分布的数据，使用 KNNImputer 方法进行缺失值填充会得到更好的效果。

如果打算使用 itunes_df.iloc[0]['Bytes']=np.nan 尝试将第一行设置为缺失值，则会收到警告：A value is trying to be set on a copy of a slice from a DataFrame。最好用 loc 而不是 iloc 设置值，因为 iloc 有时会引发错误。在一些情况下，当看到此警告时，也意味着人们对 DataFrame 进行了索引或切片，然后尝试在 DataFrame 中设置列或条目的值。为避免这种情况，请使用如下所示的方法，并使用 copy 函数生成新的 DataFrame：

```
new_df = df[df['Column'] == 'Value'].copy()
```

替换缺失值的 KNNImputer 方法是在这里介绍的最先进的方法。如果对它感到困惑，不要担心，将在本书的后面介绍像 KNN 这样的机器学习方法。

处理异常值

异常值是指不在通常值范围内的数据。对于分类数据，如音乐的类型，异常值可能表示少数类别，如电视节目。可以将这些异常值所在的行删除，也可以将所有这些少数类别放到一个标记为 Other 的类别中。处理分类异常值往往对数据分析有帮助，但通常影响很小。

对于数值型数据，很容易量化异常值。通常使用四分位范围（IQR）或 z-score 方法。本章将在这里介绍 IQR 方法，因为它与箱线图有关，随后将在第 5 章中介绍箱线图。

回想一下，人们在 EDA 中的 describe()函数得到了四分位数（第 25、50、75 百分位数）。它们有时分别被称为第一、第二和第三四分位数（Q1、Q2 和 Q3）。

IQR 方法使用这些四分位数水平来检测异常值。公式为：

$$IQR = 75\_percentile - 25\ percentile$$

异常边界为：

$$upper\_boundary = 75\ percentile + 1.5 * IQR$$

$$lower\_boundary = 25\_percentile - 1.5 * IQR$$

还可以使用如下代码从 DataFrame 中排除异常值：

```
def remove_outliers(df, column):
    q1 = df[column].quantile(0.25)
    q3 = df[column].quantile(0.75)
    iqr = q3 - q1
    upper_boundary = q3 + 1.5 * iqr
    lower_boundary = q1 - 1.5 * iqr
    new_df = df.loc[(df[column] > lower_boundary) & \
                    (df[column] < upper_boundary)]
    return new_df
```

这里创建了一个以 DataFrame 和列名作为参数的函数。前两行使用 quantile()方法计算第 25 个百分位水平和第 75 个百分位水平，并将它们存储在 q1 和 q3 变量中。然后根据 Q1 和 Q3 之间的差异计算 IQR。接下来，使用 IQR 异常值公式获得异常值的上限和下限。然后使用 DataFrame 进行过滤，只保留上下边界之间的点，即只保留非异常点。结果存储在一个新的 DataFrame 中，称为 new_df。最后，返回 DataFrame。人们可以通过下面代码所示的方式来处理数字内容的列：

```
itunes_df_clean = remove_outliers(itunes_df, 'Milliseconds')
```

然后，可以使用 shape 属性（itunes_df_clean.shape）来检查是否确实删除了某些行。在这种情况下，通过删除 Milliseconds 列中的异常值，删除了大约 400 行数据。

去除异常值让数据的可视化变得更加容易，并可以提高机器学习模型的性能。另一种去除异常值的简单方法是删除位于数据中极端百分位数之外的所有数据点。例如，可以删除第 1 个和第 99 个百分位数之外的所有点，这意味着人们只保留了中间 98%的数据。

其他处理异常值的方法可以在 Stack Overflow 的问答中找到答案：https://stackoverflow.com/questions/23199796/detect-andexclude-outliers-in-pandas-data-frame。

实际上，上面看到的函数是通过 Stack Overflow 中的一个答案改编的。

处理重复值

检查重复值在工作中非常重要，因为数据中的重复值往往会对分析结果造成不良影响。一种检查重复值的简单方法是使用 duplicated()函数：

```
itunes_df.duplicated().sum()
```

这会打印出完全重复的行数。在本例中，看到有 518 行重复的记录。当人们在本章开头或之前章节加载和合并数据时，合并后的数据肯定存在问题。可以通过如下代码删除这些重复的行：

```
itunes_df.drop_duplicates(inplace=True)
```

同样，可以使用 inplace=True 来修改现有的 DataFrame。drop_duplicates 还有其他选项，在默认情况下，所有列都相同才会被认为是重复的。

确保数据类型正确

如果某一列中有一些非数字数据，那么数据将作为对象数据类型（字符串）而不是数字类型被加载。回忆之前使用 df.info()函数来检查列是否具有正确的数据类型，然后根据需要将列转换为特定数据类型。例如，可以将 Milliseconds 列转换为整数数据类型，如下所示：

```
itunes_df['Milliseconds'] = itunes_df['Milliseconds'].astype('int')
```

在 astype 函数中，可以使用诸如'float'、'int'或'object'之类的字符串，将数据转换为浮点、整数和字符串类型，也可以将 np.int 之类的 NumPy 数据类型放在 astype 中，用户将数据转换为所需的数据类型。对于大多数工作，只需要 object（用于字符串）、int 和 float 这三种数据类型。

标准化数据格式

有时会有多种格式的字符串数据。当手动输入数据时，往往会发生这种情况。例如，在数据集内，为了表示性别，有时候使用“Male”和“Female”，有时候使用“male”和“female”，有时候使用“M”和“F”，或者 1 和 0。为了统一数据的表示，可以使用 DataFrame 过滤、loc 索引和字符串方法。随后将讨论这个问题。

数据转换

在 pandas 中，完成像基本的数学运算这样的数据转换非常容易，例如，可以将毫秒转换为秒，如下所示：

```
itunes_df['Seconds'] = itunes_df['Milliseconds'] / 1000
```

如果想在原来的数据集内添加一个列，如歌曲长度与歌曲文件大小的比率，可以这样做：

```
itunes_df['len_byte_ratio'] = itunes_df['Milliseconds'] / itunes_df['Bytes']
```

当然，Python 中的所有其他数学运算符都可以被使用在计算中，甚至是求幂（**）和模运算符（%）。

使用 replace、map 和 apply 清理和转换数据

一次替换多个值的便捷方法是使用 map 函数和 replace 函数。例如，可以通过如下方式批量替换 iTunes 数据集内的数据：

```
genre_dict = {'metal': 'Metal', 'met': 'Metal'}
itunes_df['Genre'].replace(genre_dict)
```

首先，创建一个字典，其中字典的键是 DataFrame 中的现有值，字典的值是要替换的新值。在上面代码中，将 metal 和 met 替换为 Metal。在第二行，选择 Genre 列，然后将 replace 函数与要替换值字典一起使用。这将返回一个新的 pandas Series。

replace 函数根据提供的字典，对数据集内的数据进行批量替换，它可以替换 Series 中的部分（或全部）值。数据集内，与替换字典不匹配的值都将被原样保留。如果人们希望将提供的转换字典中的任何不匹配值替换为 NaN，那么可以使用 map 函数。可以轻松地通过检查 Series 中的 NaN 值，来判断是否有值未被转换为新值。map 和 replace

的性能相似。

另一个方便的工具是 apply 函数，它好比瑞士军刀，因为它可以做任何事情。例如，要将 Genre 列中的所有值都变成小写，可以通过如下代码来完成：

```
itunes_df['Genre'].apply(lambda x: x.lower())
```

回忆在第 2 章中介绍的 lambda 函数，它是动态创建的“匿名”函数。它以 lambda 关键字开头，然后是作为输入的变量名，然后是冒号字符，最后是实际函数。如果不使用 lambda 函数，要实现上面的将列内容转换为小写的功能，可以通过如下代码来实现：

```
def lowercase(x):
    return x.lower()
itunes_df['Genre'].apply(lowercase)
```

上面的代码定义了一个名为 lowercase 的函数，它返回输入内容的小写字母版本。人们只需在 apply 函数中，将 lowercase 作为参数。值得一提的是，pandas 有一个用于将字符串转换为小写的内置方法，这使得代码更加简洁：

```
itunes_df['Genre'].str.lower()
```

为了简单，最好坚持使用内置的 pandas 函数，因为使用自己构建的函数去实现与内建函数同样的功能，不仅会增加编程的负担，还会容易出错。

如果确实需要使用 apply 函数，一个可能加速它的简单方法是使用 swifter。这是 Python 中的一个包，它尝试自动并行化我们的应用代码。可以这样使用它：

```
import swifter
itunes_df['Genre'].swifter.apply(lambda x: x.lower())
```

对 apply 函数实用并行化的另一个选择是使用 Dask 包，但使用 swifter 往往是更好的解决方案。

各种内置的 pandas 函数包括字符串方法（如 df['Genre'].str.lower()）、数学方法（如 df['Bytes'].mean()）和日期时间方法（如 df['date'].dt.month）。

使用 GroupBy

在 Python 中可以使用 GroupBy 来实现类似 SQL 中的分组功能。在 Python 中使用 GroupBy 将按列中的唯一值进行分组。例如，可以按流派对数据进行分组，并查看每个流派歌曲的平均长度，将它们从最小到最大进行排序：

```
itunes_df.groupby('Genre').mean()['Seconds'].sort_values().head()
```

首先，获取 DataFrame，然后使用 GroupBy 方法。提供要分组的列名，然后取平均值。上面代码执行后将返回一个 pandas Series。然后可以使用 sort_values()方法从最小到最大进行排序。最后，使用 head()方法只打印前 5 行结果：

```
Genre
Rock And Roll      134.643500
Opera              174.813000
Hip Hop/Rap        178.176286
Easy Listening     189.164208
Bossa Nova         219.590000
Name: Seconds, dtype: float64
```

由此可以看到摇滚乐的平均歌曲长度最短。

将 DataFrame 写入磁盘

人们希望在预处理和清理之后，将处理后的数据保存下来。pandas 提供了几种保存数据的方法：CSV、Excel、HDF5 和许多其他方法（在文档 https://pandas.pydata.org/pandas-docs/stable/reference/io.html 中有详细说明）。所有主要的读取函数都有一个对应的函数将数据保存到磁盘。例如，要将 iTunes 数据保存到 CSV 中，可以通过如下代码实现：

```
itunes_df.to_csv('data/saved_itunes_data.csv', index=False)
```

首先将文件名作为 to_csv 函数的参数，然后通过 index=False 告诉它不要将索引写入文件。上面的代码会将数据保存在 saved_itunes_data.csv 中，通过观察发现，在文件名前有“data/”，这表示将该 CSV 文件保存到与当前 Jupyter Notebook 文件在同一路径下的 data 子路径中。

还有许多其他方法可以保存数据。我个人更喜欢使用 HDF 和 feather。HDF 和 Parquet 文件提供压缩，HDF 允许人们将数据附加到文件，并每次只检索部分数据（通过索引）。feather 文件非常好，因为它们能够非常快速地被压缩，并且它是专为在 R 语言和 Python 之间传递数据而设计的。但是，feather 并不适合长期存储数据，因为它的格式可能会改变。如果需要与非程序员同事共享数据，可以考虑将数据写入 Excel 文件（df.to_excel(filename)）。

pandas 包当中还有许多高级函数，例如，聚合、处理时间数据和重塑数据函数。要了解更多有关高级 pandas 使用的信息，请阅读 Matt Harrison 和 Theodore Petrou 撰写的由 Packt 出版社出版的 *Pandas1.x Cookbook*，该书广受好评。

分析比特币价格数据

对于第二个示例，将利用第 3 章介绍的 Python 内置文件处理模块来处理比特币价格数据。可以通过如下方式加载数据：

```
btc_df = pd.read_csv('data/bitcoin_price.csv')
btc_df.head()
```

数据集的前 5 行，如图 4-10 所示：

	symbol	time	open	close	high	low	volume
0	btcusd	1364688000000	92.500000	93.033000	93.74999	91.00000	3083.079791
1	btcusd	1364774400000	93.250000	103.999000	105.90000	92.49999	5224.401313
2	btcusd	1364860800000	104.000000	118.229354	118.38670	99.00000	8376.527478
3	btcusd	1364947200000	117.958261	134.700000	146.88000	101.51088	12996.245072
4	btcusd	1365033600000	134.716560	132.899000	143.00000	119.00000	6981.668305

图 4-10　比特币价格数据的前 5 行

symbol 列的值都是 btcusd。可以通过检查唯一值来验证这一点：

```
btc_df['symbol'].unique()
```

删除此列，因为该列不会提供任何有价值的信息：

```
btc_df.drop('symbol', axis=1, inplace=True)
```

接下来，要将 time 列转换为 pandas 日期时间数据类型：

```
btc_df['time'] = pd.to_datetime(btc_df['time'], unit='ms')
```

在上面的代码中，使用 pandas 函数 to_datetime 将 time 列转换为日期时间类型。通常，此功能可以自动检测日期时间数据的格式。但是对于 time 列中的数据，如果直接使用该函数，将会收到错误提示，原因是系统假设人们给出的时间单位是自纪元以来的秒而不是毫秒，所以必须提供参数 unit='ms'。“自纪元以来的秒数”是指自 1970 年 1 月 1 日以来的秒数，这种时间计算方法被广泛用于计算机科学和编程。如果看到一个很大的整数日期时间列，它可能是使用“纪元时间”来表示时间。

人们可以使用诸如 https://www.epochconverter.com 这样的在线转换工具将纪元时间转换为所需的时间格式。也可以将这个数字除以 1e9。如果结果为 10 以下的数字，如 1.6，那么原来的时间是以秒为单位。否则，如果结果是以数千（如 1600）的形式出现，则原来的时间以毫秒为单位。

可以通过检查 btc_df.info()来确认转换是否成功，现在 time 列的数据类型应该显示为 datetime64[ns]。

接下来，将 time 列设置为索引：

```
btc_df.set_index('time', inplace=True)
```

这使人们能够轻松地绘制数据：

```
btc_df['close'].plot(logy=True)
```

通过上面的代码，将每日收盘价绘制为折线图，并在 y 轴上使用 logy=True 的对数刻度。这意味着 y 轴具有等间距使用 10 的幂（例如，10、100、1,000）作为刻度，通过这种技术，在数据范围较大时，可以轻松地进行可视化。看到绘图结果如图 4-11 所示。

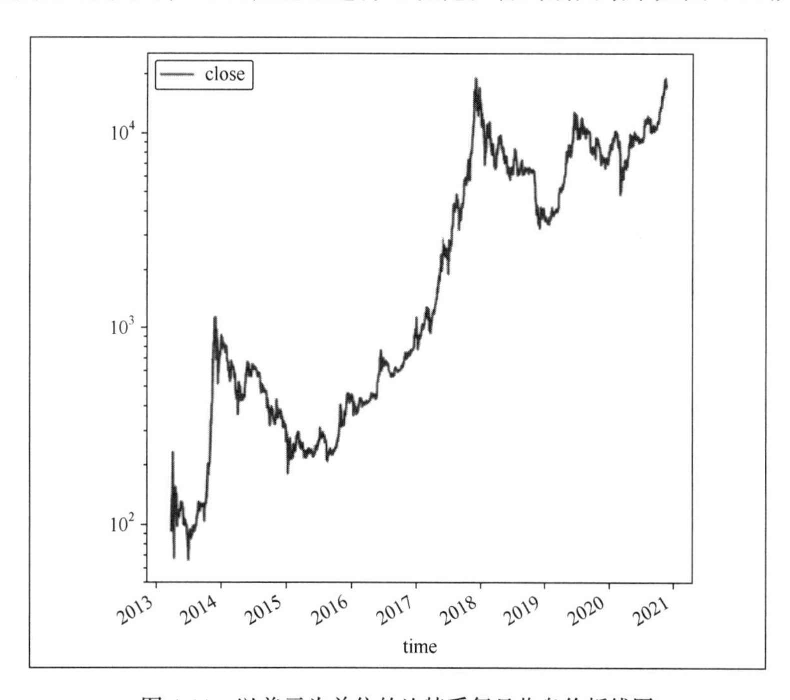

图 4-11 以美元为单位的比特币每日收盘价折线图

通过几行代码，处理后的数据可以轻松地用于绘制时间序列绘图。如果 time 列是日期时间字符串，如 12-11-2020，可以直接将其加载为日期时间索引，如下所示：

```
btc_df = pd.read_csv('data/bitcoin_price.csv', index_col='time', parse_
dates=['time'], infer_datetime_format=True)
```

index_col 参数告诉 pandas 将该列设置为索引。parse_dates 参数会将提供的参数对应列解析为日期时间类型。最后，infer_datetime_format 参数是一个方便的方法，它自动检测将被解析为日期时间的列的格式。不幸的是，它不适用于纪元时间，但可以使用 date_parser 参数，并为该参数提供一个用于转换的函数，如下所示：

```
date_parser = lambda x: pd.to_datetime(x, unit='ms')
btc_df = pd.read_csv('data/bitcoin_price.csv', index_col='time', parse_
dates=['time'], date_parser=date_parser)
```

在这里，人们创建了一个名为 date_parser 的函数（与参数名称相同，这是一种常见做法），它可以对传入的以毫秒为单位的纪元时间进行解析。

现在有了日期时间索引，人们可以通过日期时间索引轻松取得数据。以下是使用日期范围获取 2019 年数据的示例：

```
btc_df.loc['1-1-2019':'12-31-2019']
```

对于上面的例子，直接提供年份更加简单：btc_df.loc['2019']。

接下来，利用之前所学的知识，对数据进行清理。在 pandas 中还有许多方法可用于对日期时间数据的处理。前面提到的 *Pandas1.x Cookbook* 图书就介绍了 pandas 中关于日期时间和时间序列的大部分函数。

了解 NumPy 基础知识

另一个对处理数据有用的库是 NumPy（numpy）。该名称代表“Numeric Python”，它有许多用于高级数学计算和数字数据表示的工具。NumPy 也被其他 Python 包用于计算，如 scikit-learn 机器学习库。实际上，pandas 是建立在 NumPy 之上的。关于 NumPy，将学习如下内容：

- 数据在 NumPy 中的表示方式；

- 如何使用 NumPy 的一些数学函数和特性；
- NumPy 与 pandas 的关系，以及如何联合使用。

pandas 库实际上将其数据存储为 NumPy 数组。数组类似于列表，但具有更多的功能和属性。可以通过如下代码从 DataFrame 中提取一个数组：

```
close_array = btc_df['close'].values
```

上面的代码为人们提供了一个 NumPy 数组：

```
array([   93.033     ,   103.999     ,   118.22935407, ...,
       17211.69580098, 17171.        , 17686.840768  ])
```

NumPy 数组可以是多维的，类似于 DataFrames。它们还具有与 DataFrame 相似的属性，如 shape 参数（close_array.shape）和 dtype 属性（close_array.dtype）。

获取 NumPy 数组的另一种方法是从列表中创建它：

```
import numpy as np
close_list = btc_df['close'].to_list()
close_array = np.array(close_list)
```

首先，使用别名 np 导入 NumPy 库，这是一种典型的做法。然后对 DataFrame 的 close 列（又叫 pandas Series）使用 to_list 方法，最后通过函数 np.array 将其转换为 NumPy 数组。

使用 NumPy 数学函数

使用 NumPy 数组的优势在于人们可以更轻松地进行数学运算，并且效率更高。速度提升是因为在计算中使用了向量化技术，对于数据的操作，一次性应用于整个数组，而不是每次操作一个元素。 例如，如果想将收盘价降低 1000（单位为千美元），可以这样做：

```
kd_close = close_array / 1000
```

对于 NumPy 数组，可以使用常见的数学运算，包括加法、减法等。当然，也可以使用列表推导式或 for 循环来实现这一点：

```
kd_close_list = [c / 1000 for c in close_list]
```

NumPy 的优势在于它的执行速度更快，因为 NumPy 主要是用 C 语言编写的，并且使用了向量化技术。人们可以在 Jupyter Notebook 或 IPython 中使用魔术命令 %timeit

（或%%timeit 用于多行代码）来测量前面两个示例的执行时间：

```
%timeit kd_close = close_array / 1000
```

以及

```
%timeit kd_close_list = [c / 1000 for c in close_list]
```

对于 NumPy，这会返回类似下方所示的内容（它会根据运行代码所在机器的配置不同，而有所不同）：

```
3.49 µs ± 180 ns per loop (mean ± std. dev. of 7 runs, 100000 loops each)
```

下面的代码返回的是使用列表所需的运行时间：

```
167 µs ± 5.44 µs per loop (mean ± std. dev. of 7 runs, 10000 loops each)
```

它们的运行速度竟然存在 50 倍的差距。请注意，这与人们在 pandas 中使用简单数学运算符的方式相同，这是因为 pandas 是构建在 NumPy 之上的。

NumPy 还支持逐个元素乘法。如果人们想从比特币数据中获得市值，可以用交易量乘以收盘价：

```
volume_array = btc_df['volume'].values
close_array * volume_array
```

由于 pandas 在后台使用 NumPy，因此人们可以很容易地将这些技术应用于 DataFrame：

```
btc_df['market_cap'] = btc_df['close'] * btc_df['volume']
```

最后来看看 NumPy 的数学函数，这些在 NumPy 的文档 https://numpy.org/doc/stable/reference/routines.math.html 中有详细介绍。其中许多功能已经包含在 pandas 中，但有些还没有。例如，如果想对数据进行对数缩放，就像在绘制它时所做的那样，可以使用 NumPy 来做到这一点：

```
np.log(btc_df['close'])
```

NumPy 中还有许多其他数学函数和功能，但通常这些只用于更高级的数据计算。如果有兴趣深入了解 NumPy，可以阅读 Packt 出版社出版的 *Mastering Numerical Computing with NumPy*，该书由 Umit Mert Cakmak 和 Mert Cuhadaroglu 编写。

本章测试

假设您在一家太阳能电池安装公司从事数据科学相关工作。他们在 Excel 文件中有一些太阳能电池和太阳辐射的数据，他们希望您加载、清理并进行分析，然后将您的结果提供给管理团队和总裁。您要提供一份使用 pandas 完成的 EDA 工作摘要，并将清理和准备好的数据保存为新的 Excel 文件。本书 GitHub 存储库中的数据文件为 solar_data_1.xlsx 和 solar_data_2.xlsx。metadata.csv 文件对列的信息进行了描述。

通过链接 https://www.kaggle.com/jboysen/google-project-sunroof，人们可以了解该数据集的更多描述信息，包括数据表中列的含义等。

在上面的链接中有许多其他数据科学家完成的分析成果，通过学习他们的研究成果，可以为人们的分析带来许多新鲜的灵感，并开阔视野，从而尽早成为一名合格的数据科学家。

本章小结

本章介绍了许多内容，这些内容对于数据分析工作都具有举足轻重的作用，因为数据科学家往往花费 25%到 75%（有时甚至超过 90%）的时间来清理和准备数据。pandas 包是 Python 中用于加载和清理数据的主要包（它构建在 NumPy 之上），因此必须掌握如何使用 pandas 进行数据准备和清理。本章介绍了 pandas 的核心内容：

- 载入数据；
- 使用 EDA 检查数据；
- 清理和准备数据以供进一步分析；
- 将数据保存到磁盘上。

本章还介绍了 NumPy，但请记住，大多数 NumPy 功能都可以直接应用于 pandas 中。只有当人们需要更高级的数据计算时，才可能直接使用 NumPy 中的函数与方法。

学习第 5 章，将把读者 EDA 和可视化技能提升到一个全新的水平。

第 5 章　探索性数据分析和可视化

在第 4 章中已经简要介绍了探索性数据分析（Exploratory Data Analysis，EDA）和可视化，现在将进行深入探讨。EDA 是任何数据科学项目中的关键步骤，因为人们需要了解数据才能正确使用它。EDA 是迭代进行的，并且在整个项目中不断发生的。随着更深入地了解数据，往往还需要结合更多的 EDA 来加深理解。

可视化与 EDA 应该同时进行，其他书籍通常只展示可视化或只介绍 EDA。在本章中，EDA 也将关注可视化，因为在第 4 章中已经用 pandas 接触过数值数据的 EDA。然而，可视化还涉及更多内容，有大量可视化解决方案可以制作良好的可视化图表。本章将介绍可视化的关键最佳实践，以便人们可以使用 Python 进行有影响力和专业的可视化。

本章将介绍如下内容:

- Python 中的 EDA 和可视化库;
- 使用 seaborn 和 pandas 执行 EDA;
- 使用 EDA 的 Python 包;
- 使用可视化的最佳实践;
- 使用 Plotly 进行绘图。

将使用与第 4 章相同的 iTunes 数据集，这样的目的是发现使用 EDA 有关数据的更多见解，并通过出色的可视化呈现它们。

Python 中的 EDA 和可视化库

在 Python 中，有几种 EDA 和可视化库，将在这里一一介绍。在前面的章节中，人们已经了解了 pandas 所能完成的工作。对于进一步的 EDA，将介绍 pandas-profiling 这个 Python 库，它可以通过几行代码为人们自动执行 EDA 绘图和统计。但是，为了在报告或演示文稿中使用更好的可视化效果，应该使用自定义可视化，让生成的可视化图表更加精致和准确。

对于更精致的绘图，人们可以根据具体的用例，使用 Python 中的绘图包。Python 中原始的基础级绘图包是 Matplotlib。它本质上是在 Python 中制作绘图和可视化的最基本方法，对于简单的任务，可以使用这个包来完成，但对于复杂的绘图，往往需要其他额外绘图包的帮助。例如，绘制时间序列、添加文本注释及组合多个子图，这些工作通过 matplotlib 很难完成。为了解决这些问题，人们创建了其他更高级别的包。例如即将为读者介绍的 Seaborn 和 Plotly。

除了 Seaborn 和 Plotly，还有其他绘图包，例如，HoloViz、Bokeh、Altair、plotnine 等，如果对它们感兴趣，可以在网络上寻找相关资源。本章也将介绍一些对 EDA 和可视化有用的其他辅助 Python 包。接下来，从深入研究 EDA 开始本章的学习。

使用 seaborn 和 pandas 执行 EDA

人们已经了解了 EDA 的一些步骤，主要是数值分析，以及一些绘图工作。还有许多在第 4 章中没有涉及的其他图表，如箱线图、小提琴图、相关图、缺失值图等。在本章中，将介绍如何使用其中的一些图表。

制作箱线图和 letter-value 图

首先来看看经典的箱线图。这是由传奇的统计学家和数学家 John Tukey 于 1970 年发明的。箱线图帮助人们快速了解有关数据分布的一些信息，并使人们能够轻松地比较数据的子集。就像直方图和条形图一样，pandas 提供了制作箱线图的方法。在分析数据之前，首先加载它，并对其中的一些列做必要的转换：

```
import pandas as pd
df = pd.read_csv('data/itunes_data.csv')
```

```
df['Minutes'] = df['Milliseconds'] / (1000 * 60)
df['MB'] = df['Bytes'] / 1000000
df.drop(['Milliseconds', 'Bytes'], axis=1, inplace=True)
```

首先，需要加载 iTunes 数据。请注意，此数据没有重复值，但没有对缺失值进行填充。然后，将 ms 转换为分钟，除以 1000ms/s 和 60s/min。如果像以下方式排列所有单位转换，则执行这些类型的转换会更容易：

$$\text{ms} * \frac{1\text{s}}{1000\text{ms}} \frac{1\text{min}}{60\text{s}}$$

这称为维度分析。然后人们可以很容易地看到单位是如何抵消的，剩下的分钟是从 ms 转换而来的。还将 Bytes 列转换为 MB。这两种转换都将使 EDA 和绘图更易于解释。

接下来可以通过如下代码绘制箱线图：

```
df['Minutes'].plot.box()
```

在 Jupyter Notebook 中，绘图会自动显示。如果通过 IPython 或从 Python 文件运行代码，会有几个选项来显示绘图。一种是导入 matplotlib：

```
import matplotlib.pyplot as plt
df['Minutes'].plot.box()
plt.show()
```

最后一行的 plt.show()命令指示计算机显示绘图。这也适用于其他设置，例如，运行 Python 文件、在 IPython 或 Python shell 中运行代码。显示绘图的另一个选项是使用 IPython 的魔术命令。如果绘图没有自动显示在 Jupyter Notebook 中，可以使用如下命令：

```
%matplotlib inline
```

如果使用 IPython，则可以使用如下魔法命令：

```
%matplotlib
```

这会让绘图从 IPython 自动显示，而无须调用 plt. show()。这个魔术命令的另一个好处是，当人们绘制某些图像时，仍然可以在 IPython 中运行命令，而无须关闭绘图。请注意，这些魔术命令，如%matplotlib，仅适用于 IPython 和 Jupyter Notebook，而不能在基本的 Python shell 中使用。

如果运行前面的代码，在 IPython 中加载并绘制 iTunes 歌曲长度数据，会注意到该曲线图是交互式的，人们可以在曲线图中进行放大和移动。在 Jupyter Notebook 中，默认情况则不是这样的。可以使用这个魔术命令使 Jupyter Notebook 也具有交互性：

```
%matplotlib widget
```

matplotlib 的另一部分被称为 pylab。通过使用以下命令导入，可以加载与 matplotlib.pyplot 和 numpy 相同的绘图功能：

```
import pylab as plt
```

事实上，有一个魔术命令%pylab 可以导入 pylab 和其他包。然而，目前的最佳实践依旧是 import matplotlib.pyplot as plt。另外要注意的是导入 pylab 时，也将导入 numpy。

另一个选项是%matplotlib notebook 或%matplotlib magic 命令，它们将在新窗口中创建绘图。

接下来看看刚才绘制的箱线图，如图 5-1 所示。

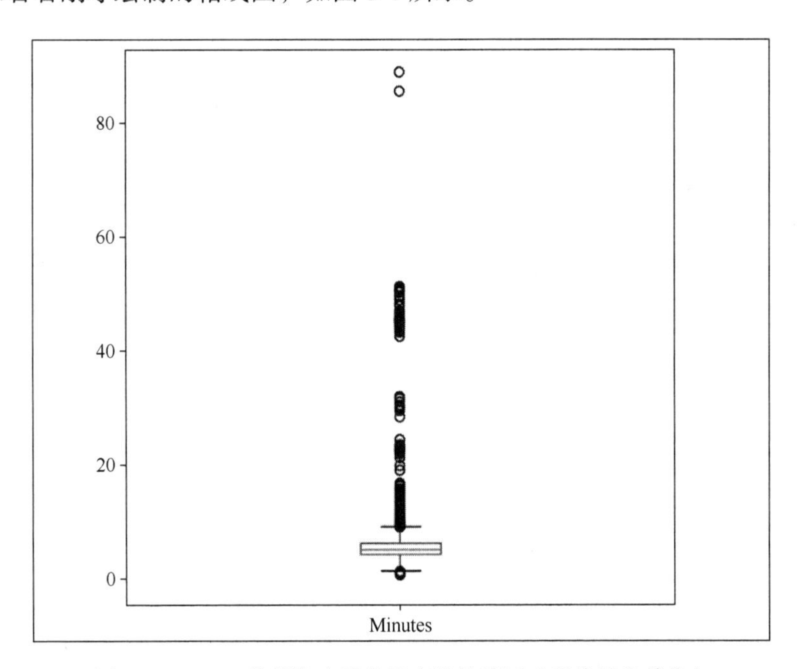

图 5-1　iTunes 数据集内歌曲长度的箱线图（以分钟为单位）

箱线图有几个组成部分。首先，方框中心的水平线是中位数，也称为第 50 个百分位数或第 2 个四分位数（Q2）。当从最小到最大排序时，这是数据系列中的中间数据点。盒子的底部和顶部是第 1 个和第 3 个四分位数（Q1 和 Q3）。当通过升序或降序将数据集分成四个相等的部分时，就会形成这些四分位数。因此，25%的数据位于或低于 Q1，25%的数据高于 Q3。人们还可以将 Q1 视为最小值和中值之间的中间数据点。盒子外的两条横线是异常边界。通常，这些计算方法与第 4 章中所用的相同。回想一下公式是 Q1-1.5*IQR 和 Q3+1.5*IQR，其中 IQR 是 Q3 ~ Q1（四分位距）。根据 IQR 方法，在两端横线外绘制的点是异常值。

在这个数据集的例子中，可以看到中间 50%的数据被压缩到大约 5 分钟歌曲长度的一个小范围内。但也看到了很多异常值，尤其是音频时长较长的情况。事实上，这是经典箱线图的缺点之一，它通常不适用于过大的数据集，也不能很好地显示较多的异常值。它是为较小数据集设计的，这些较小的数据集甚至可以通过手绘图表进行探索。现在的数据集太大了，以至于这些原始方法不能很好地与它们配合使用，于是催生出许多新的方法。

letter-value 图是由三位统计学家在 2011 年左右发明的，其中包括著名的 Hadley Wickham。Wickham 因其在 R 和统计学方面的深入工作而在数据科学领域享有盛誉，他撰写并维护了几个著名的 R 语言数据科学库，与 R.Hadley 一起出版了许多关于数据科学的书籍。Hadley 帮助创建了 letter-value 图，从而改进箱线图的缺点。与显示 IQR 之外的任何异常值不同，letter-value 图在绘制异常值时会在上限和下限上产生 5 到 8 个异常值。letter-value 图还通过将数据分组到更多分位数来更好地显示数据分布。通过如图 5-2 所示的 letter-value 图，观察它与箱线图的区别（letter-value 图在 seaborn 中被称为 boxenplot）：

```
import seaborn as sns
sns.boxenplot(y=df['Minutes'])
```

为了生成绘图，首先导入 seaborn 库并按照惯例为该库设定别名为 sns。然后给出一个 pandas Series（从我们的 DataFrame 中选择一列）作为 y 参数，也可以使用 x 参数生成水平图。为了同时绘制 DataFrame 中的多个列（如 Minutes 和 MB），使用 data 参数：sns.boxenplot(data=df[['Minutes','MB']])。

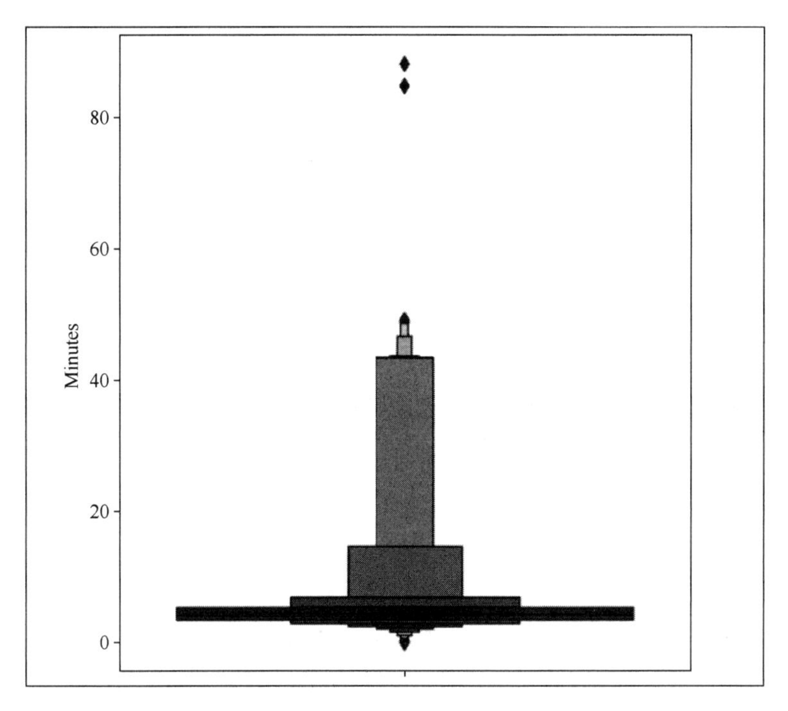

图 5-2　iTunes 数据集中歌曲长度的 letter-value 图（以分钟为单位）

可以将函数的输出发送到下画线字符，_like_=sns.boxenplot(y=df['Minutes'])。这是 Python 中的一个特殊字符，通常保存最后的输出（例如，如果在 Python 或 IPython shell 中运行代码）。如果不关心保存函数输出的数据，也可以使用下画线字符作为一次性变量。在绘图时，函数通常返回绘图对象或类似的对象。从 Python 文件或在 IPython 中运行代码时，这不会显示出来，但会在 Jupyter Notebook 中打印出文本行。使用下画线技巧是隐藏输出并使 Notebook 更加整洁。

另一种方法是在行尾添加一个分号，如 sns.boxenplot(y=df['Minutes']);。这种方式在 Notebook 中运行更快更容易，但在查看别人代码时，往往会看到上面提到的下画线方法。

letter-value 图通过添加更多分位数来改进箱线图。中位数仍然显示为中心和最大方框内的水平线。这个中间的方框，横跨中位数的上方和下方，包含了一半的数据。在它之外的每一组盒子包含一个不断减少的数据，重复地减半：下一组盒子大约包含 25%的数据，接下来的两个盒子大约包含 12.5%的数据，以此类推，每一组盒子大约包含前一组盒子一半的数据。还可以看到，当这些框从中线向外延伸时，它们的阴影更浅，宽度更小，这意味着每个框中的点更少。默认情况下，有大约 5 到 8 个点作为盒子外面的异常点时，就不再生成新的盒子。

可以通过 k_depth 参数设置 letter-value 图的异常值数量。可以通过下面的文档来了解该函数的使用：https://seaborn.pydata.org/generated/seaborn.boxenplot.html。

在讨论 letter-value 图的原始论文中解释了算法的差异：https://vita.had.co.nz/papers/letter-value-plot.html。

使绘图更易于阅读的另一种方法是使用对数刻度。对数刻度以 10 的幂或倍数进行组织。下面代码显示了如何将 y 轴更改为对数刻度：

```
sns.boxenplot(y=df['Minutes'])
plt.yscale('log')
```

函数 plt.yscale('log')将 y 轴转换为对数刻度。这几乎适用于任何 matplotlib 图，并且可以类似地通过 plt. xscale('log')对 x 轴进行设置。对数刻度 letter-value 图比非对数版本更容易阅读，如图 5-3 所示。

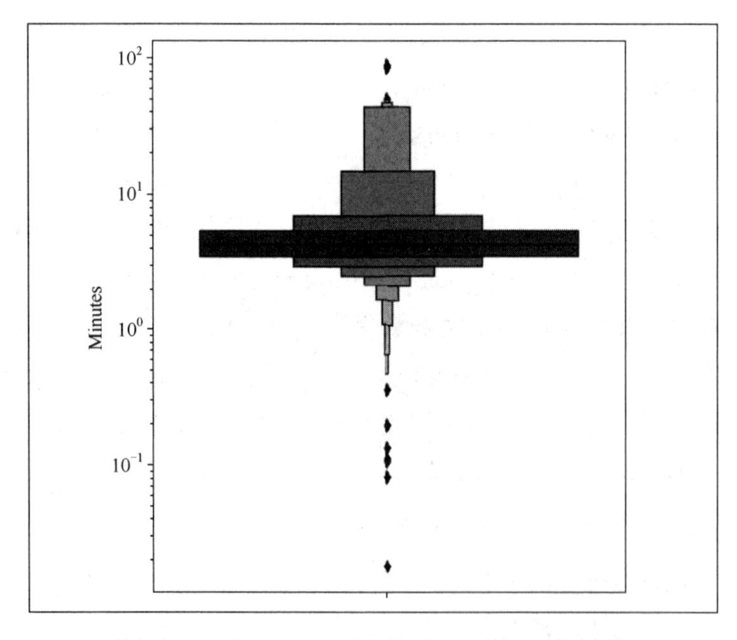

图 5-3　iTunes 数据集内歌曲长度（以分钟为单位）使用对数刻度的 letter-value 图

请注意，y 轴的主要刻度是 10 的幂。10^{-1} 表示 0.1，10^0 表示 1，10^1 表示 10。在 y 轴上，每两个刻度值之间有 9 个小刻度。所以，例如，高于 10^0 的第一个小刻度线是 2。由此可以看出，歌曲长度的中位数在 4 到 5 分钟左右，这与对 iTunes 上音乐长度的预期接近。还可以通过使用 df['Minutes'].describe()来确认这一点，可以看到歌曲长度的中位数是 4.26 分钟。

接下来将介绍小提琴图。

制作直方图和小提琴图

查看数据分布的另一种方法是使用直方图和核密度估计（KDE）。回想一下第 4 章，使用 pandas 和 NumPy 加载和整理数据，直方图通过条形对数据进行分组，显示每个条带中的点数。这有助于人们查看数据的分布。KDE 本质上拟合数据分布的一条线，并产生类似于平滑直方图的曲线。在 seaborn 中，可以通过 histplot 函数来创建带有 KDE 的直方图：

```
sns.histplot(x=df['Minutes'], kde=True)
```

histplot 函数利用提供的数据绘制直方图，并且设置 kde=True 生成 KDE。结果图显示了代表数据密度的条形图，更高的条带意味着更多的点。图 5-4 中的曲线即为 KDE。小提琴图与此类似，但显示了 KDE 和箱线图：

```
sns.violinplot(data=df, x='Minutes')
```

对于许多 seaborn 函数，都可以提供一个 data 参数，它应该是一个 pandas DataFrame。然后使用 DataFrame 中的列名称来填充 x 参数和 y 参数。在这里，仅将 Minutes 数据显示为 x 参数。可以看到，KDE 是绘图的主要特征，并且这个 KDE 以 x 轴进行镜像。还在镜像 KDE 分布的中间看到了一个小箱线图，图 5-5 中的白点表示中位数，方框显示 Q1 和 Q3 四分位数，线条显示 IQR 异常值边界。

用小提琴图同时看几组数据。首先按歌曲数量选择前五个流派，然后创建一个单独的 DataFrame 仅包含此数据：

```
top_5_genres = df['Genre'].value_counts().index[:5]
top_5_data = data=df[df['Genre'].isin(top_5_genres)]
```

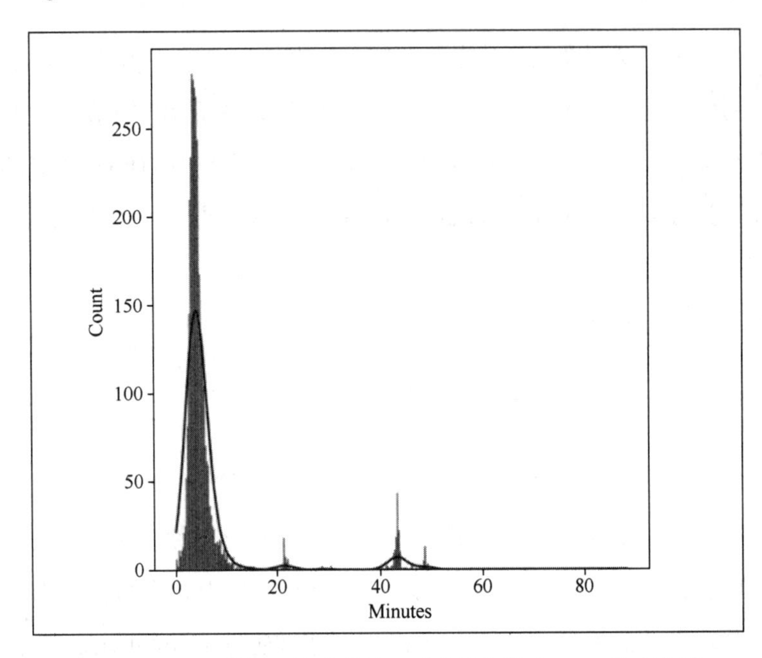

图 5-4　iTunes 数据集的歌曲长度（分钟）带有 KDE 的直方图

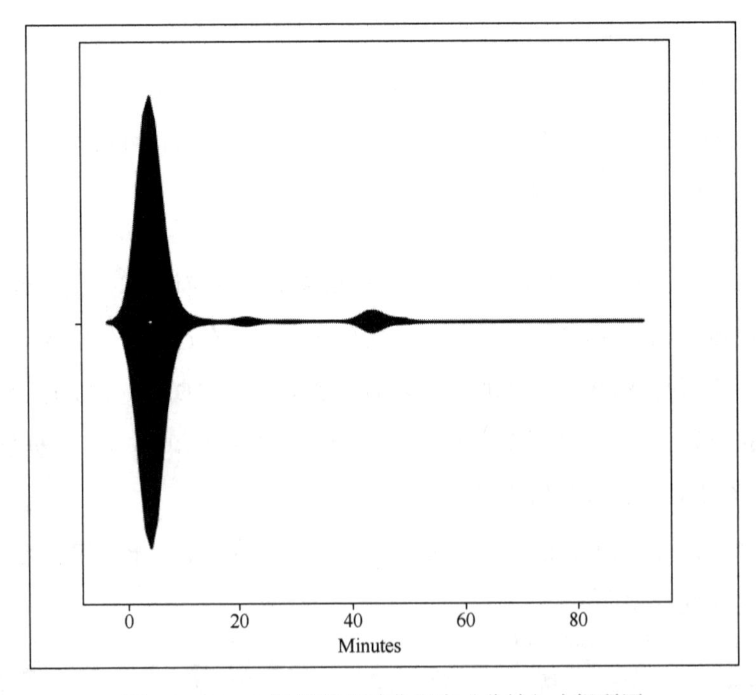

图 5-5　iTunes 数据集的歌曲长度（分钟）小提琴图

然后为 violinplot 函数提供 y 参数——这为每个流派提供了单独的小提琴图：

```
sns.violinplot(data=top_5_data, x='Minutes', y='Genre')
```

这有助于人们看到 Rock、Jazz 和 Metal 这些流派的歌曲长度分布很广，如图 5-6 所示，但大多数都在 3 到 5 分钟的范围内。

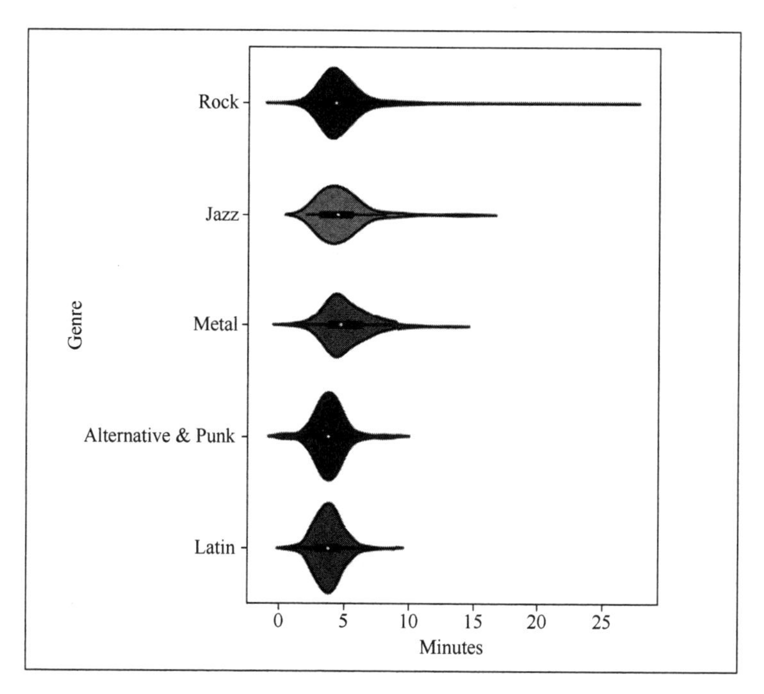

图 5-6　iTunes 数据集的歌曲长度（以分钟为单位）的小提琴图（按前五种流派进行分组）

seaborn 中的许多其他函数也可以制作类似的图，如 letter-value 图：sns.boxenplot(data=df, x='Minutes',y='Genre')。

小提琴图还有其他几个可用选项，具体使用方法可以参考如下文档：https://seaborn.pydata.org/generated/seaborn.violinplot.html。

接下来，看看如何使用 seaborn 制作散点图。

使用 Matplotlib 和 seaborn 制作散点图

散点图是连续数字数据的基本 EDA 图。当然，连续数据指的是可以取两个边界之间的任何值的数据，如长度或温度。先看看歌曲长度与以 MB 为单位的文件大小。到目前为止，人们已经研究了使用 pandas 和 seaborn 绘制数据，因为它们更容易上手。但是，基本的 matplotlib 库也可用于绘制多种图形。事实上，seaborn 和 pandas 等软件包的绘图功能都来自 matplotlib。下面是一个使用 matplotlib 生成的简单散点图：

```
plt.scatter(df['Minutes'], df['MB'])
```

可以看到，图 5-7 非常基本，显示了点和轴，但没有轴标签。要添加轴标签，我们可以添加以下代码：

```
plt.xlabel('Minutes')
plt.ylabel('MB')
```

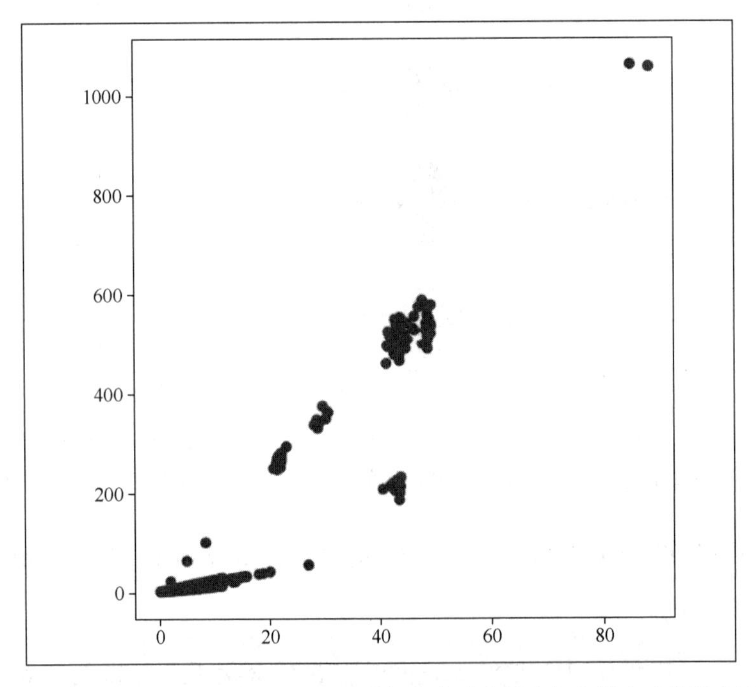

图 5-7　使用 matplotlib 绘制 iTunes 数据集内歌曲长度与文件大小的散点图

对散点图进行调整的另一个选项是修改点的透明度。可以使用 plt.plot()中的 alpha 参数，如 alpha=0.1，为数据点设定透明度。alpha 值越低，点越透明。这个 alpha 参数适用于 Python 中的大多数绘图包。

matplotlib 中另一个常见的图是折线图，可以使用 plt. plot(df['Minutes'], df['MB'])来生成

折线图。折线图适用于显示类似时间序列的数据。对于上面的例子，散点图是更好的选择。

人们可以使用 matplotlib 创建几乎任何类型的图表，其中大部分都在官方图库中进行了演示：https://matplotlib.org/stable/gallery/index.html。

虽然 matplotlib 可以实现大部分绘图功能，但对于某些客制化的需求，使用 matplotlib 来实现是一件比较困难的事情。这就是为什么建议大家使用 seaborn 和 Plotly 等高级软件包来制作图表的原因。例如，下面是如何在 seaborn 中制作散点图的代码：

```
sns.scatterplot(data=df, x='Minutes', y='MB')
```

其结果如图 5-8 所示。

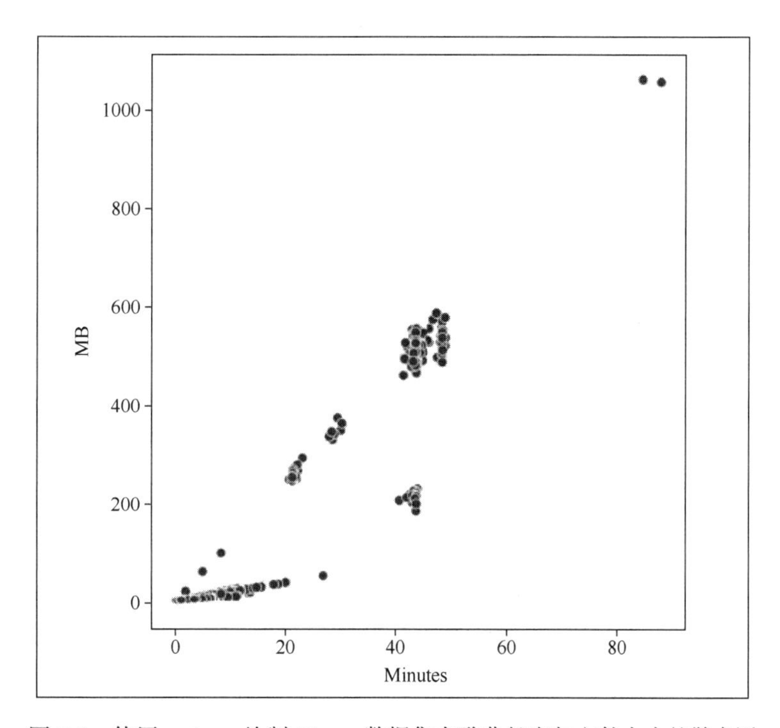

图 5-8　使用 seaborn 绘制 iTunes 数据集内歌曲长度与文件大小的散点图

回想一下，第 4 章查看了这些数据时使用的是 pandas 绘图功能。seaborn 和 pandas 包在默认情况下为人们创建了一个看起来不错的图。与默认的 matplotlib 图相比，带有轴标签和一些点的样式的图使散点图更易于理解。

seaborn 包提供的绘图具有与 pandas 不同的样式，并且有更多参数。例如，与 seaborn

中的大多数绘图一样，可以使用 hue 参数按列进行分组：

```
sns.scatterplot(data=top_5_data, x='Minutes', y='MB', hue='Genre')
```

其结果如图 5-9 所示。

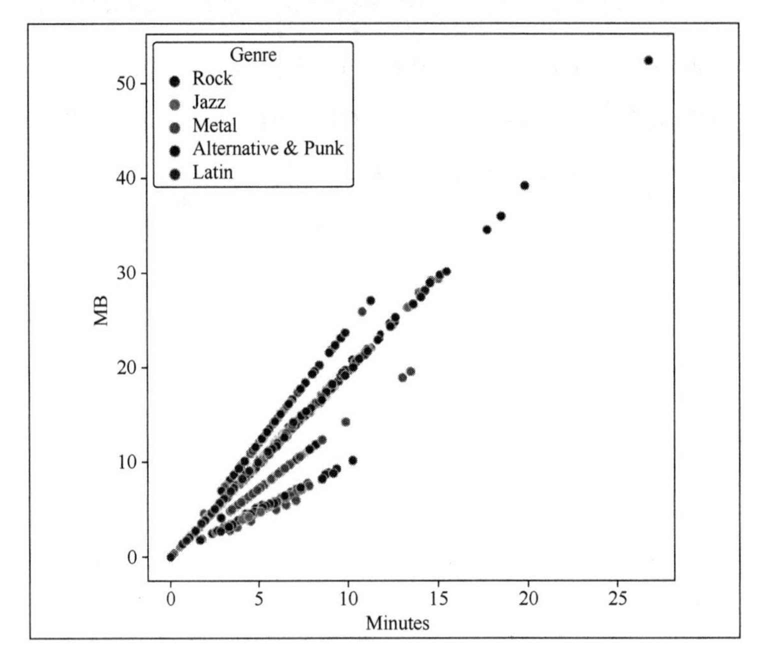

图 5-9　绘制音乐长度与文件大小的散点图，并按照流派对散点图中的点进行分组

这里仅使用按歌曲数量排名前五位的流派进行绘图。可以看到，数据中的分钟数与 MB 有几个不同的斜率。这说明这些不同流派的音频存在一些显著差异，导致文件大小和音乐长度之间的关系不同。更陡峭的斜率意味着每分钟音频需要更多的存储空间，因此图 5-9 的左上角附近的点可能是更高分辨率的音频，或者可能是声音更多样化的歌曲。

其他一些用于连续数字数据的常见 EDA 图是相关图和配对图，接下来将介绍它们。

检查数据相关性并制作相关图

当人们有多个数字列时，绘制它们之间的关系会很有帮助。使用 seaborn 中的 pairplot 制作数字列的散点图和直方图：

```
sns.pairplot(data=df)
```

从图 5-10 中可以很容易看到所有变量之间的关系。由此，可以观察到在散点图中的相同歌曲长度与歌曲文件大小的关系，更大的文件大小（MB）通常意味着时间更长的歌曲。同时，还看到了每列的直方图，显示了数据的一维分布。在图 5-10 的左上角可以看到，歌曲的单价大多是 0.99，有少数歌曲为 1.99。还可以看到更长、更昂贵的歌曲往往具有更大的 MB 值。

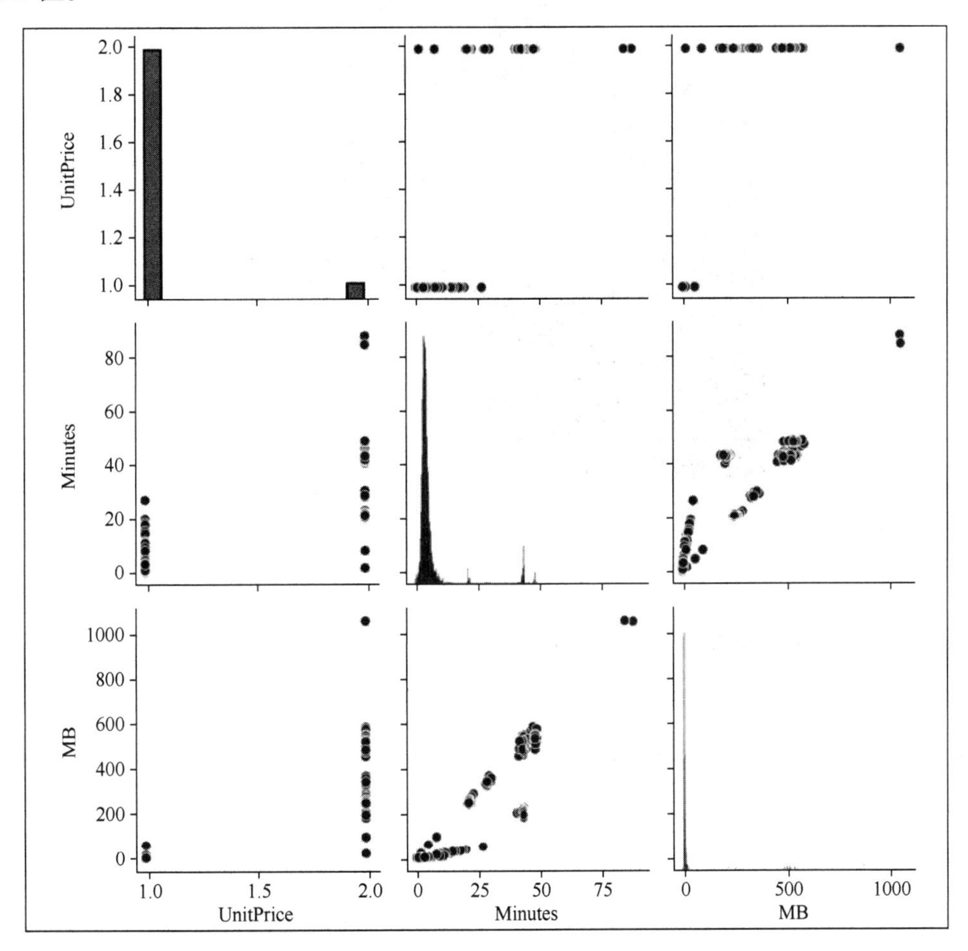

图 5-10　iTunes 数据集内的数字列的配对图

虽然配对图对 EDA 很有帮助，但人们通常希望看到不同数值列的相关性强弱。在这方面，相关图将会很有用。可以将 df.corr()与 pandas DataFrame 一起使用来获取相关性。也可以简单地用 seaborn 的热图来绘制它，如图 5-11 所示：

```
sns.heatmap(df.corr(), annot=True)
```

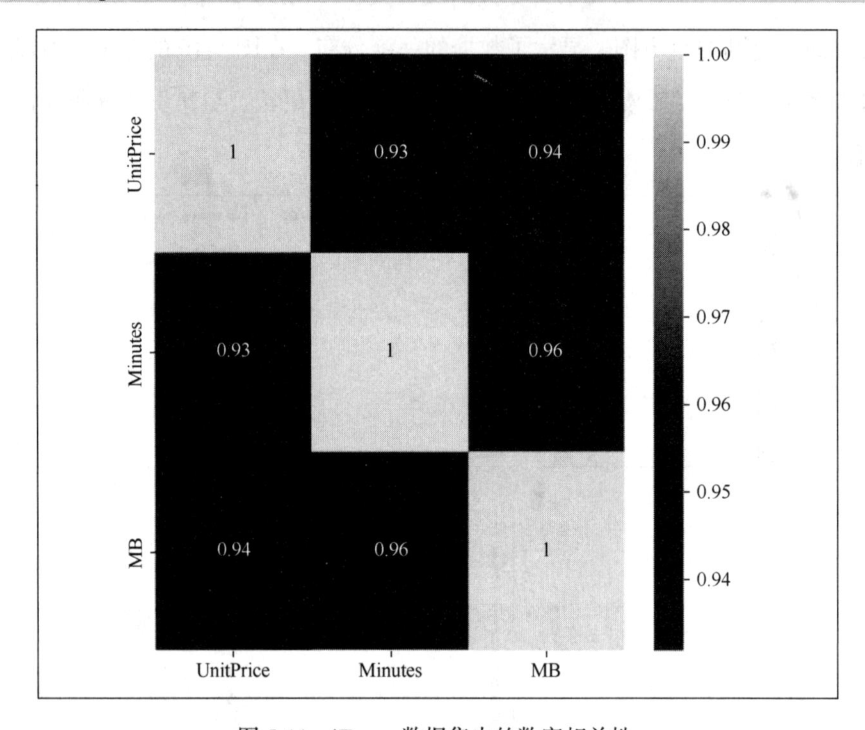

图 5-11　iTunes 数据集内的数字相关性

df.corr()函数计算数值列之间的 Pearson 相关性。这是在寻找线性关系，就像在两列数据之间的散点图中拟合一条最佳拟合线一样。如果数据完全相关，则相关性为 1。通过在 sns.heatmap 函数中使用 annot=True，可以在每个正方形中绘制相关值。由此可以看到，每列与其自身完全相关，因为它的值为 1。还可以看到，每首歌曲的长度、文件大小与价格密切相关，歌曲时间越长，文件越大，往往价格也越高。

可以通过向 pandas 的 corr 函数提供参数来使用其他类型的相关计算。其他可用的相关类型有 Spearman 和 Kendall。与 Pearson 相比，它们都使用不同的计算方法，并且更适合非线性关系。可以通过在 df.corr()中指定 method 参数来更改使用的相关类型：

```
sns.heatmap(df.corr(method='spearman'), annot=True)
```

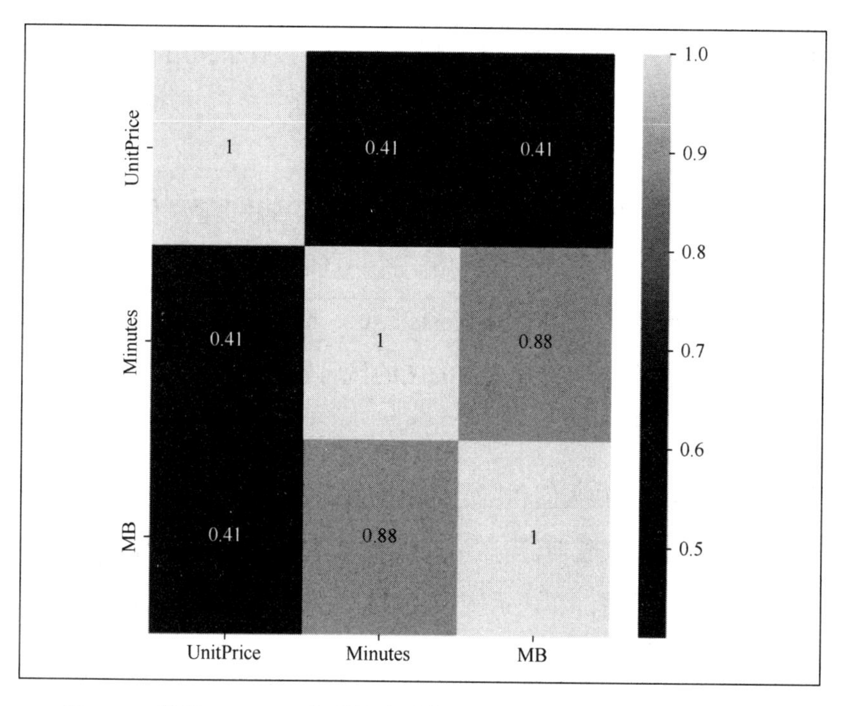

图 5-12　使用 Spearman 相关性来计算 iTunes 数据集内数字列的相关性

这里使用了 Spearman 相关性。可以看到它为某些相关性返回了非常不同的值。Spearman 和 Kendall 方法按“秩”计算相关性，而不仅仅是按原始值计算。两列数据的点从小到大排列，如果两列的“秩”同时增加，则相关值高。这些方法擅长寻找非线性数据列之间的关系。一般来说，Spearman 的运行速度比 Kendall 快得多，因此人们通常使用 Pearson 或 Spearman 来查找列之间的相关性。

虽然已经了解了几个 seaborn 绘图，但这不是全部。seaborn 是一个被积极开发的软件包，并且会随着时间的推移添加更多新的绘图。可用绘图的列表可以通过 seaborn 的官网查询：https://seaborn.pydata.org/api.html。

各个绘图函数的文档能够帮助我们学习如何使用这些函数，并提供若干参考示例。人们可以从示例中找到灵感：https://seaborn.pydata.org/examples/index.html。

在这里只了解了适用于数字数据的相关性指标，但也有一些其他适用于分类数据的相关性指标。例如，使用 Python 中 phik 包的 phi-k、Cramér'sV 和互信息分数可以用于分类数据的相关性检查。接下来将介绍如何在 pandas-profiling 报告中使用 phi-k 相关性。

制作缺失值图

虽然可以使用 pandas（df.isna().sum()或 df.info()）检查缺失值，但通过可视化查找缺失值会更加容易且更加直观。一个可以轻松做到这一点的软件包是 missingno，它可以通过 conda 或 pip 获得，并且可以使用 conda install -c conda-forge missingno -y 或 pip install missingno 进行安装。绘制数据集内缺失值的图的代码如下所示：

```
import missingno as msno
msno.matrix(df)
```

图 5-13 显示了灰色的非缺失值和白色的缺失值的矩阵。由此看到 Composer 列有一些缺失值，但其他列都没有缺失任何值。右侧的迷你图显示每行所有列的总缺失值，并显示行的完整值的最大和最小数量。在该示例中，一行中非缺失值的最小数量为 7，一行中非缺失值的最大数量为 8。

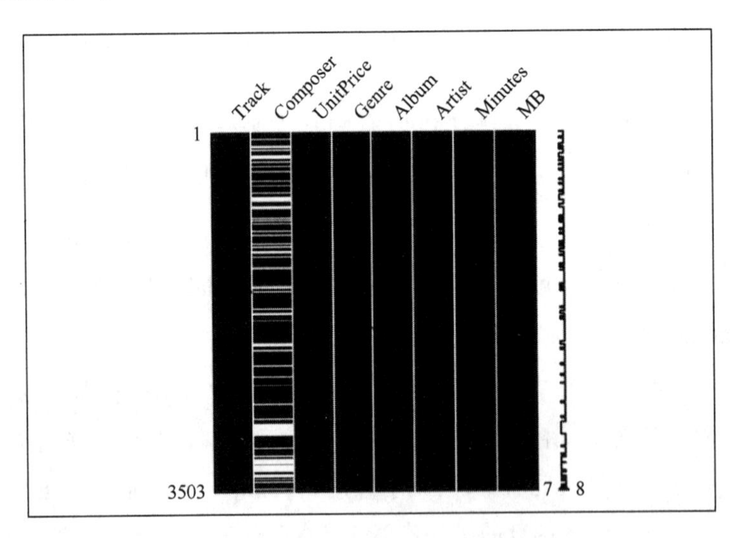

图 5-13　iTunes 数据集的缺失值图

刚刚为 EDA 创建了很多有用的图形。像 Python 中的许多东西一样，有人为我们创建了包来实现自动化的 EDA，接下来将介绍 EDA 包。

几乎所有现代 Python 包在 GitHub 上都有相应的页面，其中包含许多文档。人们可以在此处查看有关 missingno 的文档：https://github.com/ResidentMario/missingno。

人们还可以搜索 anaconda.org 和 pypi.org 来查看该软件包是否可以通过 conda 和 pip 安装。如果 GitHub 上没有找到相关文档，还可以在 Google 或 DuckDuckGo 等搜索引擎上搜索“missingno documentation”或“missingno docs”之类的内容来查找文档。

使用 Python EDA 包

有时，创建一些特定的 EDA 图和统计数据来分析特定特征会很有帮助，但在通常情况下，第一步需要在数据上运行自动 EDA 包。Python（和 R 语言）中有许多不同的 EDA 包，但在这里只介绍 pandas-profiling。这是一个方便的包，只需使用几行代码就可以为 pandas DataFrame 创建 EDA 摘要。加载数据后，可以从 pandas_profiling 加载 ProfileReport 函数：

```
from pandas_profiling import ProfileReport
```

由于模块名称中不允许使用破折号，因此需要在库名称 pandas_profiling 中使用下画线。一旦加载了这个函数，就可以创建报告并显示它：

```
report = ProfileReport(df)
```

在 Jupyter Notebook 中，有几个显示选项。人们可以简单地在 Jupyter Notebook 单元格中打印出变量，如下所示：

```
report
```

或者，可以使用 report.to_widgets()或 report.to_notebook_iframe()（使用 iframe 方法将获得与打印 report 变量相同的效果）。虽然使用的方法不同，但是最终获得的结果都是相同的。

运行上述代码之后，将得到如图 5-14 所示的报告：

尝试运行pandas-profiling报告时可能会遇到一些错误，例如，TypeError: concat() got an unexpected keyword argument 'join_axes'。其中许多错误与使用旧版本的pandas和pandas-profiling有关。人们可以使用pip list或conda list检查使用的版本。在大多数情况下，还可以通过导入包，检查__version__属性来检查包的版本：

```
import pandas_profiling
pandas_profiling.__version__
```

此外，最好将错误（例如，TypeError: concat() got an unexpected keyword argument 'join_axes'）复制并粘贴到Google、DuckDuckGo或其他互联网搜索引擎中。在撰写本书时，可以在GitHub上找到一些关于该问题的讨论，大多数人认为pandas-profiling的版本过于老旧是主要原因。如果需要，可以指定要安装的版本，如conda install -c conda-forge pandasprofiling=2.9.0。

Summarize dataset: 100% 22/22 [00:13<00:00, 1.65it/s, Completed]

Generate report structure: 100% 1/1 [00:09<00:00, 9.80s/it]

Overview | Variables | Interactions | Correlations | Missing values | Sample

Overview | Warnings (11) | Reproduction

Number of variables	8	CAT	6
Number of observations	3503	NUM	2
Missing cells	978		
Missing cells (%)	3.5%		
Duplicate rows	0		
Duplicate rows (%)	0.0%		
Total size in memory	219.1 KiB		
Average record size in memory	64.0 B		

Report generated with pandas-profiling.

图 5-14　对 iTunes 数据集使用 report.to_widget()来生成 pandas-profiling 报告

生成该报告可能需要一些时间，因为它需要计算多个统计数据，并且在运行时会显示进度条。一种加快速度的方法是将参数 minimum=True 添加到 ProfileReport()函数中，但这会省略 EDA 报告中的一些统计信息。可以看到，报告的默认页面向人们展示了数据的一些整体统计信息，如列数（变量）、行数（观察值）、缺失值和重复值的统计信息，以及变量的类型（分类/字符串和数字）。

对于概述中的其他两个子选项卡，Warnings 选项卡警告人们如果将数据应用于机器学习，可能存在的问题。Reproduction 选项卡有关于报告运行的日期和时间及 pandas 分析版本的注释。这允许其他人稍后重新生成该报告。可以从下面的警告中看到，由于几个列具有许多唯一值（high cardinality），这使得分析和机器学习变得困难，因为很难在主要由唯一值组成的数据中找到模式和规律。其他警告是列和一些缺失值之间的高度相关性。缺失值总是一个问题，因为它可能意味着数据采集时存在错误，人们需要决定如何处理缺失值。高相关性意味着人们在预测模型中只需要在这些高度相关的变量中选择一个或几个，因为它们包含冗余信息。将在后面的章节讲解更多内容。图 5-15 显示了概述警告（Warnings）的子选项卡。

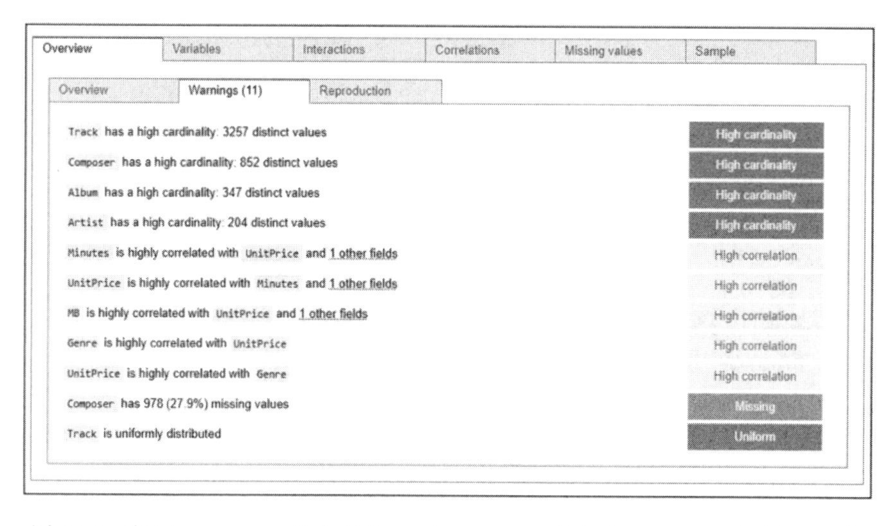

图 5-15　在 iTunes dataset 数据集的 pandas-profiling 报告中 Warnings 选项卡的内容

下一个主要选项卡是 Variables，其中包含每个列的摘要。对于字符串/分类列，比如 Track 类，它在 Variables 选项卡中的情况如图 5-16 所示。

请注意，单击右上角的 Toggle details 按钮，可以看到这在左上角显示了一些数据的描述/警告——HIGH CARDINALITY（许多唯一值）和 UNIFORM，这意味着它接近于均匀分布。均匀分布表示数据平均分布于所有的值。对于文本/分类变量，这意味着几乎所有值都是唯一的。也可以看到这很可能是因为唯一值非常分散，每首歌曲标题似乎最多显示四到五次，并且显示中的大多数歌曲标题都归入 Other values 类别。对于数字数据，这个 unique 警告意味着数据将几乎均匀地分布在其范围内。Frequencies → Overview 选项卡将显示值计数的直方图，换句话说，它显示了唯一值出现的频率。最后，Length 选项卡显示有关此列中字符串长度的一些总体统计信息（如平均长度和中值长度），并显示每个值中字符数的直方图。可以通过下方代码生成相同的直方图：

```
df['Track'].str.len().plot.hist(bins=50)
```

上面的代码选择 Track 列，然后访问该列的 str 属性（字符串属性）。str 属性允许人们使用字符串方法，如 len()，它返回 Track 列中每一行字符串的长度。长度是根据行中的字符数计算出来的，也可以通过 len(df.iloc[0]['Track'])来计算。

图 5-16　iTunes 数据集的 pandas-profiling 报告中，曲目标题的 Variable 摘要

上面总结了 pandas-profiling 将为字符串或分类列显示的所有内容。如果只是简单地打印

出报告变量或使用 report.to_notebook_iframe()方法，界面会略有不同。向下滚动到 Variables 部分而不是单击 Variables 选项卡。report.to_notebook_iframe()方法的显示结果更加友好，因此受到更广泛的使用。

接下来通过选择 Minutes 列，来查看数值数据列的摘要情况，如图 5-17 所示：

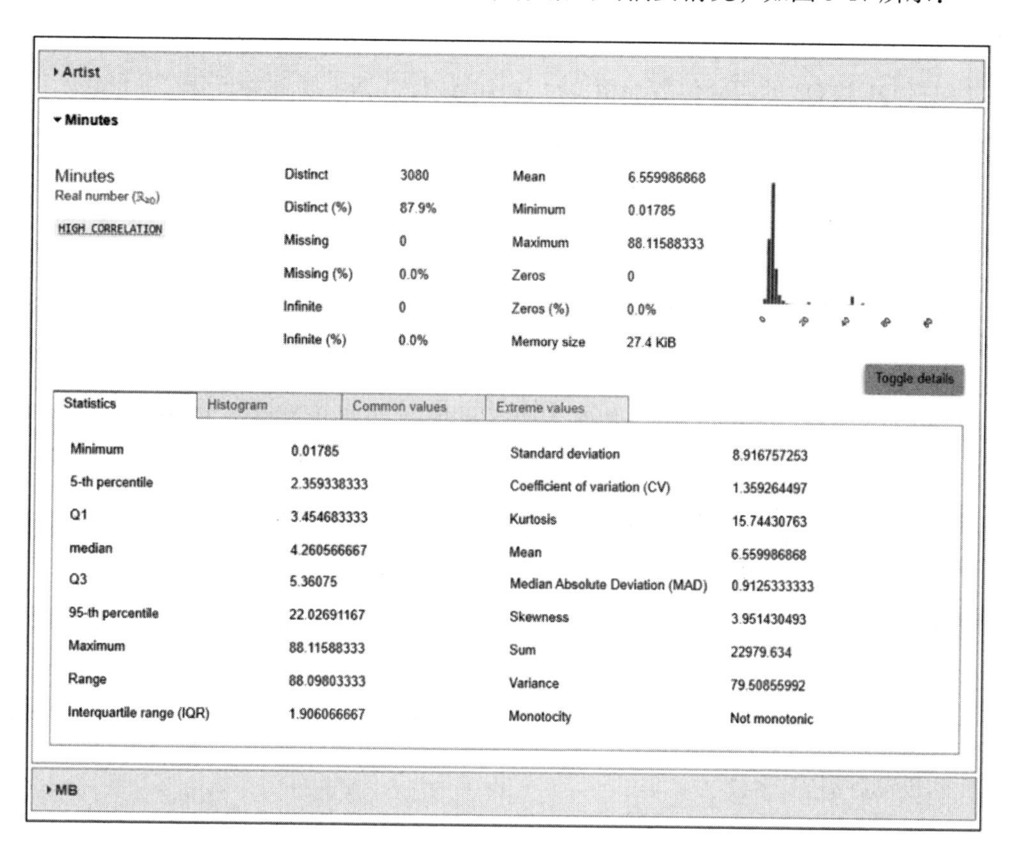

图 5-17　在 iTunes 数据集的 pandas-profiling 报告中的 Minutes 列的变量摘要

可以看到这个视图在变量名下提供了警告，就像 Tracks 列一样。在这里可以看到 HIGH CORRELATION 警告，这意味着该列与至少一个其他列具有高度相关性。这对于机器学习方法可能很重要，因为人们可能只想保留这些高度相关列中的一个作为机器学习模型的输入数据。将在第 10 章“为机器学习准备数据：特征选择、特征工程和降维”中详细讨论这一点。

在视图的上部还可以看到统计数据摘要。同样，它显示了缺失值和唯一值的数量和百分比，但在这里它还显示了无穷大值的数量和百分比。同时，也显示了一些其他基本统计数据，如平均值、最小值和最大值。在视图的右上方还绘制了一个直方图。

单击 Toggle details 按钮会向人们显示更多详细的统计信息。将在第 8 章“概率、分布和抽样”中介绍其中的一些统计数据，但现在可以看到左侧的统计数据列与之前看到的分位数（包括 Q1 和 Q3 的四分位数）相关。右侧的统计数据主要是关于分布的形状。例如，偏度（skewness）向人们展示了分布的不对称程度，偏度越高，分布越不对称。此列中的最后一个统计量 Monotocity 描述了这些值是否是单调的。如果这些值是单调的，这意味着它们总是随着我们沿着数据移动方向而增加或减少。在这种情况下，它是通过查看数据相对于索引的变化来计算的。因此，如果列中的数据是单调的，当向下检索行数据时，应该看到不断增加的列值。

详细信息区域中的其他子选项卡是 Histogram、Common values 和 Extreme values。Histogram 只是在右上角向人们展示的直方图的放大版。Common values 部分显示前 10 个众数及其对应的百分比。如果看到一个比较奇怪的众数，如-999，这可能意味着在我们的数据中，使用-999 表示缺失值。最后，Extreme values 部分显示顶部和底部的五个极端值。

其他一些可用的主要选项卡是 Interactions、Correlations、Missing values 和 Sample。Interactions 部分显示了数值变量的热图。例如，它显示 minutes 与 MB 的热图，人们通过它可以看到点的密度及它们之间的关系，如图 5-18 所示。这就像一个散点图，但是值被分组到十六进制容器中。

因为有一些大的异常值，所以交互图在这里不能很好地工作。异常值在图的中部和右上角显示为微弱的 hex bin。这时候，应该通过自己创建热图将其转换为对数图。可以用 seaborn 创建一个类似的图：

```
import numpy as np
df_log = df.copy()
df_log['log(Minutes)'] = np.log(df_log['Minutes'])
df_log['log(MB)'] = np.log(df_log['MB'])
sns.jointplot(x="log(Minutes)", y="log(MB)", data=df_log, kind="hex")
```

创建 log-log hexbin 图的代码变得更加复杂。首先，导入 NumPy 包以便能够使用对数计算。然后，复制 DataFrame，以免改变原始数据。接下来，创建两个新列——log(Minutes)和 log(MB)，使用 np.log()取列值的对数。最后，使用 seaborn 的 Jointplot 函数绘制数据。这些 log-log 图非常适合显示在轴上有较大跨度的数据。可以看到，图 5-19 中心有一个 hexbin 图，每个变量的直方图出现在顶部和侧面。由于可以将列命名为 log(Minutes)和 log(MB)，因此在轴标记上也将显示为 log(Minutes)和 log(MB)，并且轴上的每个值都是 10 的幂。例如，大多数数据位于 log(MB)轴的 2 附近，意味着 MB 的实际值为 10^2 或 100。

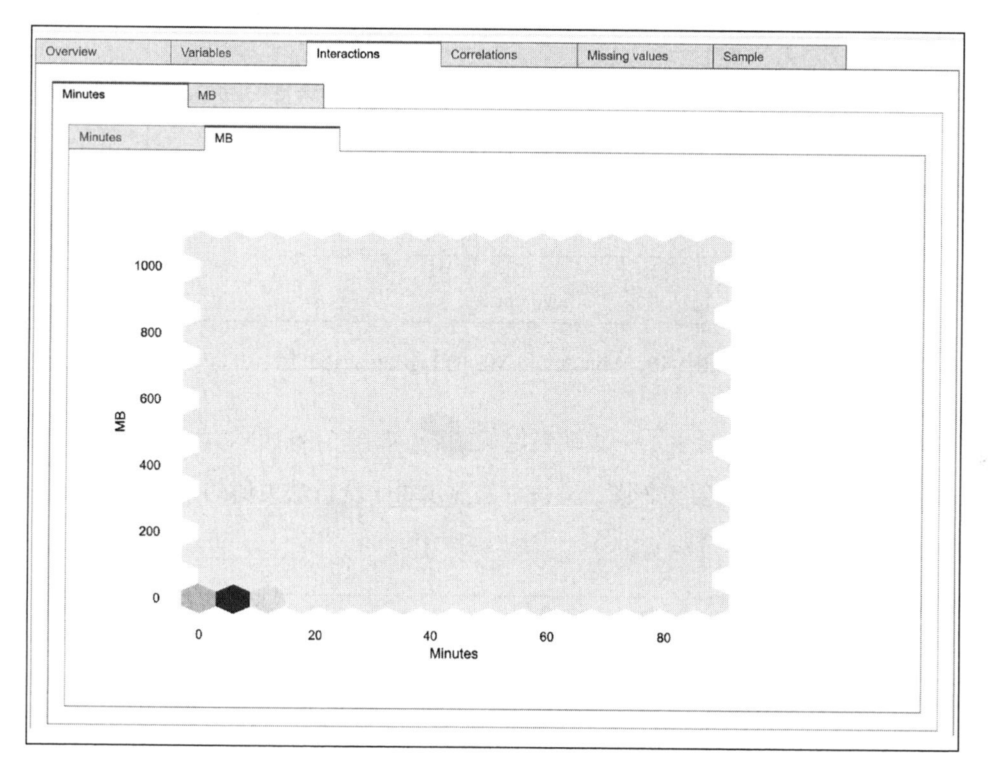

图 5-18　在 iTunes 数据集的 pandas-profiling 报告中 minutes 与 MB 的热图

pandas-profiling 报告中的下一个常规选项卡是 Correlations，它显示了数值之间的相关图，就像之前使用 sns. heatmap(df.corr())创建的那样。页面中有用于不同相关方法的子选项卡，如之前讨论过的 Spearman。另一种关联方法 phi-k 也显示在子选项卡中。这是一种较新的相关方法，它还可以用于非均匀分布的分类变量。

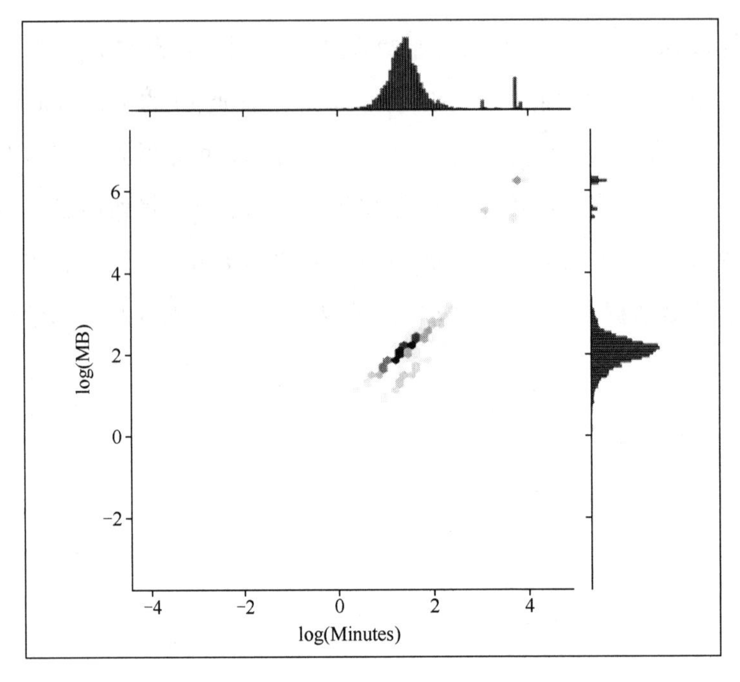

图 5-19　Minutes 和 MB 的 log-log hexbin 图

Missing values 选项卡显示了一些缺失值的图表，如图 5-20 所示。其中一个是之前使用 msno.matrix(df)创建的缺失值矩阵图，另一个是显示每个变量缺失值的条形图，最后一个是缺失值的树状图。

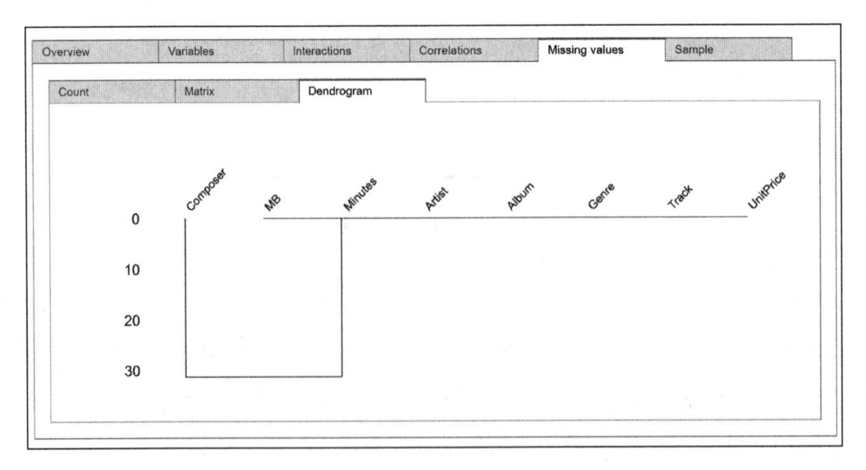

图 5-20　在 iTunes 数据集的 pandas-profiling 报告中缺失值的树状图

树状图是一种聚类算法，将绘制一棵树。在这里，树的深度只有一层，因为只有一列存在缺失值（Composer 列）。树从顶部开始，将缺失值数量最相似的列通过水平线连接起来，其中缺失值数量最相似的组用一条水平线表示。在示例中，除 Composer 外的所有列都不存在缺失值，因此 Composer 单独一组，其他列形成另外一组，这两组线条组成了完整的图形。

最后一部分是 Sample，它只是显示了数据的第一行和最后一行，就像 df.head()和 df.tail()一样。因此，可以看到 pandas-profiling 自动完成了很多步骤，它检查变量之间的相关性，绘制缺失值图等。但是，有时人们也想创建一些额外的 EDA 绘图或需要自定义绘图。在数据量不大时，最好从 pandas-profiling 开始，因为它有助于创建一些额外的 EDA 图，就像之前所做的那样。

现在已经创建了很多 EDA 图，它们看起来都很不错，这要归功于 seaborn。但是，对于生产级图表（如演示文稿或报告），希望可以达到更高的标准。接下来，将介绍创建专业可视化的最佳实践。

使用可视化最佳实践

制作出色的可视化效果，类似于讲述一个精彩的故事。需要有一个连贯的情节，应该通过有趣的方式，清晰地传达信息，并且需要为观众量身定制。在可视化中，可以使用以下几种技术：

- 数据展示；
- 色彩；
- 文字；
- 轴；
- 标签。

使用这些组件来创建一些最佳实践的方法：

- 避免图表垃圾；

- 合理使用颜色；
- 正确呈现数据；
- 使图表“冗余”，在黑白方式打印下使图表更加清晰，考虑色盲受众；
- 清楚地标记轴和数据集，并使用合适的字体和统一的字号；
- 为客户量身定制可视化内容。

大多数情况下，人们希望使绘图尽可能简单，除非情况特殊，即要处理的数据非常复杂。在图表中添加额外的组件，如俗气的图形或过多的注释，被称为图表垃圾。常见的图表垃圾包括网格线、颜色渐变、3D 效果、图形背景和装饰性底纹。

在任何情况下都应该避免使用 3D 效果。例如，Microsoft Excel 允许各种 3D 效果，如将条形图转换为 3D 条形图，但这里不需要这样做，因为根本没有必要。这就是第一个最佳实践——避免图表垃圾。

Microsoft Excel 通常默认添加一些图表垃圾，如它总是为绘图添加网格线和边框。这里通常不需要网格线，它们会增加混乱。但是，如果网格线有助于更好地传达数据的含义，则可以将它们包括在内。Microsoft Excel 中 3D 条形图的默认设置如图 5-21 所示。如图 5-21（a）所示，它绘制了 iTunes 数据集中前 5 种 Genre 的值。

由此可以看到，3D 效果除了使图表更难阅读，并没有给图表添加任何内容。如果想向别人传达特定的价值观，网格线有时会有所帮助，但这里（或大多数时候）不需要网格线。

图表的轮廓边界也增加了垃圾。将 3D 效果图与使用 pandas 创建的图（见图 5-21（b））进行比较：

```
df['Genre'].value_counts()[:5].plot.bar()
```

由此可以看到，pandas（使用 matplotlib）没有添加网格线或图表边框，而是添加了在绘图周围形成边框的轴线。它也不显示坐标轴标签，但可以使用 plt.xlabel('Genre')添加 x 轴标签。

最后，在图 5-21（c）和图 5-21（d）中，使用 seaborn 进行绘图：

```
sns.countplot(y='Genre', data=df, order=df['Genre'].value_counts().index[:5],
color='darkblue')
```

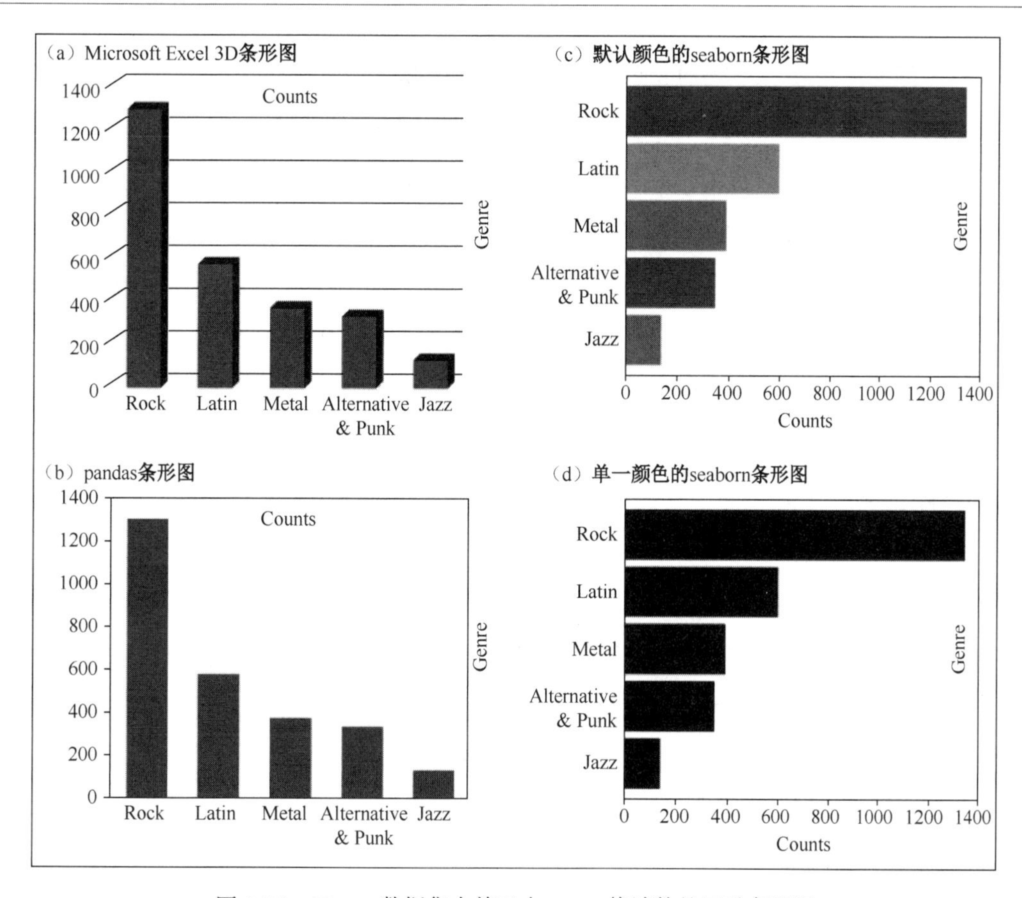

图 5-21　iTunes 数据集中前五个 genre 值计数的四种条形图

这需要更复杂的函数调用。首先将 DataFrame df 提供给 data 参数，然后将 y 参数设置为 Genre 列，这会生成水平条形图。接下来，我们使用 order 参数对条形图按值计数进行排序，并取得前 5 条记录。最后，将 color 参数设置为 darkblue，以便条形图中的所有元素使用单一颜色。如果不设定 color 参数，默认情况下每个条形图会使用不同的颜色，如图 5-21（c）所示，使用不同颜色，并没有提供新的信息，所以不需要这个功能。在上述可视化图中，最好的是右下角图 5-21（d）所示的 seaborn 条形图。

上面图 5-21（c）和图 5-21（d）的比较引导人们进入第二个可视化最佳实践——明智地使用颜色。可以看到，在图 5-21（c）中，颜色没有告诉人们任何新信息，反而使图形显得混乱。这里的另一个问题是默认颜色集常见的问题，即红色和绿色一起使用。由于 5%～

10%的人类患有某种形式的色盲，因此应避免这种情况。由于红绿色盲很常见，这使得一部分人很难区分图中的红色和绿色组合。如果必须使用红色和绿色，使用较浅或者较深的颜色会有所帮助。对于颜色渐变，可以使用 viridis 和 cividis。

如果只是像上面那样制作条形图，使用单一颜色就足够了。通常，深蓝色是一个不错的颜色选择，它是许多组织和公司选择的颜色，例如，IBM、美国运通、Lowes、英特尔、GE、PayPal 等。深蓝色似乎是一种可以给人信任和专业印象的颜色。

当人们确实想使用多种颜色时，颜色应该用于传达数据的新维度。例如，在 iTunes 数据集中，可以通过颜色来表示购买音乐客户所在的不同国家。但是，使用颜色来显示连续值并不总是一个好主意，这是因为在渐变色中很难区分颜色，这引出了下一个最佳实践——正确呈现数据。

这个原则有点宽泛，但意味着人们应该选择正确的方法来呈现数据。例如，可以显示类型值计数的饼图，但饼图和甜甜圈图通常不受欢迎。这是因为很难比较圆弧或饼图的大小，而比较条形的长度要容易得多。也可以将数据呈现为圆形或气泡，但同样，很难将圆形区域相互比较。大多数时候，人们习惯使用以下图表。

- 条形图：用于分类图。
- 直方图：用于连续值的分布。
- 折线图：用于时间序列。
- 散点图：用于了解两个连续变量之间的关系。
- 热图：用于了解两个连续变量之间的关系和相关性。

上面所列的图表都有很多用途，这里只给出了这些图通常的应用场景。当然，还可以使用许多其他图，如堆积面积图。通常，上面所列的图标类型已经可以满足人们的需求。更具技术性的统计图表，如箱线图和 letter-value 图，通常不用于向非技术人员展示数据，因为需要向他们解释如何阅读图表及图表的含义。更简单的图表，如条形图、折线图和散点图，更易于人们直观理解。

正如在上面讲到的，类别计数在条形图中效果很好，前面的示例说明，直方图很适合查看数字数据的整体分布（如 Minutes 列），散点图适用于寻找两个数字数据集之间的关系，热图也适用于相同的情况。但对于较大的数据集，点的数量过多会使人们很难观察到散点图中的具体细节。

折线图通常适合表示时间序列数据。例如，可以在 iTunes 数据集中收集前三个国家的累计销售额。以下步骤也可以通过 SQL 查询完成，但在这里使用 pandas。首先，加载数据：

```
from sqlalchemy import create_engine
engine = create_engine('sqlite:///data/chinook.db')
with engine.connect() as connection:
    sql_df = pd.read_sql_table('invoices', connection)
```

在这里，首先连接到 Chinook SQLite3 数据库，然后读入整个 invoices 表。下一步，获取前三个国家/地区的累计销售额，语句有些复杂：

```
top_3_countries = sql_df.groupby('BillingCountry').sum(). \
    sort_values(by='Total', ascending=False)[:3].index.values
```

首先，按总销售额获得前三个国家。这里首先按国家分组并取所有列的总和。然后按 Total 列从最大到最小对结果进行排序。最后，为了获取国家名称，先获取前三个值，再获取索引（保存国家名称），然后将值获取为 NumPy 数组。最后一步可以通过几种不同的方式完成，例如，首先获取索引和值，然后通过索引获取前三个值。尝试将这些步骤分解成更小的块，并在 Jupyter Notebook 中运行它们，从而了解每个步骤发生了什么。例如，尝试运行 sql_df.groupby('BillingCountry').sum()，然后添加 sort_values()函数，之后逐个添加下一个选择和索引步骤。

一旦获得了销售额排名前三的国家/地区，我们就可以随着时间的推移获得它们的累计销售额。这又有点复杂：

```
sql_df.set_index('InvoiceDate', inplace=True)
gb = sql_df[sql_df['BillingCountry'].isin(top_3_countries)]. \
    groupby([pd.Grouper(freq='M'), 'BillingCountry']).sum(). \
    groupby(level=-1).cumsum()
gb.reset_index(inplace=True)
```

请注意，因为上面的命令代码较长，这里将分行进行显示，并使用正斜杠继续同一逻辑代码行。首先，需要将日期设置为索引，以便可以按日期分组。然后过滤 DataFrame，因此只保留前三个国家/地区 sql_df[sql_df['BillingCountry'].isin(top_3_countries)]。接下来，从索引中按月份分组，然后按国家/地区分组。这需要使用 pd.Grouper()函数按月份等单位对时间序列进行分组，然后用 sum()得到列的总和，所以每个唯一的“日期—国家”组合都有一个数值。接下来，为了获得每个国家/地区随时间推移的累积总和，再次使用 groupby()，并设置 level=-1。第一个 groupby()语句的结果位于多索引 pandas DataFrame 中，level=-1 指示 groupby()使用第二个索引，即国家名称。然后使用 cumsum()获取累积和，这意味着从第一个日期开始，每个值都会被添加到下一个值。再次尝试分解每个步骤并运行它们，从而更清楚地查看发生了什么。最终提供一个 DataFrame，将日期和国家/地区作为索引，并将列的累积总和作为值。

Total 列最初表示每张发票的总计，现在是发票总额的累积总和，按月份和国家分组。最后，重置索引，以便日期和国家成为可以在绘图中使用的列。

最后，使用数据进行绘图：

```
sns.lineplot(data=gb, x='InvoiceDate', y='Total', hue='BillingCountry')
```

顺便说一句，在上面的示例中，几乎 90%的工作都是在收集和处理数据的，而显示绘图仅仅使用了一行代码。这与实际情况相符，有调查表明，数据科学家经常将大部分时间用于收集和准备数据。

如图 5-22（a）所示，可以看到颜色是自动选择的，并且图例放置在最佳位置（由 seaborn 自动确定）。

但是，如果图表是黑白打印的怎么办？灰度渐变的结果如图 5-22（b）所示。由此可以看到，要区分不同的线条并不容易。有几种方法可以解决这个问题，但这是下一个最佳实践——使情节“冗余”。这有助于在黑白打印时更好地理解图表中的信息。所谓的“冗余”解决方案是为每条线添加另一个特征。可以使线条具有不同的纹理（如虚线、实线等），也可以直接在每条线上添加注释。下面代码可以将线条有实线转换为虚线，效果如图 5-22（c）所示：

```
sns.lineplot(data=gb, x='InvoiceDate', y='Total', hue='BillingCountry',
style='BillingCountry')
```

人们可以通过 style 参数来设定要通过不同样式显示的列，在上面的例子中，BillingCountry 列将通过不同样式的线条来显示。一般情况下，折线图的样式是自动确定的，但也可以添加另一个参数 dashes 来指定确切线型。例如，可以使用 dashes=[(2,1),(5,2),'']来指定第一条线是虚线，小线段的长度为 2 个点，然后间隔 1 个点。点是用于印刷中测量的印刷术语，如 12 点字体（大约是平时阅读的大多数字体的大小）。dashes 参数中的第二个线型是(5,2)，表示使用虚线，小线段的长度是 5 个点，然后间隔 2 个点。最后，空白的''表示最后一条线是实线。

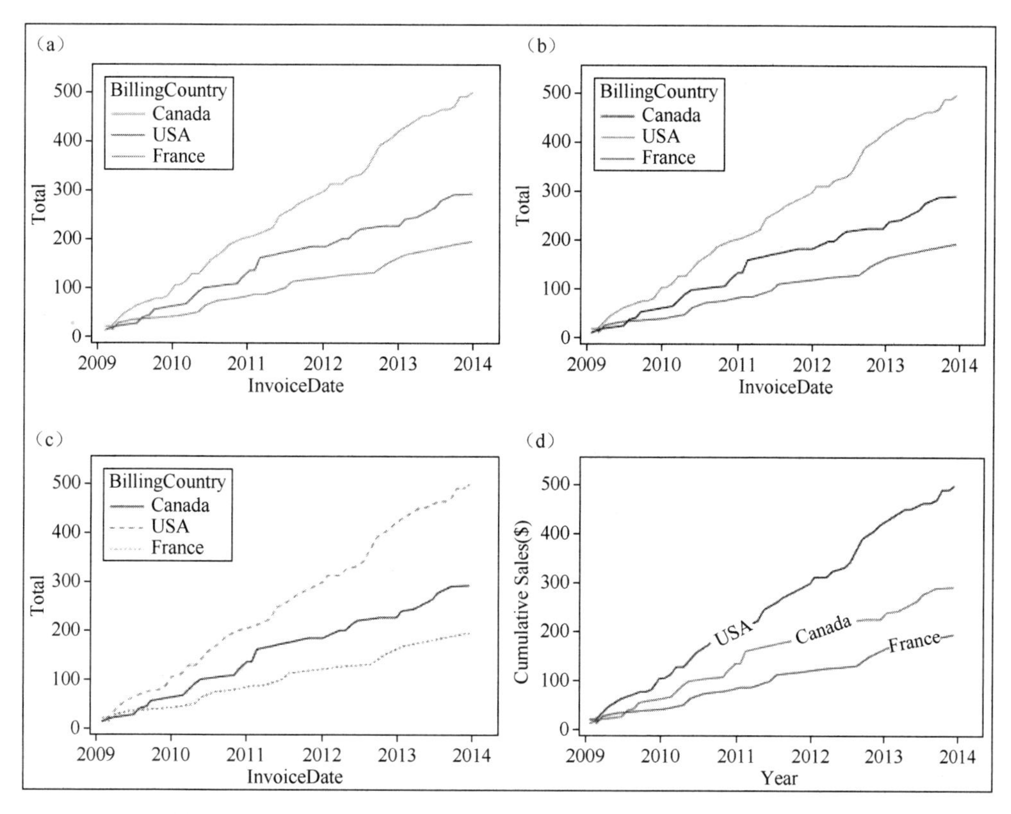

图 5-22　使用 seaborn 绘制 4 种表示 iTunes 数据集累积销售额排名前 3 的国家折线图

尽管这种样式是冗余的，但黑白印刷及单色显示能让图形更易于理解。在设计图表时，应该尽可能使图表易于阅读。可以使用 matplotlib-label-lines 包直接对线条进行标记：

```
from labellines import labelLines
f = plt.figure()
ax = f.gca()
for country in top_3_countries:
    c_df = gb[gb['BillingCountry'] == country]
    ax.plot(c_df['InvoiceDate'], c_df['Total'], label=country)
```

```
labelLines(ax.get_lines())
plt.xlabel('Year')
plt.ylabel('Cumulative Sales ($)')
```

这个包必须用 pip 安装，比如 pip install matplotlib-label-lines，然后导入 labellines，如上所示。由于它是一个较小且最近才开发的软件包，因此在撰写本书时尚未移植到 Anaconda 存储库中。

可以看到，人们首先从包 labellines 中导入函数 labelLines。然后使用 plt.figure()创建一个空图形，并使用 f.gca()获取该图形的轴。gca 为 get current axes 的缩写，表示获取当前轴，它将返回一个 matplotlib 坐标轴对象。由此，可以遍历结果中的前三个国家，并绘制一段时间内的总销售额。首先过滤 gb DataFrame，因此只在当前循环周期中保留当前国家/地区的值（这是按“月—年”和“国家/地区”分组的 DataFrame）。然后绘制实际数据——在 InvoiceDate 范围内的 Total（总发票金额的累积总和）。还提供了参数标签，以便可以在图上绘制国家标签。或者，这也将允许人们使用 plt.legend()在带有标签的图上显示图例。请注意，由于使用 ax 变量通过 ax.plot()绘制数据，因此这些图都显示在同一个图上。这可以让下一行代码 labelLines()正常工作。然后，使用 ax.get_lines()从轴对象中获取线条，并将其传递给 labelLines()函数作为唯一的参数（这些线条对象保存用于定位和绘制线条上的标签的原始数据）。这会直接在线条上绘制国家标签。最后，添加 x 轴和 y 轴标签，绘图就完成了。

结果显示如图 5-22（d）所示，该图是通过折线图显示时间序列的最佳实践。从图 5-22（b）中可以看出，与加拿大和法国的直线斜率几乎相等的情况相比，美国的销售轨迹明显更为陡峭。这可能意味着人们应该将精力集中在美国客户身上，因为他们有望在未来为人们提供大部分收入。

倒数第二个最佳实践是清楚地标记轴和数据集，并使用带有无衬线字体的统一字体大小。这通常是使用 seaborn 和许多 Python 绘图包自动完成的，但对于其他包，轴标签和数据集并不总是被标记出来。例如，对于 pandas 图，可以使用 plt.xlabel('your label here')和 plt.ylabel('label going here')添加轴标签。正如在前面看到的，如果可能的话，最好使用 labellines 包直接标记数据集。还应该尽量减少使用不同字体大小的情况，并争取使用统一的字体大小。许多大小不同的字体使绘图看起来非常混乱。最后，一定要使用无衬线字体。

衬线字体的字母边缘是弯曲的。它可以帮助人们更轻松地阅读大量文本，会使绘图变得混乱，并且无论如何都应尽量减少绘图上的文本数量。坚持在图表中使用简单的无衬线字体，并避免使用 Comic San 字体（除非有特殊需要）。

现在介绍最后一个最佳实践，即为我们的“观众”量身定制图表。例如，Comic Sans 字体通常不适合作为图表字体，因为它看起来不专业。但是，在更非正式的环境中，例如，对于儿童教室或像 xkcd 这样的在线漫画，使用这种有趣的字体是一个不错的选择。另一个例子是饼图。一般来说，在可视化社区中，饼图并不受欢迎，但在某些情况下，饼图可以很好地表达数据中的含义。

例如，通过饼图可以帮助孩子们学习分数，因为在饼图上可以很容易地看到整体和部分之间的关系，并且小朋友们都很喜欢饼图。定制图表的其他方面可以包括标题、图形、颜色和文本注释。例如，如果人们正在创建要在 Twitter 上分享的图表，可以在图表中添加标题，以防其他 Twitter 分享图片时，只分享了图片，而没有分享该图片的说明文字。标题应该简单明了，并能很好地对数据进行描述，如之前使用的“Cumulative iTunes Sales for the Top 3 countries”。这可以通过 plt.title('Cumulative iTunes Sales for the Top 3 countries')将标题添加到基于 matplotlib 的绘图中。对于像 Twitter 这样更加非正式的场景，还可以在绘图的角落添加一个小 LOGO 以进行品牌宣传。但是，在专业会议或报告中，使用可爱的图形可能是一个错误。人们还希望确保通过突出显示或文本注释，突显数据中的任何值得关注的现象。突出显示的一个示例是在上面的折线图中，将其中一条线加粗，可以通过以下方式完成：

```
sns.lineplot(data=gb, x='InvoiceDate', y='Total', hue='BillingCountry',
size='BillingCountry', sizes=[1, 5, 1])
```

上面代码将使“美国”的线变得更粗，以引起人们的注意。首先给出参数 size='BillingCountry'来指定国家变量，将其用于确定线条的粗细。然后，为 sizes 参数提供一个数字列表，这些数字是线条的磅值。由于第二个数据对应于美国，增加了该线的磅值以突出显示它。弄清楚数据的顺序如何与 size 参数的顺序相对应需要进行反复试验（或者可以从图例中看到）。还可以使用不同的纹理或颜色来引起人们对值得关注的部分数据的注意。

以上内容总结了可视化的最佳实践。然而，可视化的某些方面是主观的，每个人对可视化所提供的最终形态都有自己的见解。总的来说，这里讨论的思路得到了大多数人的认同——保持图表简单且没有图表垃圾，为数据使用正确的图表，正确标记图表，正确使用颜色和文本，并为受众量身定制图表。

关于可视化的最佳实践，有很多书可以参考，例如，Packt 出版社出版的，由 Andy Kirk 所著的 *Data Visualization: A Successful Design Process*，以及由 Cole Nussbaumer Knapflic 所著的 *Storytelling with Data: A Data Visualization Guide for Business Professionals*。

现在人们已经掌握了一些最佳实践，接下来将介绍如何将绘图导出并保存，从而方便人们将它们共享给他人。

为共享及报告保存绘图

在创建了可视化绘图之后，有时人们希望将它们保存为图像，从而与他人共享。例如，本书中的所有绘图都保存为 PNG 格式的文件。要从 seaborn、pandas 或任何其他基于 matplotlib 的绘图中保存图像，只需使用 plt.savefig()函数。这里仍使用前面的折线图：

```
f = plt.figure(figsize=(5, 5))
sns.lineplot(data=gb, x='InvoiceDate', y='Total', hue='BillingCountry')
plt.tight_layout()
plt.savefig('cumulative_sales_lineplot.png', facecolor='w', dpi=300)
```

在这里，首先使用 plt.figure()创建一个空白图形，以便人们可以设置图形大小。figsize 参数接受一个数字元组，其中数字代表以英寸为单位的宽度和高度。对于可能缩小图像的应用程序，方形图像通常可以很好地缩放。接下来，像以前一样创建折线图，然后使用 plt.tight_layout()，它会自动调整边距，以便将所有内容都包含在图形中，包括所有文本和图形。有时，较大的轴标签或其他文本可能会出现在图形之外，而此功能是解决该问题的一种方法。最后，使用 plt.savefig()保存图形，将文件名作为第一个参数。图形的文件类型是通过扩展名进行设置的，可以使用.png、.jpg、.svg、.pdf 等作为扩展名。可以使用命令 plt.gcf().canvas.get_supported_filetypes()查看可用的文件类型。将 facecolor 参数设置为'w'，这表示白色，这会将轴标签后面的背景颜色从透明更改为白色。透明背景是.png 图像类型的默认设置，但白色背景是大多数其他图像类型的默认设置。将 DPI（每英寸点数）设置为 300，这为人们提供了很好的图形分辨率。更高的 DPI 值意味着更高的分辨率，但也意味着更大的文件大小。

现在保存好 matplotlib 绘图，再简要了解另一个流行且功能强大的绘图库——Plotly。

使用 Plotly 进行绘图

Plotly 是 Python 中的几个可视化库之一。Plotly 的一个优点是可视化，可以自动发布并保存到 Plotly 的云中，这意味着人们可以轻松地与他人共享可视化结果，甚至可以在线编辑它们。另一个关键优势是这些图可以包含在网站中，并在网站中依旧提供交互性。Plotly 中的交互性包括悬停效果——当鼠标悬停在某个点上时，会显示该点的值。由于 Plotly 被几家大公司用于可视化，因此了解它很有用。它可以用于许多编程语言，包括 Python、R 语言等。

Plotly 还具有可视化 Web 仪表板功能（名为 Dash），这意味着人们可以创建一个网页，其中包含多个可以流式传输实时数据的交互式绘图。接下来了解一下如何通过 Plotly 创建之前提到过的那些绘图，如折线图、散点图和直方图，还将介绍如何创建地图。

首先创建与之前相同的折线图：

```
import plotly.express as px
px.line(gb, x='InvoiceDate', y='Total', color='BillingCountry',
template='simple_white')
```

运行上面代码后，将得到如图 5-23 所示的结果。

首先导入 Plotly Express，这是使用 Plotly 创建绘图的快捷方式。虽然其他方法允许更灵活的定制，但这更困难。正如从图中所看到的，px.line()函数与 seaborn 函数非常相似，为它提供 pandas DataFrame、gb、x 和 y 列名，以及一个 color 参数，该参数说明用于标记不同线条的列名，还在这里使用了 template 参数，将其设置为 simple_white，使绘图看起来更加美观。默认的绘图主题具有网格线和灰色背景，遗憾的是，图表中存在图表垃圾。当然还有其他可用的主题，可以访问 https://plotly.com/python/templates/获取更详细的信息。

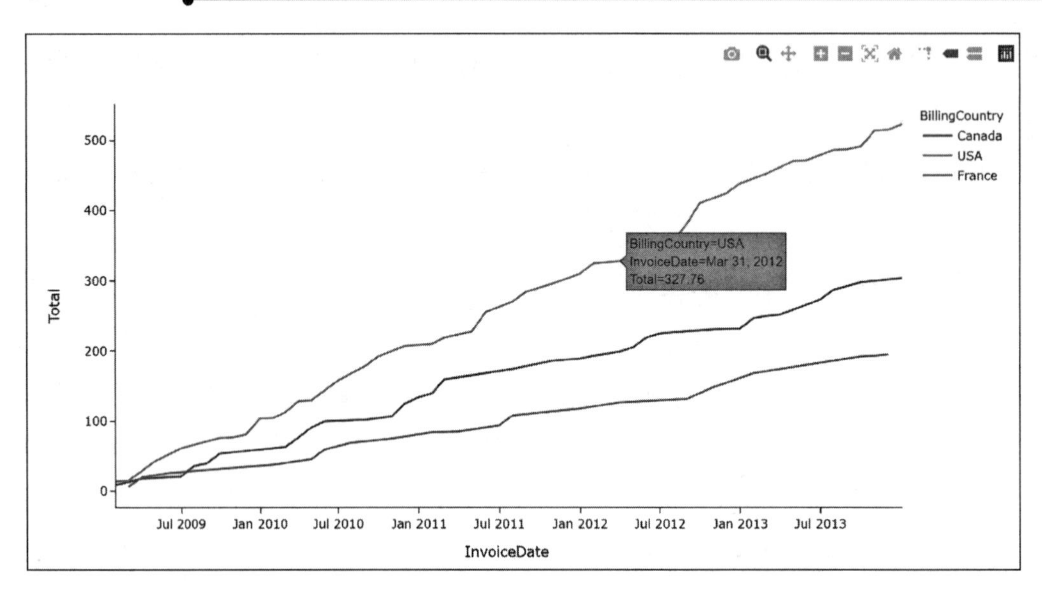

图 5-23　使用 Plotly 绘制的 iTunes 数据集中累计销售额排名前三位的国家/地区的折线图（可以看到鼠标指针悬停在一个数据点上，可以展示该点的原始数据）

Plotly 有几种不同的方法来创建绘图，而 plotly.express 是最简单的。人们可以通过如下文档了解更多关于 Plotly 的绘图方法：https://plotly.com/python/creating-and-updating-figures/。

接下来，使用 Plotly 制作散点图。将绘制 minutes 与 MB 的关系，就像在本章前面所做的那样：

```
px.scatter(df, x='Minutes', y='MB')
```

可以看到的，代码与 seaborn 非常相似，这里提供了一个 DataFrame，然后是一个 x 和 y 参数。使用 Plotly 与 seaborn 进行绘图的优势在于可以在绘图中使用鼠标悬停的交互操作，当鼠标悬停在某个点上时，将显示与该点相关的数据信息。

创建直方图的方法几乎与 seaborn 相同，提供一个 DataFrame 和一个 x 或 y 参数，这取决于希望直方图是水平的还是垂直的：

```
px.histogram(df, x='Minutes')
```

在上面的代码中，以常用的垂直方向显示直方图。

最后，看看如何使用地图。这在 Plotly Express 中很简单，但如果需要，也可以通过更强大的方式与其他 Plotly 方法一起使用。在等值线地图上按国家/地区绘制总销售额。等值线地图将数值绘制为地图上色块区域。虽然通过颜色感知数字并不直观，但这是在地图上可视化数字数据的常用方法：

```
gb_countries = sql_df.groupby('BillingCountry').sum()
gb_countries.reset_index(inplace=True)
px.choropleth(gb_countries, locations="BillingCountry",
              locationmode='country names',
              color="Total")
```

首先，需要以适当的方式组织数据。通过 billing country 对 sql_df（iTunes 数据库中的 invoices 表）进行分组，然后计算每组的汇总值。这里提供了每个国家/地区的销售额总和。然后重置索引，以便国家名称可以作为绘图时可以使用的列。接下来，使用 Plotly Express 的 choropleth 函数，并将 DataFrame 作为第一个参数。

然后指定保存位置标签的列名。这里还需要将 locationmode 设置为“country names”，因为国家是按名称标记的（而不是像 ISO 代码这样的替代标签）。人们可以通过在 Jupyter Notebook 单元或 IPython 中执行“?px.choropleth”来查看 choropleth 的文档，从而了解可用的位置模式。在这里还指定了一个包含数值的列名，用于为国家着色。因为想要可视化 Total 列，所以将 color 参数设置为"Total"。代码运行后，得到的绘制地图如图 5-24 所示：

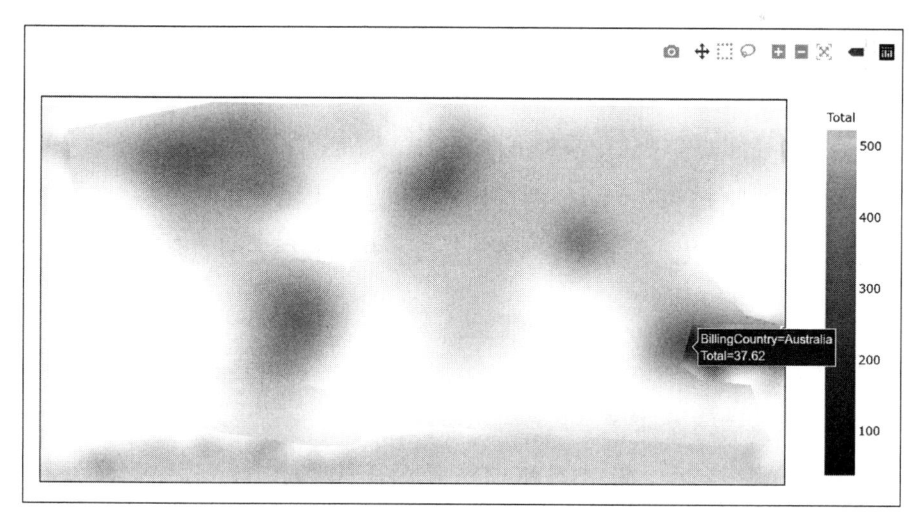

图 5-24　通过 Plotly choropleth 绘制地图

（可以看到国家名称，且鼠标悬停在一个国家/地区时会显示 Total 值）

注：图 5-24 地图做了模糊化处理，不是程序实际执行绘制的地图。

正如在图中所见，数据集中提到的国家是彩色的，而其他国家则是中性灰色。当我们将鼠标悬停在某个国家或地区上时，会出现该国家或地区对应的 Total 数值。

Plotly 带有丰富的地图功能，可以通过 https://plotly.com/python/maps/ 来了解相关的演示和说明文档。

事实上，Plotly 拥有很多功能，且一直在增多。可以通过查看 https://plotly.com/python/页面，了解更多 Plotly 的功能。

至此，已经介绍完 Plotly 中 Plotly Express 的简要功能，人们可以继续探索 Plotly 及其表板功能 Dash 的其他功能。

本章测试

为了加深对本章内容的理解，请完成如下挑战：

假设您在一家对冲基金公司找到了一份金融分析师的工作，您的首要任务是通过分析薪资保护计划（Paycheck Protection Program，PPP）贷款数据来深入了解政府资助的贷款，该数据包含在本书 GitHub 存储库中的 PPP Data 150k plus 080820.csv 文件中。对数据执行 EDA（数据整理和准备步骤）并创建一些专业的可视化，从而与您的团队共享，突出您的主要发现。请务必在您的可视化中添加书面分析，解释它们的含义。

但是，这里只处理 15 万美元以上的贷款数据，这是大额贷款。如果您感兴趣，可以将各州的数据与 15 万美元以上的贷款数据进行结合，从而获得完整的数据集。

本章小结

在本章介绍了很多内容，从 EDA 和 EDA 绘图开始，人们逐步了解创建图表的可视化和最佳实践，最后使用 Plotly 绘制图表。回想一下，对于第一个 EDA 步骤，使用在本章介绍的自动 EDA 包（如 pandas-profiling）往往是一个不错的开始。只需几行代码，人们就有一组 EDA 统计数据和图表供人们参考。但请记住，人们需要经常创建自定义 EDA 数据和统计数据，或者使用 pandas 过滤、GroupBy 和其他方法来生成自定义 EDA 见解。

EDA 与可视化有大量的重叠，并且大部分 EDA 最终都是可视化的。如果图表超越 EDA 成为想要与他人分享的成果，那么需要更多地考虑可视化最佳实践。请记住，一般来说，人们希望使可视化尽可能简洁（避免图表垃圾），正确使用颜色和文本，使用最佳方法来传达数据及其关键含义，并为受众量身定制图表。

最后，研究了使用 Python 中的一些关键可视化包，如 seaborn 和 Plotly。seaborn 包是 matplotlib 系列绘图库的一部分，其中还包括 pandas。这意味着它可以使用 matplotlib 命令轻松地进行绘图。但是，如果需要更高级的绘图、带有交互性和 Web 界面，Plotly 可能是更好的选择。Plotly 带有许多绘图函数，并且比 seaborn 增长得更快，但是在 Plotly 中创建一些高级或高度定制的绘图可能存在困难。

现在，人们对使用 pandas 加载和准备数据后如何处理数据有了一些概念。在第 6 章中，将学习如何处理常见的其他类型数据源，如文档（如 Microsoft Word 和 PDF）和电子表格。

第 6 章　数据处理文档和电子表格

现在很多人已经掌握了一些基本的 Python 和数据处理技能，接下来就可以看看如何处理一些常见的数据类型，如文档和电子表格。大多数组织使用 Microsoft Office 的 Word 和 Excel 作为日常的办公软件，这会产生大量数据。还有大量的 PDF 文档，其中可能包含有价值的信息。如果我们的数据位于一堆 Excel 和 PDF 文件中，那么在进行数据科学工作时，处理这些类型的数据就变得很有必要了。从这些文档和电子表格中提取数据是作为数据科学家必须掌握的技能。在本章中，将为人们介绍相关的数据提取技术，以及可能遇到的文档文本和 Excel 电子表格数据的基本分析技术。本章将介绍如下主要内容:

- 使用 python-docx 和 PyPDF2 包加载 Word 和 PDF 文档，并完成一些基本的数据清理工作;
- 用于分析文本的基本分析技术;
- 使用 openpyxl 和 pandas 包加载 Excel 文件，并将数据写回 Excel;
- 使用 openpyxl 从复杂的 Excel 文件中提取数据;

从处理一些 Word 文档并从文本中提取见解开始本章的学习。

解析和处理 Word 和 PDF 文档

众所周知，Microsoft Office 文档无处不在，尤其是 Word 和 Excel 文档。当然，PDF 文档也被广泛用于共享报告和信息。事实上，在某些领域，如金融和公共服务，都使用了大量的 PDF 文档。

从 Word 文档中读取文本

先来看看如何从 Word 文档中读取文本。我们将扮演数据科学家的角色，与一个试图减少学校枪支暴力的非营利性组织合作。这里有一些来自美国教育部无枪学校法案报告的 Microsoft Word 文档（这些文档以.docx 文件的形式存储在本书的 GitHub 存储库中，位于 https://github.com/PacktPublishing/Practical-Data-Science-with-Python/tree/main/Chapter6/data/gfsr_docs/docx）。作为第一步，我们希望从 Word 文件中提取文本，并查看最常见的单词和短语。

Python 中并没有很多用于处理 Word 文件的软件包，而且在撰写本书时，大多数包在几年内都没有更新。尽管如此，仍然可以使用这些包来读取 Word 文件。其中两个顶级包是 pythondocx 和 textract，但也可以使用另一个包 docx2text。在这里将介绍 textract 包，pythondocx 和 docx2text 的代码示例则可以在本章的 Jupyter Notebook 中找到。没有很多用于处理 Word 文件的包这一事实告诉我们，当前的包足以满足人们的需求，但也可能是因为没有那么多人从 Word 文件中提取数据。

首先，需要安装 textract。最新版本可通过 pip 获得，但不能通过 conda 获得。因此，可以使用 pip install textract 来安装这个包。

关于安装 textract 所需的完整依赖文档，请参考：https://textract.readthedocs.io/en/stable/installation.html

但目前在 Windows 中没有安装该包的官方文档，但可以通过如下链接找到相关的安装方法：https://github.com/deanmalmgren/textract/issues/194#issuecomment-506065817

如果只需要读取.docx 文件，使用 pip 安装 textract 即可正常工作。

第一步是获取文件列表，一种简单的方法是使用内置的 glob 函数：

```
from glob import glob
word_files = glob('data/gfsr_docs/docx/*.docx')
```

使用 glob 函数，只需给出一个文件路径，并且通常包含一个星号作为通配符，它将匹配字符串中该位置的任意数量的任意字符。对于上面的字符串，可以在 data/gfsr_docs/docx 文件夹中寻找任何以.docx 结尾的文件。

首先，从第一个文件中提取文本：

```
import textract
text = textract.process(word_files[0])
text = text.decode('utf-8')
text[:200]
```

textract.process()函数从任意文件中提取文本，包括.docx 文件。对于其他文件类型，需要按照 textract 文档中的安装说明来安装软件依赖项。

在前面的示例中，textract 返回的文本变量是一个由字节组成的字符串。这是数据存储在计算机上的格式。如果打印出字符串，会以 b 开头，如 b'Reporton'。如果人们使用 type(text)检查它所属的类，将显示它属于 bytes 类。下一行中，text.decode('utf-8')将此字节字符串转换为普通字符串。对于英语，这通常并没有太大的不同，但是对于其他语言，字节字符串和普通字符可能会有很大的不同。使用的 utf-8 编码是一种常见的编码。

如果不确定文件的编码，可以使用 beautifulsoup4 包。首先，确保使用 conda 或 pip 安装它：conda install -c conda-forge beautifulsoup4 -y。然后，可以使用 UnicodeDammit 检测编码：

```
from bs4 import UnicodeDammit
with open(word_files[0], 'rb') as f:
    blob = f.read()
    suggestion = UnicodeDammit(blob)
    print(suggestion.original_encoding)
```

因为编码的种类很多，如果选择了错误的编码类型，则无法将原有的字符还原成本来的样子。

人们还可以通过将.docx 扩展名替换为.zip 来找出 Word 的.docx 文件编码。.docx 文件实际上是.zip 文件。当人们解压这个修改过扩展名的 zip 文件并打开第一个.xml 文件时，在该文件的顶部显示的就是该文件的编码。

一旦转换了前面的文本，就可以通过 text[:200]打印出前 200 个字符：

```
'Report on State/Territory Implementation of the Gun-Free Schools Act\n\n\n\n\n\nSchool Year 1999-2000\n\n\n\n\n\n\n\n\n\n\n\n\n\n\n\n\n\nFinal Report\n\nJuly 2002\n\n\n\n\n\n\n\n\n\n\n\n\n\n\n\n\n\n\n\nPrepared under contract by:\n\n\n\nWestat\n\n\n'
```

如果通过 Jupyter 打印变量内容，换行符（\n）将被保留。但如果使用 print()函数，换行符将被打印为空行。

从 Word 文档中提取见解：常用词和短语

一个从文本中获得一些有用见解的简单方法是查看常见的单词和短语。但在这样做之前，需要先执行一些清理工作。

清理文本通常包括以下步骤：

- 删除标点符号、数字和停用词；
- 将单词转换成小写。

在第 18 章“处理文本”部分将会介绍更多的知识，从而进行更彻底的文本分析，获得比本章更好的分析结果。

首先删除标点符号和数字。这可以在 string 模块的帮助下完成：

```
import string
translator = str.maketrans('', '', string.punctuation + string.digits)
text = text.translate(translator)
```

这里需要先导入内置的 string 模块，代码中的 string.punctuation 和 string.digits 表示常用标点和数字。使用内置 str 类的 maketrans()方法来删除标点符号和数字。在 maketrans()函数中，可以提供三个参数，第三个参数中的每个字符都将被替换为 None。前两个参数应保留为空字符串，如果它们包含字符，则第一个字符串中的每个单独字符都将被转换为第二个字符串中的相应字符（按索引）。

一旦使用 maketrans()创建了 translator 对象，人们就可以使用 Python 内置的 translate()字符串方法。这会将 string.punctuation+string.digits 中的所有字符映射为 None，从而删除标点符号和数字。

接下来，将删除停用词。停用词是没有太多意义的常用词，如 the。人们可以使用 NLTK（自然语言工具包）来检索停用词列表。首先，人们应该使用 conda install -c conda-forge nltk-y 安装软件包，然后就可以导入并下载停用词：

```
import nltk
nltk.download('stopwords')
```

上面代码执行之后将返回 True。

如果无法下载停用词，这可能是由于路由器或防火墙阻止了对 raw.githubusercontent.com 的访问。可以尝试从 NLTK 页面（http://www.nltk.org/nltk_data/）访问数据，以确保您能够连接和下载停用词。如果仍然无法下载停用词，可以使用 scikit-learn 中的停用词（conda install -c conda-forge scikit-learn -y）：

```
from sklearn.feature_extraction.text import ENGLISH_
STOP_WORDS as en_stopwords
```

下载停用词后，就可以导入它们并从文本中删除停用词：

```
from nltk.corpus import stopwords
en_stopwords = stopwords.words('english')
en_stopwords = set(en_stopwords)
words = text.lower().split()
words = [w for w in words if w not in en_stopwords and len(w) > 3]
```

在上面的代码中，首先使用 stopwords.words('english')从 nltk 加载英语停用词，然后将此列表转换为集合。之所以使用集合，是因为出于性能考虑，当检查一个词是否在停用词中时，使用集合要比使用列表快得多。

由于 Python 搜索列表与集合的方式不同，搜索集合比列表更快。对于列表，人们可能会从列表的开头到结尾进行搜索。如果所要找的词出现在列表的末尾，这将需要更长的时间。使用集合，数据被散列或转换为数字。人们可以使用 Python 中内置的 hash()函数进行尝试，即 hash('the')。结合其他一些计算机编程原理，这意味着通过集合可以更快地检测停用词。

接下来，使用 text.lower()将文本转换成小写，然后使用字符串的内置 split()函数将文本分解为单个单词。最后，使用列表推导式来遍历每个单词，如果该单词不在停用词中，则保留它。另外，还需过滤掉任何长度小于或等于三个字符的单词，通常这些是数据中的噪声，例如，不在标点符号集内的杂散标点符号，或数据中的杂散字母。删除停用词和短词的列表推导式等效于下面的 for 循环：

```
new_words = []
for w in words:
    if w not in en_stopwords and len(w) > 3:
        new_words.append(w)
```

现在有一个单词列表。接下来可以用它生成一个二元组列表或者单词对：

```
bigrams = list([' '.join(bg) for bg in nltk.bigrams(words)])
bigrams[:3]
```

nltk.bigrams()函数接受一个单词列表，并将单词对作为元组返回。使用带有单个空格的字符串的 join()函数将每个二元组连接到单个字符串中，如('implementation','gunfree')将转换为'implementation gunfree'。如果查看前三个二元组，则会看到以下内容：

```
['report stateterritory',
 'stateterritory implementation',
 'implementation gunfree']
```

现在已经清理了数据并创建了二元组，可以继续分析处理过的数据。

分析文本中的单词和短语

分析文本中的单词和短语的最简单的方法是查看计数频率。使用 Python 中的 nltk 包可以很容易做到这一点。先用 nltk 的 FreqDist 类来获取单词（unigrams）和单词对（bigrams）的频率计数：

```
ug_fdist = nltk.FreqDist(words)
bg_fdist = nltk.FreqDist(bigrams)
```

注意：unigrams 和 bigrams 是 n-grams 的特定情况，它们是一起出现的大小为 *n* 的单词组。

nltk 中的 FreqDist 类很方便，因为用它可以轻松查看前几个 n-gram，并绘制它们。例如，下面代码将显示前 20 个一元组和二元组，以及它们的出现次数：

```
ug_fdist.most_common(20)
bg_fdist.most_common(20)
```

下面是从中看到的前几个二元组：

```
[('state law', 240),
 ('educational services', 177),
 ('services alternative', 132),
 ('students expelled', 126)]
```

人们也可以很容易地绘制这些图：

```
import matplotlib.pyplot as plt
ug_fdist.plot(20)
```

执行上面的代码之后，将得到如图 6-1 所示图形。

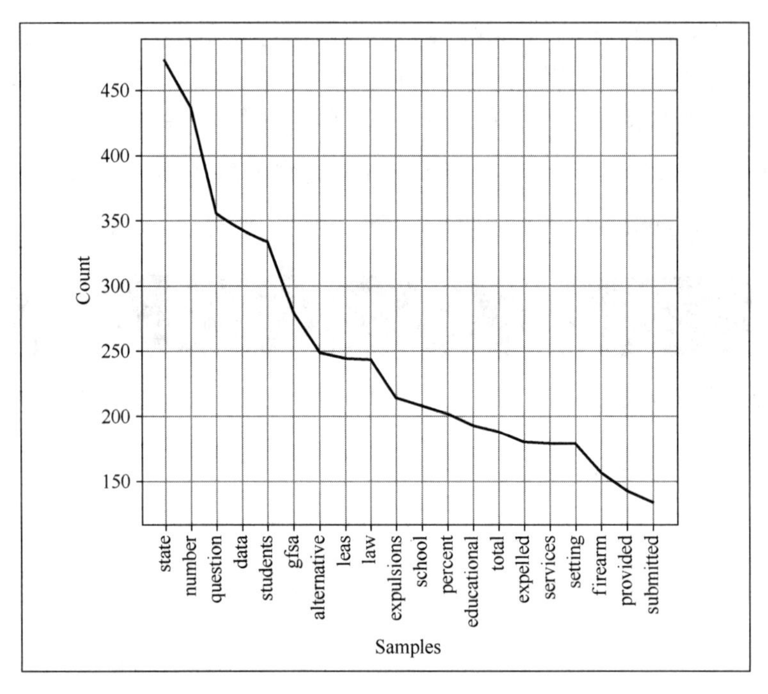

图 6-1　unigrams 的频率分布图

从图中可以看到，前几个单词的结果都是我们所期望的，例如，students、gfsa 和 school。里面还有一些其他有趣的词，如 expulsions、alternative 和 law。我们还看到了 leas，这看起来有些奇怪。检查原始文档，发现这是本地教育机构（Local Educational Agencies，LEA）的首字母缩写词，并且在文档中被大量使用。

可以使用 FreqDist.plot()中的参数 show 来控制是否显示绘图。如果设置 show=False，那么可以进一步自定义绘图。

频率图是了解数字关系的简单明了的方法。在数据科学社区中，人们会经常看到数据科学家使用“词云”来表达单词或短语出现的频率。虽然“词云”看起来可能比较直观，但是它无法精确地表达数据指标。一般来说，应该避免使用词云，但可以将它放在演示文稿中，向“观众”传递一个概括性的信息。

要在 Python 中创建词云，首先应该确保安装了 wordcloud 包：conda install -c conda-forge wordcloud。然后，就可以导入它，并从文本中创建一个词云：

```
from wordcloud import WordCloud
wordcloud = WordCloud(collocations=False).generate(' '.join(words))
plt.imshow(wordcloud, interpolation='bilinear')
plt.axis("off")
plt.show()
```

默认情况下，这会生成一个带有“搭配”的词云。所谓“搭配”，指的是同时出现的“单词对”（使用一些统计方法计算，例如，逐点互信息或 PMI）。可以设置 collocations=False 来避免这种情况，并且只绘制单个单词。上面代码生成的词云如图 6-2 所示：

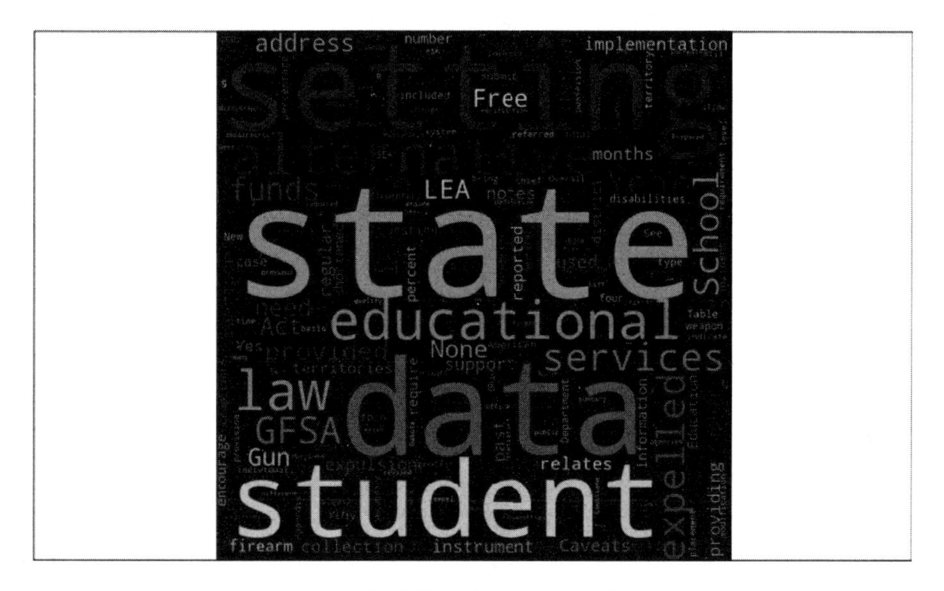

图 6-2 使用清洗后的文本生成的词云

每个单词的大小与其在文本中出现的频率成正比。因此，这除了查看来自 nltk 的 FreqDist 类的原始数据或 unigram 频率的线图，也是查看 unigram 频率的另一种方式。但是请注意，词云不会对词频的排名进行量化处理，而且有些时候词云看起来很混乱（比如在第 5 章探索性数据分析和可视化中讨论过的图表垃圾）。同样，应该谨慎使用或避免使用词云，因为它们旨在更具艺术性，而不是提取更多有用的见解。

在 Python 中使用 wordcloud 包创建词云时，有很多格式可以选择，并且由于词云旨在具有艺术性而不是提供洞察力，因此人们应该花时间使其更具美学吸引力。

现在已经编写完成了所有用于加载和执行 Word 文档简单分析的代码，将它们全部放在一个函数中，从而更易于使用：

```
import os
from glob import glob
import textract
import nltk
en_stopwords = set(nltk.corpus.stopwords.words('english'))
def create_fdist_visualizations(path):
    """
    Takes a path to a folder with .docx files, reads and cleans text,
    then plots unigram and bigram frequency distributions.
    """
    word_docs = glob(os.path.join(path, '*.docx'))
    text = ' '.join([textract.process(w).decode('utf-8') for w in word_docs])
    # remove punctuation, numbers, stopwords
    translator = str.maketrans('', '', string.punctuation + string.digits)
    text = text.translate(translator)
    words = text.lower().split()
    words = [w for w in words if w not in en_stopwords and len(w) > 3]
    unigram_fd = nltk.FreqDist(words)
    bigrams = list([' '.join(bg) for bg in nltk.bigrams(words)])
    bigram_fd = nltk.FreqDist(bigrams)
    unigram_fd.plot(20)
    bigram_fd.plot(20)
```

这个函数所提供的功能与之前分步骤实现的功能完全相同，在函数的前半部分包含了必要的导入。函数中数据整理的步骤如下：

- 列出目录（文件夹）中所有以.docx 结尾的 Word 文档；
- 删除标点符号、数字、停用词和短词；
- 将所有的字母都转换成小写。

然后，对准备好的数据进行基本的文本分析，步骤如下：

- 使用 FreqDist 创建一元和二元频率分布；
- 绘制一元和二元的频率分布图。

对于代码的一个额外说明是使用 os.path.join()来连接路径和文件扩展名。此函数将确保文件的完整路径是有效路径。例如，如果仅仅简单地使用字符串连接，如执行 r'data\gfsr_ docs\docx'+'*.docx'，最终可能会得到一个意想不到的路径，这将会生成'data\\gfsr_docs\\docx*.docx'（请记住反斜杠是一个特殊的转义字符，两个连续反斜杠表示它将被解释为正常的一个反斜杠）。os.path.join()函数用于在给出的参数之间添加斜杠，因此 os.path.join(r'data\gfsr_docs\docx','*.docx')将得到'data\\gfsr_docs\\docx*.docx'。

可以像这样执行函数：

```
create_fdist_visualizations('data/gfsr_docs/docx/')
```

它将绘制出一元和二元频率分布图。

从 PDF 文件中读取文本

虽然人们经常使用 Word 文件，但有时可能会接触更多的 PDF 文件。幸运的是，有几个包可以在 Python 中处理 PDF。其中有一个是之前已经使用过的包——textract。人们也可以使用以下的包来处理 PDF 文件：

- pdfminer.six；
- tika；
- pymupdf；
- pypdf2。

目前，关于 textract 的一个问题是它不再被积极维护。在撰写本书时（2021 年），可以从 GitHub 存储库（例如，此处的 Insights 下的贡献者页面：https://github.com/deanmalmgren/textract）看到，最后一次维护 textract 的时间大概是 2 年前。该软件包的一些错误已经有一段时间未修复，包括无法很好地读取编码过的 PDF 文件。在本章，将使用 pdfminer.six 来读取 PDF 文件，尽管这几个包之间没有太大的区别。tika 软件包需要在系统上事先安装 Java，如果没有安装 Java，可以使用 conda install -c conda-forge openjdk 来完成。相比其他包，tika 包确实有一个优势：它在读取 PDF 文件时返回有关 PDF 文件的所有元数据，这包括文件的创建时间、创建者及创建方式等内容。

还有一些方法也可以读取图像或扫描的 PDF 文件，并且其中没有编码文本。这些是光学字符识别（OCR）方法，该方法通常依赖于 tesseract OCR 引擎。tesseract 的安装说明可以参考：https://github.com/tesseract-ocr/tessdoc/blob/master/Installation.md。

对于 Windows 上的安装，应该将 tesseract 文件夹添加到 PATH 环境变量中。在 Windows 10 上，通过运行 tesseract.exe 可以将它安装在 C:\ProgramFiles\Tesseract-OCR\中，人们可以按照以下说明将其添加到 PATH 中：https://superuser.com/a/143121/435890。

安装 tesseract 后，可以使用 textract 或其他软件包来读取扫描的 PDF，就像读取文本编码的 PDF 一样。如下所示：

```
text = textract.process('filename.pdf',
method='tesseract')
```

下面从使用 glob 列出的 PDF 文件开始介绍 PDF 文件处理过程。这里使用的 PDF 文件（包含在本书的 GitHub 存储库中）是来自 arXiv.org 的 10 篇科学论文，论文标题中包含数据科学。通过分析这些论文，有助于了解人们在数据科学前沿的工作和讨论内容。首先使用 glob 获得文件列表：

```
pdf_files = glob('data/ds_pdfs/*.pdf')
```

在使用 pdfminer.six 之前，需要通过 conda install -c condaforge pdfminer.six 安装它。

然后，使用第一个 PDF 文件来测试 pdfminer 的文件读取能力：

```
from pdfminer.high_level import extract_text
text = extract_text(pdf_files[0])
```

pdfminer 很容易使用，它可以从 PDF 直接返回文本。如果需要更改编码，可以将 codec 参数设置为相应的编码，默认情况下，它使用'utf-8'进行编码。可以使用 beautifulsoup4 包中的 UnicodeDammit 类找到文件的编码，这在前面已经介绍过。查看 PDF 文件，可以看到其中有很多使用连字符连接超过两行的单词。理想情况下，人们希望这些词没有连字符，这可以通过下方代码完成数据的清理：

```
lines = text.split('\n')
cleaned_lines = []
for ln in lines:
    if len(ln) == 0:
        continue
```

```
        if ln[-1] == '-':
            cleaned_lines.append(ln[:-1])
        else:
            cleaned_lines.append(ln + ' ')
    cleaned = ''.join(cleaned_lines)
```

在这里，首先通过换行符\n 将文本拆分为行。然后创建一个空列表来保存已清理的数据，并开始循环遍历现有行。有些行是空白的，所以如果行中字符的长度为 0 (len(l)==0)，那么可以使用 Python 关键字 continue 移动到循环中的下一行。如果每行以连字符结尾，则通过将行索引到最后一个字符(l[:-1])删除该字符，然后将此行附加到 cleaned_lines 中。否则，直接将该行加上一个空格，然后附加到 cleaned_lines 中。

最后，将清理过的行连接在一起，各行之间没有任何空格。这样，就完成了连字符的删除工作，其他单词保持不变。

和以前一样，可以使用相同的文本清理和分析步骤，并将其全部放在一个函数中：

```
def create_fdist_visualizations(path, extension='docx'):
    """
    Takes a path to a folder with .docx files, reads and cleans text,
    then plots unigram and bigram frequency distributions.
    """
    docs = glob(os.path.join(path, f'*.{extension}'))
    if extension in['doc', 'docx']:
        text = ' '.join(textract.process(w).decode('utf-8') for w in docs)
    elif extension == 'pdf':
        text = ' '.join(extract_text(w) for w in docs)
        lines = text.split('\n')
        cleaned_lines = []
        for l in lines:
            if len(l) == 0:
                continue
            if l[-1] == '-':
                cleaned_lines.append(l[:-1])
            else:
                cleaned_lines.append(l + ' ')
        text = ''.join(cleaned_lines)
    # remove punctuation, numbers, stopwords
    translator = str.maketrans('', '', string.punctuation + string.digits)
    text = text.translate(translator)
```

```
    words = text.lower().split()
    words = [w for w in words if w not in en_stopwords and len(w) > 3]
    unigram_fd = nltk.FreqDist(words)
    bigrams = list([' '.join(bg) for bg in nltk.bigrams(words)])
    bigram_fd = nltk.FreqDist(bigrams)
    unigram_fd.plot(20)
    bigram_fd.plot(20)
```

该函数的一个更新之处是为文件扩展名添加了另一个参数。extension 参数包含在具有 f-string 格式(f'*.{extension}')的 os.path.join()函数中。如果文件扩展名是.docx 或.doc，那么将像以前那样被处理。如果文件扩展名是.pdf，将使用 pdfminer.six 读取文本，然后清理文本以去除“续行连字符”。

然后绘制图表如图 6-3 所示。

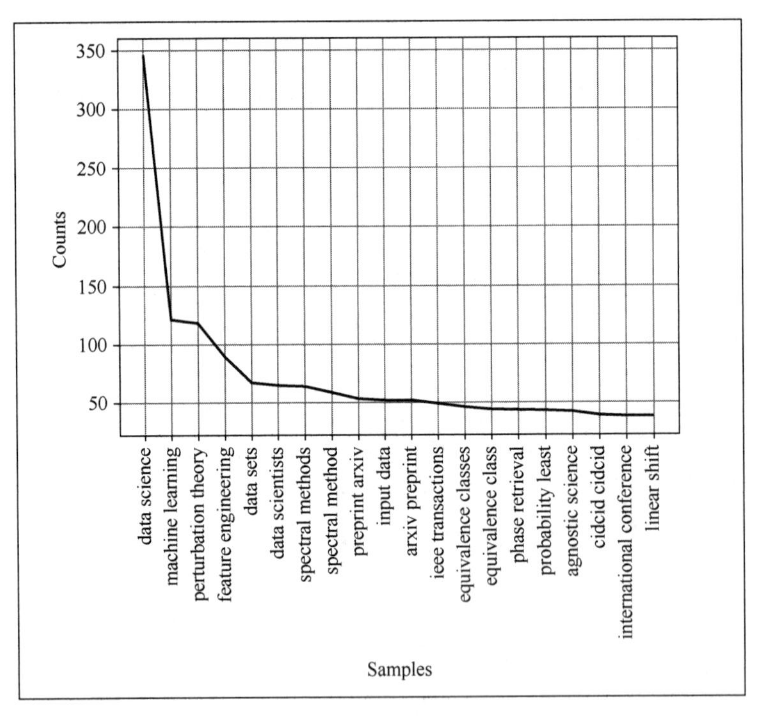

图 6-3　显示来自 arXiv.org 10 篇的数据科学论文的二元组的词频图

由此可以看到，最近这些论文中的主题包括机器学习、特征工程、谱方法和微扰理论。当然，“数据科学”是论文中出现的最重要的二元组。可能会考虑将诸如此类的常用词添加到停用词列表中，因为它们在这里并没有太多意义。

至此完成了对 PDF 和 Word 文件的数据整理和分析。但是，第 18 章会使用更高级的工具（如主题建模）使人们了解更多关于如何分析文本的内容。接下来，将了解如何与另一种保存大量数据的常见文件类型——Excel 电子表格进行交互。

使用 Excel 文件读取和写入数据

在工作中，Excel 文件似乎无处不在，知道如何使用它们将帮助人们提取更多数据进行分析。Python 中提供了一些用于处理 Excel 文件的包：

- pandas；
- openpyxl（用于.xlsx 文件，也被 pandas 使用）；
- xlrd 和 xlwt（用于.xls 文件）；
- 其他相关包。

对于大多数 Excel 数据处理的情况，pandas 可以满足所有的需求。

使用 pandas 处理 Excel 文件

首先需要确保使用 conda 或 pip 安装 pandas，并安装用于读取 Excel 文件的 openpyxl：conda install -c conda-forge openpyxl -y。然后就可以使用 pd.read_excel()函数打开 Excel 文件。

这里将分析来自 *Midcontinent Independent System Operator(MISO)*的一些 Excel 文件，该组织为美国和加拿大的大部分地区提供电力。在本节中，假设您正在为 Dynasty Power Inc. 工作，担任分析能源市场的初级电力分析师（这实际上是在撰写本书时 Dynasty Power 正在招聘的岗位）。打算实现的目标是买卖能源期货合约从而获利，这也可能有助于稳定能源价格。MISO 发布了大量数据（https://www.misoenergy.org/marketsand-operations/real-time--market-data/market-reports/），我们的首要任务是分析 Multiday Operating Margin（MOM）的一些预测报告的 Summary 部分。我们的任务是分析报告中的风能和能源负荷预测，最后需要交付的成果是创建一个 Excel 电子表格，在历史数据中包含前 5 天的风力和电力负荷预测，并对数据进行一些分析。

示例中使用的数据可以在本书的 GitHub 存储库中找到，位于 Chapter6/data/excel 下。在直接跳到 Python 并加载数据之前，最好先打开其中一个 Excel 文件，然后再开始处理它们——这有助于人们熟悉数据和 Excel 文件的布局。根据文件看到它包含几张表，但是人们可以从 MISO 表中的 Renewable Forecast 和 Projected Loadl 行中获取需要的数据（见图 6-4）。请注意，这些行也在区域细分选项卡中（例如，SOUTH 选项卡），因此可以轻松扩展 Python 代码以覆盖各个区域。从中可以看到，工作表的前四行不包含任何有用的信息。通过以上分析，可以从 MISO 表加载数据：

```
from glob import glob
import pandas as pd
excel_files = glob('data/excel/*.xlsx')
df = pd.read_excel(excel_files[0], sheet_name='MISO', skiprows=4, nrows=17,
index_col=0, usecols=range(7))
```

	A	B	C	D	E	F	G
1	MISO			Multiday Operating Margin Forecast Report			
2				Publish Date: January 23, 2021			
3				Market Date: January 23, 2021			
4							
5		1/24/21 HE 20	1/25/21 HE 20**	1/26/21 HE 20**	1/27/21 HE 20**	1/28/21 HE 09**	1/29/21 HE 09**
6	RESOURCE COMMITTED	72,247	67,592	76,485	77,938	74,684	67,994
7	RESOURCE UNCOMMITTED	31,091	52,090	42,850	42,447	45,850	53,284
8	Uncommitted >16 hr	2,384	14,742	10,862	11,007	13,078	18,652
9	Uncommitted 12-16 hr	3,475	7,555	6,432	5,490	4,923	5,748
10	Uncommitted 8-12 hr	4,909	6,724	5,819	5,499	6,129	6,453
11	Uncommitted 4-8 hr	3,467	4,978	3,731	4,155	4,180	4,381
12	Uncommitted < 4 hr	16,857	18,093	16,007	16,297	17,542	18,051
13	Renewable Forecast	5,374	14,353	6,351	4,667	7,529	14,354
14	**MISO resources available**	108,712	134,034	125,686	125,051	128,063	135,632
15	**NSI (+ export, - import)**	-2,362	-2,851	-2,851	-2,851	-3,166	-3,166
16	**Total Resources Available**	111,074	136,885	128,537	127,902	131,229	138,798
17							
18	**Projected Load**	77,528	81,575	82,841	81,974	82,897	83,236
19	Operating Reserve Requirement	2,410	2,410	2,410	2,410	2,410	2,410
20	**Obligation**	79,938	83,985	85,251	84,384	85,307	85,646
21							
22	**Resource Operating Margin ***	31,136	52,900	43,286	43,518	45,922	53,152

图 6-4　本书的 GitHub 存储库 Chapter6/data/excel 中第一个 Excel 文件内的 MISO 表

首先列出以.xlsx 结尾的 Excel 文件，就像处理.pdf 和.docx 文件一样。可以使用 pandas 的 read_excel()函数，并提供几个参数，包括文件名、工作表名称（MISO）、要跳过的行数（skiprows）、要解析的行数（nrows，这里涵盖了要解析的数据）、使用哪一列作为索引（使用第一列 A，index_col=0），以及要解析的列数（使用 usecols=range(7)表示 0 列到 6 列）。

代码 range(7)将为人们提供从 0 到 6 的数字范围，其中包括行标签和电子表格中 6 天的预测（B 到 G 列）。因为这个 DataFrame 很小，所以可以通过在 Jupyter Notebook 单元格中执行 df 将其完整打印出来。可以看到，由于只有很少的几行包含缺失值（NaN），所以可以使用 df.dropna(inplace=True)将其删除。

	1/24/21 HE 20	1/25/21 HE 20**	1/26/21 HE 20**	1/27/21 HE 20**	1/28/21 HE 09**	1/29/21 HE 09**
RESOURCE COMMITTED	72247.3	67591.5	76485.2	77937.5	74683.8	67994.4
RESOURCE UNCOMMITTED	31091.0	52089.8	42849.8	42446.9	45850.4	53283.5
Uncommitted >16 hr	2383.8	14741.5	10861.6	11006.6	13077.6	18652.0
Uncommitted 12-16 hr	3475.0	7554.5	6432.0	5490.0	4923.0	5748.0
Uncommitted 8-12 hr	4908.9	6723.5	5818.5	5498.5	6128.5	6452.5
Uncommitted 4-8 hr	3466.5	4977.5	3730.5	4154.6	4179.5	4380.5
Uncommitted < 4 hr	16856.8	18092.8	16007.2	16297.2	17541.8	18050.5
Renewable Forecast	5373.7	14352.5	6350.8	4666.5	7529.2	14353.6
MISO resources available	108712.0	134033.8	125685.8	125050.9	128063.4	135631.5
NSI (+ export, - import)	-2362.0	-2851.0	-2851.0	-2851.0	-3166.0	-3166.0
Total Resources Available	111074.0	136884.8	128536.8	127901.9	131229.4	138797.5
NaN	NaN	NaN	NaN	NaN	NaN	NaN
Projected Load	77528.0	81575.0	82841.0	81974.0	82897.0	83236.0
Operating Reserve Requirement	2410.0	2410.0	2410.0	2410.0	2410.0	2410.0
Obligation	79938.0	83985.0	85251.0	84384.0	85307.0	85646.0
NaN	NaN	NaN	NaN	NaN	NaN	NaN
Resource Operating Margin *	31136.0	52899.8	43285.8	43517.9	45922.4	53151.5

图 6-5 解析 MISO 数据的 pandas DataFrame

接下来，要将预测的数据和可再生能源预测转换为 DataFrame。要实现这个目的，有很多种方法，下面是其中一种方法。首先，可以从以下两行获取数据：

```
loads = df.loc['Projected Load', :].to_list()
wind = df.loc['Renewable Forecast', :].to_list()
```

使用 df.loc[]通过索引访问 DataFrame，并使用与想要的行匹配的两个索引值。先将这些索引值转换为列表，以便可以在接下来的步骤中轻松地连接它们。

下一步是为 DataFrame 生成列标签：

```
load_labels = [f'load_d{d}' for d in range(1, 7)]
wind_labels = [f'wind_d{d}' for d in range(1, 7)]
```

这里同样使用列表，以便人们可以轻松地连接它们。在这里使用 f-string 格式，因此可以轻松地在列表推导中填写 d 的值。这为我们提供了诸如 load_d1 和 wind_d6 之类的值。

最后一步需要创建一个字典以提供给 pd.DataFrame()和一个索引：

```
data_dict = {col: val for col, val in zip(load_labels + wind_labels, loads +
wind)}
date = pd.to_datetime(excel_files[0].split('\\')[-1].split('_')[0])
```

在第一行使用字典推导来创建一个值为{'wind_d1': 5373.7}的字典。请注意，这里使用了 zip()函数，它从人们给出的两个列表中返回元组。如果想看看它是什么样子，请尝试通过如下方式打印 list(zip(load_labels + wind_labels,loads + wind))。zip() 函数返回一个 zip 对象，因此需要将其转换为列表才能打印出来。这允许人们遍历匹配的列标签和值，并将它们作为 col 和 val 变量存储在字典中。请注意，在这里使用加号运算符（列表的连接运算符）连接标签和值列表。

下一步是从文件名中获取数据的日期。每个文件名的日期格式为 20210123，即首先是 4 位数的年份，然后是 2 位数的月份，最后是 2 位数的日期。幸运的是，pd.to_datetime()函数可以很好地解析这种特定的日期格式。当然，如果这不起作用，可以在 to_datetime()中指定格式参数，使用 Python 的 datetime 格式代码（格式代码的链接可以在 pandasto_datetime()文档网页上找到）。

现在数据已经准备好了，人们可以将其放入 DataFrame 中：

```
df = pd.DataFrame.from_records(data=data_dict, index=[date])
```

DataFrame 现在将 2021-01-23 作为索引，列标签 load_d1 到 wind_d6，并且其中包含电子表格中的数据。现在将创建一个函数，该函数可以对任意数量的文件进行相同的数据解析，并创建一个大型 DataFrame。这里将使用 DataFrames 的 append()函数，它会在列表末尾添加另一行。完整的函数内容如下：

```
import os
def extract_miso_forecasts(path):
    """
    Takes a filepath to .xlsx MISO MOM reports and extracts wind and load
forecasts.
    Saves data to an Excel file - miso_forecasts.xlsx, and returns the
DataFrame.
    """
    excel_files = glob(os.path.join(path, '*.xlsx'))
    full_forecast_df = None
```

```
    for file in excel_files:
        df = pd.read_excel(file, sheet_name='MISO', skiprows=4, \
                           nrows=17, index_col=0, usecols=range(7))
        # get data
        loads = df.loc['Projected Load', :].to_list()
        wind = df.loc['Renewable Forecast', :].to_list()
        # make column labels
        load_labels = [f'load_d{d}' for d in range(1, 7)]
        wind_labels = [f'wind_d{d}' for d in range(1, 7)]
        # create and append dataframe
        data_dict = {col: val for col, val in zip(load_labels + wind_labels, \
                                                  loads + wind)}
        date = pd.to_datetime(file.split('\\')[-1].split('_')[0])
        forecast_df = pd.DataFrame.from_records(data=data_dict, index=[date])
        if full_forecast_df is None:
            full_forecast_df = forecast_df.copy()
        else:
            full_forecast_df = full_forecast_df.append(forecast_df)
    full_forecast_df.sort_index(inplace=True)
    full_forecast_df.to_excel('miso_forecasts.xlsx')
    return full_forecast_df
```

如上一节所述，这里首先导入 os 模块，以便人们可以再次将其用于 os.path.join()。然后，创建一个空变量 full_forecast_df，其值为 None。这样，就可以在读取第一个文件时从头开始创建 DataFrame，然后在读取后续文件时将内容附加到该 DataFrame。接下来，遍历每个 Excel 文件，执行与之前相同的数据提取步骤。有了 DataFrame 后，可以检查 full_forecast_df 变量是否为 None，如果是，则将当前的 DataFrame(forecast_df)复制到该变量中。

否则，可以使用 DataFrames 的 append()方法将当前的 DataFrame(forecast_df)添加到 full_forecast_df 中。在退出循环并将所有数据放入 full_forecast_df 后，可以对索引进行排序，更新 DataFrame。这将确保数据按照日期从最早到最晚的顺序进行排序，从而可以按顺序读取文件中的内容。最后，使用 pandas 的 DataFrame.to_excel()函数将数据写入 Excel 文件，然后从该函数返回完整的 DataFrame，这些通过如下代码来实现：

```
df = extract_miso_forecasts('data/excel/')
```

到这里完成的是从任意数量的 Excel 文件提取所需数据，现在已经准备好对这些数据进行分析了。

分析数据

现在可以对数据进行一些简单的分析，例如，查看预测值随时间变化的图表（参见图 6-6）：

```
df[['wind_d1', 'wind_d2', 'wind_d3']].plot()
```

但是，该图难以阅读，因为图中的日期没有对齐。因此可以使用 DataFrame 的 shift()方法将 d2 预测向前移动一天，将 d3 预测向前移动 2 天：

```
plot_df = pd.concat([df['wind_d1'], df['wind_d2'].shift(), df['wind_d3'].
shift(2)], axis=1)
plot_df.index += pd.DateOffset(1)
```

这个 shift()函数将 DataFrame 中的数据相对于索引向前移动一个偏移量（默认为 1）。它还可以将数据相对于索引向后移动，如果向后移动，shift()的参数需要为负值。通过调整，可以实现每一行中相同日期的预测。然后，将 pandas DateOffset 为 1 天的日期添加到索引中，这样索引就将表示预测的日期。在绘制数据时，这样更易于理解：

```
plot_df.plot()
```

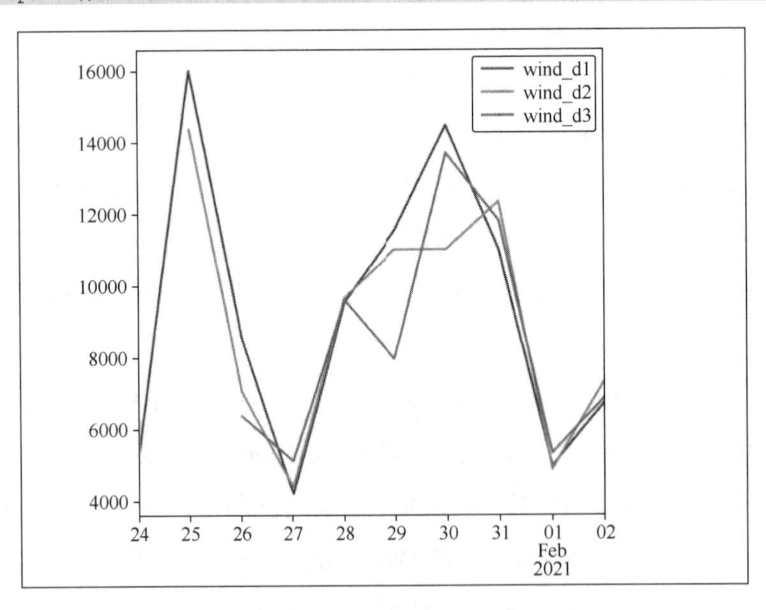

图 6-6　来自 MISO 数据的风能预测折线图

由此可以看到，对于未来 1 天和 3 天的预测，大多数预测数据非常相似，但时间长的话，它们会发生巨大变化。

还可以利用在前几章中学到的知识，如 EDA，来完成其他分析。可以查看相关图中数据之间的相关性：

```
import seaborn as sns
sns.heatmap(df.corr())
```

然而，在这里分析的数据较少，我们更希望在寻找相关性时检查更大的数据集。在第 7 章将学习如何通过网页抓取 MISO，以获取所有历史 MOM 报告。

使用 openpyxl 处理 Excel 文件

在大多数情况下，使用 pandas 读取和写入 Excel 文件就可以了。但对于更复杂的情况，可以使用包（将 pandas 用于.xlsx 文件）——openpyxl。这个包有很多功能，比如可以从 Excel 工作簿中逐个单元格地读取数据，可以写入数据，还可以写入 Excel 公式等复杂数据，也可以读取数据单元格中的超链接等复杂数据。

接下来将了解如何使用 openpyxl 来处理由于手动输入而造成的拼写错误的混乱数据。例如，如果 MISO 数据是手工创建的，并且工作表名称中有拼写错误，工作表中的数据标签有错误怎么办？处理这个问题的一种方法是模糊字符串匹配，这在 Python 中是一件轻而易举的事。

首先使用 openpyxl 从文件列表中加载第一个 Excel 文件：

```
from openpyxl import load_workbook
wb = load_workbook(excel_files[0])
print(wb.sheetnames)
```

只需加载整个 Excel 文件，然后在列表中打印出工作表的名称。要进行模糊字符串匹配，可以使用 python-levenshtein 包，可以通过 conda 安装它：conda install -c conda-forge python-levenshtein -y，然后使用其中的 ratio 函数：

```
from Levenshtein import ratio
miso_sheetname = [name for name in wb.sheetnames if \
                  (ratio(name.lower(), 'miso') > 0.8)][0]
```

这将计算两个字符串之间的 Levenshtein 距离，它本质上是计算需要编辑以使字符串可以匹配的字符数。ratio()函数返回一个介于 0（无相似性）和 1（完美匹配）之间的数字。

类似的功能可以通过 fuzzywuzzy 包获得，它实际上使用了 python-levenshtein 包。

在这里，可以使用列表推导来遍历工作表名称。然后使用 ratio()函数将每个工作表名称的小写版本与“miso”字符串进行比较。如果返回一个大于 0.8 的值，这意味着两个字符串匹配的可能性大约有 80%或更大，那么该字符串将保留在列表中。

然后简单地获取匹配列表的第一个索引作为初步的快速解决方案。此代码需要改进以用于工作中。例如，人们可以创建一个字典，将工作表的名称作为键，将相似度分数作为值，并选择与“miso”最相似的字符串。

有了正确的工作表名称之后，就可以通过如下方式来访问工作表：

```
miso = wb[miso_sheetname]
```

由于 Excel 工作簿中的数据可能是手动输入的，并且可能存在一些拼写错误，这会导致将“renewable forecast”输入为“renewwable forecast”，这在之前创建的 extract_miso_forecasts()函数中不起作用。可以再次使用模糊字符串匹配工具，以及用 openpyxl 按行遍历的功能：

```
for row in miso.iter_rows():
    for cell in row:
        if ratio(str(cell.value).lower(), 'renewable forecast') > 0.8:
            print(cell.value)
            print(f'row, column: {cell.row}, {cell.column}')
```

在这里，首先使用工作簿对象的 iter_rows()方法遍历每一行。row 变量包含每行的单元格列表，然后检查该单元格的值是否具有与 renewable forecast 相似度大于或等于 80%的字符串。请注意，这里需要将 cell.value 转换为字符串——这是因为一些单元格的值是 None，而其他的是数字。如果没有这个字符串转换，会得到一个错误。一旦找到匹配的单元格，就会打印出值，以及行号和列号。

```
Renewable Forecast
row, column: 13, 1
```

这些是人们可以使用 openpyxl 解析杂乱数据的一些巧妙方法，在做数据科学时肯定会遇到。请记住，openpyxl 还有很多其他功能，包括从 Excel 文件中提取数据，以及将数据和公式写入 Excel 文件的高级功能。

本章测试

通过对本章的学习，你已经学会了处理文档和 Excel 文件的方法，现在练习一下所学的内容。

第一个任务，检查 arXiv.org 论文的不同 PDF 集合，并执行 n-gram 分析，以了解论文中的一些常见单词和短语。将三元组（3 个词组）添加到分析中。其中，nltk.utils 中的 ngrams 函数可能会对你有所帮助（人们可以在 Stack Overflow 或者这里的官方文档中找到有用的信息，官方文档地址为：http://www.nltk.org/api/nltk.html?highlight=ngram#nltk.util.ngrams）。在本书的 GitHub 存储库中，有一组来自 arXiv 的 PDF 文件，标题为“machine learning”。也可以从 arXiv.org 下载一些标题为“machine learning”或“data science”的近期论文。

一定要对结果进行分析，解释 n-gram 频率分布告诉人们什么信息。

第二个任务，将历史实际负载数据与整理的 MISO 负载预测数据相结合。历史实际负载数据可以从 MISO 中找到，并且位于本书的 GitHub 存储库中，地址为 https://github.com/PacktPublishing/Practical-Data-Science-with-Python/tree/main/Chapter6/data/excel。将历史实际负载与整理数据中提前 6 天的预测进行比较，可以使用以下 pandas 函数：pd.Dateoffset()、pd.Timedelta()、DataFrame.shift()、merge()、groupby()及 concat()。要获取每天的实际负载，请从历史数据中获取每小时负载的平均值。与往常一样，一定要对结果给出必要的解释。

本章小结

通过本章学习了一些有用的工具，用于从一些常见数据源中提取和整理数据。比如，文档（MS Word 和 PDF 文件）和电子表格（MS Excel 文件）。事实证明，textract 包既可用于从.docx 文件中提取数据，也适用于.doc 和许多其他文件，包括使用 OCR 读取扫描的 PDF。还有其他几个包可用于读取文本编码的 PDF：pdfminer.six、tika、pymupdf 和 pypdf2 等。回想一下，tika 为人们提供了 PDF 中的元数据，但还需要在系统上正确安装 Java。本章讲解了从文档中加载文本后，如何使用 n-gram 和频率图执行一些基本分析，以便查看文档内容的摘要。

处理的另一种主要文件类型是 Excel 电子表格，可以通过 pandas 完成更简单的任务。例如，读取和编写简单的 Excel 电子表格。对于更复杂的任务，应该使用另一个包，如 openpyxl。它可以执行许多任务，包括从单元格中提取超链接，以及将公式写入单元格。

接下来是处理数据部分的最后一部分内容——网页抓取。这是一个令人兴奋的话题，它为人们提供了大量的数据，这也是许多人喜欢的功能。通过抓取 MISO MOM 报告将其与本章联系在一起，从而更全面地了解风能和能源负荷预测随时间的变化情况。

第7章　网页抓取

本章是处理数据部分的最后一章。本章将学习如何从网络资源中收集数据。这包括使用 Python 模块和包直接从网页和应用程序编程接口（API）中抓取数据。还将学习如何在 API 周围使用所谓的“包装器”来收集和存储数据。由于互联网上每天都有新的数据产生，网页抓取为数据收集提供了巨大的机会。

本章将介绍如下内容：

- 了解互联网的结构；
- 执行简单的网页抓取功能；
- 从抓取的页面中解析 HTML；
- 使用 API 收集数据；
- 网页抓取的道德规范与合法性。

将使用以下 Python 包和模块来学习这些主题：

- urllib;
- beautifulsoup4;
- lxml;
- requests;
- Selenium;
- praw（Reddit API 包装器）。

网页抓取是一个有趣的主题，因为它上手并不难，而且做起来有意思。它还为人们提供了可用于许多任务的新数据，如情绪分析、趋势监控和营销优化。接下来，从基础开始讲解这部分内容。

了解互联网的结构

在进行网页抓取之前，对互联网的工作原理有一个基本的了解非常重要。大多数人只是通过网络浏览器与互联网进行交互，并没有看到网页背后的细节，其实在浏览器中看到的图像和文本背后，发生了很多复杂的代码和数据交换。

当人们访问一个网页时，在浏览器地址栏中输入一个网址，然后从远程服务器请求一个文件。该文件返给我们，并通过浏览器进行显示。使用的网址是 URL（Uniform Resource Locators）。网址的例子如下所示：

```
https://subscription.packtpub.com/book/IoT-and-Hardware/9781789958034
```

上面网址是 Jacob Beningo 所著的 *MicroPython Projects* 的网页。URL 遵循一种模式，可以在网页抓取时使用：

```
[scheme]://[authority][path_to_resource]?[parameters]
```

在上面的例子中：

- scheme – https；
- authority – subscription.packtpub.com；
- path to resource – book/IoT-and-Hardware/9781789958034；
- parameters – 这里没有提供参数。

该方案通常是用于网站的 http（超文本传输协议）或 https（HTTP 安全）。还有许多其他的 scheme，如用于文件传输的 ftp。authority 内是域名（此处为 subscription. packtpub.com）。域名的最右边是顶级域，如 com 或 org，这些域被分解为以句点分隔的子域。例如，packtpub 是 com 顶级域的子域，subscription 是 packtpub 的子域。

在 authority 之后，是人们想要检索的资源的路径。这里的路径是 book/IoT-and-Hardware/9781789958034。但是，人们可能还会看到像/index.html 这样的简单路径，这些是人们从某处远程计算机检索的资源或文件。在路径之后，还可以包含参数。它们跟在一个问号后面，看起来像这样：?key=value。它们类似于 Python 中的字典，具有键和值。以上这些信息被发送到特定的 Web 服务器，服务器可以在运行其代码时使用这些参数。例如，可以通过参数发送搜索词。

GET 和 POST 请求，以及 HTML

当人们向服务器发送网页请求时，使用的是 HTTP。这代表超文本传输协议，它主要是用于客户端–服务器通信模式的应用层协议。换句话说，HTTP 是一种在 Internet 上的计算机之间发送和检索数据的标准方式。HTTP 中有几种不同的方法，但人们最关注的是 GET 和 POST。这些都是请求资源的方式，如请求网页。大多数时候，人们使用 GET 请求，只是请求资源。其他时候，可以使用 POST 请求。使用 POST 可以在请求时发送数据，发送数据的一个示例是将一些文本发送到 API 以供服务器执行情绪分析，并发回结果。

除了 GET 和 POST 请求，还可以发送标头。在标头中可以包含额外的信息，它们是计算机和网站服务器之间传递的字符串。一个常见的例子是 Cookie。Cookie 是键值对，类似于 Python 中的字典，通常用于个性化和跟踪。Cookie 还可以让人们在网页上保持登录状态，这对于网页抓取很有用。

一旦发送 GET 请求，服务器就会返回一个带有 HTML（超文本标记语言）的网页，这是告诉浏览器如何显示页面的指令。下面是一个简单的 HTML 示例：

```
<html>
<body>
<h1>This is the title</h1>
<p>Here's some text.</p>
</body>
</html>
```

如果想在浏览器中查看此 HTML 示例，可以将上面的示例 HTML 文本保存在类似 test.html 的文件中，然后在 Web 浏览器中打开它，就可以看到，HTML 是由 html 和 body 等不同关键字标签组成的，标签用尖括号（< >）括起来。标签一般情况下成对出现，开始标签看起来像<p>，结束标签带有正斜杠，像</p>。标签也是分层的——HTML 标签应该是最外层的标签，然后是其他标签，比如 body。在正文中可以有标题标签，如 h1 和段落标签（p）。嵌套在其他标签中的标签称为子标签，包含子标签的标签称为父标签。所以，上例中的 HTML 标签是 body 标签的父标签，body 标签是 HTML 标签的子标签。还有很多其他的标签，在这里不一一介绍，可以通过如下网址了解更多 HTML 标签的内容：https://www.w3schools.com/tags/default.asp。

HTML 中的一个重要标签是<script>，它包含 JavaScript 代码。现在大部分网络都使用 JavaScript 来实现网页的动态行为（如在页面上向下滚动时加载更多菜单项），正是因为 JavaScript 的存在，让网页抓取变得困难。JavaScript 代码看起来与 Python 代码相似，当然，它有自己独特的语法。现在，我们对网页抓取的重要组件——URL、HTTP 方式和 HTML 有了基本的了解。接下来，我们将使用 Python 从网络上抓取数据。

执行简单的网页抓取

有很多种方法可以在 Python 中执行 GET 和 POST 请求，这里将使用 urllib 和 requests 库来执行这些请求。

使用 urllib 库

在 Python 中进行网页抓取最简单的方法是使用 urllib 库的内置模块。有了这个库，人们可以轻松下载网页或文件的内容。例如，下载通用编程语言的 Wikipedia 页面并打印出该页面的前 50 个字符：

```
from urllib.request import urlopen
url = 'https://en.wikipedia.org/wiki/General-purpose_programming_language'
page = urlopen(url).read()
print(page[:50])
print(page[:50].decode('utf-8'))
```

可以从 urllib.request 模块（这是 Python 标准库中的 Python 文件）导入 urlopen 函数。然后，通过提供 URL 字符串来使用该函数。还可以提供其他参数，如 data，但这些参数用于 POST 请求。请注意，在 urlopen()行的末尾，对它使用了 read()方法，这将通过获取页面来读取数据。然后可以打印出前 50 个字符，输出结果如下：

```
b'<!DOCTYPE html>\n<html class="client-nojs" lang="en'
```

由此可以看到它是一个字节对象（或字节串）。如果还记得第 6 章中的内容，这就是在磁盘上存储数据的方式，也是人们从 HTTP 请求中获取数据的方式。可以通过 Python 中 bytes

对象的 decode()方法将其转换为普通字符串，可以使用常见的 utf-8 编码方式。如果愿意，人们可以使用 beautifulsoup4 包中的 UnicodeDammit()类（就像在第 6 章中所做的那样），它将告诉人们当前编码方式为 utf-8。

由于带有 urlopen 的 GET 请求只是返回数据，也可以使用它来检索数据文件。例如，下载 MISO 的 Multiday Operating Margin (MOM)报告：

```
datafile = 'https://docs.misoenergy.org/marketreports/20210203_mom.xlsx'
mom_data = urlopen(datafile_url).read()
print(mom_data[:20])
```

如果还记得，这些都是在第 6 章中加载和分析的相同电子表格。要获取此 URL，可以访问 MISO 的市场报告页面，单击导航器中的 Multiday Operating Margin Forecast Report (xlsx) 选项（市场报告页面地址为：https://www.misoenergy.org/markets-and-operations/real-time--market-data/market-reports/#nt=/MarketReportType:Summary）。然后可以单击右键（在 Mac 上按 Ctrl+单击）指向.xlsx 文件的链接，选择复制链接地址，从而获取文件的 URL。

请注意，为什么要使用相同的 urlopen().read()函数来检索数据——这是因为 HTTP 是一种通用协议，适用于任何类型的文件或数据。同样，当打印出前几个字符时，可以看到它是一个字节对象。但是，不能在这里使用 decode('utf-8')，因为它不是文本。但可以直接将其加载到 pandas DataFrame 中：

```
import pandas as pd
df = pd.read_excel(mom_data)
df.head()
```

运行此代码后，将看到前几行数据。刚刚通过 HTTP 和 Python 下载了一个文件，然后将其加载到 pandas DataFrame 中。事实上，有一种更简单的方法可以做到这一点——人们可以直接使用带有 URL 的 read_excel()：

```
df = pd.read_excel(datafile_url)
```

pandas 使用了与我们相同的 urlopen().read()函数，这也适用于其他 pandas 读取函数，如 read_csv()。

通过 df.to_excel('mom_report.xlsx')将获取的数据写入硬盘驱动器，然后可以在 Excel 中打开它来检查整个文件是否下载正常。人们发现 Excel 文件的格式和图像没有正确下载，这是正常的，因为 pandas 不是用来保存图像和 Excel 格式的——它只是用来读取字符串和数字数据的。如果要将整个带有图像和格式的 Excel 文件保存下来，可以使用 Python 内建文件的方法：

```
with open('mom_report.xlsx', 'wb') as f:
    f.write(mom_data)
```

上面的代码可以满足人们的需求，但是 urllib.request 中还有一个函数可以帮助人们下载并保存文件：

```
from urllib.request import urlretrieve
urlretrieve(datafile_url, 'mom_report.xlsx')
```

提供给 urlretrieve 的两个关键参数是 URL 和保存数据的文件名。请记住，这里的 datafile_url 是 URL，在上面代码中，可以将数据保存到 mom_report.xlsx 文件中，该 Excel 文件与当前 Jupyter notebook 在同一目录中。现在，当人们在 Excel 中打开 mom_report.xlsx 文件时，就会看到它保留了图像和格式。

使用 requests 库

urllib 库非常适合简单甚至中等复杂程度的任务。但对于更复杂的任务，通常使用 requests 库。访问 requests 库的文档首页，可以看到该软件包拥有现代网络的高级功能，例如，文件分段上传和 SSL 验证。由于它是第三方包，首先需要安装它：conda install -c conda-forge requests -y。可以通过如下代码从网页中抓取 HTML 内容：

```
import requests as rq
url = 'https://en.wikipedia.org/wiki/General-purpose_programming_language'
response = rq.get(url)
response.text[:50]
```

首先，导入 requests 库并设定其别名为 rq。然后使用 GET 请求检索 Wikipedia 通用编程语言页面，该页面返回 requests.models.Response 类型的对象（人们可以使用 type()函数来验证这一点）。最后，能够从带有属性 text 的响应中获取文本。查看这段文本，可以看到它是一个字符串，而不是一个字节串。

requests Response 对象还有很多其他的属性和方法。其中重要的是 status_code、ok、content 和 json()。status_code 属性（response.status_code）存储服务器的 HTTP 响应代码。对于正常、成功的 Web 请求，状态码为 200，或者至少在 200 ~ 299 范围内。400 表示客户

端出现问题，500 表示服务器端发生错误。在 100 到 199 中还有其他代码用于信息响应，在 300 到 399 中用于重定向。对于 ok 属性，如果状态码低于 400（不是错误），则返回 True。如果人们正在循环浏览网页并想要检查请求是否成功，可以使用这些属性（status_code 和 ok）。

content 属性将原始数据作为字节串返回。人们可以使用它来下载文件，与使用 urllib 类似：

```
res = rq.get(datafile_url)
df = pd.read_excel(res.content)
```

在上面代码中，正在下载与以前相同的 MOM 报告 Excel 文件。

json()方法将返回一个字典列表，其中包含发送给我们的数据（如果有的话）。这对 API 方法有用，将在本章后面看到。

此外还有 headers 和 Cookies 属性，它们允许人们查看从服务器返回的 headers 和 Cookies。在使用更高级的网页抓取技术时，这对于调试异常行为很有帮助。

抓取多个文件

在工作中，经常需要从网站下载文件集合进行数据分析。例如，MISO 的 MOM 报告跨越数年，并由数百个 Excel 文件组成。虽然可以聘请实习生手动下载这些文件，但那样做效率很低，而且也没有充分发挥人的潜力。相反，可以使用 urllib 或 requests 来批量下载文件。通常，在线文件会遵循一定模式。

如果检查几个文件的 URL，通常可以推断出它们的模式，并通过 Python 代码来表示它们。Excel 文件的两个 URL 如下所示：

- https://docs.misoenergy.org/marketreports/20210202_mom.xlsx；
- https://docs.misoenergy.org/marketreports/20210201_mom.xlsx。

这里的模式很简单，在文件名中使用了日期。URL 的其余部分保持不变。在其他情况下，URL 可能会按顺序递增。如果人们想下载所有数据，可以查看可用的最早的文件，并将其用作开始日期。在这种情况下，最早的日期是 2019 年，最新的日期是 2021 年。人们可以创建一个可以用日期格式化的字符串，并使用 pandas 创建一个日期范围：

```
url = 'https://docs.misoenergy.org/marketreports/{}_mom.xlsx'
dates = pd.date_range(start='20191106', end='20210205')
```

```
dates = dates.strftime(date_format='%Y%m%d')
```

首先使用大括号创建带有日期字符串占位符的 URL 变量。可以使用 url.format('20191106')将字符串插入到这些大括号中。接下来，创建一个从 MISO 上最早的数据到撰写本书时的当前日期的日期范围。人们可以在阅读本书时更新 end 参数以匹配当前日期。然后，使用 pandas datetime 对象的 strftime 方法，它代表“字符串格式时间”，可将日期时间对象转换为带有年、月和日的字符串，就像它们在 MISO 文件中一样。该函数采用 date_format 参数，该参数使用日期时间格式代码。可以用%Y 指定 4 位数的年份，用%m 和%d 指定 2 位数的月份和日期，则生成的日期对象如下所示：

```
Index(['20191106', '20191107', '20191108', '20191109', '20191110', '20191111',
       '20191112', '20191113', '20191114', '20191115',
       ...
       '20210127', '20210128', '20210129', '20210130', '20210131', '20210201',
       '20210202', '20210203', '20210204', '20210205'],
      dtype='object', length=458)
```

可以看到，它与预期的 MISO 文件格式匹配。

Python 日期时间格式代码可在 Python 官方文档中找到，地址如下：https://docs.python.org/3/library/datetime.html#strftime-and-strptime-format-codes。

接下来，可以遍历日期并下载文件：

```
import os
from urllib.error import HTTPError
for d in dates:
    filename = f'mom_reports/{d}_mom.xlsx'
    if os.path.exists(filename):
        continue
    try:
        urlretrieve(url.format(d), filename)
    except HTTPError:
        continue
```

首先用日期字符串格式化文件名，检查文件是否存在，然后下载文件。在下载文件时，可以使用是 try-except 代码块。这是一种优雅地处理 Python 中的错误并继续运行代码的方法。有些日期没有出现在数据中，如缺失的第一个日期是 2019 年 11 月 24 日。当人们尝试下载不存在的文件时，会收到 404 错误（Not Found）。如果要查看错误，可以运行这行代码：urlretrieve(url.format('20191124'),filename)。为了解决这个问题，人们可以从 urllib 导入 HTTPError 异常。其中 try-except 块的关键字 try 和 except 后跟冒号，就像 if-else 语句一样。在 try:和 except:之后缩进的行表示相应的程序块。try:中的代码首先被尝试，如果出现错误，可以转到它后面的 except 块（可以设定多个 except 块）。还可以提供一个特定的异常来查找，如本例中的 HTTPError。如果不提供特定的异常，它会捕获所有异常。except 块中的 continue 关键字会将人们带到循环中的下一个迭代，当然也可以使用关键字 pass，它表示什么都不做。

请注意，在 urlretrieve()中，可以使用 format()方法格式化 URL 字符串。这个内置的字符串方法接受任意数量的参数，并使用参数替换字符串中的花括号对，这就是如何根据日期范围动态生成 URL 的方法。

另外请注意，可以使用 os 模块来检查文件是否在每个循环开始时存在，如果文件已经存在，就不必再次下载它。事实上，大部分文件都包含在本书的 GitHub 存储库中，因此只需在阅读本书时将其更新为最新的文件即可。如果 os.path.exists(filename)函数返回 True（表示文件存在），那么 continue 关键字会将人们带到循环中的下一次迭代。

从抓取的文件中提取数据

现在有了更多的数据，可以使用第 6 章中的相同函数 extract_miso_forecasts()从电子表格中提取数据。在该函数中唯一改变的是在加载数据时添加了一个 try-except 块。事实证明，旧报告只有一个工作表具有不同的工作表名称。如果使用 xlrd 加载数据，那么可以很好地处理异常。对于像 openpyxl 这样的库，处理错误会略有不同。要查找如何处理错误，可以查询互联网搜索引擎，但人们也可以在 GitHub 上搜索包的源代码以查找异常。这将帮助人们弄清楚如何正确处理异常。下面是对第 6 章中的 extract_miso_forecasts()函数的更新：

```
from xlrd import XLRDError
    try:
        df = pd.read_excel(file, sheet_name='MISO', skiprows=4, nrows=17, \
                           index_col=0, usecols=range(7))
    except (XLRDError, ValueError):
        df = pd.read_excel(file, sheet_name='MOM Report', skiprows=4, \
```

```
                nrows=17, index_col=0, usecols=range(7))
```

回想一下，extract_miso_forecasts()函数获取一个包含.xlsx 文件的文件夹路径，全部加载后，获取风力和电力负载预测，并将其组合成一个较大的 DataFrame，该 DataFrame 从函数返回。要使用它，只需使用数据路径调用函数即可：

```
df = extract_miso_forecasts('mom_reports')
```

就像第 6 章一样，可以将 2-day-out 的风力负载预测向较早日期移动 1 天（因此第 1 天和第 2 天的预测日期相同），并将 3-day-out 预测向较早日期移动 2 天：

```
plot_df = pd.concat([df['wind_d1'], df['wind_d2'].shift(), df['wind_d3'].
shift(2)], axis=1)
plot_df.index += pd.DateOffset(1)
plot_df.plot()
```

最后一行将数据绘制为折线图。当数据较多时，为了让 Jupyter 中的绘图具有交互性，可以运行魔术命令%matplotlib widget。

如果在 IPython 中运行代码，可能需要运行 import matplotlib.pyplot as plt 或运行 matplotlib 魔术命令（如%matplotlib）来查看绘图，其结果如图 7-1 所示。

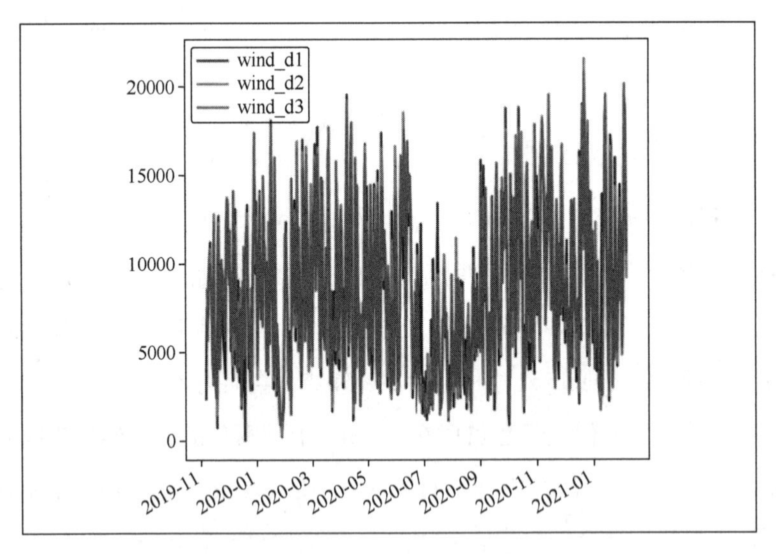

图 7-1　来自多个 MISO MOM 报告的风力负载预测折线图

图 7-1 中提供了许多数据，如果要真正了解预测的比较情况，需要通过交互式的操作对图形进行放大。通过上面的折线图可以观察到 2020 年夏天风力负载比其他时间要低。

比较这一更大数据集的预测的更好方法是使用某些汇总计算，可以得到 1-day-out 和 2-day-out 预测之间的平均差，如下所示：

```
(plot_df['wind_d2'] - plot_df['wind_d1']).abs().mean() / \
plot_df['wind_d1'].mean()
```

这里采用 abs()获取 2-day-out 和 1-day-out 预测之间差异的绝对值，然后取这些绝对差异的平均值。再通过 1-day-out 预测的平均值进行归一化。还可以通过每个 1-day-out 预测来标准化每个个体差异，如下所示：

```
((plot_df['wind_d2'] - plot_df['wind_d1']) / plot_df['wind_d1']).abs().mean()
```

但是，这将会返回 inf，因为一些 wind_d1 的值是 0，所以除以 0 会导致其值无穷大。

现在人们对如何下载文件已经有一个大致的了解：找到 URL（在 URL 中发现规律，从而可以循环遍历它们），循环遍历 URL 并使用 urllib 中的 urlretrieve()来下载文件，并考虑添加一个 try-except 块来捕获 HTTP 404 错误。接下来，我们看一下如何解析 HTML 内容以获取其中的信息。

从抓取的页面中解析 HTML

正如前面介绍的，人们可以使用 urllib 或 requests 库在 Python 中轻松下载网页。需要注意的一点是，这些库不适用于动态 JavaScript 内容。例如，使用如下代码下载并保存 Packt 主页：

```
res = rq.get('https://www.packtpub.com/')
with open('packt.html', 'wb') as f:
    f.write(res.content)
```

当人们打开它时，它看起来还可以，但不是所有的内容都显示正确。例如，丢失了一些图标，因为它们是用 JavaScript 动态加载的。对于从 JavaScript 扮演重要角色的页面中收集数据，可以使用其他包，如 requests-html、Selenium 或带有 Scrapy -splash 插件的 Scrapy 包。重点是，当从页面抓取数据时，人们可能会注意到一些数据丢失了。这可能是由于通过 JavaScript 加载的内容，如果数据缺失较多，人们应该考虑使用其他抓取包来完成网页抓取任务。

作为解析 HTML 的第一个例子，可以再次使用 Wikipedia 通用编程语言页面:

```
url = 'https://en.wikipedia.org/wiki/General-purpose_programming_language'
wiki_text = urlopen(url).read().decode('utf-8')
```

由于不需要 requests 的任何额外功能，因此可以继续使用 urllib。请记住，read()方法可以从请求中加载字节串，而 decode()方法将其转换为字符串。

有了 HTML 的文本后，人们就可以解析它。用于解析和搜索 HTML 的两个主要库是 BeautifulSoup 和 lxml。可以通过 conda install -c conda-forge beautifulsoup4 lxml -y 来安装它们。使用 bs4 和 lxml 可以解析 HTML，并使其可被搜索，以便人们可以在网页中找到列表、链接和其他元素内容。

lxml 包实际上用于解析，而 bs4 提供了用于轻松搜索已解析 HTML 的框架。现在导入这两个库：

```
from bs4 import BeautifulSoup as bs
import lxml
```

请注意，bs4 导入行有点长，但这是从库中导入关键类（BeautifulSoup）的标准方法。由于 BeautifulSoup 类的名称很长，所以按照惯例将它的别名设置为 bs。接下来，可以解析 HTML 文本：

```
soup = bs(wiki_text)
```

BeautifulSoup 类初始化器的第一个参数是 HTML 文本。还可以提供第二个参数来指定解析器。这里有三个主要的解析器可用。

- html.parser：Python 内置的解析器。
- lxml：速度最快。
- html5lib：最适合不完整的 HTML。

大多数时候使用 lxml 就可以完成解析工作，但如果 HTML 缺少结束标记（例如，<p>没有匹配的</p>标记），html5lib 可能效果更好。一旦解析了 HTML，就可以搜索它。在示例中，人们将获得页面上所有编程语言的链接。首先，检索所有链接并打印出第 101 个链接：

```
links = soup.find_all('a')
print(links[102])
```

结果如下：

```
<a href="/wiki/Programming_language" title="Programming
language">programming-language</a>
```

可以看到，这个链接存在对编程语言页面的引用。在浏览器中将看到的文本是<a>和</a>之间的文本，即“programming-language”。可以使用 links[100].text 检索此文本。

find_all()方法可以接受多个参数，这里将介绍 name、attrs 和 text 这三个参数。name 参数是第一个参数，可用于按名称查找标签，就像人们为链接使用标签<a>所做的那样。第二个参数是 attrs，可以使用它来按特定属性查找元素。

例如，上面打印出来的链接有一个标题属性“Programming Languag”，所以人们可以像这样找到所有具有该属性的链接：

```
soup.find_all('a', {'title': 'Programming language'})
```

这会返回两个结果，因此知道这个链接在页面上显示了两次。

还可以搜索包含文本的元素。要搜索精确匹配的文本，只需将其提供给 text 参数：

```
soup.find_all('a', text='Python')
```

这将返回一个包含一个元素的列表：

```
[<a href="/wiki/Python_(programming_language)" title="Python (programming
language)">Python</a>]
```

可以看到，a 标签之间的文本正是 Python，说明它也可以匹配模式而不是精确的字符串。为此，需要使用 Python 中的 re 模块，它使人们能够使用正则表达式。这些是定义搜索模式的字符序列。例如，如果想查找包含“programming”的链接，可以使用 regex（正则表达式）：

```
import re
soup.find_all('a', text=re.compile('.*programming.*'))
```

首先需要导入内置的 re 模块，然后可以使用 compile 函数来创建一个正则表达式。在这里，使用句点作为通配符来匹配任何字符，然后在句点后使用星号表示可以有 0 个或多个字符。可以在字符串的开头和结尾执行此操作，以便返回<a>标记中带有“programming”的所有文本。正则表达式也可以用于 bs4 函数的其他部分，例如，name 参数中和 attrs 参数中的字符串。

现在人们对如何解析 HTML 有了基本的了解，尝试使用它从 Wikipedia 页面收集更多信息。

谷歌提供了一个很好的关于 Python 正则表达式的课程，地址如下：https://developers.google.com/edu/python/regularexpressions。

人们也可以阅读由 Félix López 和 Víctor Romero 编写，由 Packt 出版的 *Mastering Python Regular Expressions* 来深入了解正则表达式的内容。

使用 XPath、lxml 和 bs4 从网页中提取数据

接下来，看看如何在 List 部分提取“编程语言”的链接。使用浏览器来检查页面通常很有用。可以通过在页面的某个区域上单击鼠标右键（在 Mac 上按 Ctrl+单击），并根据浏览器选择“审查”或“审查元素”来执行此操作。这将启动浏览器的开发者工具。此时应该看到如图 7-2 所示的界面，在图 7-2 中使用垂直分割，左侧为原始页面，右侧为代码，有时也会看到水平分割的方式。

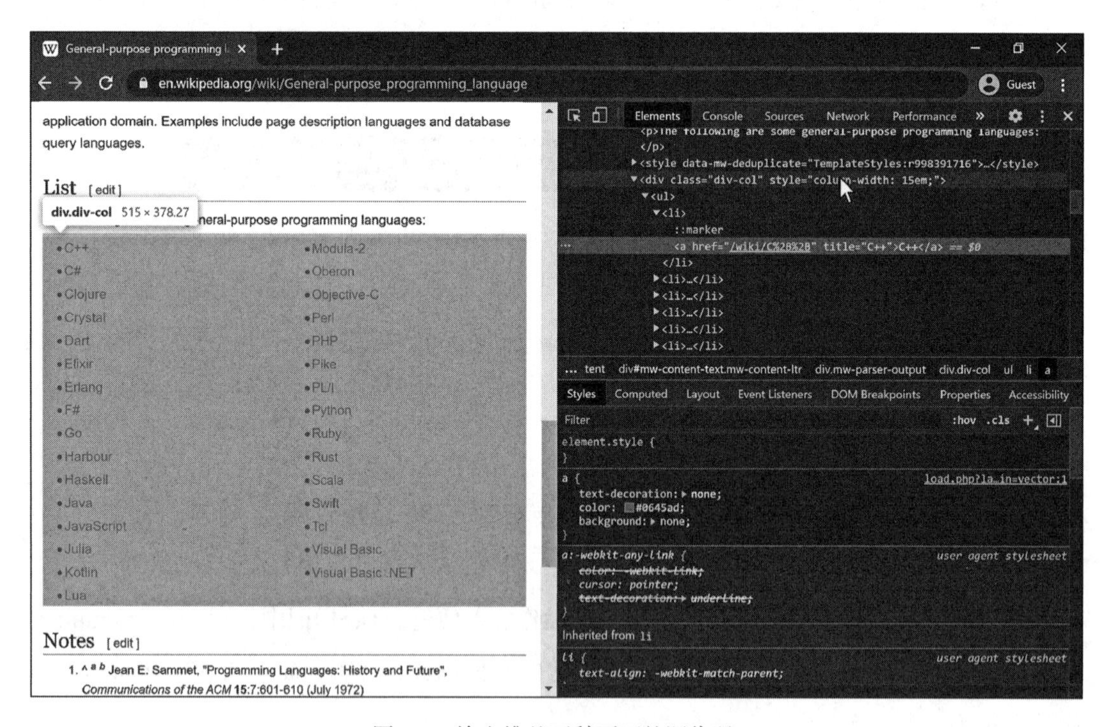

图 7-2 检查维基百科页面的源代码

浏览器的开发者工具面板中有很多有用的工具——Console 选项卡允许人们运行 JavaScript，Network 选项卡向人们显示所有正在发生的 Web 请求，还有其他 6 个选项卡。对于基本的网页抓取，Elements 选项卡就足够了，但 Console 和 Network 选项卡对于高级网页抓取很有帮助。

在这里，我单击了列表中的 C++链接，然后在右侧的 Elements 部分会突出显示相应的代码。当我们将鼠标悬停在检查器中的不同元素上时，会看到右侧突出显示相关代码。在这种情况下，我们可以看到保存 programming language 链接的<div>元素被突出显示，因为我们在检查器中将鼠标指针放在该元素上，还可以看到链接被组织在<div>元素中，然后它们在两列的<ul>元素（无序列表）中，每个链接都在<li>元素中（在<ul>标签中的单个列表元素）。不幸的是，链接或 div 元素似乎没有唯一标识属性。如果 div 有一个唯一的 ID，如<div id="aeuhtn34234">，那么人们可以使用它来查找元素，并找到该元素中的链接。但在此，人们不得不使用其他方法。

对 HTML 进行解析之后，轻松找到元素的一种方法是使用 XPath（XML Path Language）。它是一种表达式语言，就像正则表达式一样，它允许人们搜索 XML 和 HTML 文档。可以通过在检查器中的右键单击元素，然后选择 Copy，之后选择 Copy XPath 来获取页面上元素的 XPath，如图 7-3 所示。

一旦复制了 XPath，人们就可以将它与 lxml 一起使用来查找元素：

```
import lxml.html
tree = lxml.html.fromstring(wiki_text)
link_div = tree.xpath('//*[@id="mw-content-text"]/div[1]/div[3]')
```

首先，导入 lxml.html 模块，并使用它的 fromstring()函数将 HTML 字符串转换为可以搜索的 lxml 对象。接下来，使用该对象的 xpath()方法搜索从浏览器复制的 XPath。这将返回与此 XPath 匹配的元素列表。此时，有几种方法可以获取这个 div 元素中的所有链接，这些链接显示在本书 GitHub 存储库中本章 Jupyter Notebook 中。但是，最简单的方法是修改 XPath 以获取此 div 元素内的所有链接。首先了解 XPath 是如何工作的。

XPath 表达式格式遵循一种模式：正斜杠（/）表示根节点（HTML 中最顶层的元素通常是<html>），星号（*）是匹配任何元素的通配符。例如，可以看到根节点是 html，代码运行后将返回 html：

```
tree.xpath('/*')[0].tag
```

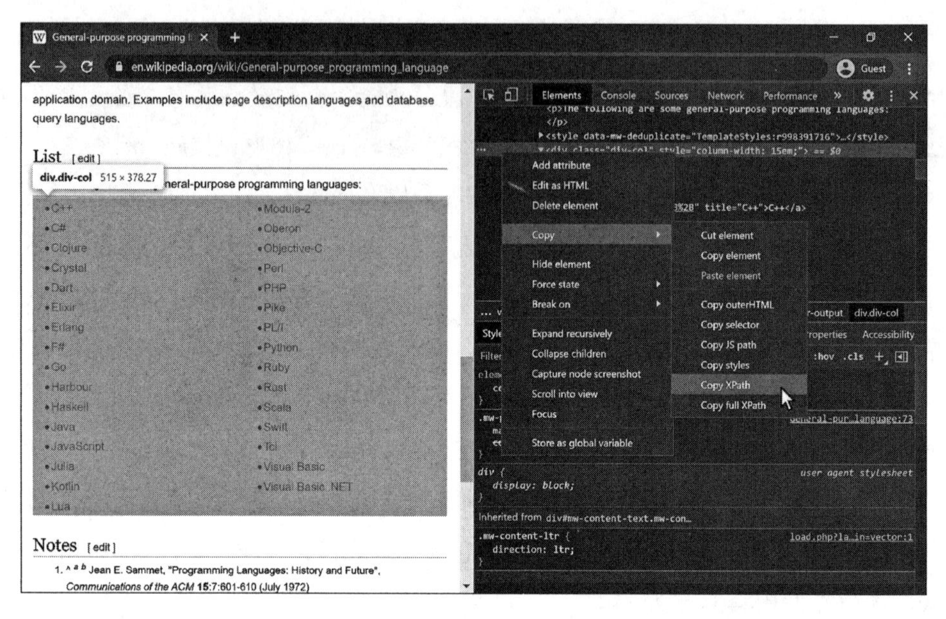

图 7-3 复制 XPath

两个正斜杠指定元素可以位于文档中的任何位置。表达式 tree.xpath('//*')表示应该返回文档中的所有元素。XPath 中带有@id="mw-content-text"表示要匹配的属性。因此，使用表达式 //*[@id="mw-content-text"]，将检索文档中任何 id 值为“mw-content-text”的元素。这将匹配包含页面主要内容的 div 元素。接下来，可以指定人们想要的元素的路径。XPath 的其余部分是/div[1]/div[3]，这意味着使用 div[1]获取 id="mw-content-text"的 div 内部的第一个 div 元素，然后使用 div[3]获取内部的第三个 div 元素。如果想在该路径内的任何位置找到所有链接元素（a），只需将//a 添加到 XPath 中，如下所示：

```
wiki_url = 'https://wikipedia.org'
link_elements = tree.xpath('//*[@id="mw-content-text"]/div[1]/div[3]//a')
links = [wiki_url + link.attrib['href'] for link in link_elements]
print(links[:5])
```

xpath()方法返回一个列表，因此人们可以在列表推导式中循环遍历它，从中在每个链接获取 href 属性，并将其附加到 wiki_url 中。还可以使用 lxml 对象的 attrib 属性（一个 Python 字典）来获取 href URL 路径。前五个结果如下所示。

现在有一个来自 Wikipedia 页面的通用编程语言的链接列表，通过它可以从每个页面收集数据。

```
['https://wikipedia.org/wiki/C%2B%2B',
 'https://wikipedia.org/wiki/C_Sharp_(programming_language)',
 'https://wikipedia.org/wiki/Clojure',
 'https://wikipedia.org/wiki/Crystal_(programming_language)',
 'https://wikipedia.org/wiki/Dart_(programming_language)']
```

这种方法存在的问题之一是 XPath 可能很脆弱——如果页面结构发生变化，它可能会破坏我们的 XPath。比如在编写这本书的时候，我们的 XPath 从'//*[@id="mwcontent-text"]/div[1]/div[2]//a'变成了'//*[@id="mw-content-text"]/div[1]/div[3]//a'（最后一个 div 加了 1）。因此，人们可能需要修改示例代码以使其正常工作。但是，正如人们所见，XPath 依旧是一种通过从浏览器元素检查器中复制粘贴 XPath 来快速从页面中提取特定元素的好方法。

也可以使用 bs4 来查找这些元素：

```
language_link_elements = soup.find_all('ul')[1].find_all('a')
language_links = [wiki_url + link.attrs['href'] for link in language_link_
elements]
```

在这里，可以在页面中查找 ul 元素，使用返回列表的索引 1 获取找到的第二个 ul 元素。这需要对 soup.find_all('ul')的结果进行一些手动检查——每次只打印出返回的一个元素，例如，print(soup.find_all('ul')[0])、print(soup.find_all('ul')[1])等（或循环遍历它们）。就像 XPath 一样，这个方法很脆弱——如果在页面开头添加了另一个 ul 元素，则需要将索引更改为 2：soup.find_all('ul')[2].find_all('a')。

使代码更健壮的一种解决方案是在 ul 元素的 text 属性中搜索人们期望的某些文本，如“C++”，并使用它从 find_all()中找到 ul 元素的正确索引。例如：

```
import numpy as np
index = np.where(['C++' in u.text for u in \
                  soup.find_all('ul')])[0][0]
index
```

在这里可以使用 NumPy 的 where 函数，它返回一个数组元组。默认情况下，它检查提供的可迭代对象（此处为列表）中的元素为 True 的位置，并返回一个元组，里面包含一个数组，数组中包含列表为 True 的索引值。在 np.where 中，可以使用列表推导式来获取 True/False 值列表，当“C++”出现在<ul>文本中时，这些值是 True。对于 np.where 数组元组，使用[0]获取第一个数组，然后再使用[0]获取数组的第一个元素。在这种情况下，它返回 1，因为第二个 ul 元素是文本中唯一包含“C++”的元素。

现在我们已经有了 programming language Wikipedia 页面中的列表链接，让我们从中收集数据，并进行一些基本的文本分析。

从多个页面收集数据

这里的想法是查看 general-purpose programming language 页面的顶级 n-gram，查看页面上讨论最多的内容。为了从带有链接的每个页面中获取文本，人们遍历页面并从 p 标签中收集文本，使用字符串的 join()方法将文本连接在一起：

```
all_text = []
for link in language_links:
    html = rq.get(link).text
    soup = bs(html)
    paragraph_text = soup.find_all('p')
    all_text.extend([p.text for p in paragraph_text])
text = ' '.join(all_text)
```

对于每个链接，使用 requests 来获取页面，并从中提取 HTML 文本。然后将其转换为一个 bs4 对象，并找到所有 p 元素。这些是包含文本的段落元素，可以通过手动检查页面来查看。然后使用列表的 extend 方法将另一个列表连接到它的末尾。在上面的代码中，将包含来自每个 p 元素的文本的列表连接到 all_text 列表。循环完成后，将空格与 all_text 列表中每个元素连接在一起。

和第 6 章一样，应该在分析文本之前做一些预处理：

```
import string
from nltk import FreqDist, bigrams
from nltk.corpus import stopwords
en_stopwords = set(stopwords.words('english'))
translator = str.maketrans('', '', string.punctuation + string.digits)
cleaned_text = text.translate(translator)
cleaned_words = [w for w in cleaned_text.lower().split() if w not in en_
stopwords and len(w) > 3]
```

首先对 string 模块和 nltk 库进行必要的导入，然后像第 6 章一样删除标点符号、数字和停用词。请记住，str.maketrans()函数接受三个参数：第三个参数表示将该参数值中的所有字符映射为 None，对于示例中的场景，该函数的前两个参数应该设定为空字符串。

然后使用 translator 对象从文本中删除标点符号和数字。

最后，使用字符串的 lower()和 split()方法将文本转换为小写，并拆分为单个单词。这里只保留不在 en_stopwords 集内且长度超过三个字符的单词。

一旦有了清理过的单词，就可以从中创建一元和二元频率分布：

```
unigram_freq = FreqDist(cleaned_words)
bg = [' '.join(bigr) for bigr in bigrams(cleaned_words)]
bg_fd = FreqDist(bg)
list(bg)
```

与第 6 章一样，使用 nltk 中的 FreqDist 类。bigrams 函数返回元组，因此可以使用''.join(bigr)将这些元组连接成一个字符串，单词之间用一个空格分隔。

使用函数 bg_fd.plot(20)可以看到这些页面中的一些热门短语，如图 7-4 所示。

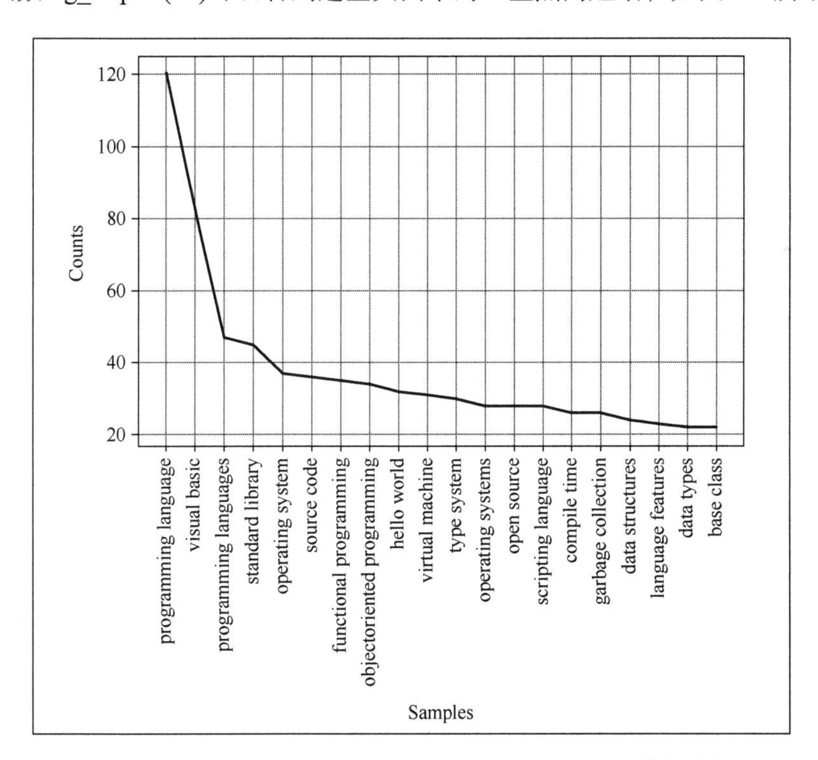

图 7-4　general-purpose programming language Wikipedia 页面中的顶级二元组

可以看到，programming 和 language 是出现次数最多的两个词——应该将它们添加到停用词中，因为它们并没有告诉人们太多信息。我们确实见到了很多关于 Visual Basic 和标准库（可能是 C 语言）的讨论。还可以看到，函数式和面向对象的编程语言在编程语言类型中被讨论得最多，尽管还有其他类型的编程语言，如声明性语言，这为人们提供了分析通用编程语言重要特征类型的线索。

人们经常将“web scraping”错写成“web scrapping”。“scrapping”一词意味着丢弃，与“web scraping”中的“scrape”意义不同。对基本网页抓取的简要介绍到此结束。但是，该主题中有许多更高级的方法。例如，人们可以创建抓取网络或整个网站的爬虫（可手动或使用 Scrapy 库）。人们可能还需要处理 JavaScript，为此可以使用 requests-html 包、带有 scrapy-splash 的 Scrapy 或 Selenium。请注意，Selenium 并非用于网页抓取，尽管它可以用于此目的。虽然它的运行速度非常慢，但也提供了浏览器自动化的优势。例如，它可以帮助人们轻松单击不同的按钮，或通过向网页发送按键动作来登录，甚至可以将 Selenium 与 pyautogui 包结合起来控制鼠标和键盘。例如，某些网页会在人们向下滚动页面时动态加载内容。Selenium 允许人们发送 JavaScript 命令来向下滚动页面，或者可以使用 pyautogui 向下滚动页面，从而加载更多内容。但是，通过仔细检查浏览器中开发人员工具里的“Network”选项卡，通常可以找到正在使用的基本 Web 请求，然后可以使用 requests 库更直接地收集数据。

其他一些有助于学习更高级 Web 抓取的资源包括：Ryan Mitchell 编写的 *Web Scraping with Python: Collecting Data from the Modern Web* 和 Anish Chapagain 编写的 *Hands-On Web Scraping with Python*。人们也可以订阅 Youtube 频道“Make Data Useful”，该频道演示了如何跟踪网络流量，以及如何使用 curl to requests 工具。

现在人们已经了解了如何从 Web 上的网页和文件中抓取数据，接下来了解一种更简单的方法——API。

使用 API 收集数据

API 是应用程序编程接口的缩写，它允许人们在两个不同的软件应用程序之间进行通信。例如，人们可以使用 Python 直接从 MISO 中收集数据。

也可以简单地使用网络浏览器。MISO 的 API 在其网站 https://www.misoenergy.org/markets-and-operations/RTDataAPIs/上有详细介绍：如果单击 Day Ahead Wind Forecast 的链接，将被带到另一个页面，其中包含如下所示的 JSON 数据：


```
{"MktDay":"02-06-2021","RefId":"06-Feb-2021 - Interval 22:00 EST","Fore
cast":[{"DateTimeEST":"2021-02-06 12:00:00 AM","HourEndingEST":"1","Val
ue":"12764.00"},...DateTimeEST":"2021-02-07 11:00:00 PM","HourEndingEST":"24"
,"Value":"2079.00"}]}
```


JSON 数据中间的“...”表示为了节省显示空间而省略的数据。这个新页面有一个很长的 URL 字符串：

```
https://api.misoenergy.org/MISORTWDDataBroker/DataBrokerServices.asmx?message
Type=getWindForecast&returnType=json
```

可以看到，misoenergy.org 的子域是 api，这很有意义（因为这里使用的是 API）。然后可以看到路径将人们带到一个 asmx 文件。在那之后，有一些跟在问号后面的参数。通过使用 messageType=getWindForecast&returnType=json 指定的两个参数以 JSON 格式获取风力预报。首先是参数名，然后是等号，最后是参数值。使用多个参数时，使用&对参数进行分隔。大多数 API 调用都会随请求发送某种数据，如选项或登录凭据。通常 API 都有文档，但是因为这个 API 很简单，所以似乎没有文档。

要在 Python 中收集这些数据，可以使用简单的 requests：

```
url = 'https://api.misoenergy.org/MISORTWDDataBroker/DataBrokerServices.asmx?
messageType=getWindForecast&returnType=json'
res = rq.get(url)
print(res.json())
```

上面代码的运行结果如下：

```
{'MktDay': '02-06-2021',
 'RefId': '06-Feb-2021 - Interval 22:00 EST',
 'Forecast': [{'DateTimeEST': '2021-02-06 12:00:00 AM',
   'HourEndingEST': '1',
   'Value': '12764.00'},
...
```

可以看到，它与之前的数据相同（...再次表示并非所有数据都显示出来）。如果人们查看 JSON 数据，可知它是一个包含键和值的 Python 字典。可以使用 res.json().keys()来获取其中的键，我们可以在上面看到三个键，分别是 'MktDay'、'RefId'和'Forecast'。预测风力在

Forecast 键下，可以使用 pandas 的 JSON 解析函数轻松地将其解析为 DataFrame：

```
df = pd.json_normalize(res.json()['Forecast'])
```

json_normalize 函数很灵活，可以处理我们提供的大多数 JSON 格式的数据。我们的 DataFrame 如图 7-4 所示：

	DateTimeEST	HourEndingEST	Value
0	2021-02-06 12:00:00 AM	1	12764.00
1	2021-02-06 1:00:00 AM	2	12395.00
2	2021-02-06 2:00:00 AM	3	12050.00
3	2021-02-06 3:00:00 AM	4	11679.00
4	2021-02-06 4:00:00 AM	5	11331.00

图 7-5　来自 MISOAPI 的风力预报

如果想更进一步了解，通过设置某种自动化，可以每天下载这些数据并将其存储为 Excel 文件，可以使用 MktDay 键来创建文件名：

```
df.to_excel('miso_wind_forecast_{}.xlsx'.format(res.json()['MktDay']))
```

尽管某些 API 不需要任何身份验证即可使用，但许多其他 API 具有身份验证步骤。这有助于 API 提供商验证人们是否已为服务付费或已同意它们的服务条款，并且没有从 API 请求过多数据。大多数 API 都会有一个速率限制，限制人们在单位时间内可以发出的 API 调用或请求的数量（如每分钟 100 次调用）。

现在已经了解了一个简单的 API 调用，接下来看一个更复杂的带有身份验证的 API。

使用 API 包装器

对于更复杂的 API，可能需要提供身份验证凭据，并且 URL 可能会变得复杂。如果一个 API 被频繁使用或被很多人使用，那么通常会有人为它编写一个包装器。API 包装器是另一个软件中的一个包，通过包装器，可以更易于使用 API。

API 包装器的一个示例是 Python 中的 PRAW 包，它代表 Python Reddit API Wrapper。Reddit 是一个社交媒体网站，人们在这里讨论大量话题，因此可以将这些数据用于数据科学项目。例如，可以对不同的主题进行情绪分析，还可以进行主题建模，从而查看人们在谈论什么，或者可以监控社交媒体以确保公共安全。可以使用 conda 来安装 praw 包：conda install -c conda-forge praw -y。然后，创建一个 praw.Reddit 对象，可以通过如下方式来使用 API：

```
import praw
reddit = praw.Reddit(
    client_id="_ZKiZks98gi6yQ",
    client_secret="ONbY1wJvXiM2t41O9hVm9weSmfpvxQ",
    user_agent="python_book_demo"
)
```

请注意，我们正在为这个 Reddit 类提供一些登录凭据。在撰写本书时，人们可以通过创建 Reddit 账户然后访问 reddit.com/prefs/apps 来获取这些信息。然后在如图 7-6 所示页面底部附近选择创建一个应用程序，选择“script”并为其命名和重定向 URI。URI 可以是任何 URL（例如，https://www.google.com），对于实验来说这并不重要（尽管它可以与 API 的其他方面一起使用）：

图 7-6　创建 Reddit API 应用程序

一旦创建了应用程序，就会看到凭据。还可以通过访问 reddit.com/prefs/apps 并单击此应用程序的“Edit”来重新访问这些凭据。凭据如图 7-7 所示：

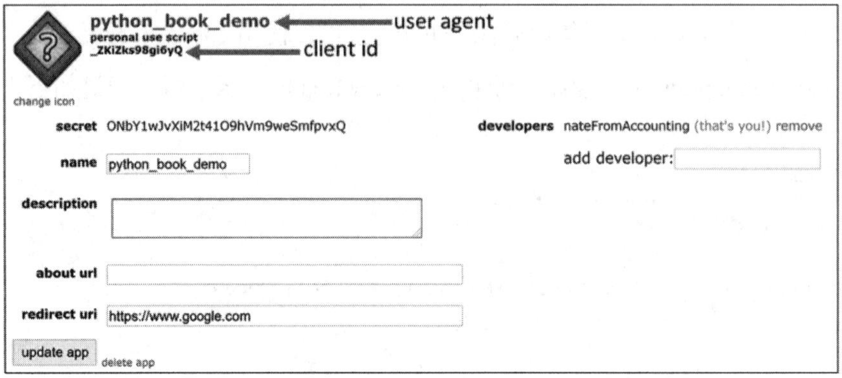

图 7-7　Reddit API 应用程序凭据

这些凭据可用于上面的 praw.Reddit()类。一旦有了 Reddit 对象，就可以使用它来检索数据。现在看看人们在 subreddit 中谈论的一些热门话题。Reddit 分为 subreddits，有点像网络上的子域。每个 subreddit 都专注于一些特定的主题。例如，有一个加利福尼亚的 subreddit，人们在其中谈论美国加利福尼亚州正在发生的事情。可以从那里收集一些数据：

```
post_text_list = []
comment_text_list = []
for post in reddit.subreddit("california").hot(limit=100):
    post_text_list.append(post.selftext)
    # removes 'show more comments' instances
    post.comments.replace_more(limit=0)
    for c in post.comments.list():
        comment_text_list.append(c.body)
all_text = ' '.join(post_text_list + comment_text_list)
```

首先，创建一些空列表来保存来自每个帖子的文本数据和来自帖子评论的文本数据。然后使用 reddit 对象的 subreddit()方法来定位特定的 subreddit。在此，人们先检索前 100 个热门帖——查看热门帖是 Reddit 上的选项之一，此外还有新贴和热门帖子。对于每个帖子，可以使用 post.selftext 获取文本。然后通过 post.comments 获得评论。post.comments.replace_more(limit=0)代码删除了“show more”的实例，这些实例是评论部分中的链接。如果在没有这一行代码的情况下运行程序，则会在尝试循环浏览评论时出现错误。然后遍历评论，可以使用 post.comments.list()将其作为列表进行检索，并使用 c.body 检索每个评论的文本，将其附加到我们的整体评论列表中。最后，使用 Python 字符串的 join()方法将所有帖子和评论文本制作成一个大字符串，并使用空格进行分隔。

要弄清楚如何使用这样的 API 包装器（例如，了解 replace_more()方法），查阅官方文档会很有帮助。对于 PRAW 和许多 API 包装器，官方文档通常提供快速入门教程。对于 Reddit 帖子的评论检索和处理，PRAW 文档中有一个 Comment Extraction and Parsing 页面，该页面演示了 replace_more()方法的使用（https://praw.readthedocs.io/en/latest/tutorials/comments.html）。

还可以使用其他文档示例进行学习，然后使用 Python 对象并查看它们有哪些可用的方法。一种方法是在变量名称后键入一个句点，如 post.，然后在 Jupyter 或 IPython 中按 Tab 键。这将向我们展示属性和方法。

人们还可以使用 Python 中的 dir()函数列出所有属性和方法，如 dir(post)。在运行上面的代码示例后，人们可以尝试使用 c 和 post 变量——这些变量将保存循环中最后一次迭代的评论和帖子的值。

一旦有了文本数据，就可以清理它们，并查看 top n-gram。类似于之前所做的：删除标点符号、数字和停用词。请注意，由于 NLTK 停用词集内的停用词具有标点符号，因此并非所有停用词都被正确删除。可以在将字符转换为小写之后，但在删除标点符号之前，通过删除停用词来解决这个问题，或者在我们的停用词集内添加一些没有标点符号的停用词。由于单词“don't”出现在 top 的二元组中，因此可以将“dont”添加到停用词中，删除标点符号后，“don't”也会从文本中被删除。我们还在停用词中添加了“removed”，因为这会显示在文本中，用来显示被版主删除或管理员删除的评论或帖子。清理代码如下所示：

```
translator = str.maketrans('', '', string.punctuation + string.digits)
cleaned_text = all_text.translate(translator)
reddit_stopwords = set(['removed', 'dont']) | en_stopwords
cleaned_words = [w for w in cleaned_text.lower().split() if w not in reddit_
stopwords and len(w) > 3]
```

正如之前在网页抓取部分所做的那样，可以使用 translator 来删除标点符号和数字。然后使用 union(|)将英语停用词集与新停用词组合起来。最后，循环遍历小写单词，如果它们不是停用词，并且长度超过三个字符，则保留它们。然后可以查看 top 的二元组：

```
bg = [' '.join(bigr) for bigr in bigrams(cleaned_words)]
bg_fd = FreqDist(bg)
bg_fd.most_common(10)
```

代码运行结果如下：

```
[('middle class', 40),
 ('property taxes', 38),
 ('outdoor dining', 34),
 ('stay home', 33),
 ('climate change', 33),
 ('southern california', 30),
 ('many people', 29),
 ('seems like', 29),
 ('public transit', 27),
 ('santa cruz', 26)]
```

由此可以看到，在收集数据时，人们谈论的很多是社会经济问题（税收、收入）和大流行情况（居家订单、户外用餐等）。

还有大量其他社交媒体 API 包装器，用于 Twitter、Facebook 等。人们还编写了社交媒体网络爬虫包装器，如 facebook-scraper 包。这些不使用 API，而是使用网页抓取来收集数据，但用法与 API 包装器类似。

有一种更新类型的 API 技术称为 websocket。这对于实时数据很有帮助。例如，大多数加密货币交易所的 API 都使用 websocket。使用这些 websocket API 的常用 Python 包是 Bryant Moscon 的 cryptostore 和 cryptofeed，人们可以在 GitHub 上找到它们。

在本书中没有介绍 API 更多的细节，因为它可以单独构成一整个章节，本书关注的是如何使用 API 进行数据处理。在网络上，人们可以找到大量的情绪分析 API，将文本发送到服务器，服务器返回情绪分数（正面、负面、中性）。例如，谷歌有一个自然语言 API，相关教程地址如下：https://cloud.google.com/natural-language/docs/sentimenttutorial。大多数主要的云提供商和许多其他提供商都提供了大量用于分析文本、图像和其他数据的 API。

API 是 Web 上的一个巨大数据源，通过 API 可以获得各种有趣的数据。如果您的项目需要数据，可以使用我们之前介绍的方法，找到相关的 API 并获取所需数据。

网页抓取的道德规范及合法性

多年来，网页抓取的合法性发生了变化。例如，一家名为 Bidder's Edge 的公司在 20

世纪 90 年代后期从 eBay 上抓取拍卖数据。eBay 将他们告上法庭，Bidder's Edge 同意向 eBay 支付现金和解，并停止抓取它们的数据。然而，最近（2019 年），hiQ 公司赢得了针对 LinkedIn 的法院裁决，允许 hiQ 抓取 LinkedIn 面向公众的数据。此时的法律规定是，如果数据是面向公众的，则可以被公开使用。这意味着如果人们可以在不登录账户的情况下访问数据（并且不需要单击任何同意服务条款的按钮），那么在法律上可以被允许抓取数据。然而，大公司拥有大量资源和律师，因此抓取它们的数据，并使用这些数据来创建新的分析业务仍然存在法律风险，就像 hiQ 面临的情况一样。

Craigslist 是一个对网络爬虫非常激进的网站示例，它向基于爬取的 Craigslist 数据创建服务的开发人员发送停止和终止信函（威胁采取法律行动）。

如果人们确实必须登录账户，如招聘网站 Glassdoor，那么相当于人们已经同意它们的服务条款（terms of service，TOS）。大多数 TOS 声明不允许网页抓取（甚至是人工手动抓取也不被允许）。

从道德上讲，人们应该遵循 TOS 和网站的 robots.txt 文件。这通常位于站点的主目录中，例如，维基百科英文版的文件地址为 en.wikipedia.org/robots.txt，它包含带有用户代理、允许和禁止规范的内容。下面是从 Wikipedia 的 robots.txt 截取的内容：

```
User-agent: *
Allow: /w/api.php?action=mobileview&
Allow: /w/load.php?
Allow: /api/rest_v1/?doc
Disallow: /w/
Disallow: /api/
Disallow: /trap/
Disallow: /wiki/Special:
Disallow: /wiki/Spezial:
Disallow: /wiki/Spesial:
Disallow: /wiki/Special%3A
Disallow: /wiki/Spezial%3A
Disallow: /wiki/Spesial%3A
```

User-agent 是我们用来检索数据的。对于 requests 库，人们可以使用 rq.utils.default_headers()找到它，User-agent 显示为类似“python-requests/2.25.1”的内容。使用网络浏览器，它会更复杂，看起来可能像这样：

```
Mozilla/5.0 (Windows NT 10.0; Win64; x64) AppleWebKit/537.36 (KHTML, like Gecko) Chrome/88.0.4324.150 Safari/537.36
```

robots.txt 文件中 User-agent 的*表示任何用户代理，允许和禁止部分是不言自明的——例如，人们不允许在 en.wikipedia.org/w/下抓取任何内容，但是允许在 en.wikipedia.org/w/load.php? 下抓取内容。如果人们看到 Disallow:/，这意味着人们不应该在网站上抓取东西。从道德上讲，人们应该尊重 robots.txt 说明和网站的服务条款，即使网站没有要求我们单击“同意”服务条款才能访问它们的数据。

实际上，如果我们没有给服务器造成负担（例如，我们只发送几个请求，而不是每秒数千或数百万个请求），并且我们没有以任何方式损害网站的业务，那么我们的抓取不会造成伤害。从法律上讲，（在撰写本书时）已经确立了一个先例，即面向公众的数据在某种程度上是可以被抓取的。但是，每种情况都是独一无二的，在进行任何大型网页抓取项目之前，我们都需要考虑网页抓取的道德、实践和法律因素。

本章测试

为了测试人们对本章知识的了解情况，请从 MISO 下载“Peak Hour Overview”文件，将它们组合起来，并探索其中的一些数据，例如，“预测容量裕度”很适合用折线图来进行探索。一个挑战是，尝试将这些数据与历史区域预测和实际负载数据相结合，从而比较高峰时段的能源使用情况与高峰时段概览数据的预测。截至 2021 年 2 月 7 日这些数据已收集完毕，并放在本书的 GitHub 存储库中，在进行数据探索之前，请确保所使用的数据文件已经存在。

对于第二个挑战，请在 Wikipedia Python 页面（https://en.wikipedia.org/wiki/Python_(programming_language)#Libraries）的“Libraries”部分列表下收集链接。对这些页面中的文本进行一些基本的文本分析（例如，n-gram 分析），并给出对结果的解释。

作为第三个挑战，选择另一个 subreddit 收集数据，并对其执行一些基本的文本分析。人们还可以查看帖子和评论的其他可用属性，并对它们进行分析，例如，点赞数或评论最多的用户。

本章小结

网页抓取是为数据科学项目收集更多数据的好方法。事实上，维基百科是一个很好的信息来源，并且可以使用 API 来完成抓取工作。例如，可以将维基百科数据与社交媒体和体育数据相结合，以预测运动员的取胜可能性。

本章介绍了如何使用网页抓取从网络上收集数据文件，以及如何使用它从网页中收集文本和数据。请记住在进行大型网页抓取项目之前需要考虑道德规范及合法性。

此外还了解了如何使用 API 来收集数据，如使用 Reddit API。再次记住，网站和 API 都有自己的 TOS，人们应该遵循这些服务条款。

本书的处理数据部分到本章结束。通过本章，我们学习了 Python 文件处理和 SQL 的基础知识，以及如何从 Web 数据收集和分析原始数据。接下来学习如何将统计数据用于数据科学，将从分布和概率开始学习。

第 3 部分

数据科学中的统计学

第 8 章　概率、分布和抽样

生活充满不确定性——人们总是根据不完整的信息作出决定。许多数据科学工作与基于不完整信息的决策有关。例如，应该向网站访问者展示健身器材或 iPad 的广告吗？或者在贷款审批时，根据某人的信用记录和当前收入来决定是否给他们贷款，这些工作可以通过机器学习算法作出决定。本章将研究概率相关的概念，这些概念为机器学习和统计方法奠定了基础。与概率密切相关的是抽样技术和概率分布。在本章中将介绍：

- 基本概率概念；
- 数据科学中的常见概率分布；
- 数据科学的常用抽样技术。

一旦掌握了这些技术，它将提高人们应用其他机器学习模型和概率方法的能力，例如将在第 9 章中学习的那些知识。首先，让我们从概率的基础开始学习。

概率基础

概率是讨论不确定性的知识。例如，如果抛一枚普通硬币，人们永远无法确定它会落在正面，还是反面。但是，我们可以用概率函数估计硬币正面朝上的可能性。

概率和概率函数的简单定义是，我们期望发生的事件与总事件的比值。在抛硬币的情况下，可以掷硬币 10 次，计算正面向上的次数，然后除以 10。大多时候会得到接近 5/10 或 50%的结果。因此，概率函数为每次抛硬币（动作或事件）导致有 50%的机会正面朝上（我们想要的结果）。可以将概率函数方程写为 $P(\text{coinflip}==\text{H})=0.5$ 和 $P(\text{coinflip}==\text{T})=0.5$。在所有可能（离散）事件中的总概率在概率论中必须总和为 1。

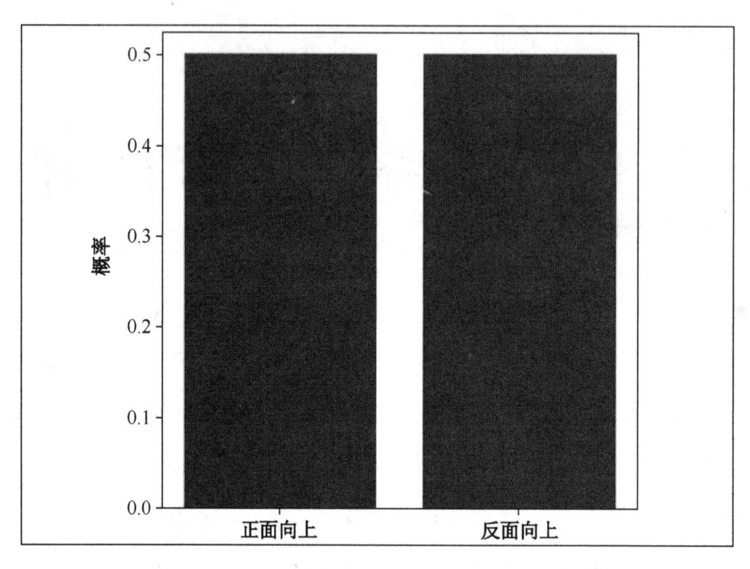

图 8-1　抛硬币实验中正面向上和反面向上的概率

这个掷硬币的例子向人们介绍了一些概率概念。一个是随机变量，它是一个结果取决于随机性的变量。在抛硬币时，每次使用的力量可能不同，硬币可能会遇到不同的风阻，它也可能会以随机的方式从桌子或地板上反弹。

随机变量的值不是完全可预测的，将此与确定性事件进行对比，如在 Python 中执行的数学方程式。每次我们执行代码 1+2 都会得到 3 的结果，所以 1+2 等于 3，不是随机事件，结果是 3，也不是随机变量。

确定性变量的另一个例子与宏观物理学有关。如果在真空中以精确的输入力射击子弹，人们可以完美地预测子弹的轨迹。子弹在空间中的位置是确定性变量，而不是随机变量。

在掷硬币的例子中，随机变量也是离散的。这意味着它只能采用某些值，例如正面（用 1 表示）和反面（用 0 表示），而不是连续值（比如 0.75）。另一个例子是客户向企业提出的帮助请求数量。

更复杂的概率处理包含无穷大和连续变量的概念。连续变量是可以在两点之间取任何值的变量，如时间或长度。我们现在可以测量准确的时间，但我们总是可以将其测量到更精确的值（例如 1.01 秒比 1.0114 秒更精确，而 1.0114595 秒比之前的两个时间长度都精确）。我们可以把概率定义为一个函数，表示它把一个事件映射到一个事件发生的相对概率上。

例如，假设我们正在测量生产线上生产出来的太阳能电池的光转化效率。由于制造设备中的随机误差，太阳能电池的效率并不总是相同的。这种结果具有随机性的过程也称为随机过程。人们可以测量电池的效率，并找到一些经验概率，它们是从测量太阳能电池样本中得出的概率。例如，人们发现测量的电池的效率中值是 12%，所以这意味着效率大于 12%有 50%的可能性，可以将其表述为 *P*(efficiency>12%)=0.5。由于太阳能电池效率值可以是无限值数组中的任何值，所以每个特定值的概率为 0（1 除以无穷大）。

独立概率和条件概率

到目前为止，讨论的这些概率都是独立概率。没有考虑其他事件对概率结果的影响。当一个事件的结果影响另一个事件发生的概率时，将其描述为条件概率。这通常使用从袋子中抽取样品来说明。假设我们有一袋糖果，里面有 3 个红色糖果、3 个蓝色糖果和 3 个橙色糖果，红色糖果是人们最喜欢的。抽到红色糖果的概率 *P*(R)是 3/9 或 1/3。假设抽取出的第一个糖果是红色的，然后把这颗红色糖果放在桌子上。现在，人们得到另一个红色糖果的概率是 2/8 或 1/4。

现在重新开始实验，这次我们想知道连续得到 2 个红色糖果的概率。为此，我们只需将上面得到的两个概率相乘——1/3*1/4=1/12，大约为 8.3%。

上面得到的 8.3%概率被称为依赖概率或条件概率。在第二次拿糖果时获得红色糖果的概率取决于第一次拿糖果时发生的情况。可以将连续两次抽到红色糖果的概率写为：

$$P(R1 \text{ and } R2) = P(R1) * P(R2 \mid R1)$$

P()和以前一样表示事件的概率。*R*1 和 *R*2 分别表示在我们的第一次和第二次拿糖果时得到红色糖果的概率。*P*(*R*2 | *R*1)表示在第一次拿糖果时拿到红色糖果，然后第二次拿糖果也拿到红色的概率。管道符号（|）是在此类概率方程中表示条件或相关性的数学方法。

我们之前计算的概率如下：

$$P(R1) = 1/3$$

$$P(R2 \mid R1) = 1/4$$

$$P(R1 \text{ and } R2) - 1/12$$

$P(R1 \text{ and } R2)$称为联合概率，即两件事都发生的概率。$P(R2 \mid R1)$条件概率，即在给定另一个事件已经发生的情况下，一个事件发生的概率。情况示意图如图 8-2 所示：

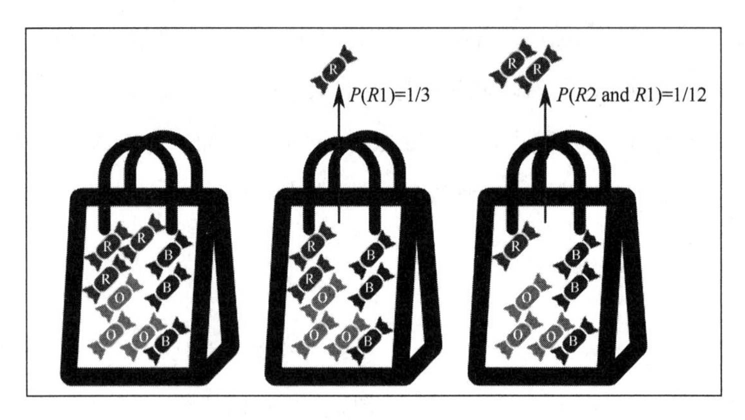

图 8-2　从袋子里抽取糖果样品的图解

除了抽取样本，这些概率方法也可以扩展到其他情况。例如，人们可以考虑尝试使用算法或规则从电子邮件收件箱中过滤垃圾邮件。

如果有理由确定该邮件是垃圾邮件，那么人们可以自动将其移至垃圾邮件文件夹。例如，如果一条消息是垃圾邮件的概率超过 90%，人们将对其进行过滤。可以使用前面的联合概率方程，让我们专注于查看“Xanax”这个词，因为这已经出现在垃圾邮件中，有人试图出售假冒的 Xanax 并窃取人们的资金。当然，如果我们是一名医生并定期与患者发送有关 Xanax 的电子邮件，并且“Xanax”一词出现在许多非垃圾邮件中，那么我们现在使用的技术就不能很好地用来过滤与 Xanax 相关的垃圾邮件。

有很多种方法来创建联合概率方程，下面是其中的一种：

$$P(\text{"Xanax" and spam}) = P(\text{"Xanax"}) * P(\text{spam} \mid \text{"Xanax"})$$

因为，人们会在电子邮件中看到一个单词（例如“Xanax”）并希望获得该邮件是垃圾邮件的概率。所以，重新排列等式以获得电子邮件是垃圾邮件的概率，新的方程如下所示：

$$P(\text{spam} \mid \text{"Xanax"}) = P(\text{"Xanax" and spam}) / P(\text{"Xanax"})$$

可以通过上面的方程计算当邮件中出现“Xanax”一词时，该邮件是垃圾邮件的概率。在等号的右侧是 $P(\text{"Xanax" and spam})$，这表示该消息包含单词“Xanax”并且是垃圾邮件的联合概率。这个联合概率实际上可以写成两种方式：

$$P(\text{"Xanax" and spam}) = P(\text{spam}) * P(\text{"Xanax"} \mid \text{spam})$$

$$P(\text{"Xanax" and spam}) = P(\text{"Xanax"}) * P(\text{spam} \mid \text{"Xanax"})$$

因为联合概率不是依赖概率或者条件概率，因此 P("Xanax" and spam) 与 P(spam and "Xanax")是等效的。

通过上面两个等式进行计算，可以得到如下方程：

$$P(\text{spam} \mid \text{"Xanax"}) = P(\text{spam}) * P(\text{"Xanax"} \mid \text{spam}) / P(\text{"Xanax"})$$

至此，人们已经了解了贝叶斯定理，这是一个统计定理（实际上是公理），经常用于机器学习和数据科学，可以将其用于垃圾邮件分类系统。

贝叶斯定理

贝叶斯定理（有时称为贝叶斯定律或贝叶斯规则）以 18 世纪的托马斯·贝叶斯（Thomas Bayes）的名字命名，他部分地发明了它（这很复杂，因为 Richard Price 也发现了这个理论）。该定理可以写成一个方程：

$$P(A \mid B) = P(A) * P(B \mid A) / P(B)$$

我们可以看到方程中有事件 A 和事件 B 的独立概率，以及两个条件概率：A 事件发生时 B 发生的概率 $P(B \mid A)$和 B 事件发生时 A 发生的概率 $P(A \mid B)$。

另一种写法是使用假设（我们可以测试的条件）H 和证据 E：

$$P(H \mid E) = P(H) * P(E \mid H) / P(E)$$

也可以将这些组件视为概念：

$$\text{Posterior} = \text{prior} * \text{likelihood} / \text{evidence}$$

为了将其与垃圾邮件示例联系起来，下面再次以贝叶斯定律的形式展示垃圾邮件方程：

$$P(\text{spam} \mid \text{"Xanax"}) = P(\text{spam}) * P(\text{"Xanax"} \mid \text{spam}) / P(\text{"Xanax"})$$

假设该邮件是垃圾邮件，证据是在电子邮件中看到“Xanax”一词。“prior”，P(spam)是我们对发生概率的先验信念，在这种情况下，它表示任何给定的电子邮件是否是垃圾邮件。任何给定电子邮件成为垃圾邮件的可能性估计约为 45%或 0.45。在给定假设的情况下看到证据的可能性或概率是证据与假设的相容程度。在这种情况下，大约 1/3 的垃圾邮件包含单词“Xanax”，因此可以将此值设置为 0.33。将它除以看到“Xanax”这个词的边际概率，稍后会介绍这部分内容。左边的后验项是假设存在的更新概率（其中，假设邮件是垃圾邮件，证据是电子邮件中带有单词“Xanax”）。

图 8-3 可能会帮助人们理解上述关系。

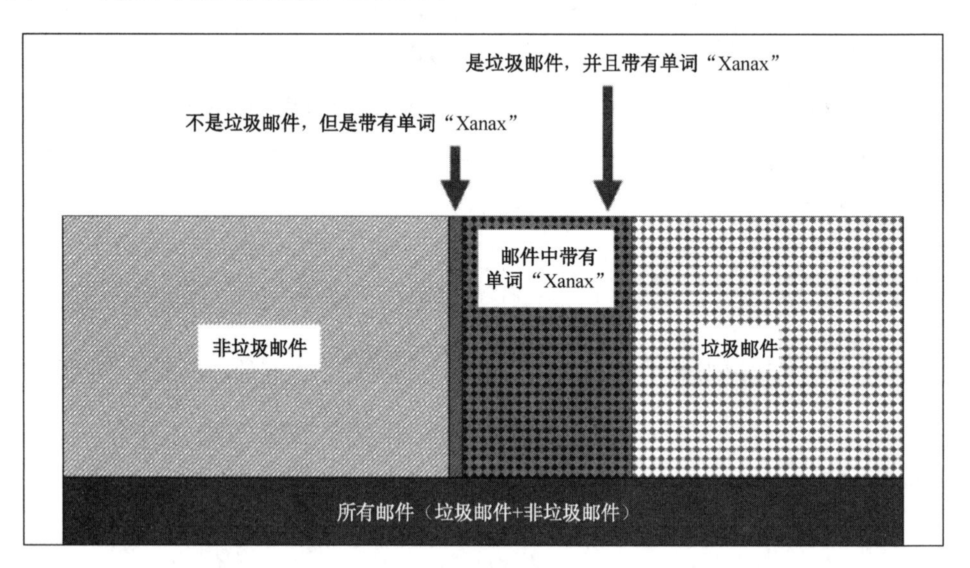

图 8-3　包含 Xanax 单词的垃圾邮件、非垃圾邮件关系图

除了 $P(\text{"Xanax"})$或证据的边际概率，其他部分都有相应的值与之对应。$P(\text{"Xanax"})$表示在任何电子邮件中看到“Xanax”一词的概率，无论它是否是垃圾邮件。要计算这个值，最简单的方法是使用另一个统计定理，即总概率定律来重写方程：

$$P(\text{"Xanax"}) = P(\text{spam}) * P(\text{"Xanax"} \mid \text{spam}) + P(\text{not spam}) * P(\text{"Xanax"} \mid \text{not spam})$$

上面的方程与下面的方程等效：

$$P(\text{E}) = P(\text{H}) * P(\text{E} \mid \text{H}) + P(\text{H}) * P(\text{E} \mid !\text{H})$$

其中感叹号（!）表示否定，!H 表示假设 H 的相反面。将具体的值代入方程，我们将得到如下结果：

$$P(\text{"Xanax"}) = P(\text{spam}) * P(\text{"Xanax"} \mid \text{spam}) + P(\text{not spam}) * P(\text{"Xanax"} \mid \text{not spam})$$

$$P(\text{Xanax}) = 0.45 * 0.33 + 0.55 * 0.001$$

由于已经知道 45%的邮件是垃圾邮件，这意味着 55%的邮件不是垃圾邮件（因为离散概率空间中所有结果的概率总和必须为 1）。此外还指定 33%的垃圾邮件包含“Xanax”一词。在方程的最后，P("Xanax" | not spam)，即在非垃圾邮件中看到单词“Xanax”的概率设置为 0.1%或 0.001。换句话说，认为在 1000 封非垃圾邮件中有 1 封包含“Xanax”一词。当然，如果您是一名医生，并定期发送包含“Xanax”一词的电子邮件，可能会将其更改为更高的值。

P(E)等式的前半部分是贝叶斯定理的分子（顶部）。因此，贝叶斯定理的分子必须始终小于分母，从贝叶斯定理得出的概率将始终小于或等于 1。如果发现自己使用贝叶斯定理计算概率，并得到高于 1 的概率，则可能在 P(E)项中出现错误。

垃圾邮件过滤示例的贝叶斯定理现在如下所示：

$$P(\text{spam} \mid \text{"Xanax"}) = 0.45 * 0.33 / (0.45 * 0.33 + 0.55 * 0.001)$$
$$= 99.6\%$$

因此可以得出结论，当邮件中包含“Xanax”一词时，它很可能是垃圾邮件，并且有 99.6%的确信度。人们会将它们移动到垃圾邮件文件夹。

贝叶斯定理和贝叶斯统计在数据科学工作中被广泛应用，例如，在机器学习模型中使用朴素贝叶斯，以及高级超参数调优技术。

频率论与贝叶斯

到目前为止，人们所描述的统计是所谓的“频率论”。这包括通过多次重复实验来衡量过去的表现，并利用它制定概率和统计数据。令人困惑的是，人们可以使用频率论方法来计算贝叶斯定理的概率，方法是根据对过去事件的经验测量，将数字代入贝叶斯定理。

然而，人们也可以利用贝叶斯法则来使用贝叶斯方法。这是通过输入一些基于我们直觉或信念的概率，而不是通过测量的概率来实现的。

例如，人们可能不会测量非垃圾邮件中包含单词“Xanax”的确切邮件数量，而是会根据人们的直觉简单地估计它。事实上，这就是我在这里所做的，我们估计每 1000 封合法的电子邮件中有 1 封可能含有“Xanax”这个词。

从上述概率方程中计算出的概率对于思考问题、实现算法（比如垃圾邮件分类器）或向他人描述情况（比如向利益相关者提交报告）都很有用。然而，人们也可以用概率分布来进行数据建模。这允许人们从数据中提取描述性统计信息。

分布

概率分布是一种描述一个随机变量在一个样本空间内可能得到的所有可能结果的方法。生活中有很多概率分布的例子，以太阳能电池制造为例，期待看到类似于正态分布的数据分布。

正态分布及使用 scipy 生成分布

正态分布又被称为高斯分布或钟形曲线，是人们经常遇到的一种分布方式。这是在测量生物种群（如植物的尺寸）或测量制造过程（如生产线上生产的太阳能电池的效率）时可以看到的东西。在 Python 中进行统计计算时，人们经常使用 scipy。可以通过 conda install -c conda-forge scipy -y 来安装 scipy，然后可以创建并绘制一个正态分布：

```
import numpy as np
from scipy.stats import norm
x = np.linspace(-4, 4, 100)
plt.plot(x, norm.pdf(x))
plt.plot(x, norm.cdf(x)
```

首先，从 scipy.stats 导入 norm 类。然后，创建一个 numpy 数组，包含从−4 到 4 的 100 个值，通过 np.linspace()可以创建等间距的值。接下来，将这些 x 值与正态分布的概率密度函数（Probability Density Function，PDF）和累积密度函数（Cumulative Density Function，CDF）进行绘图。

得到的图形如图 8-4 所示。

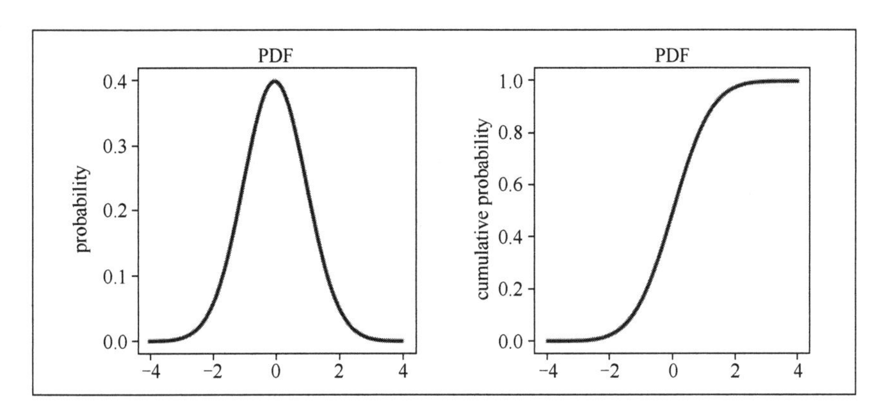

图 8-4　正态分布的概率分布函数（PDF）和累积分布函数（CDF）图

概率密度函数，根据 x 的值给出了相关事件的可能性。例如，在上面的左边的图中，观察到在概率分布函数中，x 为 0 时，所对应的概率最大。所以在实验观察中，人们观察到 0 的机会最多。CDF 仅仅是 PDF 的累积总和。可以看到，从 CDF 中 x 的值小于或等于 0 的概率是 50%。

CDF 在接近 1 的值处结束，并且等于 PDF 下的累积面积（总和为 1）。由于连续变量的样本空间是无限的，任何一个值出现的确切概率是 0（1 除以无穷大）。这些 PDF 是由数学公式计算出来的。当 PDF 向负无穷和正无穷移动时，相对概率趋于 0，但永远不会精确地达到 0。

像 norm 一样，scipy 的 distribution 类有一组常见函数，如 pdf()和 cdf()。另一个常见的函数是 rvs()，rvs 是 random variable sampling 的缩写，表示随机变量抽样。可以用它从分布中生成数据样本。

例如，可以为正态分布生成 10000 个数据点，并将数据绘制成直方图，如下所示：

```
data = norm.rvs(size=10000, random_state=42)
plt.hist(data, bins=30)
```

使用 norm 类的 rvs()方法，并提供一个 size 参数表示点数，以及一个 random_state 参数。random_state 参数为随机生成的点设置了“seed”，这意味着每次运行这个函数时，生成的点都是相同的。否则，每次运行它都会得到不同的结果。执行上面代码得到的直方图如图 8-5 所示。

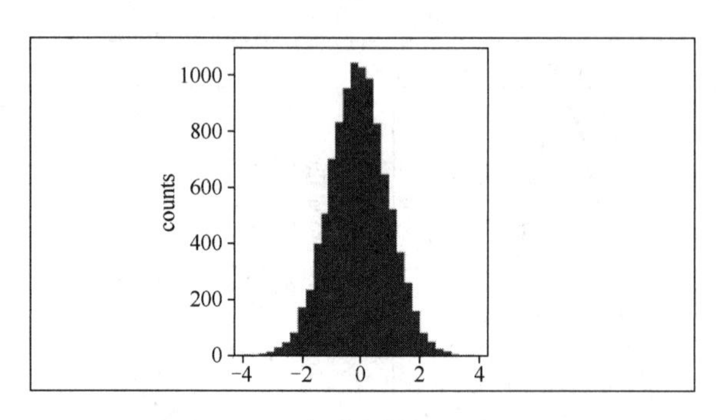

图 8-5　正态分布数据的直方图

可以看到，这个直方图和 PDF 几乎是一样的。当人们绘制数据的分布时，通常使用直方图，代表该数据的经验 PDF（每个 x 值的测量概率）。这是从分布生成数据的良好开端，下一步是使用参数自定义分布。

分布的描述性统计

分布是由参数表征的数学方程。例如，正态分布的 PDF 用一个等式表示：

$$f(x\mid\sigma\mu)=\frac{1}{\sigma\sqrt{2\pi}}e^{-\frac{1}{2}(\frac{x-\mu}{\sigma})^2}$$

这实际上就是 scipy 在上面的 Python 代码中计算 PDF 的方式。在这里，函数使用了与条件概率相同的数学符号，其中希腊字符 sigma(σ)和 mu(μ)分别表示标准偏差和平均值。

标准偏差是数据的分散程度（可以通过方程来计算这个值，这里没有提供该方程），而平均值是数据的平均值（也有一个正式的方程，这里不详述）。还可以看到其中的常数 pi (π,3.15)及欧拉数（e,大约为 2.72）。欧拉数对值 $-\frac{1}{2}(\frac{x-\mu}{\sigma})^2$ 取幂是使正态分布呈钟形曲线形状的原因。等式的另一部分 $\frac{1}{\sigma\sqrt{2\pi}}$ 只是一个比例因子。

可以在维基百科找到大多数概率分布的 PDF 和 CDF 方程。会看到许多 PDF 方程使用 gamma 函数，这看起来像倒置的 L。

知道了分布的 PDF 中的参数，就可以使用它们来创建具有不同特征的分布。例如，如果从测量中得知太阳能电池生产线的平均效率为 14%，标准偏差为 0.5%，就可以使用这些参数创建并绘制正态分布：

```
x = np.linspace(12, 16, 100)
plt.plot(x, norm.pdf(x, loc=14, scale=0.5))
```

首先使用 np.linspace()创建一个包含 100 个等距 x 值组成的数组，x 的值从 12 到 16，该数组以平均值 14 为中心，将平均值和标准偏差参数（loc 和 scale）设置为指定值 14 和 0.5。概率分布函数如图 8-6 所示：

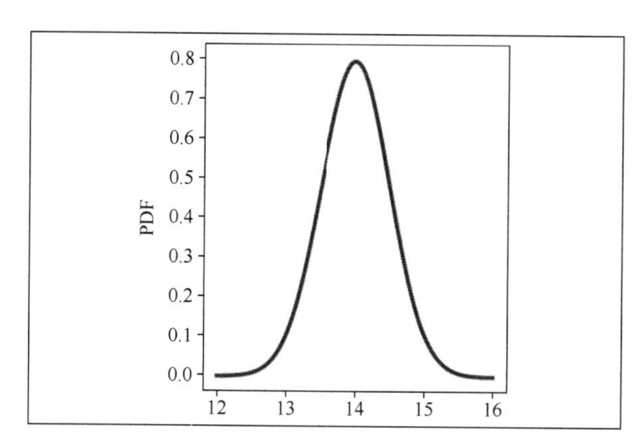

图 8-6　平均值为 14，标准偏差为 0.5 的正态分布 PDF

参数 loc 和 scale 在 scipy.stats.norm 类的 scipy 文档中进行了描述。对于本章中即将介绍的其他分布，scipy 有类似的文档来解释每个分布参数的名称。在许多 scipy 分布中都有 loc 和 scale 参数。

从这个正态分布中选取 10000 个点作为样本，并使用 rvs()函数创建这个正态分布：

```
solar_data = norm.rvs(size=10000, loc=14, scale=0.5, random_state=42)
```

如果愿意，可以通过 plt.hist(solar_data, bins=30)将它绘制出来，从而确认我们的代码可以表达正确的含义。一旦有了这个数据（numpy 数组），就可以生成一些数据的描述性统计：

```
solar_data.mean()
solar_data.std()
```

这将计算数据的平均值和标准偏差，它们的值应该非常接近 14 和 0.5。这些是人们可以用来描述数据的一些关键方法，特别是当数据类似于正态分布时。描述正态分布的其他方式是偏态（skewness）和峰度（kurtosis）。

平均值、标准差、偏度和峰度称为矩，它们是对数据分布形状的量化。平均值被称为第一个原始矩，而标准偏差实际上是第二个中心矩方差的平方。偏度是第三标准化矩，峰度是第四标准化矩。术语原始、中心和标准化表示计算中的细微差异。“原始”就像听起来一样，只是一个没有标准化或调整的方程式。“中心”表示围绕数据平均值的距，“标准化”表示距被标准差标准化（除以）。这使人们能够比较数据分布中的偏度和峰度，即使它们的标准差（数据分布）大相径庭。

计算偏态和峰度的简单方法是将输入放入 pandas 的 DataFrame 当中：

```
import pandas as pd
df = pd.DataFrame(data={'efficiency': solar_data})
df['efficiency'].skew()
df.kurtosis()
```

正如在上面看到的，skew 和 kurtosis 只是可以用 pandas DataFrame 或 Series 调用的简单函数。skew 测量了分布的不对称性的大小和方向。换句话说，这是相对于正偏态分布来说的，分布尾部偏向的方向（左或右），如果把它画出来，可以看到大多数数据将在中心的左边，尾巴向右边延伸。对于负偏态分布，尾巴将向左延伸。kurtosis 测量有多少数据位于分布的尾部，峰度越高，尾部的数据就越多。换句话说，当尾部有更多的数据时，可能有更多的异常值。正态分布、偏态分布和高峰度分布的区别如图 8-7 所示。

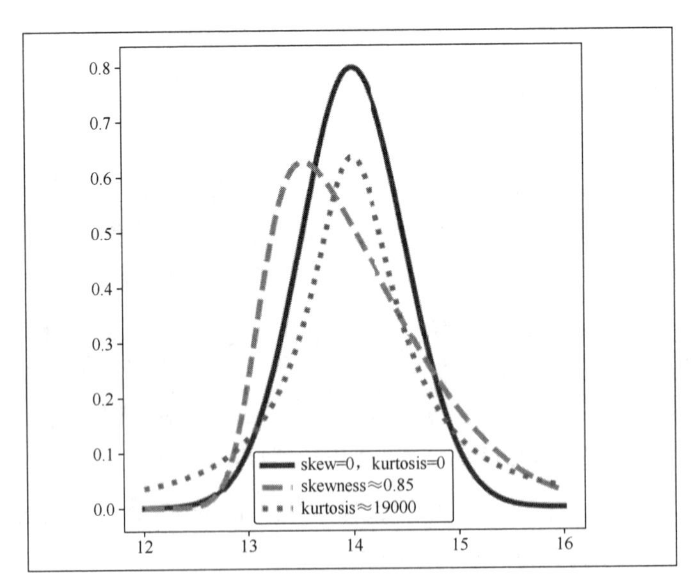

图 8-7　正态（或接近正态）分布的 PDF，平均值为 14，标准偏差为 0.5，具有不同的偏度和峰度值（图中除非另有说明，否则偏斜和峰度的值为 0）

当偏度值为正数时，可以看到高偏度分布的质心向左移动，尾部向右延伸。偏度值在 -1 和+1 之间，因此 0.85 的值相当高。高峰度 PDF 显示比默认正态分布更宽的尾部。该值没有上限，但 19000 算是峰度中较高的值。

这些分布度量可用于通过定量的方式比较数据的分布。可以为任何分布计算度量，但对正态分布或者正态分布的变体最有效。

正态分布的变体

正态分布的两个变体是偏态正态分布和对数正态分布。偏态正态分布只是引入了一个偏斜参数来改变分布的偏度，在图 8-7 中已经使用了它，在使用 import scipy 导入 scipy 之后，调用 scipy.stats.skewnorm.pdf(x,scale=1.15,loc=13.1,a=5)。函数对数正态分布是数据的对数呈正态分布的分布（$\log_b(x)=y$，其中对数是指数的倒数，$b^y=x$），如图 8-8 所示。

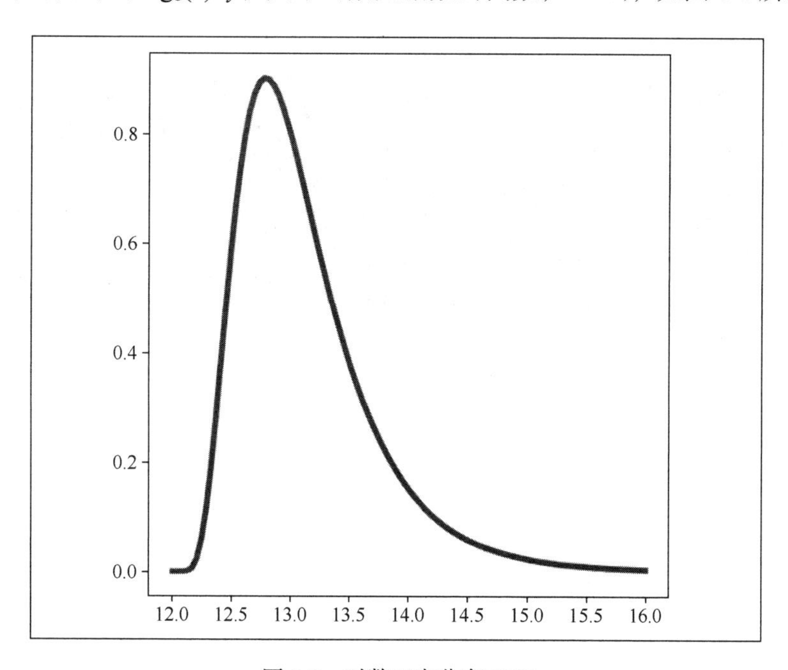

图 8-8 对数正态分布 PDF

对数正态分布出现在许多地方。例如，可以是在线论坛的评论长度和人们在某个网页上停留的时间。可以通过 scipy.stats 类 skewnorm 和 lognorm 访问偏态正态分布和对数正态分布。比如，上述对数正态分布的 PDF 函数调用为：plt.plot(x,scipy.stats.lognorm.pdf(*x*,loc=12, *s*=0.5))，其中 *x*=np.linspace(12, 16, 100)。*s* 参数是形状参数，随着 *s* 的增加，PDF 的峰值向左移动并使 PDF 变得平缓。

将分布拟合到数据以获取参数

如果有测量数据，如生产线上的太阳能电池的效率，人们可以将分布拟合到该数据中，从而提取分布的 PDF 参数和矩，如平均值、方差（和标准偏差）、偏度和峰度。这对于具有不同参数（不仅仅是平均值和标准偏差）的其他分布更有用。例如，加载一些模拟的太阳能电池效率数据（可在本书的 GitHub 中的 Chapter8/data/路径下获得）：

```
df = pd.read_csv('data/solar_cell_efficiencies.csv')
df.describe()
```

代码执行的结果如下所示：

```
efficiency
count  187196.000000
mean   14.181805
std    0.488751
min    9.691218
25%    13.932445
50%    14.205567
75%    14.482341
max    17.578530
```

可以看到，平均值接近 14，标准偏差接近 0.5。还可以使用 df['efficiency'].skew()和 df['efficiency'].kurt()检查偏度和峰度，它们分别返回-0.385 和 1.117。负偏度告诉人们分布向右倾斜，尾部向左倾斜。峰度告诉人们尾部的数据点比通常的高斯分布多一些，但并不明显。

为了拟合分布并提取 PDF 参数，只需运行：

```
scipy.stats.norm.fit(df['efficiency'])
```

由此可以看到，平均值为 14.18，标准偏差为 0.488，与 describe()结果中看到的相同。由于人们可以从 describe()或 mean()和 std()中获取这些参数，所以通过拟合（fit）获取这些值并没有什么优势。但对于 scipy 中具有更复杂参数的其他分布却很有用。

t 分布

t 分布（也称为学生分布）出现在统计测试中，将在第 9 章中学习。这个分布可以从 scipy.stats.t 类中获得。例如，图 8-7 中具有高峰度的 PDF 是使用 t.pdf(*x*,loc=14,scale=0.5,df=1)生成的。t 分布具有 loc、scale 和 df（degrees of freedom，自由度）参数。loc 和 scale 参数的作用与正态分布中相关参数的作用类似，而 df 参数会随着 df 值变小而导致分布的尾部变粗。

伯努利分布

伯努利分布是一个离散分布，这意味着它只能取几个值。之前讨论的其他分布（正态及其变体，以及 t 分布）是连续分布的。离散分布具有概率质量函数（PMF），而不具有概率分布函数(PDF)。

伯努利分布代表二元结果：0 或 1。例如，投掷硬币所得到的正面和反面。另一个二元结果的例子是客户转化——例如，客户是否购买了某些东西。人们可以通过 scipy 使用此分布，并使用 rvs()函数生成事件样本：

```
scipy.stats.bernoulli(p=0.7).rvs()
```

首先，从 scipy.stats 创建一个 bernoulli 类，并将成功概率设定为 0.7（得到概率为 1，未得到概率为 0 的概率）。这也演示了另一种使用 scipy 创建分布的方法：人们可以为类名而不是函数提供参数。然后可以接着使用 rvs()、pmf()或 pdf()等函数。

二项分布

伯努利分布适用于单个二元事件，而二项分布适用于伯努利事件的集合。二项分布表示许多伯努利事件（结果为 1 或 0 的二进制）中的成功事件（结果为 1），成功概率为 p。例如，如果有 10 位客户访问我们的网站，并有 70%的机会购买产品，则二项分布将是：

```
binom_dist = scipy.stats.binom(p=0.7, n=10)
plt.bar(range(11), binom_dist.pmf(k=range(11)))
```

上面的代码中的第一行创建分布对象，然后将 PMF（从 0 到 10）通过第二行代码绘制成条形图。由于它是离散分布，应该只对应 x 的每个离散值。请注意，对于 pmf()函数，为

参数 k 提供了一个整数范围。这些应该从 0 到我们在 binom()类中的 n 值（我们的试验次数）以获得完整的 PMF。代码运行后将得到如图 8-9 所示图形。

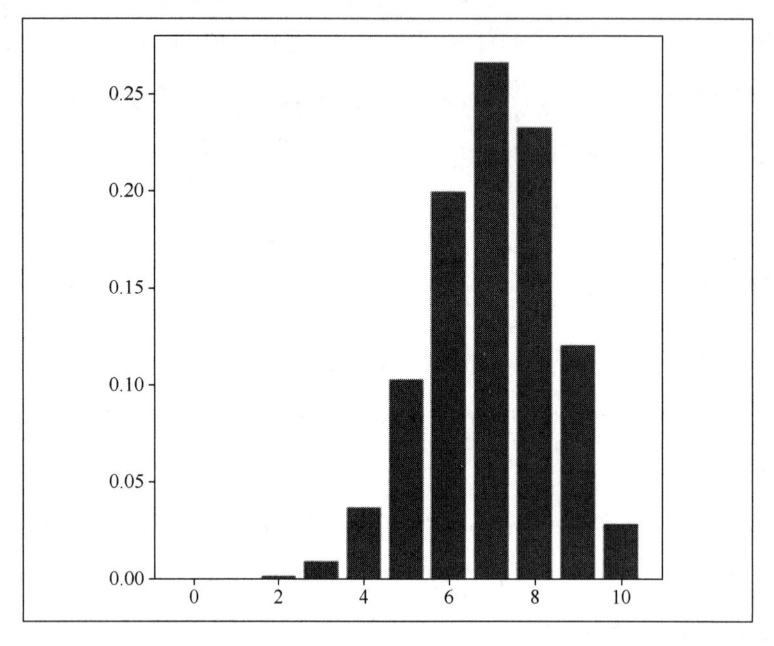

图 8-9　n=10，p=0.7 的二项分布 PMF

可以看到，获得 0、1、2 或 3 次成功的概率非常低，获得 7 次成功的概率最高。这是因为每次试验的成功概率是 0.7。可以使用此分布来模拟客户转换等情况，或者想了解在二元事件试验中可能获得多少次成功的情况。

均匀分布

如果所有事件发生的可能性都相同，就会出现均匀分布。典型的例子是掷一个 6 面骰子。从 1 到 6 的每个值都有相同的发生可能性。此分布还可用于获取特定范围内的随机值。在 scipy 中，它可以使用 scipy.stats.uniform()类。正如在第 5 章中看到的，它还可以通过使用 pandas profiling 报告来描述现有数据集。

指数分布和泊松分布

指数分布描述了独立事件之间的空间或时间。比如，支持中心接通的电话和放射性物质发射粒子。假设这些事件是独立的（例如，我们假设支持中心接到的每一个电话都不会影响下一个电话的接入），并且事件有一些特征时间，在这些时间内它们往往是分开的。在指数分布中，此参数称为 lambda(λ)，在 PDF 方程中显示为 $y = \lambda e^{-\lambda x}$。这里的 e 又是欧拉数，有时写成 exp($-\lambda x$)。我们可以使用 scipy 中的 scale 参数指定 lambda 的值：

```
from labellines import labelLines
x = np.linspace(0, 5, 100)
plt.plot(x, scipy.stats.expon.pdf(x, scale=1), label='λ=1')
plt.plot(x, scipy.stats.expon.pdf(x, scale=0.25), label='λ=4')
labelLines(plt.gca().get_lines())
```

在这里，可以用一些不同的值绘制 0 到 5 之间的指数分布，并绘制一个图例。还使用了 matplotlib-label-lines 包来直接标记这些行，就像在第 5 章探索性数据分析和可视化中那样。或者，还可以调用 plt.legend()而不是 labelLines()函数。结果如图 8-10 所示：

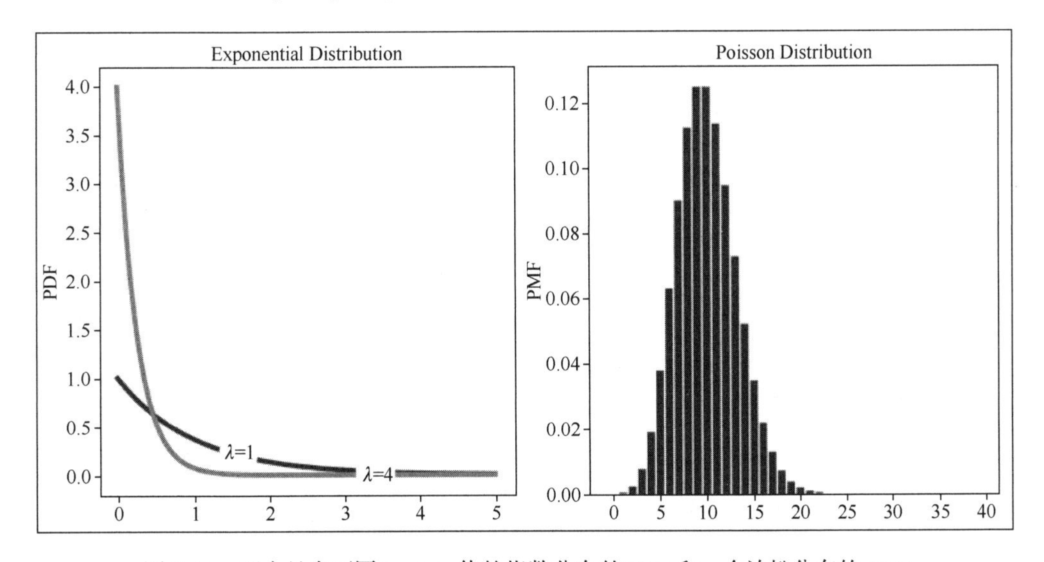

图 8-10　两个具有不同 lambda 值的指数分布的 PDF 和一个泊松分布的 PMF

scipy 中的 scale 参数实际上是 1/lambda。随着 lambda 的增大，事件间的平均时间将减少。

与指数分布相关的是泊松分布。这是一个离散的分布，所以有 PMF 而不是 PDF。人们可以通过下方代码绘制泊松分布的 PMF：

```
bar(range(40), scipy.stats.poisson.pmf(range(40), mu=10))
```

代码运行的结果如图 8-10 所示。泊松分布有一个类似于指数分布的 lambda 参数（scipy.stats.poisson()函数中的 mu 参数），并且是指数分布的泛化。泊松分布提供了一些事件在一个特征时间内发生的概率。这个特征时间是指数分布事件之间发生的平均时间。所以，如果呼叫中心平均每 10 分钟接到一个电话，则可以将 lambda 值设置为 10 来描述这个分布。

虽然 scipy 不能拟合数据并提取离散概率分布（如泊松分布）的分布参数，但另一个包 statmodels 带有一个 statsmodels.discrete.discrete_model 模块，可以完成这样的工作。

泊松分布和指数分布出现在呼叫中心、到达路由器的数据包，或每单位长度 DNA 链上的突变数量，在这些情况下，发生在空间或时间上的事件具有特定的频率。

威布尔分布

威布尔分布类似于指数分布的扩展，事件之间的特征时间或空间随时间而变化。这对于故障时间分析非常有用，如硬盘的故障时间。它也可以用于风速分布的风预测，这可以用于通过第 7 章使用的 MISO 能源数据进行预测。在 scipy 中有两个 Weibull 的实现：max 版本和 min 版本。当 x 值为负时使用 max，当 x 值为正时使用 min。可以通过如下代码绘制 PDF：

```
x = np.linspace(0, 10, 100)
plt.plot(x, scipy.stats.weibull_min(c=3).pdf(x))
```

上面代码中主要参数是 c，它是 shape 参数。还有 scale 和 loc 参数可用。scale 参数改变了数据的分布，而 loc 参数改变 x 轴上分布开始的位置。shape 参数 c 决定了故障时间是随时间减少（$c<1$），保持不变（$c=1$，指数分布），还是随时间增加（$c>1$）。

Zipfian 分布

最后一个分布是 Zipfian 分布，它来自于 Zipf 定律。这可以在文本数据中用于单词的排序频率建模，我们将在第 18 章学习更多有关它的知识。这种分布往往用于将城市按人口数从大到小的排列，以及公司规模的分布。这个分布可以在 scipy 中找到，人们可以通过如下代码绘制 PMF（它是一个离散分布）：

```
x = range(1, 50)
plt.plot(x, scipy.stats.zipf(a=1.1).pmf(x), marker='.')
plt.xscale('log')
plt.yscale('log')
```

由于分布从一个 series 数据的第 1 位开始，因此从 1 开始我们的范围。然后，向 zipf() 类提供 shape 参数 a，并绘制 PMF 函数。在 x 轴和 y 轴上都使用对数尺度，因为这样可以让图像更便于观察。当使用这样的对数图时，分布是一条直线。

关于分布就介绍到这里，但还有更多的分布类型。scipy 包也有许多其他分布的类。本章主要介绍了工作中常用的分布类型。人们已经看到了如何从这些分布中采样，接下来看看如何从原始数据中采样。

从数据中采样

作为数据科学家，抽样方法和注意事项是很值得了解的。例如，人们可以使用采样来缩小用于分析或原型代码的大型数据集，可以使用采样来估计置信区间，在机器学习中，可以使用它来平衡那些不平衡的数据集。现在先从一些抽样的基本原则开始。

大数定律

大数定律是一个数学定理，本质上说是指随着样本数量的增加，将更接近随机变量结果的真实均值。比如，当人们多次掷 6 面骰子时，掷骰的平均值将接近 3.5，这是预期的值，因为 3.5 是 1 到 6 数值平均分布所得到的平均值。

一般来说，这意味着人们应该期望测量的平均值随着采样次数的增加而接近精确值，假设基础过程是随机的，并且遵循某种分布。例如，如果导致变化的唯一过程是随机过程，人们可能会期望来自生产线的太阳能电池效率值趋于单一平均值。人们可以观察测量指标的平均值，仔细考虑底层过程是否足够随机以适用大数定律。如果随着样本量的增加，平均值仍在变化，并且认为基础过程只有随机变量，那么应该收集更多的数据。

中心极限定理

中心极限定理是概率论的另一个基础数学定理。它指出，即使数据的基本分布不是正态分布，来自总体的众多样本的平均值也将趋于正态分布。一个简单的例子是多次抛硬币。假设在一次实验中掷硬币 100 次并计算正面向上的次数。我们进行了 100 次实验，得到的正面计数图接近正态分布。可以在 Python 中使用二项分布进行这个实验：

```
binom = scipy.stats.binom(p=0.5, n=100)
heads = binom.rvs(10000)
```

这里正在创建成功概率为 50%的二项分布和 100 次伯努利试验（掷硬币）。然后，从这个分布中抽取 10000 个样本。也可以创建一个循环并使用伯努利分布，但效率要低得多。

然后可以用 seaborn 绘制一个带有 KDE 的直方图。seaborn 自动选择 bin 的数量，所以比 plt.hist()稍好一些：

```
import seaborn as sns
sns.histplot(heads, kde=True)
```

这看起来就像一个正态分布，并展示了中心极限定理是如何工作的。另一个例子是抽取总体样本，计算平均值，并多次执行此操作。即使基础分布不是高斯分布，得到的平均值直方图仍将接近正态分布。然后人们可以使用样本均值的平均值，它应该是总体均值。

随机采样

最简单的抽样方法是从数据集中随机抽样。可以使用之前的太阳能电池效率的数据：

```
df = pd.read_csv('data/solar_cell_efficiencies.csv')
```

随机抽样就像从均匀分布中选择一个随机值。对于 pandas，这就像使用 sample()函数一样简单：

```
df.sample(100, random_state=42)
```

这将为我们提供 100 个数据点的随机样本。random_state 参数出现在许多 Python 函数中，可以根据具体情况进行设置。编程中的随机采样通常使用计算机时钟中的元素作为伪随机数生成器的种子。random_state 参数将设置这个种子，因此人们每次都可以获得相同的样本。还有其他方法可以设置随机种子，如 np.random.seed()，以及其他具有随机过程的包提供的类似函数。我们可以在开发代码时使用随机抽样来缩小数据大小，以便代码运行得更快。然而，使用布尔变量或函数参数来指定对数据进行采样是一个好主意，因此当人们不再想对数据进行采样时，可以轻松地更改这个参数。

Bootstrap 抽样和置信区间

Bootstrap 抽样是随机抽样，但又有所不同。这个有趣的名字来自短语 pull oneself up by one's bootstraps，意思是在没有外界帮助的情况下取得成功。Bootstrap 抽样的工作原理是这样的：每次我们取一个样本，它都是独立于整个数据集的。在图 8-2 表示的取糖果例子中，第一次取出一个红色的糖果，我们会记录我们取出了一个红色的糖果，然后把红色的糖果放回袋子里，然后继续取出糖果，这也称为带放回的抽样。

Bootstrapping 只是在数据集上多次执行此操作，可用于计算平均统计数据。其他应用包括 A/B 测试和计算置信区间。在 Python 中可以使用 bootstrapped 包来简化这个过程，它可以使用 pip install bootstrapped 进行安装。看看如何使用它来计算太阳能电池数据集的平均效率的置信区间：

```
import bootstrapped.bootstrap as bs
import bootstrapped.stats_functions as bs_stats
bs.bootstrap(df['efficiency'].values, stat_func=bs_stats.mean)
```

上面的代码中的前两行是模块的导入操作。然后只需调用 bootstrap()函数，并将 NumPy 数组和 stat_func 作为参数提供给函数。在这里计算平均值，得到的平均值和置信区间如下所示：

```
14.181805365742568    (14.17962009850363, 14.184020814876083)
```

括号中的置信区间告诉人们平均值的预期范围。置信度通常是 95%或 90%。默认情况下，此软件包使用 95%的置信度。这个结果说明，95%的情况下，均值在 14.179 和 14.184 之间——在均值附近的分布非常紧密。另一种思考方式是，在我们测量样本平均值的 95%的置信区间里，所得到的值在这个范围内。或者，有些人将其描述为在 95%的置信区间里，我们测量这些置信区间中的值，真正的均值将在置信区间内。我们可以使用参数 alpha 来更改它，默认情况下为 0.05，置信区间为 95%。还可以将 stat_func 参数更改为其他内容，如 bs_stats.std 表示标准偏差。

如果要手动编写 bootstrap 算法，可以简单地使用 Numpy 的采样，如 np.random.choice (data,sample_size,replace=True)。这会从数组 data 中采样一些点（sample_size），并且 replace=True 表示放回采样。例如，人们可以循环遍历数据 10000 次，并且每次使用 bootstrapped 样本计算平均值：

```
means = []
for i in range(10000):
    sample = np.random.choice(df['efficiency'], 1000, replace=True)
    means.append(sample.mean())
sns.histplot(means)
```

然后使用 seaborn 绘制数据，可以看到它类似于正态分布，如图 8-11 所示：

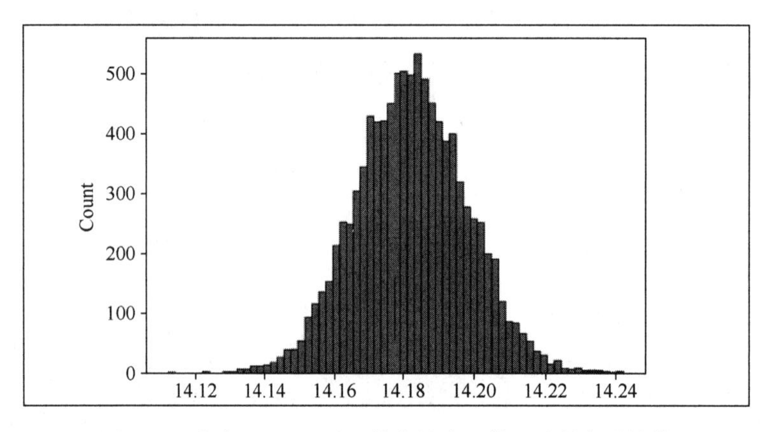

图 8-11　来自 bootstrapped 样本的太阳能电池效率平均值

这两种抽样技术（随机抽样和 bootstrap 抽样）是基础采样方法。第 11 章“机器学习分类”中将继续讨论抽样技术，并学习平衡数据集的抽样技术。

本章测试

为了巩固本章学到的知识，请完成以下任务：

- 使用贝叶斯定理计算获得数据科学工作的概率，如果有面试的机会。这可以写成 P（获得 DS 工作 | 面试）。必须使用贝叶斯概率方法（您的直觉或信念）为贝叶斯定理的不同组成部分分配值。
- 确定分布类型并从 MISO 风力发电数据（MWh 列）中提取分布的 PDF 参数，数据存储在 Chapter8/test_your_knowledge/data/miso_wind_data.csv 下。写一段简短的分析，解释为什么选择那个分布及参数的含义。
- 对 MISO 风力发电数据应用 bootstrap 抽样，并绘制平均风力发电值的分布。

本章小结

本章介绍了概率的基础知识，以及可以将其用于数据科学的一些方法。从基础开始介绍，例如，随机变量、离散变量与连续变量及概率空间。学习了如何使用贝叶斯定理来估计条件概率，还学习了频率统计方法如何依赖数据，而贝叶斯方法则依赖直觉或信念。但令人困惑的是，贝叶斯定理可以与频率和贝叶斯统计方法一起使用。

此外还研究了几种可用于数据科学的常见概率分布，包括众所周知的正态分布或高斯分布。最后，研究了概率论的一些定律和法则（大数定律和中心极限定理），以及一些抽样技术（随机抽样和 bootstrap 抽样）。

在第 9 章中，利用其中的一些知识，将其扩展到统计测试，还将看到如何将其用于 A/B 测试和其他实验。

第 9 章　数据科学的统计检验

第 8 章的内容为我们理解概率和统计奠定了基础。现在，我们将利用所学到的内容来执行可以用来检验假设的统计检验。本章将介绍以下统计检验：

- 用于比较数据均值的 t 检验、z 检验和 bootstrapping，如 A/B 测试；
- 用于比较组均值的 ANOVA 检验；
- 检验数据是否来自某种分布（例如，高斯分布）；
- 使用 scikit-posthocs 包检验异常值；
- 检验变量之间的关系（Pearson 和卡方检验）。

这只是现有统计检验中的一小部分，但可以将它们用于实际任务。其中一些检验也可以用于其他数据科学方法，如线性回归和逻辑回归，我们将在第 11 章“机器学习分类”和第 12 章“评估机器学习分类模型和分类抽样”中进行介绍。现在先学习统计检验的基础。

统计检验基础和样本比较检验

几乎所有的统计检验都集中在假设检验上。在这种情况下，假设是一种情况的预期结果。例如，人们可能正在测量生产线生产的太阳能电池的效率，就像在第 8 章中所做的那样。人们可以选择我们的假设，例如，可以假设太阳能电池的平均效率为 14%。然后，可以使用统计检验来检查数据是否支持我们的假设。

在统计学的术语中，基本假设或无效假设称为原假设。在太阳能电池效率的例子中，这个原假设是平均效率为 14%。另一种情况称为替代假设，在我们的示例中，这是平均效率与 14%存在显著不同的情况。“显著”是通过数学或统计方程的计算来量化的。为此，可以使用一个已有 100 多年历史的经典统计检验——t 检验。

t 检验和 z 检验

t 检验有一段有趣的历史，可以追溯到 1908 年，当时 William Gosset 在爱尔兰的吉尼斯啤酒厂工作时发明了这种方法。Gosset 想要一种方法来采集啤酒样本，并测试其是否符合质量控制规范。在我们的示例中，首先将使用检验来检查平均太阳能电池效率是否符合我们的预期。

t 检验有几个变体：

- 单边和双边检验；
- 单样本和双样本检验；
- 配对检验。

单边检验是指当要检验的是样本所取自的总体的参数值大于或小于某个特定值时，所采用的一种单方面的统计检验方法。双边检验用来确定一个值是大于还是小于指定值。单样本 t 检验适用于单个样本，例如，将一批太阳能电池与预期效率进行比较。双样本 t 检验用于比较两个样本，例如，检查两批太阳能电池是否具有相同的平均效率。配对 t 检验用于比较同一组患者在治疗前后的血压变化。先从一个更简单的变体——单样本双边 t 检验开始学习。

单样本双边 t 检验

在测试电池平均效率是否为 14%的示例中，将样本的平均值与预期值进行比较，这就是单样本 t 检验。样本是完整数据或总体的一部分。例如，如果 Gosset 一天从生产线上拿下三瓶 Guinness 啤酒并进行检验，则总体是当天生产的所有啤酒，样本是这三瓶啤酒。

在单样本检验中的原假设是样本均值与 14%的预期均值没有区别。而替代假设是平均值与 14%存在差异。两边部分意味着我们的样本均值可能高于或低于 14%的预期值——我们的假设中不包括方向（大于或小于）。要在 Python 中执行此检验，可以在加载数据后使用 scipy：

```
import pandas as pd
```

```
from scipy.stats import ttest_1samp
solar_data = pd.read_csv('data/solar_cell_efficiencies.csv')
ttest_1samp(solar_data['efficiency'], 14, alternative='two-sided')
```

首先，从 scipy.stats 导入单样本 t 检验，然后将数据作为第一个参数，并将预期平均值(14)作为第二个参数传递给函数。数据的实际平均值约为 14.18。默认情况下，alternative 参数是“双边”的，但为了表达得更加清楚，在上面代码中显式地指出了这个参数值。此函数返回值如下所示：

```
Ttest_1sampResult(statistic=160.9411176293201, pvalue=0.0)
```

p 值是我们最常使用的，尽管 t 统计量可以与 t 表一起使用来查找 *p* 值。*p* 值是在原假设成立的前提下，观察到一个统计量至少和观察到的统计量一样极端的概率。这意味着在原假设成立的情况下，我们观测到平均值为 14.18 的概率非常低（接近于 0）。零假设中，平均值和 14 的期望值没有区别。我们将 *p* 值与我们选择的 alpha 值（α，我们的显著性水平）进行比较。此 α 的值通常为 0.1、0.05 或 0.01。它表示发生误报（也称为 I 型错误）的可能性。在这种情况下，误报会发现平均效率在统计上与 14%有显著差异，而实际上并非如此。

如果 *p* 值低于选择的 α 值，那么人们拒绝原假设。在单样本 t 检验中，这表明样本均值与 14 的预期均值存在差异。使用 $\alpha = 0.05$，这是最常见的选择。从函数中可以看到我们的 *p* 值为 0.0，小于 α，因此我们可以拒绝原假设，并说明我们的样本均值（即 14.18）与 14 显著不同。实际上，*p* 值很小，但是电脑的精度限制是无法处理这么小的值的。

另一种类型的错误是假阴性或 II 型错误。如果未能拒绝零假设（换句话说，样本均值与预期均值相同），但总体均值与我们未能检测到的预期均值之间确实存在显著差异。

0.0 的值对于 *p* 值来说似乎很奇怪。但是，*p* 值太小，Python 无法打印出来。事实上，t 检验最初并不是针对这么大规模的数据的（这里有将近 200000 个数据点）。t 检验适用于 50 个或更少的样本，甚至有些人说是 30 个或更少的样本。如果数据样本数为 30，可以看到不同的结果（样本均值为 14.10）：

```
sample = solar_data['efficiency'].sample(30, random_state=1)
print(sample.mean())
ttest_1samp(sample, 14)
```

执行上面代码，得到的 t 检验结果如下：

```
Ttest_1sampResult(statistic=1.2215589926015267, pvalue=0.2317121281215101)
```

可以看到，我们的 p 值大于 0.05 的显著性阈值（α），因此我们无法拒绝原假设。换句话说，样本均值与预期均值 14 相同。

z 检验

较大样本的检验往往使用 z 检验。这与 t 检验大致相同。人们可以通过 statsmodels 包来使用 z 检验（应该使用 conda install -c conda-forge statsmodels 进行安装）：

```
from statsmodels.stats.weightstats import ztest
ztest(solar_data['efficiency'], value=14)
```

就像 scipy 一样，它为人们提供了一个统计量（z 统计量）和一个 p 值：

```
(160.9411176293201, 0.0)
```

我们可以看到，这与 t 检验的结果完全匹配。

单边检验

假设人们要确保最新一批太阳能电池的平均效率大于 14%。使用的样本是从最近的生产运行中测量的，这些数据位于人们已经加载的太阳能数据中。可以将零假设表述为：样本均值小于或等于 14%的预期均值。替代假设（也称为备择假设）是：样本均值大于 14%的预期均值。可以使用如下代码通过 scipy 执行这个检测：

```
Ttest_1samp(solar_data['efficiency'], 14, alternative='greater')
```

alternative 参数设置为“greater”，这意味着替代假设为：样本均值大于预期均值。结果表明原假设被拒绝了，看起来我们的样本均值大于 14%，具有统计学意义：

```
Ttest_1sampResult(statistic=160.9411176293201, pvalue=0.0)
```

另一方面，如果设置 alternative='less'，我们会得到 p 值为 1.0，表明我们无法拒绝原假设。在这种情况下，零假设是效率水平等于或大于 14%。

双样本 t 检验和 z 检验：A/B 测试

假设我们有一个销售 T 恤的网站，想通过对网站进行改版来增加销售量。将改版后的网站称为站点 B，并将 B 版本网站的销售率与 A 版本网站的销售率进行比较。在本书的 GitHub 存储库中的 Chapter9/data/ab_sales_data.csv 文件中有相关数据。可以先加载数据，并了解其中的内容：

```
ab_df = pd.read_csv('data/ab_sales_data.csv')
```

数据中有一列表示 A 版本网站，每一行都代表一个网站访问者，其中，1 表示销售，0 表示没有销售。B 版本网站的数据也使用同样的表示方法。需要注意的是，样本不配对（A 和 B 的每个样本都是个体独立的）。由此可以很容易地查看平均销售率：

```
ab_df.mean()
```

结果表明 B 版本网站销售率略高：

```
a_sale    0.0474
b_sale    0.0544
dtype: float64
```

要测试 B 是否比 A 好，可以先尝试使用两个样本的双边 t 检验。原假设是两组的均值相同。另一种选择是它们不一样（对于双边测试）。为此使用 statsmodels ztest，并假设通常的 α 值为 0.05：

```
ztest(ab_df['a_sale'], ab_df['b_sale'])
```

上面的代码将返回如下结果：

```
(-2.252171812056176, 0.02431141659730297)
```

请记住，第一个值是 z 统计量，元组中的第二个值是 p 值。在这种情况下，看起来均值存在显著差异，因为 p 值 0.024 小于显著性阈值 0.05。从测试中也已经知道 B 版本网站的销售率要高一些，所以看起来 B 网站的设计更受欢迎。

更准确地说，人们还可以指定测试的方向。使用 statsmodels，alternative 参数可以是 two-sided、larger 或者 smaller。指定 larger 意味着替代假设为 A 的均值大于 B 的均值。原假设为 A 的均值小于或等于 B 的均值的情况下，将使用 small 来进行单边 z 检验，从而查看 B 版本网站的平均销售值是否大于 A 版本网站平均销售值：

```
ztest(ab_df['a_sale'], ab_df['b_sale'], alternative='smaller')
```

这里有一个原假设，即 A 均值大于或等于 B 的均值。这将返回 0.012 的 p 值，小于 α 的值 0.05。因此，我们拒绝原假设，并声明 A 的均值小于 B 的均值，且具有统计显著性。这里需要注意的是，单边测试的 p 值总是双边测试的一半。此函数的最后一个细节是可以使用 value 参数指定预期的均值差异。因此，如果想看到均值之间至少有 0.01 幅度的差异，可以使用如下函数：

```
ztest(ab_df['a_sale'], ab_df['b_sale'], value=-0.01, alternative=
'smaller')
```

这将返回 0.83 的 p 值，因此我们无法拒绝原假设，并且 A 的平均值至少比 B 的平均值小 0.01（我们可以从 0.0474 和 0.544 的原始平均值中看出这一点）。更清晰的写法应该是：

```
ztest(ab_df['b_sale'], ab_df['a_sale'], value=0.01, alternative='larger')
```

我们的替代假设是 B 的均值比 A 的均值至少大 0.01。我们得到相同的 p 值 0.83，未能拒绝原假设。换句话说，我们没有看到任何证据表明 B 的平均值至少比 A 的平均值大 0.01。

配对 t 检验和 z 检验

最后一种 t 检验或 z 检验是配对检验。这适用于配对样本，比如临床上对比治疗前后的效果。例如，可以测量人们服药前后的血压，看看药品是否有效果。相关函数是 scipy.stats.ttest_rel，可以按照下面的方式来使用该函数：

```
scipy.stats.ttest_rel(before, after)
```

这将像其他 scipy 的 t 检验函数一样返回 t 统计量和 p 值。

其他 A/B 检验方法

一些较新的 A/B 方法正在开发中，用于评估网站设计和 A/B 检验。例如，2015 年发布了一份关于贝叶斯 A/B 检验方法的白皮书（https://cdn2.hubspot.net/hubfs/310840/VWO_SmartStats_technical_whitepaper.pdf）。与 t 检验相比，这提供了一些优势，例如，为我们提供 B 优于 A 的概率。但是，它的实现比 t 检验复杂得多。

正如第 8 章所述，Bootstrap 是 A/B 检验的另一种方法。通过它，人们可以使用带替换的抽样（bootstrapping）来计算A和B数据集的许多均值，然后得到A和B之间平均值差异的置信区间。如果均值差异的置信区间不跨过0，可以以一定百分比的置信度说均值不同。例如，可以使用bootstrapped包（需要通过pip install bootstrapped来安装）来执行此操作：

```
import bootstrapped.bootstrap as bs
import bootstrapped.compare_functions as bs_compare
import bootstrapped.stats_functions as bs_stats
bs.bootstrap_ab(test=ab_df['b_sale'].values,
                ctrl=ab_df['a_sale'].values,
                stat_func=bs_stats.mean,
                compare_func=bs_compare.difference,
                alpha=0.05)
```

在这里，首先导入我们需要的类和模块，然后使用bootstrap_ab()函数，提供我们的检验和控制数据集，其中控制集是我们的原始设计A。

我们需要使用.values属性从pandas Series中获取Numpy数组，然后提供一个统计数据进行比较。在这里，它是平均值。接下来，我们指示函数比较值之间的差异（我们也可以选择bs_compare.percent_change或其他指标）。最后，对于95%的置信区间，将alpha设置为0.05。执行上面代码后，将得到如下结果：

```
0.006999999999999999    (0.0008000000000000021, 0.013000000000000005)
```

可以看到这些值都很小，但可以看到95%的置信区间并没有跨过0，所以可以说95%的置信度B比A好。但是，B可能只比A好绝对值0.0008，这与A相比，并没有太大的改进。

在许多情况下测试一个或两个样本很有用，但人们也会发现自己需要测试几个组之间的平均值。可以使用带有Bonferroni校正的多个t检验来实现，但另一种方法是使用ANOVA和事后检验。

使用ANOVA在多组之间进行检验

假设想一次检验多个网站设计，并对它们进行全面的比较，看看哪一个是最好的：A、B和C设计。为了比较三个或更多组的平均值，可以使用ANOVA检验。还有一种方法是使用所谓的 Bonferroni 校正，将多个组与 t 检验进行比较。这可以通过 scikit-posthocs 包中的 scikit_posthocs.posthoc_ttest()函数来实现（需要使用 conda 或 pip 安装此包）。这将告诉我们数据组中所有“两两组”之间的差异——我们将很快实现这一点。

但是，可以首先使用 ANOVA 来查看组之间是否存在差异。它使用 F 检验而不是 t 检验。同样，此方法提供了一个 p 值，将其与我们选择的显著性水平（通常为 0.05）进行比较。我们有另一个包含三个组的数据集，即本书 GitHub 存储库中的 abc_sales_data.csv 文件。因为方差分析的一个假设是数据来自正态分布，所以应使用来自二项分布的数据。csv 文件中包含 100 个网站访问者的数据，计算有多少访问者进行了购买。

每行是一个介于 0 到 100 之间的数字。正如在第 8 章中所了解的，如果多次从分布中采样数据，数据将趋向于正态分布，因此如果人们以这种方式构造数据，可以接近正态分布而不是二项式分布，这与我们的另一组 A/B 销售数据一样。

在这种情况下，二项分布基于伯努利试验（如掷硬币），二项分布样本的集合趋向于正态分布。可以用 pandas 加载数据，然后进行 ANOVA 检验：

```
from scipy.stats import f_oneway
abc_df = pd.read_csv('data/abc_sales_data.csv')
f_oneway(abc_df['a_sale'], abc_df['b_sale'], abc_df['c_sale'])
```

上面的代码执行后，将得到如下结果：

```
F_onewayResult(statistic=186.87190542706728, pvalue=3.2965090243696937e-77)
```

在这里，可以为 f_oneway()函数提供尽可能多的数据集，该函数执行 ANOVA 测试。我们将得到一个 F 统计量和 p 值。像往常一样，我们将 p 值与我们的显著性水平进行比较，以确定我们是否可以拒绝原假设。这里的原假设是均值都相同，替代假设表示均值不同。由于 $p < 0.05$，我们可以拒绝原假设，并且我们的检验表明平均值是不同的。使用 abc_df.mean()查看均值，可以看到 A、B 和 C 的均值分别为 4.9、5.5 和 6.9，它们看起来完全不同。如果可以知道组之间的哪些差异是显著的，将对其他分析和决策有用。为此，可以使用事后检测。

事后方差分析检测

事后检测有很多种，但这里将使用一种常见的事后检测——Tukey 检测。它以创建箱线图和开创 EDA 的传奇统计学家 John Tukey 的名字命名的，在第 5 章中曾对此进行了讨论。不同的 ANOVA 事后检测存在细微的差别，因此可以应用在不同的场景中，但 Tukey 是一个不错的通用检测，可用作默认检测。要使用这个测试，需要先用 conda 或 pip 安装一个新包：conda install -c conda-forge scikit-posthocs。然后可以通过如下代码进行检验：

```
from scikit_posthocs import posthoc_tukey
melted_abc = abc_df.melt(var_name='groups', value_name='values')
posthoc_tukey(melted_abc, group_col='groups', val_col='values')
```

在上面的代码中，首先加载 Tukey 检验函数。然后，用 melt 将 DataFrame 重塑为两列：groups 和 values。生成的 DataFrame 如图 9-1 左边部分所示：

	groups	values
0	a_sale	4
1	a_sale	9
2	a_sale	6
3	a_sale	5
4	a_sale	3

	a_sale	b_sale	c_sale
a_sale	1.000	0.001	0.001
b_sale	0.001	1.000	0.001
c_sale	0.001	0.001	1.000

图 9-1　左边是使用 melt 处理过的 DataFrame，右边是 Tukey 检验结果

在图 9-1 中，右边是 Tukey 检验函数返回的结果。这些是正在检验的假设的 p 值，即成对数据之间的均值没有差异。由于所有对之间的 p 值都很小（0.001，远小于 0.05），我们可以说所有组的平均值之间的差异是显著的。通过检验，组之间的某些差异可能很显著，而其他差异可能不显著。

方法的假设

对于 t 检验、z 检验和 ANOVA，关于数据的假设应该是正确的，从而获得最佳结果。对于上面三个检验，数据应该是从总体中独立随机抽样的（除非进行配对 t 检验）。对于 t 检验和 z 检验，数据的均值应呈正态分布。正如在第 8 章中讨论的那样，这将遵循中心极

限定理，因此通常不必担心。对于 ANOVA 检验，总体分布应该是高斯分布。

对于 t 检验、z 检验和 ANOVA，不同组的方差（数据的分布）应该相似。当然，可以进行一种统计检验来检验这个假设，这种检验被称为 Levene 检验。人们还可以绘制数据的直方图并确保分布看起来相似。如果方差不相似，可以使用 Welch 的 t 检验代替普通的 t 检验。这可以通过在 scipy.stats.ttest_ind()中简单地设置参数 equal_var=False 来完成。对于事后 ANOVA 检验，假设可能会因检验不同而略有不同。然而，Tukey 检验与 ANOVA 具有相同的假设。

其他统计检验

到目前为止，所介绍的检验主要是用于检验组间均值的差异。还有大量其他检验，其中许多都有特定的目的。没有在本书中介绍的一组检验是非参数检验，它们适用于小样本量和非高斯分布的情况。这些检验还为 t 检验和 z 检验等假设检验返回 p 值。一些常见的非参数检验是符号检验、Wilcoxen 符号秩检验和 Mann Whitney U 检验。在这里将介绍检查数据是否来自特定分布的检验、异常值检验，以及变量之间关系的检验。

检验数据是否属于某个分布

判断第一组测试数据是否满足正态分布。检验这一点的第一种方法是简单地绘制一个直方图并进行观察。然而，还有其他几个检验可以判断数据是否来自正态分布，包括 Anderson-Darling 检验、Shapiro-Wilk 检验和 Kolmogorov-Smirnov（KS）检验。这里使用 KS 检验，因为它可以用于任何分布，而不仅仅适用于高斯分布。

再次使用我们的太阳能电池效率数据。检查这些数据是否来自正态分布，如下所示：

```
from scipy.stats import kstest, norm, skewnorm
kstest(solar_data['efficiency'], norm(loc=14, scale=0.5).cdf)
```

首先从 scipy.stats 导入一些函数，包括 KS 检验。然后将效率数据作为第一个参数，将我们想要检验的分布作为第二个参数。第二个参数应该是 cdf 函数（没有括号，如上）。请注意，我们还设置了平均值（loc）和方差（scale）参数以匹配数据中的预期值。原假设是数据和分布之间没有差异。这将返回 p 值为 0，拒绝原假设。看起来这个数据不是正态分布的。

还可以检查其他分布。例如，将数据拟合到偏态正态分布并提取参数：

```
skewnorm.fit(solar_data['efficiency'])
kstest(solar_data['efficiency'], skewnorm(loc=14, scale=0.5, a=-1.5).cdf)
```

上面的第一行代码将返回 skewnorm 函数的 loc、scale 和 a 参数。第二行的 KS 检验仍然返回 p 值为 0，因此看起来分布不是完全偏态的正态分布。事实上，这些数据是从 t 分布和偏态正态分布的组合中模拟出来的。这些正态检验和分布的 KS 检验可能是相当敏感的，所以数据需要非常接近准确的分布，在大多数情况下，它不能拒绝原假设。

广义 ESD 异常值测试

广义的极端研究偏差检验（Extreme Studentized Deviate，ESD）可通过 scikit-posthocs 包（以及一些其他检验）获得。这个检验可以检查任意数量的离群值的数据。使用方法如下：

```
from scikit_posthocs import outliers_gesd
outliers = outliers_gesd(solar_data['efficiency'], outliers=50, hypo=True)
solar_data['efficiency'][outliers]
```

首先从 scikit-posthocs 包中导入该函数，然后将 pandas Series 传递到函数中。我们为要检查的最大离群值提供一个数字。这个数字越大，时间越长。设置 hypo=True 将返回一个布尔掩码，它可以用来从 pandas DataFrame 中选择离群值。从那里，这些值可以被裁剪为非异常值的最大值/最小值，也可以删除行。

Pearson 相关检验

下面我们学习最后一个检验——Pearson 相关性检验。这用于测试变量之间的线性相关性。如果两个线性变量在同一个方向上以相同的速率增加，它们的相关性将接近 1。如果变量在相反方向上以相同的速率增加，Pearson 相关性将接近-1。如果没有相关性，结果将接近 0。图 9-2 说明了这一点：

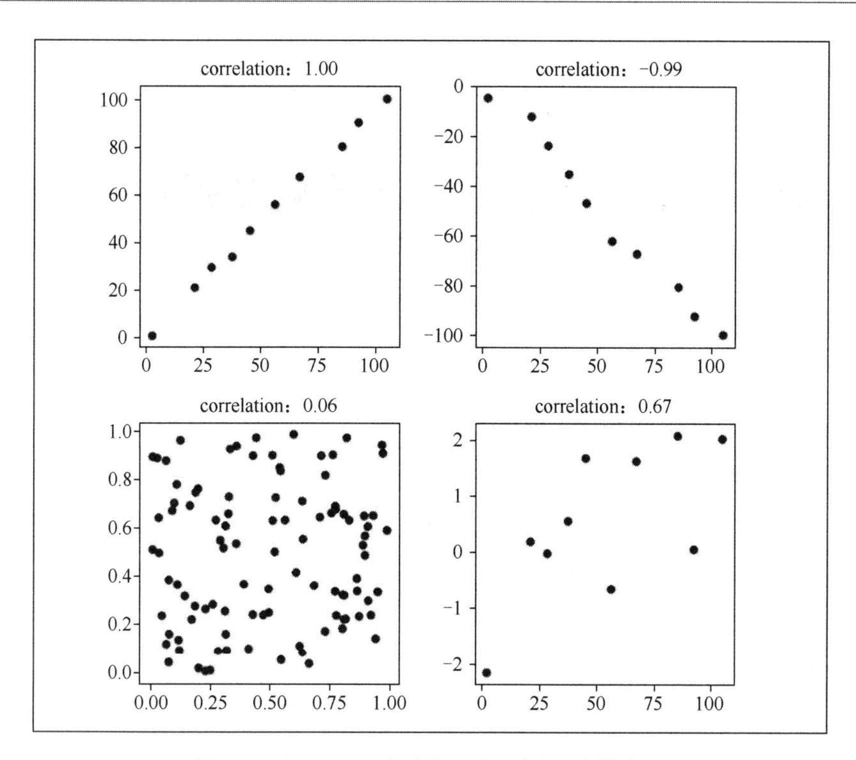

图 9-2　以 Pearson 相关性为标题的四个散点图

可以通过如下代码执行 Pearson 相关性检验：

```
import numpy as np
from scipy.stats import pearsonr
np.random.seed(42)
a = [t + np.random.random()**2*10 for t in np.linspace(1, 100, 10)]
b = [t + np.random.random()**2*10 for t in np.linspace(1, 100, 10)]
c = [np.random.random() for t in range(10)]
print(pearsonr(a, b))
print(pearsonr(a, c))
```

首先，从 scipy 加载 numpy 和 pearsonr 函数。然后设置随机种子（为了重现性）并创建一些随机数据集。最后，在这些数据集上使用 pearsonr()。a 和 b 之间的第一个检验结果如下所示：

```
(0.9983249247436123, 3.4374952899986435e-11)
```

这首先给了 Pearson 相关值，然后是 p 值。Pearson 相关值为 0.998，非常高，这意味着数据几乎是线性的，如图 9-2 的左上角所示，p 值非常小（小于通常的 alpha0.05），因此可以得出结论，该结果具有统计显著性。a 和 c 之间的第二个检验结果如下所示：

```
(-0.11783235599746164, 0.7457908412602139)
```

上面得到的相关性是-0.118，它非常弱。这个结果与图 9-2 中左下角的图表最相似。还可以看到，由于 p 值很大（显著大于 0.05），因此人们不能拒绝原假设。Pearson 案例中的原假设是两个变量之间没有线性关系。

至此，我们完成了对检验的简要介绍。还有许多其他的统计检验没有在这里介绍，如卡方检验、时间序列检验（自相关和平稳性检验）等。如果对其他检验感兴趣，可以阅读 Glen McPherson 编写的 *Applying and Interpreting Statistics* 和 Douglas C. Montgomery 编写的 *Design and Analysis of Experiments*。

本章测验

使用本书 GitHub 存储库中的 MISO 风力发电数据，查看不同季节（夏季、秋季、冬季、春季）的平均风荷载在统计上是否存在显著差异。人们可能需要尝试一些不同的检验。一定要提供一些分析来解释您观察到的结果和想法。

本章小结

虽然本章介绍了一些统计检验，但还有许多检验方法等待人们去探索。由于统计检验只是数学方程式，因此可以创建更多检验方法。但是，我们在这里介绍了用于比较组均值、检验数据是否属于某个分布、检验异常值，以及检验变量之间的相关性的基本检验。我们将在以后的章节中看到其中一些检验是如何发挥作用的，例如第 12 章，评估机器学习分类模型和分类抽样，以及线性回归。

本书介绍的统计数据部分到此结束。第 4 部分将介绍机器学习。

第 4 部分

机器学习

第 10 章　为机器学习准备数据：特征选择、特征工程和降维

本章将介绍机器学习（ML）方法。这些方法用于从数据中提取模式，有时还用于预测未来事件。进入算法的数据称为特征，人们可以使用特征工程、特征选择和降维来修改特征集。通常可以使用此处介绍的这些方法显著提升我们的 ML 模型。本章将介绍以下主题：

- 特征选择方法，包括单变量统计方法，如相关性、互信息得分、卡方等特征选择方法；
- 分类数据、日期时间数据和异常值的特征工程方法；
- 使用数学变换进行特征工程；
- 使用 PCA 降维。

在学习特征选择之前，让我们先了解一下 ML 的基础知识。

机器学习的类型

在接下来的章节中，我们将看到的 ML 算法具有通常被称为“特征”的输入。这些可用于通过 ML 算法以几种不同的方式从数据中提取模式。人们倾向于将 ML 算法分为三种类型：

- 监督学习。
  - 分类。
  - 回归。
- 无监督学习。

- 强化学习。

监督学习是获取特征并预测目标的地方。换句话说，人们接受输入并预测结果。这方面的一个例子是判断是否有人会拖欠贷款（未能偿还贷款）。例如，我们可能根据某人的信用评分、年收入、年龄和职位，并可以使用它来预测他们拖欠贷款的概率。将上面这些信息作为模型的输入，而目标（我们可以称之为输出或标签）则是判断这个人是否会拖欠贷款。

在监督学习中，有两个子分组——分类和回归。分类是我们的输出是分类的结果。它可以是二元分类，如贷款违约示例。在这种情况下，输出可以是 default 或 no default，也可以表示为 1 和 0。我们也可以进行多类分类，例如，人们可以根据图像对狗的品种进行分类。多类分类的目标也可以是单个数据点。例如，可以预测图像中存在哪些对象。这将是一个多标签、多类的分类，其中每个数据点可以有多个标签。大多数时候，我们将进行二分类或多分类，其中每个目标都有一个标签。在第 11 章“机器学习分类”中将介绍更多关于分类的信息。

监督学习的另一个子组是回归。这是人们预测连续数值的机器学习方法，比如预测室外的温度。每个数据点都有输入特征和一个目标。我们将在第 13 章“带有回归的机器学习”中学习更多关于回归的知识。

无监督学习用于在不使用目标变量的情况下，从数据中提取模式。大多数这些技术包括聚类，可以看到数据如何聚集在一起。在本章末尾讨论的一些降维技术也可以用于无监督学习。在第 16 章“支持向量机（SVM）机器学习模型”中将介绍更多关于这些技术的知识。

还有一类结合了无监督和监督学习的 ML 算法，称为半监督学习。这是利用标记和未标记数据的组合来进行目标预测。在讨论 ML 算法的主要类别时，通常不会提到这一点，但这是一种实用的技术，我们将在第 17 章“使用机器学习进行聚类”中详细讨论。

最后将介绍强化学习。这是一类复杂的算法，其中代理使用来自其环境的数据来执行操作，从而实现目标。例如，DeepMind 的 AlphaGo 算法是一种强化学习算法，能够在复杂的围棋比赛中击败世界冠军。

本章的大部分内容是关于如何为监督学习准备数据的，因为在数据科学家从事 ML 工作时，有大部分时间都花在为机器学习准备数据上。

特征选择

当人们使用特征来预测目标时，某些特征会比其他特征更重要。例如，如果预测某人是否会拖欠贷款，那么他们的信用评分将比他们的身高和体重更能预测他们是否会违约。虽然可以使用大量特征作为 ML 模型的输入，但最好通过特征选择的方法减少特征的数量。机器学习算法需要计算机的算力和时间来运行，输入特征应越简单、越有效越好。通过特征选择，人们可以筛选出最有效的输入。这些特征应该和目标变量有一定的关系，这样就可以用这些特征预测目标。然后可以排除那些对预测目标无用的变量（特征）。

维数灾难

特征选择与一个叫做维数灾难的概念有关。这个想法是，随着维度（特征）数量增加，会发生如下事情。

- 样本空间的体积随着维度的增加呈指数增长。
- 随着维度的增加，需要成倍增加的数据来充分覆盖样本空间。
- 点之间的相对距离差接近于零。例如，从 A 点到 B 点的距离最终将与任何其他点到 B 点的距离几乎相同。
- 到数据中心的距离（平均值）增加了，每个点看起来都像是一个异常值。
- 任何任意的样本分组都是线性可分的，也称为 Cover 定理。这会导致模型过度拟合，因为拟合的是数据中的噪声而不是真正的模式。

这里最大的问题之一是模型可能会因过度拟合而具有太多维度的数据。

过拟合和欠拟合，以及偏差方差权衡

当模型过于复杂时，通常会发生过度拟合。这看起来与图 10-1 中右侧的数据相吻合：

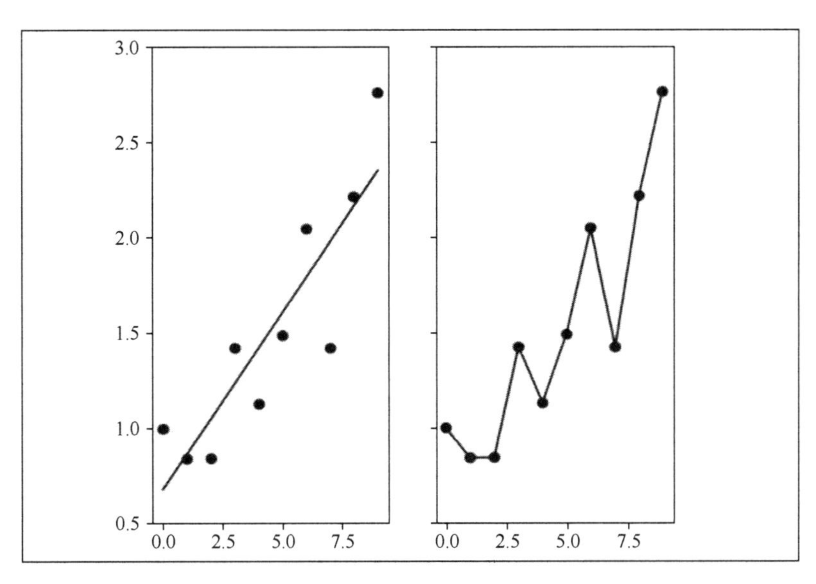

图 10-1 高偏差模型（左图，欠拟合）和高方差模型（右图，过拟合）的示例

图 10-1 中的点代表人们试图建模的一些数据。线条是数据的拟合。在右图，人们使用了适合数据的高复杂度多项式。可以看到它完全适合每一个点。但是，如果我们要对一个新的数据点进行预测，这个模型的表现并不好。

我们也可以将此模型标记为高方差，这意味着模型预测的方差很高。

另一个极端是欠拟合。这通过图 10-1 左图的线性拟合得到证明。此时拟合得到了正确的总体趋势，但每个点的预测误差都很高，这也称为高偏差。大多数时候，我们需要在偏差（模型错误或欠拟合）和方差（过拟合）之间进行权衡，通常称为数据科学、机器学习和统计学中的偏差–方差权衡。通过特征选择并删除一些特征，通常可以减少模型的方差并避免过度拟合。

特征选择方法

有几种方法可以执行特征选择。下面是一些常用的方法。

- **方差阈值**：删除变化太少或太多的特征。
- **单变量统计选择**：使用特征和目标之间的统计检验来衡量关系强度。

- **顺序特征选择**：
  - ■ 前向选择：从一个特征开始，每次添加一个特征。对 ML 模型进行训练和评估（检查准确性或其他指标），从而找到最佳特征。
  - ■ 后向选择：从所有特征开始，一次减去一个特征，并通过 ML 模型来评估特征的重要性。
- **递归特征选择**：使用具有特征重要性的 ML 模型一次删除一个不重要的特征（我们将在第 13 章“带有回归的机器学习”中了解更多信息）。
- **内置特征选择**：一些模型具有内置的特征选择方法，如 LASSO 正则化，将在第 11 章“机器学习分类”中介绍。

在这里将介绍方差阈值和单变量方法，因为许多其他方法依赖于接下来的章节中所学习的 ML 模型。在接下来的几章中将介绍一些其他方法，例如，递归和内置特征选择。

我们将在这里使用一些 Python 包来进行特征选择，如 scikit-learn (sklearn)和 phik。sklearn 包有许多用于 ML 和相关方法的工具。phik 包是我们将要使用的一种新关联方法的专用包。

要了解特征选择，先看一下贷款数据集。该数据集可在本书的 GitHub 存储库中找到(Chapter10/data/loan_data.csv)。GitHub 第 10 章材料中还有一个 DataDictionary.xlsx 文件，它对数据中的列含义进行了介绍。首先将数据加载到 pandas 中，并使用 pandas profiling 生成 EDA 报告，就像在第 5 章中所做的那样：

```
import pandas as pd
from pandas_profiling import ProfileReport
loan_df = pd.read_csv('data/loan_data.csv',
                      parse_dates=['DATE_OF_BIRTH', 'DISBURSAL_DATE'],
                      infer_datetime_format=True)
report = ProfileReport(loan_df.sample(10000, random_state=42))
report.to_file('loan_df1.html')
```

请注意，这里使用 parse_dates 和 infer_datetime_format 参数将原始数据中的两列解析为日期时间类型。对于 pandas 分析，我们正在对数据进行采样，以便它运行得更快。数据中有很多列，这会导致报告运行时间过长，如果愿意等待，可以使用完整的 DataFrame 数据集。最后，将报告保存为 HTML 文件，以便可以在另一个浏览器窗口中打开它。当数据集内有很多列时，将报告保存为 HTML 文件会有所帮助。否则，Jupyter Notebook 可能会变得很慢，因为它要显示的元素太多。

目标列是 LOAN_DEFAULT，它的值是 0 或 1，1 代表违约或者无法支付贷款。由于它有很多列，数据的处理可能需要很长时间。如果想加速代码的运行，可以使用诸如 loan_df=loan_df.sample(10000,random_state=42)之类的方法对 DataFrame 进行采样。

方差阈值——去除方差过大和过小的特征

特征选择的最简单方法是寻找方差过大或过小的变量，或具有大量缺失值的变量。首先寻找方差过大的列。在 pandas-profiling 报告中，将看到一些警告，例如，UNIQUE、HIGHCARDINALITY 或 UNIFORM。图 10-2 显示了其中一些警告。

正如人们所料，可以从报告中立即看到 UNIQUEID 列被标记为 UNIQUE。这对使用 ML 没有任何用处，因此将删除该列：

```
loan_df.drop('UNIQUEID', axis=1, inplace=True)
```

另一种选择是将 ID 列设置为 DataFrame 索引。被标记为 HIGH CARDINALITY 的其他列似乎是日期列，如 DATE_OF_BIRTH 和 AVERAGE_ACCT_AGE。将在随后的特征工程中处理它们。

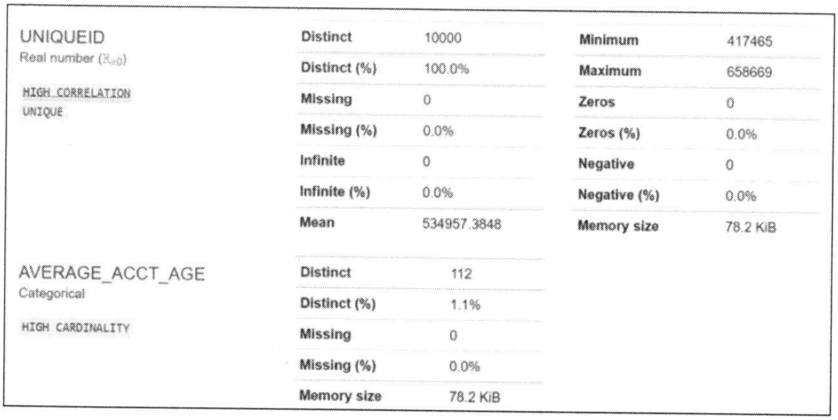

UNIQUEID
Real number ($\mathbb{R}_{\geq 0}$)
HIGH CORRELATION
UNIQUE

Distinct	10000	Minimum	417465
Distinct (%)	100.0%	Maximum	658669
Missing	0	Zeros	0
Missing (%)	0.0%	Zeros (%)	0.0%
Infinite	0	Negative	0
Infinite (%)	0.0%	Negative (%)	0.0%
Mean	534957.3848	Memory size	78.2 KiB

AVERAGE_ACCT_AGE
Categorical
HIGH CARDINALITY

Distinct	112
Distinct (%)	1.1%
Missing	0
Missing (%)	0.0%
Memory size	78.2 KiB

图 10-2　针对贷款数据的 pandas-profiling 警告示例

如果想筛选特征，并列出具有大量唯一值的特征，可以使用循环：

```
for col in loan_df.columns:
    fraction_unique = loan_df[col].unique().shape[0] / loan_df.shape[0]
    if fraction_unique > 0.5:
        print(col)
```

在这里，将遍历 loan_df DataFrame 中的列名，然后计算该列中唯一值的比例。为此，可以使用 loan_df[col].unique()获取每列的唯一值数组，然后使用.shape[0]获取行数。之后将其除以 DataFrame 中的总行数。如果分数大于 50%，则打印该列。还可以在此处将列添加到列表中，并在循环后将它们从 DataFrame 中删除。这将使我们能够在特征选择工作流中设置更多自动化工作。

接下来，寻找方差过小的特征。一个极端的例子是只有一个唯一值的列——这不会给我们任何机会让机器学习算法找到其中的模式。在 pandas 分析中，我们可以看到这些列被标记为 CONSTANT、REJECTED、MISSING 或 ZEROS。比如，MOBILENO_AVL_FLAG 列，它的值为 1 或 0，具体取决于客户是否提供了他们的手机号码。此列中的所有值都是 1，则意味着数据根本没有差异。可以删除此列。大多数其他标志（如 DL_FLAG）大多只有一个值，但可以使用其他特征选择方法检查这些列。下面，我们学习删除一些无用的列：

```
drop_cols = ['MOBILENO_AVL_FLAG']
```

其他数值种类不多的列主要是以 PRI 和 SEC 开头的列。这些是来自客户的其他贷款，其中客户是贷款的主要或次要签署人。这些列中有超过 50%的值是 0，其中有些列里面的 0 占到 90%或更多。目前尚不清楚这些 0 是否都表达了正确的含义，或者其中的一些 0 是由缺失值造成的。在这里简化并删除所有 PRI 和 SEC 列，尽管可以保留这些列，并使用一些特征选择技术来检查它们是否与目标变量相关。首先使用列表推导式创建一个 PRI 和 SEC 列的列表，然后使用列表的 extend 方法将其添加到我们现有的列表中。这个 extend 函数直接修改了列表，所以不需要将结果重新分配给列表。最后，我们删除这些列：

```
pri_sec_cols = [c for c in loan_df.columns if c[:3] in ['PRI', 'SEC'] and \
                c not in ['PRI_NO_ACCTS', 'PRI_OVERDUE_ACCTS']]
drop_cols.extend(pri_sec_cols)
loan_df.drop(columns=drop_cols, axis=1, inplace=True)
```

列表推导式有点长。删除前三个字符(c[:3])与 PRI 或 SEC 匹配的任何列，但实际上保留了两个 PRI 列：账户数和逾期账户数。大约 11%的借款人带有逾期的 PRI 账户，预计这可能与贷款违约有关。账户的主要数量有 50%的值为 0，因此我们将使用其他方法判断它是否与预测目标有足够强的相关性。

通过在删除列之前和之后检查 DataFrame 的形状（使用 loan_df.shape），可以看到我们删除了 15 列。

最后，我们可能会寻找具有大量缺失值的列。如果一列存在大量缺失值，我们也许应该将其删除。我们也可以尝试将缺失值替换为常数（例如，-1 或-999），并对该列尝试其他特征选择方法。如果一列中 10%的数据为缺失值，通常可以使用平均值、中值或 KNN 插补等方法进行填充，这已在第 4 章“使用 pandas 和 NumPy 加载和整理数据”中进行了介绍。

单变量统计特征选择

目前介绍的方法大多是手动的，并且涉及一些任意选择。例如，如果一列缺少其 50%的值，可能不确定是否要将其删除。对于这些临界情况，我们可以保留它们，并使用其他数学方法检查该特征是否重要。

相关性

检查特征与目标的关联程度的一种简单方法是使用相关性，正如在第 5 章“探索性数据分析和可视化”中所讲的那样，如果期望特征和目标之间存在线性关系，可以使用 Pearson 相关性。对于案例中的二元目标，我们仍然可以使用 Pearson 相关性。但是，它被称为二元目标的点双线相关。为此，可以简单地使用 pandas corr 函数。如果对 LOAN_DEFAULT 列进行相关性检查，并创建一个条形图（如图 10-3 所示），可以很容易地看到相关性：

```
loan_df.corr().loc['LOAN_DEFAULT'][:-1].plot.barh()
```

在上面的代码中，我们索引到最后一个值，但不包括最后一个值。最后一个值是 LOAN_DEFAULT 与其自身的相关性，它始终为 1。这会影响条形图的缩放，因此可以忽略这个值。可以看到，最大的相关性是 CNS 评分数（PERFORM-CNS-SCORE），它与贷款违约的相关性约为-0.4。较高的 CNS 分数表示较低的违约机会，这是有道理的。

CNS 评分就像信用评分，处理债务的能力越好（例如，成功偿还贷款），CNS 评分就越高。

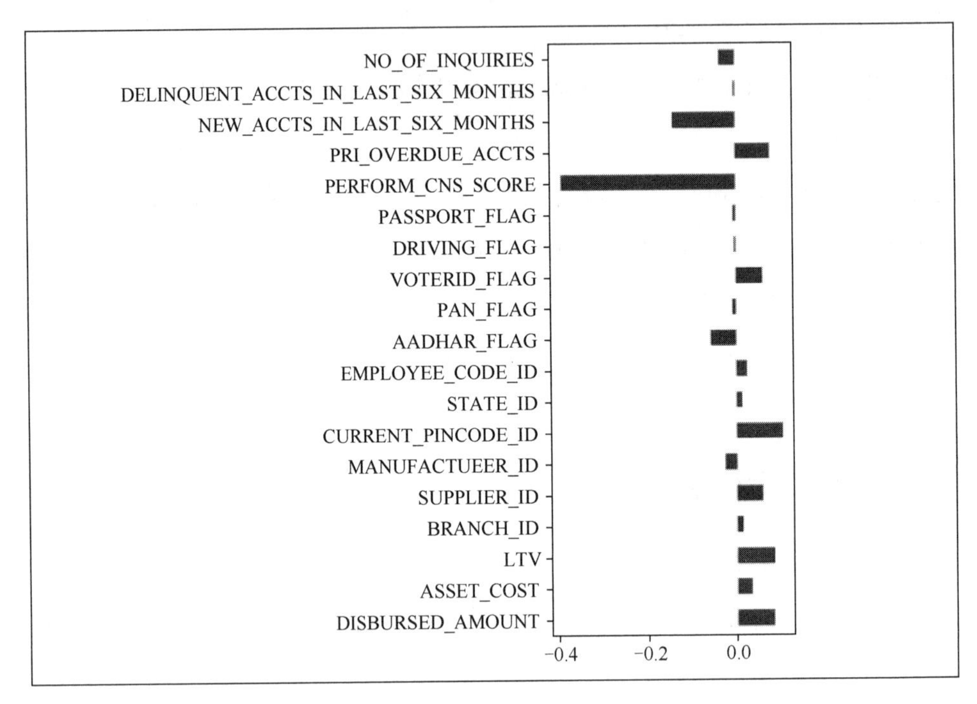

图 10-3　LOAN_DEFAULT 列的 Pearson 相关性条形图

回顾第 5 章，可以将相关性分为五类：非常弱、弱、中等、强和非常强，对应的绝对值分别为 0 ~ 0.2、0.2 ~ 0.4、0.4 ~ 0.6、0.6 ~ 0.8 和 0.8 ~ 1。这些范围划分有些武断，其他人有时会分配不同的范围（例如，高于 0.5 或 0.7 的任何东西都表示非常强的关联性）。无论如何，可以看到有几个接近 0 的相关性。要查看这些变量是否值得进一步检查，可以使用 scipy 从 Pearson 相关性中查看它们的 p 值：

```
from scipy.stats import pearsonr
from pandas.api.types import is_numeric_dtype
for c in loan_df.columns[:-1]:
    if is_numeric_dtype(loan_df[c]):
        correlation, pvalue = pearsonr(loan_df[c],
loan_df['LOAN_DEFAULT'])
        print(f'{c : <40}: {correlation : .4f}, significant: {pvalue <= 0.05}')
```

在这里，首先从 scipy 和 pandas 导入几个函数用于 Pearson 相关性，一个函数用于检查列是否具有数字数据类型。然后使用 for 循环遍历除了最后一个列（LOAN_DEFAULT 列）以外的所有列。然后检查每一列是否为数字，如果是数字，则计算 Pearson 相关性。这个函数返回相关值和 p 值。通常，我们设置 alpha 值（显著性水平）为 0.05，如果 p 值小于这个值，我们可以说它的相关性与 0 有显著差异。在最后一行中，使用 f-string 格式来打印列（c）、将相关值输出到小数点后 4 位，如果 p 值小于 0.05，则输出为 True，否则为 False。这里我们使用了 Python 字符串格式的一些特性。首先，对于 c: <40，将列向左对齐，并使用空格填充，使其达到 40 个字符。然后，用{correlation: .4f}指定相关变量的打印精度为小数点后 4 位。这些调整使打印结果更容易阅读。比如，一个相关性小且 p 值不显著的结果如下所示：

```
DRIVING_FLAG                                : -0.0035, significant: False
```

由此可以看到，它的相关性很小，而我们的 p 值大于 0.05。我们还有一个 p 值较小的列，现在将删除这两个列：

```
    loan_df.drop(columns=['DRIVING_FLAG', 'DELINQUENT_ACCTS_IN_LAST_SIX_
MONTHS'], axis=1, inplace=True)
```

请注意，在删除列之前，可能需要使用更多的方法来确定该列确实无用，特别是需要根据您的数据来进行判断。例如，如果我们的目标是一个连续的值，如贷款额度，那么我们的特征和目标之间可能没有线性关系。在这种情况下，在删除列之前，可能考虑使用其他的特性选择方法来判断是否要删除。

也可以使用特征间相关性来尝试精简我们的特征。例如，从 pandas-profiling 报告中，可以看到资产成本和支出金额是高度相关的。如果这些列具有较高的相关性（可能高于 0.7 或 0.9），应该考虑只保留其中的一个列。如果两个特征完全共线，这意味着它们的 Pearson 相关为 1.0。尽管更复杂的 ML 方法可以处理共线性，但通常不能处理线性和逻辑回归。

根据您的数据，人们可能会考虑使用其他相关性方法。当数据可能不具有线性关系时，可以使用 Spearman 和 Kendall-tau，因为这些相关性方法寻找数据的“排序（最小到最大）对”之间的关系，而不是线性关系。

请注意，如果不在 pandas-profiling 报告中使用 minimum=True，它会生成相关图。这些图显示了一些其他方法，如 phi-k 和 Cramer'sV。Cramer'sV 适用于测量分类中分类关系的强度，但理想情况下，应使用 Cramer'sV 的修正版本。可以在下面链接找到修正版本的 Cramer'sV 的函数和示例用法：https://stackoverflow.com/a/39266194/4549682。

phi-k（也可写为 ϕk，此处为 phik）相关性计算是 2018 年创建的一种很好的全能方法，可以用于包含类别、顺序和区间特征及目标的数据。它还可以捕获数据之间的非线性关系，这与 Pearson 的相关性不同。Phik 使用卡方检验作为其基础。卡方检验对于比较分类关系很有用，phik 计算对数字数据进行分组，可以与卡方一起使用。因此，phik 可以处理任何类型的数据，包括序数数据。

序数数据是值的顺序，这很重要，但级别之间的确切距离是未知的数据，如大学学位级别或李克特 1～5 评级量表。区间数据是值之间的顺序及差异，是重要的且已知的，如贷款金额。在前几章中，也称区间数据为连续数据。

要计算 phik 相关性，我们应该确保首先使用 pip 或 conda 安装了 phik（例如，conda install -c conda-forge phik）。导入 phik 后，可以简单地使用来自 phik 的 DataFrames 的新方法：phik_matrix()。请注意，变量较多时，运行时间可能会很长，可以使用 Spark 和其他大数据软件的 phik 实现来加快计算速度。由于 phik 方法将区间数据分组，并执行许多其他计算，因此在单机环境下，即使使用少量数据点也可能需要很长时间才能完成运行。

首先，将我们的日期时间列转换为纪元时间，并采集数据样本：

```
loan_df_epoch_time = loan_df.copy()
loan_df_epoch_time['DATE_OF_BIRTH'] = \
    (loan_df_epoch_time['DATE_OF_BIRTH'] - \
    pd.to_datetime('1-1-1970')).dt.total_seconds()
loan_df_epoch_time['DISBURSAL_DATE'] = \
    (loan_df_epoch_time['DISBURSAL_DATE'] - \
    pd.to_datetime('1-1-1970')).dt.total_seconds()
sample = loan_df_epoch_time.sample(10000, random_state=1)
```

制作 DataFrame 的副本，以便我们不会更改原始数据，然后将自 1970 年 1 月 1 日 00:00:00UTC 以来的总秒数用于两个日期时间列。这是 Unix 时间或自 Unix 纪元以来的时间，是测量时间戳的标准方法。最后，采样 1 万个点并设置一个随机种子(random_state)，因此每次运行代码时我们都会获得相同的样本。

然后就可以计算 phik 相关矩阵：

```
interval_columns = ['DISBURSED_AMOUNT', 'ASSET_COST', 'LTV',
                    'DATE_OF_BIRTH', 'DISBURSAL_DATE', 'PERFORM_CNS_SCORE',
                    'NEW_ACCTS_IN_LAST_SIX_MONTHS', 'NO_OF_INQUIRIES']
sample.phik_matrix(interval_cols=interval_columns)
```

它有助于设置间隔（连续）列，尽管 phik 将尝试自动检测哪些是间隔列。phik 相关性范围为 0 ~ 1，其中，1 表示完全相关，0 表示不相关。还可以从 phik 获得 p 值：

```
sample.significance_matrix(interval_cols=interval_columns)
```

由于在完整数据集上运行上述代码可能需要很长时间，可以通过仅计算目标变量和特征之间的相关性来最小化运行时间。首先，将非区间列转换为 pandas 中的 category 数据类型。我们还可以使用数据类型对象将数据表示为字符串。pandas 中的 category 数据类型除了 object 数据类型，还有一些额外的特性，在这里没有使用它们。pandas 的如下文档介绍了有关 category 数据类型的更多信息：https://pandas.pydata.org/pandas-docs/stable/user_guide/categorical.html。

```
for c in loan_df_epoch_time.columns:
    if c not in interval_columns:
        loan_df_epoch_time[c] = loan_df_epoch_time[c].astype('category')
```

在这里，遍历所有列名，并将所有非区间列转换为 category 数据类型。现在可以计算 phik 相关性和 p 值：

```
phik_correlations = []
phik_significances = []
columns = loan_df_epoch_time.columns
y = loan_df_epoch_time['LOAN_DEFAULT']
for c in columns:
    x = loan_df_epoch_time[c]
    if c in interval_columns:
        phik_correlations.append(phik.phik_from_array(x, y, [c]))
        phik_significances.append(
            phik.significance.significance_from_array(x, y, [c])[0])
    else:
        phik_correlations.append(phik.phik_from_array(x, y))
        phik_significances.append(
            phik.significance.significance_from_array(x, y)[0])
```

phik_from_array()函数可以接受多个参数（有关详细信息，请参阅文档：https://phik.readthedocs.io/en/latest/phik.html#phik.phik.phik_from_array），但我们只需要两个数组，*x* 和 *y*，以及一个包含需要分组的数值变量的列表。phik 相关性适用于区间数据，方法是将值分组，然后使用另一个统计检验（卡方）来计算两个变量之间的关系。对于区间列，通过提供第三个参数[c]（参数名为 num_vars）来告诉 phik 和显著性计算函数对我们的变量进行分组，这是一个应该被分组的数值变量列表。对于分类类型的列（例如，性别、学位），不会对该特征进行分组。

phik.significance.significance_from_array()方法返回一个 *p* 值和 Z 分数（统计显著性值）的元组。我们将在这里使用 *p* 值来检查相关性是否显著，因此我们仅将这些返回值的第一个元素保留在 phik_significances 列表中。

计算完成后，我们可以将数据放入 DataFrame 并绘制它：

```
phik_df = pd.DataFrame({'phik': phik_correlations, \
                        'p-value': phik_significances},
                        index=columns)
phik_df.sort_values(by='phik', ascending=False, inplace=True)
phik_df.iloc[1:].plot.bar(subplots=True)
```

首先使用原始列名作为索引，利用相关性和 *p* 值创建 DataFrame。然后将相关性值按照从最大到最小排序，最后绘制相关性和 *p* 值。

结果如图 10-4 所示。从第二行开始索引 DataFrame，因为第一行是 LOAN_DEFAULT 与其自身的相关性（即 1）。

可以看到，按 phik 相关性排序的前五个特征似乎具有很强的相关性。除了 CNS 分数（信用分数），大部分实际上是 category 数据类型。这种强相关性与人们看到的 Pearson 相关性一致，其中 CNS 评分是最强的相关性。许多标志特征似乎与目标变量的相关性较弱，并且 PAN 和护照标志具有非零 *p* 值。然而，这些 *p* 值小于 0.05（常用的 alpha 值），因此相关性似乎仍然显著，尽管很弱。如果我们将其用于特征选择（我们不在此示例中使用），我们可能会考虑删除相关性低于 0.1（图 10-4 中 VOTERID_FLAG 标志右侧特征）或相关性小于 0.2（图 10-4 中 STATE_ID 右侧的特征）的特征。

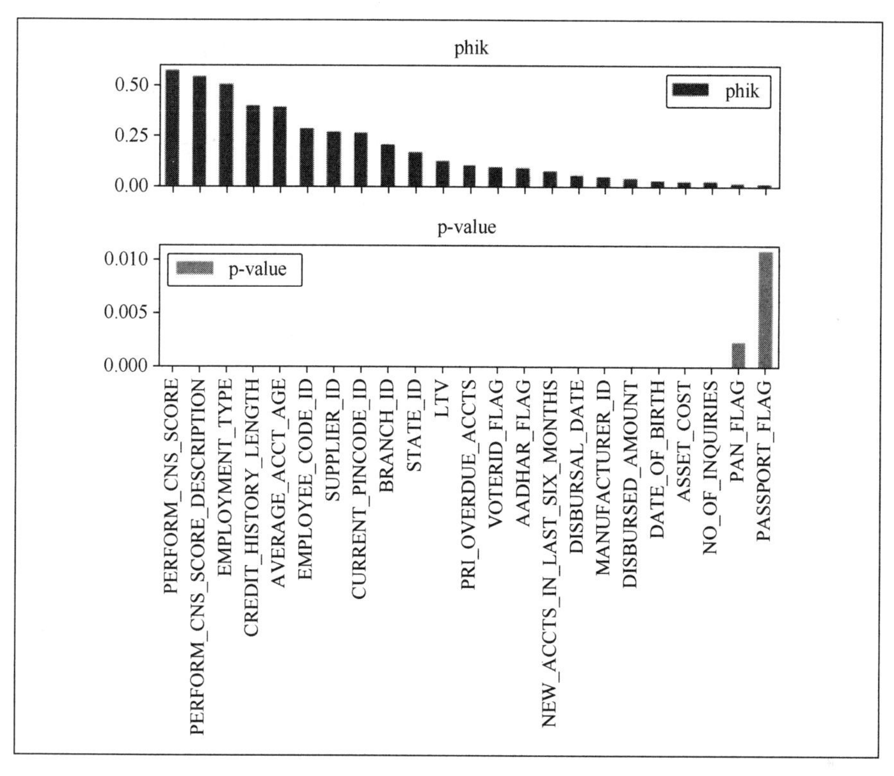

图 10-4　LOAN_DEFAULT 和 *p* 值的 Phik 相关性

互信息分数和卡方

虽然 phik 可以作为任意两种类型变量之间的一般相关性度量，但人们也可以使用其他方法来补充 phik。互信息分数可用于测量任何类型的两个变量之间的关系，尽管 scikit-learn 包中的实现只允许进行某些比较：

- 带有 sklearn.metrics 互信息方法的 categorical-categorical
- sklearn.feature_selection.mutual_info_classif 中的 numeric-numeric、numeric-binary 和 binary-binary。

可以很容易地计算 categorical-categorica（分类—分类）列之间的互信息，如下所示：

```
from sklearn.metrics import normalized_mutual_info_score
loan_df.corr(method=normalized_mutual_info_score)
```

首先从 scikit-learn 包中导入互信息分数。如果尚未安装此软件包，可以使用 conda install

-c conda-forge scikit-learn -y 来安装它。这个函数用于测量聚类方法之间的一致性（将在第17 章使用机器学习进行聚类中了解更多关于聚类的知识），但也可以将它用于 categorical-categorical 关系。该函数返回一个介于 0 和 1 之间的值，其中 1 是完全相关，0 是完全不相关。由此，虽然没有看到贷款违约目标和其他变量之间的关系非常密切（大多数值更接近0），但我们确实看到 PAN 和护照标志之间的关系非常弱（类似于我们看到的 phik）。

scikit-learn 中的另一种互信息方法可用于数值关系，包括下面的二进制目标：

```
from sklearn.feature_selection import mutual_info_classif
numeric_features = loan_df.select_dtypes(include=['number']).copy()
numeric_features.drop('LOAN_DEFAULT', axis=1, inplace=True)
list(zip(numeric_features.columns,
         mutual_info_classif(numeric_features,
                             loan_df['LOAN_DEFAULT'])))
```

在这里，首先导入函数，然后使用 pandas 的 select_dtypes 函数选择数字列，并从数字特征 DataFrame 中删除目标变量。然后将这个 DataFrame 作为 mutual_info_classif 中的第一个参数，第二个参数应该是目标列。

最后，将列名和互信息分数结合在一起，以便我们更易于阅读和处理（需要将它们转换为列表以便人们可以打印出来）。结果如下所示：

```
[('DISBURSED_AMOUNT', 0.008546445254898227),
 ('ASSET_COST', 0.00827254098601693),
 ('LTV', 0.008548222647203563),
 ('BRANCH_ID', 0.013475308245299633),
 ('SUPPLIER_ID', 0.02222355430615841),
 ('MANUFACTURER_ID', 0.00563919231684018),
 ('CURRENT_PINCODE_ID', 0.020973276540538155),
 ('STATE_ID', 0.01034124631058675),
 ('EMPLOYEE_CODE_ID', 0.02566780585102446),
 ('AADHAR_FLAG', 0.014049992897749775),
 ('PAN_FLAG', 0.0),
 ('VOTERID_FLAG', 0.00134686411350593),
 ('PASSPORT_FLAG', 0.0019906978414252485),
 ('PERFORM_CNS_SCORE', 0.11092887637496096),
 ('PRI_OVERDUE_ACCTS', 0.003229554693775283),
 ('NEW_ACCTS_IN_LAST_SIX_MONTHS', 0.016193752448300902),
 ('NO_OF_INQUIRIES', 0.0)]
```

互信息得分没有上限，但它的下限为 0。可以看到，在这里，CNS 得分最大，比其他值高一个数量级。虽然如果我们进行一些特征工程（热独编码或标签编码），就可以将这种互信息方法与分类变量一起使用，但最好只在数字变量和二进制变量之间使用这种互信息方法。在这里尝试使用分类特征会使结果变得十分混乱，因此可以简单地使用 phik 或其他方法来代替。

卡方检验

对于某些 categorical-categorical 关系可以使用的另一种方法是卡方检验。尽管此方法（以及来自 sklearn.metrics 模块的互信息分数）可以为数字列提供结果，但在 scikit-learn 包中的当前实现旨在用于 categorical-categorical 关系。此外，这种卡方实现专门用于二进制列或频率计数列，如字数。可以通过下面代码使用卡方检验：

```
from sklearn.feature_selection import chi2
chi2(loan_df[['PAN_FLAG', 'STATE_ID']], loan_df['LOAN_DEFAULT'])
```

在上面代码中，首先从 sklearn 导入卡方检验。然后将特征作为函数的第一个参数，将目标作为第二个参数。结果如下所示：

```
(array([ 8.46807323, 48.3495596 ]), array([3.61434074e-03, 3.56624293e-12]))
```

该函数返回两个数组，第一个是卡方检验值，第二个是 p 值。可以通过卡方值对关系的强度进行排名，值越大意味着关系越强。我们还可以通过将 p 值与显著性阈值（alpha，通常值为 0.05）进行比较，来检查关系是否在统计上显著。在这里，p 值（返回结果中的第二个数字数组）非常小，因此看起来关系是显著的。这里与贷款违约的关系更强的是 STATE_ID 列。

ANOVA

测量与目标的特征关系强度的另一种方法是使用在第 9 章中学习的 ANOVA 测试。同样，这可以用作其他方法的补充，如 phik 检验。这对于将数字或二进制数据与数字或二进制目标变量进行比较很有效。可以将它与 sklearn 一起使用：

```
from sklearn.feature_selection import f_classif
f_classif(loan_df[['PERFORM_CNS_SCORE', 'PAN_FLAG', 'STATE_ID']],
         loan_df['LOAN_DEFAULT'])
```

首先，导入函数，然后将我们的特征作为第一个参数，将目标作为第二个参数。这会产生两个数组：ANOVA 检验的 F 分数和 p 值：

```
(array([2.41525739e+04, 9.15861992e+00, 1.74974209e+01]),
 array([0.00000000e+00, 2.47596457e-03, 2.87881660e-05]))
```

与大多数统计检验一样，较高的 *F* 值意味着变量之间的关系更强，并且可以将 *p* 值与 alpha 值（通常为 0.05）进行比较，从而检验显著性。*p* 值表示特征的均值在不同目标组之间是否存在显著差异，这可以用来说明特征是否具有一定的预测能力。在这里，*p* 值都非常小，因此看起来两组目标值之间的平均特征值不同。例如，根据该检验，拖欠贷款组和非拖欠贷款组之间的平均 PAN 标志值在统计上存在显著差异。

CNS 得分的 *F* 值越大，表明这个特征越重要，这与使用其他方法得到的结论一样。

使用单变量统计进行特征选择

总而言之，有几个可用于特征选择的单变量统计。

- **方差方法**：根据数据中太大或太小的方差来删除特征。
- **Pearson 相关性**：适用于数值数据和二进制数据之间的线性关系。
- **ϕk 相关性（Phi-k 相关性）**：适用于任何类型的数据之间的任何关系。
- **互信息得分**：可以使用 sklearn 来处理 categorical-categorical 关系或 numeric-numeric 关系（包括二进制数据）。
- **卡方**：可用于 sklearn 中的二进制或频率计数变量。
- **ANOVA**：可用于数字或二进制目标列和数字或二进制特征。

通常可以从 phik 相关性开始，并添加其他方法来证实我们的发现。然后可以将它们与其他 ML 特征重要性方法结合起来，第 11 章将学习相关内容。

也可以简单地根据我们的单变量统计选择 *k* 个最好的特征，作为缩减特征空间的快速方法。scikit-learn 有一些来自 sklearn.feature_selection 模块的函数，如 SelectKBest 和 SelectPercentile。下面示例是根据 ANOVA F 值选择前 5 个特征：

```
from sklearn.feature_selection import SelectKBest
k_best = SelectKBest(f_classif, k=5).fit_transform(
    loan_df_epoch_time[interval_columns],
    loan_df_epoch_time['LOAN_DEFAULT']
)
```

请注意，在这里只使用连续数据类型的列，因为它们都是数字列，并且此方法只能处理数字数据。首先导入该类，然后使用 ANOVA 方法创建一个新类作为我们的评分函数（f_classif），并设置 k=5 以选择 F 值最大的前五个特征。然后使用这个类的 fit_transform() 函数，将我们的特征作为第一个参数，将目标作为第二个参数。我们的新数组 k_best 的 shape 为（133154,5），因为只剩下五个特征。然后，可以使用这个精简后的数组作为 ML 算法的输入数据。

其他特征选择方法，如顺序和递归特征选择，都依赖于 ML 方法。尽管人们可以用相同的方式快速使用这些方法，即指定要选择的任意数量的特征（与 SelectKBest 一样），但最好还是利用 ML 算法来选择特征。第 11 章将介绍更多相关内容。

关于特征选择就介绍到这里。请记住，可以使用这些方法来减少训练模型时的输入数据，这样就可以减少由于维数灾难带来的过拟合的情况，并且 ML 算法在较少的数据下将运行得更快。作为 ML 准备数据迭代过程的一部分，还将执行特征工程，我们将在下面介绍。

特征工程

为 ML 准备数据是一个迭代过程，将进行 EDA、清理数据、执行特征选择和特征工程，但这些步骤将根据实际情况进行组合。例如，可能从一些基本的 EDA（pandas profiling）开始，然后将特征选择的单变量统计作为 EDA 的下一步。根据结果，可以删除一些特征。可能还会注意到一些需要清理的数据（例如，需要清理数字列中的错误字符串），并且可能需要在清理后重复一些早期的 EDA 和特征选择步骤。

特征工程是在现有特征的基础上创建新特征。可以将其与数据清理一起使用来为 ML 准备数据，因此我们的算法性能将更好（例如，作出更准确地预测）。可以通过以下几种方式实现这一点：

- 合并多列（例如，将两个数字列相乘）；
- 转换数值数据（例如，取数值数据的对数）；
- 从日期时间列中提取特定的日期时间特征（例如，从日期获取星期几）；

- 对数据进行分组，将数据分组到不同的 bin（桶）中；
- one-hot 编码（热独编码）和标签编码（将分类数据转换为数值）。

数据的清洗和准备

在开始特征工程之前，还应了解一些其他与数据清理和准备相关的任务：

- 解析字符串值并将其转换为数值数据(例如,将字符串转换为日期时间或日期范围)；
- 异常值裁剪；
- 将所有数据转换为 sklearn 的数字数据。

上面列表中的最后一项很重要，在使用 sklearn 包中的任何 ML 算法之前，需要确保所有特征和目标都是数字的。其他包，如 H2O，具有可以处理分类值和缺失值的 ML 算法，但 sklearn 暂无这些算法。

首先来检查几个字符串列，它们应该有日期跨度。

将字符串转换为日期

需要从字符串转换到日期的列是 AVERAGE_ACCT_AGE 和 CREDIT_HISTORY_LENGTH 列。可以看到，这些看起来像 0yrs 6mon 这样的数据，它带有年份和月份值。我们可以用正则表达式解析这些数据。正则表达式是我们用来从字符串中提取信息的模式。

谷歌提供了一个很好的 Python 正则表达式课程：https://developers.google.com/edu/python/regular-expressions。

Python 的 re 模块文档也有很多关于正则表达式的有用信息：https://docs.python.org/3/library/re.html。

要解析这两列并将它们转换为日期，可以执行以下操作：

```
import re
re.search(r'(\d+)yrs\s+(\d+)mon', '1yrs 11mon').groups()
```

在这里创建了一个正则表达式的原型。首先，导入 Python 内置的 re 模块。然后使用 search()函数，它接受一些参数、模式，然后是人们要搜索的字符串。它返回一个 re match 对象，它有几个可用的方法。如果没有匹配，则该函数返回 None。对于我们的例子，因为有匹配的结果产生，所以我们使用 groups()函数来获取返回的匹配组（如果没有匹配，将返回错误）。

这里的正则表达式由以下部分组成。字符串前面的 r 表示原始字符串，这意味着所有字符都按字面意思解释。这也意味着反斜杠被视为反斜杠，而不是转义字符。

\d 序列匹配一个数字（0 ~ 9）。\d 之后的+表示它将匹配一行中的一个或多个数字。\d+周围的括号意味着它将这些部分视为子组。groups()函数返回子组的元组，因此在这里，它从'1yrs 11mon'返回('1','11')。“group” 指整个匹配，可以通过 group(0)进行检索。在第一个数字子组（(\d+)部分）之后，接着查找 yrs 字符串。我们搜索\s+，它是一个或多个空格。最后，我们用一个子组来获取月份数，然后匹配字符串的最后一部分 mon。可以把它放在一个函数中，这样就可以将它应用在整个 DataFrame 上：

```
def convert_date_spans(date_str):
    """
    Parses date spans of the form "1yrs 1mon"
    into the number of months as an integer.
    """
    yrs, mon = re.search(r'(\d+)yrs\s+(\d+)mon', date_str).groups()
    yrs, mon = int(yrs), int(mon)
    months = yrs * 12 + mon
    return months
```

上面的函数与我们之前使用过的正则表达式可以实现相同的效果，并将元组的两部分返回给变量 yrs 和 mon，然后将它们转换为整数，并将它们加在一起，从而获得总月数。这个函数的一个小改进是错误处理，我们可以先得到 re.search()方法的结果，并在得到组之前检查它是否为 None。如果它是 None，我们可以返回 0 或其他值，例如-1，以表示数据缺失。

一旦有了这个函数，就可以将它应用到 DataFrame 中，创建一些新列并删除旧列：

```
import swifter
loan_df['AVERAGE_ACCT_AGE_MONTHS'] = \
    loan_df.swifter.apply(lambda x: \
                          convert_date_spans(x['AVERAGE_ACCT_AGE']),
                          axis=1)
loan_df['CREDIT_HISTORY_LENGTH_MONTHS'] = \
    loan_df.swifter.apply(lambda x: \
                          convert_date_spans(x['CREDIT_HISTORY_LENGTH']),
```

```
                              axis=1)
loan_df.drop(['AVERAGE_ACCT_AGE', 'CREDIT_HISTORY_LENGTH'], axis=1,
inplace=True)
```

在这里使用swifter包，可能需要使用conda或pip安装这个包。这个包会引入pandas中的apply函数，使其运行得更快。

现在我们已经将字符串列解析为日期，可以进行下一个数据清理和转换步骤——异常值清理。

异常值清理策略

很多时候，数据中会存在异常值。有时，异常值是明显的错误，例如，当数据集中某人的年龄超过100岁时。其他时候，可以使用在第9章“数据科学的统计检验”中学到的统计异常值检测方法来检测异常值。一旦检测到异常值，就可以将这些值“裁剪”为人们期望的最大值和最小值。裁剪的值可能是IQR（四分位间距）异常值边界或数据的百分位数（例如，最小值的第5个百分位，最大值的第95个百分位）。还可以使用一个简单的过滤器，其中任何高于阈值的值都被裁剪为低于阈值的最大值。最后，我们可以对异常值使用统计检验，例如，在第9章从scikit-posthocs包中学习的GESD测试。这些方法中的大多数（IQR、GESD和百分位数）都需要我们的数据接近正态分布。如果数据不是正态分布的，我们应该考虑使用人工挑选的异常值阈值。

要决定是否要裁剪异常值，查看数据的直方图和箱线图会很有帮助。我们可以看到是否有很多异常值，或者分布看起来是否非常分散。如果只有少数异常值（不超过1%的数据），我们可以通过裁剪值来处理它们。如果有很多异常值，它可能是数据自然分布的一部分，人们可能不想改变它。在裁剪异常值时，还应该使用一些常识。例如，对于人的年龄数据，可能不需要裁剪低端的异常值，但可能需要处理高端的异常值。

可以使用seaborn创建所有数据的箱线图：

```
import seaborn as sns
sns.boxplot(data=loan_df, orient='h')
```

然而，由于特征之间的许多比例不同，在绘制箱线图时可能希望删除其中的几个。例如，DISBURSED_AMOUNT和ASSET_COST变量比其他变量大得多，因此可以创建一些不同的箱线图以使它们更具可读性，如下所示：

```
sns.boxplot(data=loan_df.drop(['DISBURSED_AMOUNT', 'ASSET_COST'], axis=1),
orient='h')
sns.boxplot(data=loan_df[['DISBURSED_AMOUNT', 'ASSET_COST']], orient='h')
```

处理不同范围的数据，另一个选择是使用对数刻度，可以通过 plt.xscale('log')来实现。但是，对于上面的示例，效果并不理想，将变量按不同的刻度分开效果更好。

还可以通过查看数据直方图来“观察”它们的“正态”程度（在 pandas-profiling 报告中也可以查看到）：

```
loan_df['AVERAGE_ACCT_AGE_MONTHS'].plot.hist(bins=30)
loan_df['DISBURSED_AMOUNT'].plot.hist(bins=50)
```

由此可以看出，账户年龄是高度倾斜的，更像是指数分布。支付的金额看起来更趋于正态分布，并带有一些非常大的异常值。

可以使用 DISBURSED_AMOUNT 列的 IQR 方法检测异常值，并检查截止值在哪里：

```
import numpy as np
q3 = loan_df['DISBURSED_AMOUNT'].quantile(0.75)
q1 = loan_df['DISBURSED_AMOUNT'].quantile(0.25)
iqr = (q3 - q1)
outliers = np.where(loan_df['DISBURSED_AMOUNT'] > (q3 + 1.5 * iqr))[0]
print(1.5 * iqr + q3)
```

首先，得到 Q3 和 Q1 四分位数（数据的第 75 个百分位和第 25 个百分位），然后计算四分位距作为这两者之间的差。我们使用 NumPy 的 where()函数返回支付金额高于 IQR 的 1.5 倍加上 Q3 四分位数的索引。where()函数返回一个元组，我们可以获取元组的第一个元素，以获取异常值的索引。当我们打印异常值边界时，它大约为 80000，通过直方图也可以看到该值。

可以使用 loan_df['DISBURSED_AMOUNT'][outliers]查看这些异常值。要对这些异常值进行裁剪，可以使用 pandas 函数：

```
loan_df['DISBURSED_AMOUNT'].clip(upper=1.5 * iqr + q3, inplace=True)
```

为 clip()提供了一个 upper 参数来设定裁剪的上限（也可以使用 lower 参数来裁剪低于阈值的值）。这会将那些超过阈值的异常值更改为这个上限值。如果设置参数 inplace=True，将更新底层 DataFrame 中的数据。通过 loan_df['DISBURSED_AMOUNT'][outliers]可以看到数据集内的异常值在裁剪后已经被更改为上边界值。

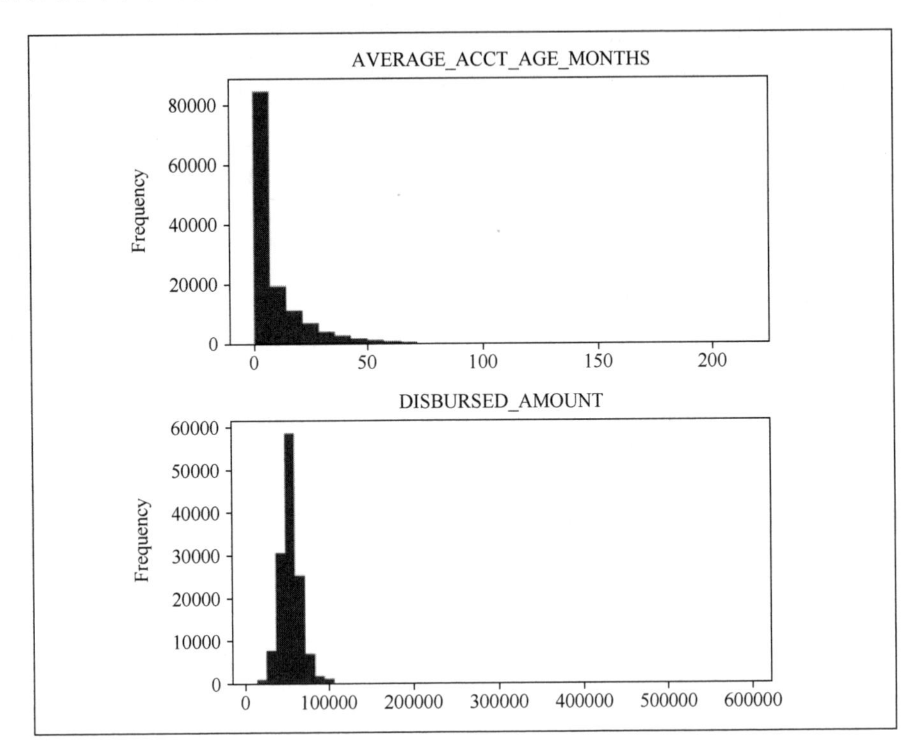

图 10-5　AVERAGE_ACCT_AGE_MONTHS 和 DISBURSED_AMOUNT 特征的直方图

这种裁设定上限的技术是有效的，但是我们之前讨论过的另一种处理异常值的方法是像处理缺失值一样来估算这些值。如果某人的年龄在我们的数据集内太高，并且看起来像是数据输入或其他自发错误，我们可以使用平均值、中值或 KNN 插补对它进行修改。

尽管在这里只演示了清理一个列，但最好使用箱线图或直方图来检查所有数据并处理任何有问题的列。在进行特征工程之前，最好按照在第 4 章中所学的方法清理数据。一旦对数据进行了充分的、令人满意的清理，就可以开始执行特征工程了。但是，在执行特征工程之后再次检查异常值也是保证项目成功的关键因素。

组合多列

特征工程的一种简单方法是组合现有列。可以对数字类型的列（例如，高度和宽度）

来执行此操作，以创建“面积”特征（高度乘以宽度）。或者基于两个时间类型的列，创建一个“持续时间”的特征。在我们的数据中，可以通过组合 DISBURSAL_DATE 和 DATE_OF_BIRTH 列来创建贷款时客户的年龄：

```
loan_df['AGE'] = (loan_df['DISBURSAL_DATE'] - loan_df['DATE_OF_BIRTH']) //
365
```

将这里的日期差除以一年中的天数。在默认情况下，pandas 的日期差应以天为单位。还可以这样指定天数（或其他计量单位）：

```
(loan_df['DISBURSAL_DATE'] - loan_df['DATE_OF_BIRTH']).dt.days
```

dt 访问器为人们提供了日期时间功能和属性，包括天数和秒数。但是，这里并没有考虑闰年（尽管可以除以 365.25 来尝试解释这一点）。一个更加准确的解决方案是使用日期之间的实际时间增量：

```
from dateutil import relativedelta
def calculate_age_in_years(x):
    return relativedelta.relativedelta(
        x['DISBURSAL_DATE'],
        x['DATE_OF_BIRTH']
    ).years
loan_df['AGE'] = loan_df.swifter.apply(
    lambda x: calculate_age_in_years(x), axis=1)
```

首先从内置的 dateutil 库中导入 relativedelta 模块，然后定义一个函数，它将获得支付日期和出生日期之间的年数差，它接受一个 x 参数。最后，我们使用 swifter 和 apply 在整个 DataFrame 上运行计算。现在可以生成一些 EDA 图和新列的统计信息。例如，可以使用 loan_df['AGE'].plot.hist(bins=50)绘制直方图，如图 10-6 所示。同样，检查这个新列的异常值很有必要。

通过观察直方图，在这里没有看到任何异常值，因此可以在不清理这个新列的情况下继续分析。如果不确定直方图中是否存在异常值，可以通过使用分位数来更精确地进行确定（例如，使用 pandas 的 clip 或 quantile 函数）。

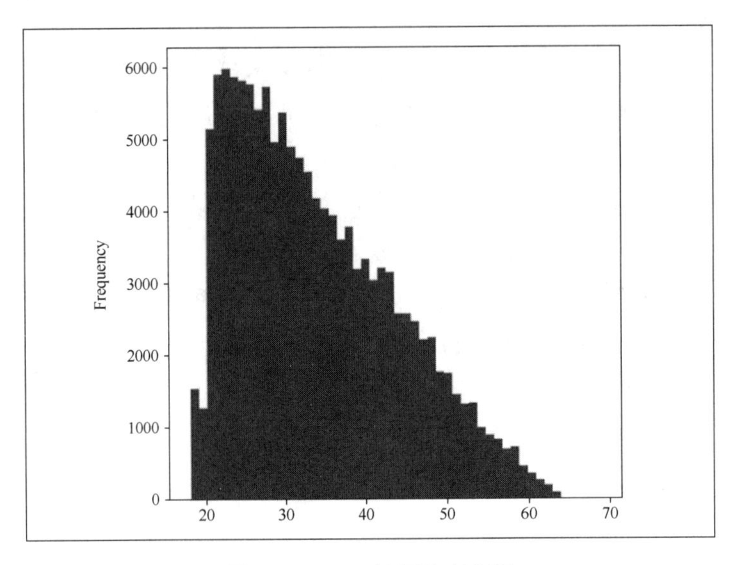

图 10-6　AGE 特征的直方图

转换数值数据

设计特征的另一种方法是通过函数对数据进行更改。一些 ML 算法在更接近正态分布的数据上效果更好，而另一些 ML 算法在数据以特定方式缩放时效果更好，这可以提高性能。这些变换可以是任何数学运算，有三种常用的方法：标准化、Yeo-Johnson 变换和对数缩放。

标准化

标准化是将每个数据点除以标准差并减去平均值。这可确保平均值为 0，标准偏差为 1。这对于某些算法（如神经网络）以最佳方式执行（例如，用于分类问题的图像的类似缩放可以提高性能）可能很有用。我们还可以使用标准化（或其他类似的标准化，如 min-max 标准化）来预处理数据以进行聚类，这将在第 17 章“使用机器学习进行聚类”中进行介绍。任何使用距离计算的算法，例如，聚类、*k*-最近邻或支持向量机（SVM，将在第 16 章“支持向量机（SVM）机器学习模型”中介绍）都受益于标准化或特征归一化。可以使用 sklearn 中的 StandardScaler 类轻松实现这一点：

```
from sklearn.preprocessing import StandardScaler
import matplotlib.pyplot as plt
scaler = StandardScaler()
loan_df['standardized_age'] = scaler.\
```

```
    fit_transform(loan_df['AGE'].values.reshape(-1, 1))
f, ax = plt.subplots(2, 1)
loan_df['AGE'].plot.hist(ax=ax[0], title='AGE', bins=50)
loan_df['standardized_age'].\
    plot.hist(ax=ax[1], title='standardized_age', bins=50)
plt.tight_layout()
```

首先导入该类，然后创建一个新的 StandardScaler 类。使用这个新类来拟合 AGE 数据，然后对其进行转换（标准化）。为了给这个函数提供数据，它需要有两个维度。如果我们有多个维度，它将标准化每一列。如果我们只提供一列，它需要有形状（rows，1）。可以首先通过.values 属性获取值，然后使用数组的 reshape()方法添加另一个轴，从而使我们的数据具有所需的形状（shape）。reshape 中的-1 使用现有维度，这相当于(loan_df['AGE'].shape[0],1)。

接下来，在两个直方图中绘制标准化前后的 AGE 列以进行比较。首先，使用 plt.subplots 函数，它接受行数和列数作为参数。然后可以分别设置顶部和底部子图，例如，ax[0]和 ax[1]。将这些轴对象提供给 pandas 直方图，绘制函数将使用这些参数决定直方图的位置。

最后使用 matplotlib 中的 tight_layout()函数，它会自动调整边距，确保图像能够完整显示，并且不出现重叠。结果如图 10-7 所示：

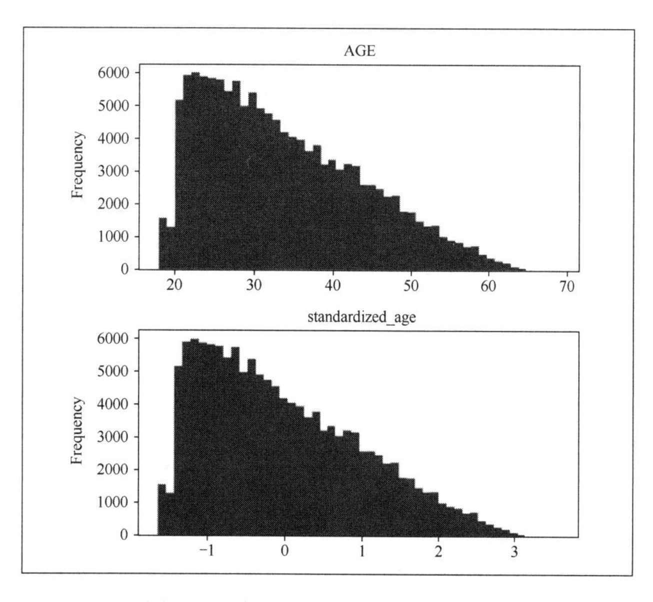

图 10-7　标准化前后 AGE 的直方图

可以看到，两个直方图的形状是一样的，只是 x 轴刻度发生了变化。如果用 loan_df ['standardized_age'].describe()检查均值和标准差，可以看到均值本质上为 0，标准偏差为 1。

在 sklearn 的 sklearn.preprocessing 模块中还有其他标准化和转换类可用，正如在下面的 Yeo-Johnson 转换中看到的那样。

使用 Yeo-Johnson 变换使数据更符合正态分布

对于一些 ML 算法，例如，线性判别分析（Linear Discriminant Analysis，LDA），假设数据或目标的分布是高斯分布。例如，线性和逻辑回归假设这些算法中使用的连续数据是这样的。我们还可以在基于距离的算法（例如，聚类、*k*-最近邻和 SVM）的性能上获得小幅提升。尽管可以手动尝试不同的变换，例如，对数据进行平方、取平方根或对数等，但使用算法可以使我们完成这些工作更容易。可以使用 sklearn 轻松地将数据转换为更符合正态分布的形式：

```
from sklearn.preprocessing import PowerTransformer
pt = PowerTransformer()
loan_df['xform_age'] = pt.fit_transform(loan_df['AGE'].values.reshape(-1,
1))
f, ax = plt.subplots(2, 1)
loan_df['AGE'].plot.hist(ax=ax[0], title='AGE', bins=50)
loan_df['xform_age'].plot.hist(ax=ax[1], title='xform_age', bins=50)
plt.tight_layout()
```

可以看到，这与 StandardScaler 非常相似。首先导入该类，然后创建一个新的 PowerTransformer 类实例。之后将其拟合到 AGE 数据并对其进行转换。同样，我们需要 reshape 数据以使转换器具有单列。此转换带有控制数据转换的参数 lambda。这个 lambda 值可以是任意实数（基本上是从负无穷到正无穷的任意数字），并产生不同的数据变换。使用一些复杂的数学方法，优化了这个 lambda 参数，使数据最接近正态分布。

完成转换后，可以再次绘制数据转换前后的直方图进行比较，如图 10-8 所示：

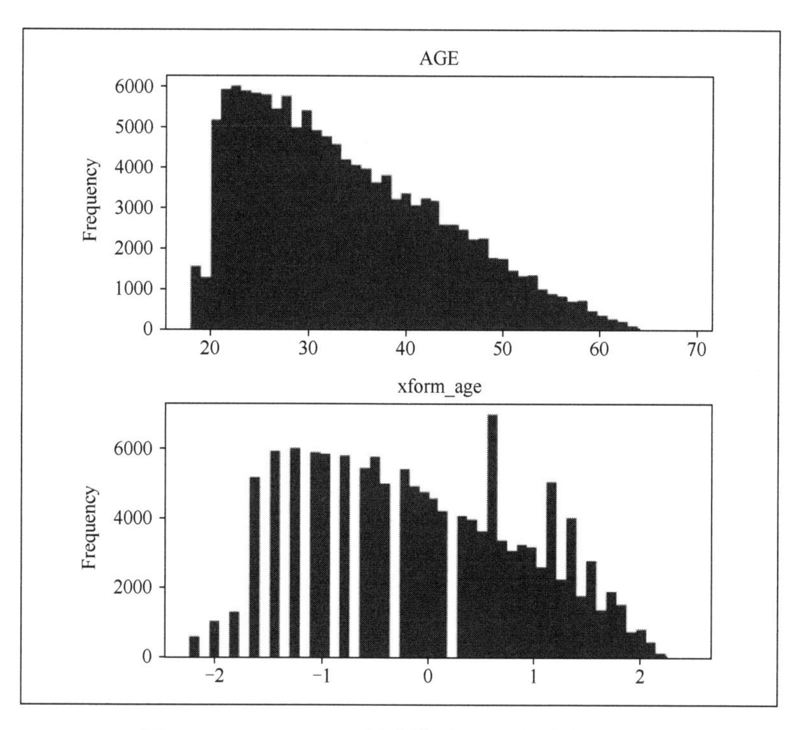

图 10-8　Yeo-Johnson 转换前后 AGE 的直方图对比

可以看到，我们的变换分布更接近正态分布，尽管它并不完美。PowerTransformer()类默认使用 Yeo-Johnson 变换，并标准化我们的数据。如果需要在初始化类时使用参数，可以更改这些设置。转换的另一个选项是通过设置 method='box-cox'参数的 Box-Cox 转换。Box-Cox 的问题在于它只能处理正值，而 Yeo-Johnson 可以处理负值。也可以使用 standardize=False 参数关闭标准化，但如果已经使用 Yeo-Johnson 转换数据，不妨让转换器也对数据进行标准化。

如果以后想转换更多数据，可以使用我们拟合的转换器的 transform 方法来实现这一点：

```
pt.transform(loan_df['AGE'].values.reshape(-1, 1))
```

当然，可以使用 pickle 保存这个对象以供以后使用：

```
import pickle as pk
with open('age_pt.pk', 'wb') as f:
    pk.dump(pt, f)
```

如果想再次使用它，我们只需加载它，并将转换方法应用于新数据。

提取日期时间特征

如果两个日期之间存在差异，可以从中计算天数和秒数：

```
loan_df['DISBURSAL_DATE'] - loan_df['DATE_OF_BIRTH']).dt.days
```

还可以从日期时间中提取其他有用的信息。例如，怀疑发放贷款的星期几可能与违约概率有关。可以像这样提取日期的星期几：

```
loan_df['DISBURSAL_DATE'].dt.dayofweek
```

这将返回整数，其中，0 代表星期一，6 代表星期日。同样，我们可以在 pandas Series 中使用 dt 日期时间访问器，然后提供我们想要访问的日期时间属性。可以提取的其他属性如下：

- year；
- month；
- day；
- hour；
- minute；
- second；
- microsecond；
- nanosecond；
- dayofyear；
- weekofyear；
- quarter。

在特征工程中，对于日期时间的另一个策略是计算日期跨度，就像我们计算客户的年龄一样。

分箱（Binning）

正如我们所了解的，更大维度的特征可能是有问题的（维度灾难）。减小特征空间大小的一种方法是对数字数据进行分箱。可以将值分组到 bin 中，而不是使用较大的数值范围。

sklearn 包有一个内置类可以做到这一点：

```
from sklearn.preprocessing import KBinsDiscretizer
kbd = KBinsDiscretizer(n_bins=10, encode='ordinal')
loan_df['binned_disbursed_amount'] = kbd.fit_transform(
    loan_df['DISBURSED_AMOUNT'].values.reshape(-1, 1)).\
    astype('int')
```

在这里，从 sklearn.preprocessing 模块中导入 binning 类。然后在 kbd 变量中初始化一个新类。我们选择使用 10 个 bin，输出编码为从 0 到 9 的值。默认编码是 one-hot 编码（热独编码），将在后面详细介绍。这种序数编码返回一个 bin 值，最小的数字对应于具有最小值的 bin，最大的数字（此处为 9）对应于最大值，并将其作为单个特征返回。与其他预处理器一样，我们使用 fit_transform()方法，并且需要将数据重塑为二维数据。我们还需要将数据类型（浮点数）转换为整数。浮点数据类型占用了一些额外的内存空间，所以这是一个小的优化。

将数据分解为 bin 的默认方法是使用分位数，由 KBinsDiscretizer 类的初始化参数 strategy='quantile'设置。这意味着数据按从最小到最大的数据点计数，并分成相等的部分。还有一些其他选项（uniform 和 kmeans），但分位数通常是最佳选择。

这种序数编码方法为人们提供了一个新的特征，可以用它来替换我们的连续值。如果使用 one-hot 编码，最终会为每个唯一的 bin 提供一个新的特征或列。这不利于降低维度，但是对于少量的 bin，它依旧可以很好地运行。接下来，我们将更深入地了解标签编码和 one-hot 编码是如何工作的。

热独编码和标签编码

先来看看标签编码。这是一种将分类值转换为数字的处理方法。最简单的示例是将二进制变量映射到数字 0 和 1。从 EDA 中可以看到，EMPLOYMENT_TYPE 特征只有 Salaried、Self employed 及缺失值。使用模式（Self employed）填充缺失值，然后将这些值转换为 1 表示的“Self employed”和 0 表示的“Salaried”：

```
loan_df['EMPLOYMENT_TYPE'].fillna('Self employed', inplace=True)
loan_df['EMPLOYMENT_TYPE'] = \
    loan_df['EMPLOYMENT_TYPE'].\
```

```
    map(lambda x: 1 if x == 'Self employed' else 0)
loan_df['EMPLOYMENT_TYPE'] = loan_df['EMPLOYMENT_TYPE'].astype('int')
```

第一行简单地用固定值来填充缺失值，然后使用 pandas Series 和 DataFrames 的 map() 函数和 lambda 函数，如果 EMPLOYMENT_TYPE 是“Self employed”，则返回 1，否则返回 0。最后，将此列转换为整数数据类型，因为它仍然是占用更多内存的对象数据类型（并且将被 ML 算法区别对待）。通过使用 loan_df['EMPLOYMENT_TYPE'].unique()检查转换前后的唯一值，由此可以看到我们已经将字符串转换为整数。

当我们有两个以上的唯一值时，可以为每个值分配一个数字。同样，sklearn 有一个方便的类：

```
from sklearn.preprocessing import LabelEncoder
le = LabelEncoder()
loan_df['le_branch_id'] = le.fit_transform(loan_df['BRANCH_ID'])
```

像其他预处理器一样，导入它并创建该类的新实例，然后使用 fit_transform 方法。该方法为数据中的每个唯一条目或类别分配一个唯一整数。请注意，不需要在这里重塑数据。这将返回一个如下所示的 NumPy 数组：

```
array([ 2, 34,  4, ...,  2, 24,  1], dtype=int64)
```

可以通过 loan_df['BRANCH_ID'].unique().shape 查看原始数据中唯一值的 shape，从而了解最大类别数量，在我们的例子中，shape 值为 82。或者，查看编码数据的最大值，显示为 81，因为标签编码器从 0 开始（因为 Python 的索引从 0 开始）。如果想从编码值中取回原始值，可以使用编码器的 inverse_transform 方法。

简化分类列

当分类列有多个值时，可以通过将少数值分组到“other”列来减小特征空间大小。例如，看一下 MANUFACTURER_ID 特征的类别，并决定保留哪些，以及将哪些放入“other”类别：

```
loan_df['MANUFACTURER_ID'].value_counts()
```

结果如下所示：

```
86     62507
45     32389
51     15395
48      9641
49      5831
120     5512
67      1416
145      450
153        9
152        4
Name: MANUFACTURER_ID, dtype: int64
```

可以看到，前几组包含大部分数据。将它绘制成图形，以此决定要保留多少组：

```
(loan_df['MANUFACTURER_ID'].value_counts().cumsum() / \
    loan_df.shape[0]).reset_index(drop=True).\
    plot(marker='.', figsize=(5.5, 5.5))
plt.xlabel('MANUFACTURER_ID')
plt.ylabel('cumulative percent of values')
plt.xticks(range(loan_df['MANUFACTURER_ID'].unique().shape[0]), \
           loan_df['MANUFACTURER_ID'].value_counts().index)
```

第一行组合了几个命令。首先得到值计数，然后取它们的累积和。之后将其除以行数，以获得每个唯一值的数据的累积百分比。然后重置索引以便可以绘制图形（否则索引值是实际的 ID），并使用 drop=True 删除由此产生的 ID 索引列。最后，在绘图时使用 marker='.' 参数，将数据在图中以点的形式显示。

添加了 x 轴和 y 轴标签以提高可读性，并将 x 刻度标签设置为实际的制造商 ID，以提高可读性，如图 10-9 所示。

通过图 10-9 可知，我们正在寻找一个“拐点”。在拐点处，累积百分比的增长开始趋于平缓。可以看到，在具有最多值计数的第四个唯一 ID(48)处，已经捕获了 90%的值，并且线的斜率开始减小。我们还在 ID：120 处看到，它接近捕获了 99%的值，并且斜率急剧下降。这个 ID==120 的拐点是坡度变平的更好选择，保留的类别越多，特征空间就会越大。在图 10-9 中选择 ID==120 作为拐点，并将其余 ID 放入“other”类别。这可以通过几种方式来实现。一种是通过排除顶级类别进行过滤：

```
loan_df.loc[~loan_df['MANUFACTURER_ID'].isin([86, 45, 51, 48, 49, 120]), \
            'MANUFACTURER_ID'] = 'other'
```

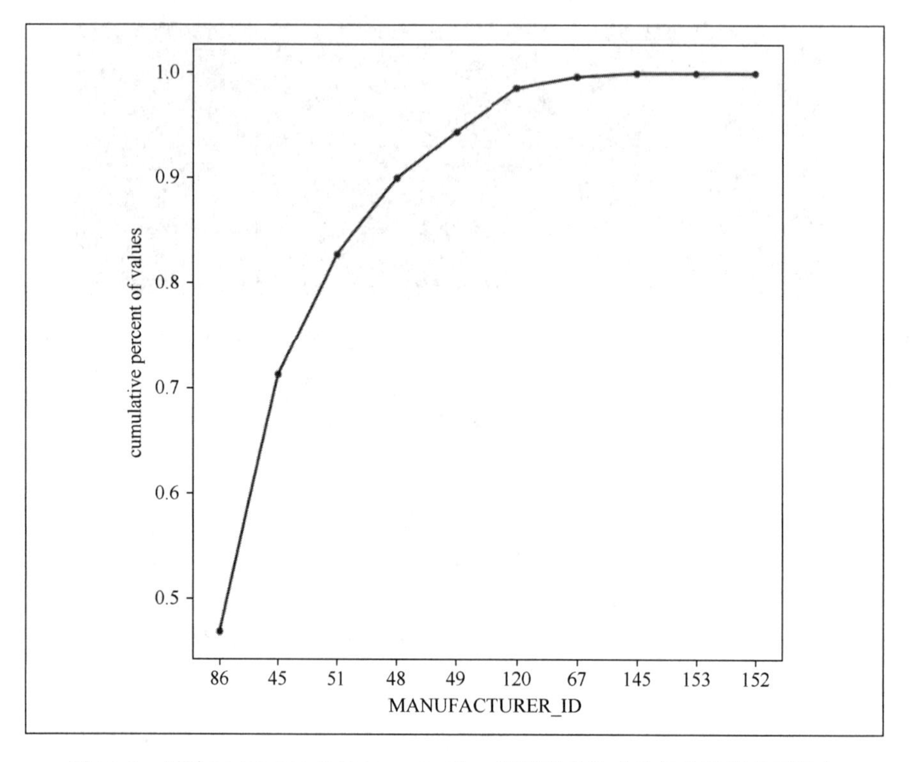

图 10-9　累计 MANUFACTURER_ID 唯一值的百分比（从最普遍到最罕见）

在.loc[]索引器的过滤子句开头使用波浪字符（~）作为否定条件。因此，上面代码将过滤 loan_df 的 MANUFACTURER_ID 列，如果值不在列表中，将被过滤掉。另一种方法是指出特定的 ID，并放入“other”中：

```
loan_df.loc[loan_df['MANUFACTURER_ID'].isin([67, 145, 153, 152]), \
            'MANUFACTURER_ID'] = 'other'
```

上面的两段代码都获得相同的结果。通过 loc 索引器对数据进行过滤，然后将需要排除的值放入“other”当中。

尽管可以在不执行此步骤的情况下对制造商 ID 进行热独编码，但上面的操作将有助于保持数据维度很小。接下来，让我们看看如何对制造商 ID 进行热独编码。

热独编码

Onehot 编码（热独编码）是针对分类变量而设计的，并为每个唯一值创建一个新列。

每个新列都由二进制值（1 或 0）组成，表示该行是否具有该分类值。例如，第一行数据，制造商 ID 为 51，因此可以创建一个名为 manu_ID=51 的单热编码列。对于第一行，该列将是 1。其他制造商 ID 的热独编码列，如 manu_ID=45，将为 0。虽然 sklearn.preprocessing 中有热独编码类，但 pandas 函数 get_dummies()使用起来更容易。热独编码变量也被称为 dummy 变量，这是因为生成 dummy 变量的函数名为 get_dummies()。我们可以使用这个函数来获得 DataFrame 的热独编码，如下所示：

```
manufacturer_ohe = pd.get_dummies(
    loan_df['MANUFACTURER_ID'],
    prefix='MANU_ID',
    prefix_sep='='
).drop(['MANU_ID=other'], axis=1)
```

将要进行热独编码操作的列作为第一个参数，并设定 prefix 参数和 prefix_sep 参数用于生成新的列名称。按照上面代码中的设定，将生成类似“MANU_ID=45”这样的列名。最后，删除 MANU_ID=other 列。因为如果所有热独编码列都是 0，可以推断它属于 other 类别。出于这个原因，可以将“MANU_ID=other”列删除。

但有时，保留所有热独编码变量可能会有用，这样就可以从 ML 算法中获取有关变量的信息。现在拥有的 manufacturer_ohe DataFrame 如图 10-10 所示：

	MANU_ID=45	MANU_ID=48	MANU_ID=49	MANU_ID=51	MANU_ID=86	MANU_ID=120
0	0	0	0	1	0	0
1	1	0	0	0	0	0
2	0	0	0	1	0	0
3	0	0	0	0	1	0
4	1	0	0	0	0	0
...	...	...	...	...	...	...
133149	1	0	0	0	0	0
133150	0	0	1	0	0	0
133151	0	0	0	1	0	0
133152	1	0	0	0	0	0
133153	0	0	0	1	0	0

图 10-10　对 MANUFACTURER_ID 列进行热独编码之后的 DataFrame

可以看到，它是唯一制造商 ID 的一组二进制值。可以将它与我们的原始数据结合起来，如下所示：

```
loan_df_ohe = pd.concat([loan_df, manufacturer_ohe], axis=1)
```

可以使用热独编码来准备分类数据，以便它可以在 sklearn 中使用。但是，应该谨慎地使用它，不要过多地增加特征大小（回想一下维度灾难）。热独编码是一种有用的工具，但请注意不要过度使用它。

降维

下面介绍的主题是降维。另一种对抗维度灾难的方法是使用数学技术来减小维度。有以下几种常用的方法：

- 主成分分析（PCA）；
- 奇异值分解（SVD，有时也称为 LSA）；
- 独立成分分析（ICA）；
- 非负矩阵分解（NMF）；
- t-SNE 和 UMAP（更适合非线性结构，如自然语言和图像）；
- 自动编码器（一种类似于 PCA 的神经网络技术）。

本书不一一介绍上述方法，只探讨 PCA。然而，许多其他 ML 和特征工程书籍都介绍了上述方法，例如 *Building Machine Learning Systems with Python*(Third Edition)，作者是 Packt 的 Luis Pedro Coelho、Willi Richert 和 Matthieu Brucher（其中有一整章的内容用来介绍降维）。接下来，我们来学习 PCA。

主成分分析（Principle Component Analysis，PCA）

PCA 是一种常见且易于使用的降维技术。它在我们的特征空间中找到能够捕获最大差异的维度，并将数据分解为这些成分。这些成分由特征的线性组合组成，因此很容易将转换应用于新数据，或对 PCA 转换的数据进行逆变换。有些人认为 PCA 是一种无监督学习技术，但它通常用于降维。可以像这样轻松地将它与 sklearn 一起使用：

```
from sklearn.decomposition import PCA
ss = StandardScaler()
scaled = ss.fit_transform(loan_df_epoch_time[interval_columns])
pca = PCA(random_state=42)
loan_pca = pca.fit_transform(scaled)
```

降维类和相关技术可以在 sklearn.decomposition 模块中找到。在使用 PCA 之前，通常应该对数据进行标准化，使其平均值为 0，方差为 1（单位方差），就像使用 StandardScaler 所做的那样。当我们拥有不同单位的特征时，应该这样做，例如，在这里我们有成本、日期时间（以秒为单位）、信用评分等。如果所有特征都使用相同数据单位，则可以保持数据不变。

一旦数据完成了标准化，首先初始化类的一个新实例，设置 random_state 参数。当可以在函数中可用这个 random_state 参数时，最好将其设置为可重现的结果。然后使用之前提到的 fit_transform 方法，为它提供一个 NumPy 数据数组（这是 pandas 存储数据的方式）。

这个函数只能接受数字数据，所以从 DataFrame 中选择本章前面的缩放间隔（连续）列，其中，日期时间已转换为自纪元以来的秒数。由此，可以绘制出最重要的 PCA 成分的解释方差比和特征重要性：

```
idx = pca.explained_variance_ratio_.argsort()[::-1]
ticks = range(pca.n_components_)
f, ax = plt.subplots(1, 2)
ax[0].barh(ticks, pca.explained_variance_ratio_[idx])
ax[0].set_title('explained variance ratio')
ax[0].set_ylabel('pca component')
ax[0].set_yticks(ticks)
comp_idx = abs(pca.components_[0]).argsort()[::-1]
ax[1].barh(ticks, abs(pca.components_[0, comp_idx]))
plt.yticks(ticks, np.array(interval_columns)[comp_idx])
ax[1].set_title('PCA dim-0 components')
plt.tight_layout()
```

第一行使用 NumPy 数组的 argsort 方法获得排序后数组的索引（从最小到最大）。将其反向排序，通过[::-1]获得从最大到最小的索引。

PCA 对象的 explained_variance_ratio_属性保存了每个 PCA 成分的已解释方差的百分

比，它们的总和为 1。下一行只是根据特征的数量，为条形图创建 x 轴刻度。

使用 plt.subplots 创建图形。前两个参数是子图的行数和列数。它返回 figure 对象（存储在 f 中）和 axis 对象（存储在 ax 中）。然后通过 ax[0]得到第一行的子图。使用由大到小排序后的索引变量 idx 创建了解释后的方差比率的条形图。我们可以使用值列表或像这样的数组来索引 NumPy 数组。然后设置标题和 x 轴标签使可读性更好。

接下来，我们获得第一个 PCA 维度的每个特征的系数的绝对值（使用内置 abs()函数）。这是解释数据中最大数量的方差的 PCA 维度，所以它是首先要检查的最重要的维数。使用 argsort，并使用[::-1]索引将其反转。这为我们提供了第一个 PCA 成分的特征重要性的索引值，按从大到小排序。然后，我们使用它在第 2 个子图（在第二行，或者底部）上为我们的条形图的 PCA 对象的 components_属性建立索引，即 ax[1]。

要在网格中创建子图，可以使用 f, ax = plt.subplots(2, 2)。这将创建两行和两列的网格，然后使用 ax[0][0]访问左上（第一行，第一列）子图的坐标轴。可以使用它来绘制前三个主成分分析维度的特征重要性及解释的方差比。

接下来，使用 plt.xticks 设置 x 轴刻度标签，以便标签可以成为特征名称。此 xticks 函数将刻度位置作为第一个参数，将新标签作为第二个参数。将 interval_columns 列表转换为 NumPy 数组，以便可以使用排序索引 comp_idx 对其进行索引。

然后将标签旋转 90 度，以便提高它们的可读性。最后，为第二个子图设置标题，并使用 tight_layout()确保所有图形组件可见且不重叠。结果如图 10-11 所示。

由此可以看到，第 1 个 PCA 维度占 20%多一点的数据方差，紧随其后的是第 2 个 PCA 维度大约占 20%的解释方差。我们看到，这第 1 个 PCA 维度主要由支付金额和资产成本组成。回顾最初的 EDA，可以看到这两列实际上是强相关的。如前所述，我们可能只想保留其中一列，因为它们是强相关的。除了前两个重要特征，其余特征的系数要小得多，这意味着它们在第 1 个 PCA 维度中的重要性较低。

一旦有了转换后的 PCA 数据（loan_pca），就可以使用列索引器访问 PCA 成分。例如，如果我们只想选择前两个 PCA 成分，将使用 loan_pca[:,:2]。

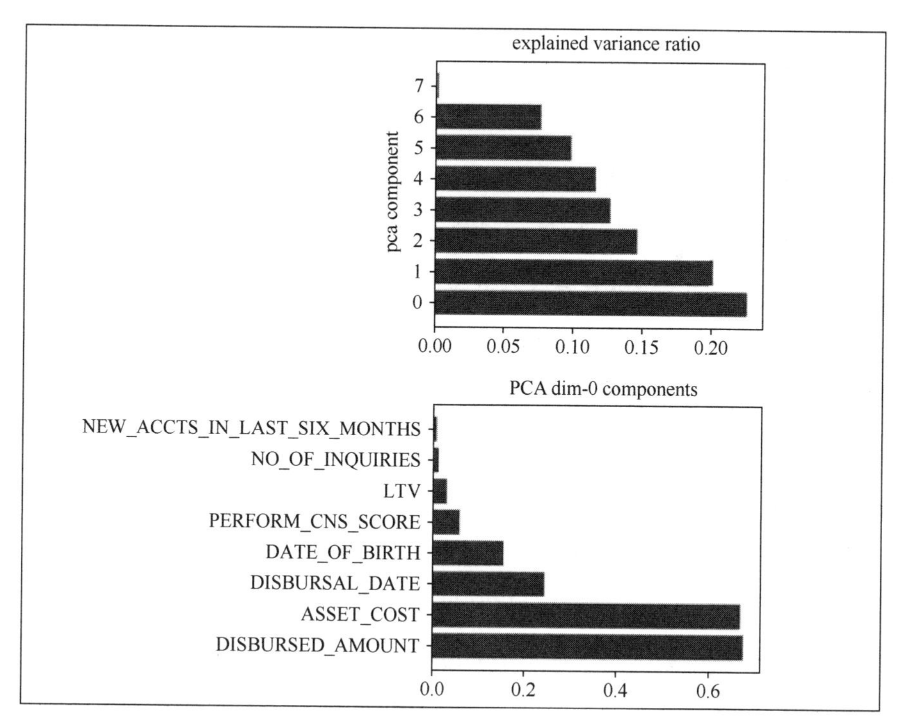

图 10-11　解释了 PCA 成分的方差比和 PCA“成分 0”的特征权重

这将选择所有行和前两列。可以使用 PCA 来减小维度，但是通常由应用程序来决定要保留的 PCA 维度数量。对于 ML，可以尝试增加 PCA 维度的数量，看看它如何影响我们算法的性能（例如，我们可以检查 ML 算法的预测准确性）。一旦准确度达到稳定水平，就可以停止添加 PCA 维度。还有其他方法可以确定重要的 PCA 成分数量，这些方法是启发式的，不应盲目依赖。这些在 Cangelosi 和 Goriely 的论文中有描述：https://biologydirect.biomedcentral.com/articles/10.1186/1745-6150-2-2。在上面的示例中，我们可能不会使用最后一个 PCA 成分，因为解释的方差非常低，所以可以把维数减 1。

关于特征工程，本书就介绍到这里。还有更多的方法可以进行特征工程处理，并且有许多书介绍特征工程相关内容。推荐阅读 *Python Feature Engineering Cookbook*，作者是 Packt 的 Soledad Galli。虽然这里只讨论了基本的特征选择和特征工程，但在接下来的章节中，我们还将讨论如何使用 ML 算法进行特征选择。

本章测试

这里学习了很多特征选择和特征工程技术。为了实践这些，请使用相同的贷款数据集与 LOAN_DEFAULT 列作为目标变量，并执行以下操作。

- 绘制数值特征的 ANOVA F 分数和 p 值。
- 评估 STATE_ID 特征并决定要保留的顶级状态 ID 的数量。将所有其他状态 ID 放在另一列中，然后对该特征进行热独编码。最后，将它与原始贷款 DataFrame 合并在一起。
- 从 DISBURSAL_DATE 特征中提取星期几，并检查 phik 相关性。评估相关性的强度，以及是否应该使用这个新特征。

和往常一样，写一些说明来解释分析结果。

使用另一个拖欠贷款数据集（在本书 GitHub 存储库中 Chapter10/test_your_knowledge/data 下），执行 PCA 并检查 PCA 成分的解释方差比。决定您可以保留多少 PCA 成分以供进一步分析，例如进行 ML。不要使用 default payment next month 列，这是目标。

此数据来自 UCI ML 存储库：https://archive.ics.uci.edu/ml/datasets/default+of+credit+card+clients。

本章小结

本章介绍了特征选择和特征工程的基础知识，还介绍了一些基本的特征清理和准备步骤，如将字符串转换为日期，以及检查和清理异常值。以介绍一种称为主成分分析（PCA）的降维技术结束本章的内容，该技术可用于将特征线性组合成 PCA 维度，可以用于以后的分析。

本章首先介绍了 ML 的三种主要类型——监督学习、无监督学习和强化学习，然后解释了为什么修剪数据集的特征很重要：维度和过度拟合的灾难。当我们有很多特征时，这可能会导致问题，包括 ML 模型过度拟合（使用监督学习），其中模型对数据中的噪声也进行了拟合。特征选择可用于删除一些特征并减少过度拟合的机会，以及使我们的模型运行得更快。介绍了几种进行特征选择的方法，并专注于基于方差的方法（删除方差过大或过小的特征）和单变量统计筛选方法。在这些统计方法中，phik 相关性是一个不错的选择，虽然在大数据集上运行需要比较长的时间。

特征工程涵盖了组合列（例如获取两个日期时间列之间的差值）、数字变换（例如标准化）和 Yeo-Johnson 变换、从日期时间列中提取特征（例如星期几），以及对分类类型的数据进行标签编码和热独编码。这些技术可用于生成新的特征，可以在 ML 模型中使用这些新特征来尝试提高模型的性能。

现在，我们已经了解了如何及为什么选择和设计特征，第 11 章将介绍如何在有监督的 ML 算法中使用它们进行分类。

第 11 章　机器学习分类

在对数据进行清理、特征选择和特征工程处理之后，就可以开始使用机器学习算法了。正如在第 10 章中看到的，机器学习分为三大类——监督学习、无监督学习和强化学习。分类属于监督学习，因为我们的数据中有目标或标签。在本章中，将使用信用卡还款违约数据集。该数据集具有每个数据点的标签，表示是否有人拖欠信用卡还款。

本章将通过 sklearn 和 statsmodels 包来学习机器学习分类的基础知识。本章主要介绍以下主题：

- 用于二进制和多类分类的机器学习分类算法；
- 使用机器学习分类算法进行特征选择。

首先介绍一些基本的机器学习分类算法。

机器学习分类算法

机器学习算法有很多种，并且一直在创建新的算法。机器学习算法在训练阶段获取输入数据，然后进行学习、拟合或训练。在此之后，使用从数据中学习到的统计模式，在所谓的“推理”过程中进行预测。这里将介绍一些基本的和简单的分类算法：

- 逻辑回归；
- 朴素贝叶斯；
- *k*-最近邻（KNN）。

这些算法主要是提供标记的训练数据。这意味着在训练数据中，有特征（输入）和目标或标签（输出）。目标应该是一个类，它可以是二进制（1 或 0）或多类（0 到类的总数）。

目标的数字 0 和 1（以及用于多类分类的其他数字）对应于我们的不同类别。对于二元分类，这可能是还款违约、贷款批准、某人是否会点击在线广告或某人是否患有疾病。对于多类分类，这可能类似于银行账户付款的预算类别、狗的品种或社交媒体帖子中的情绪分类（例如，悲伤、快乐、愤怒或害怕）。我们的输入或特征应该与目标有某种关系。例如，如果我们预测某人是否会拖欠贷款，可能会对某人的年收入和当前工作的任期长度感兴趣。尽管有许多分类算法，但我们将从逻辑回归开始学习。

二元分类的逻辑回归

自 1958 年以来，逻辑回归已经存在了很长一段时间，但不要被它的“年龄”欺骗。有时最简单的算法可以胜过复杂的算法（例如，复杂的神经网络算法）。逻辑回归主要用于二元分类，尽管它也可以用于多类分类。它是一组被称为广义线性模型（GLM）的一部分，其中包括线性回归，将在第 13 章“带有回归的机器学习”中讨论。在一些 Python 包中，如 statsmodels，逻辑回归可以通过 GLM 类来实现。

使用信用卡违约数据集来学习逻辑回归（数据集出处为：https://www.kaggle.com/uciml/default-of-credit-card-clients-dataset，也可在本书的 GitHub 存储库中获得）。在 Kaggle 的 data 页面中，对数据集的各个列的含义进行了描述，其中包含 2005 年 4 月至 8 月，5 个月的数据特征。PAY 列（如 PAY_0）包含有关该月是否延迟还款的数据。PAY_0 列用于记录支付 2005 年 8 月的还款，这是数据记录时间周期的最后一个月。其他列，如 BILL_AMT 和 PAY_AMT，包含数据集中 5 个月的账单和还款金额。其他列的含义可以直接从列的名称中获得。首先加载数据并为 EDA 运行 pandas 分析：

```
import pandas as pd
from pandas_profiling import ProfileReport
df = pd.read_excel('data/default of credit card clients.xls',
                   skiprows=1,
                   index_col=0)
report = ProfileReport(df, interactions=None)
report.to_file('cc_defaults.html')
```

与之前一样，可以对数据进行抽样(df=df.sample(10000,random_state=42))以使代码运行得更快。如果计算机配置不高，也可以通过数据抽样来减少运行时间。在 ProfileReport 中设置了 interactions=None，因为这部分 EDA 报告需要很长时间才能运行完成。

预测的目标变量是 default payment next month 列，其他列都是特征。通过查看相关性（例如，使用 df.corr().loc['default payment next month']）可以看到一些特征与目标有较强的相关性——Pearson 相关性约为 0.1 ~ 0.3 的少数特征，PAY 特征与目标的 phik 相关性约为 0.5。这里暂时不对数据进行清理、特征选择或特征工程处理。我们可以从 df.info()中看到数据集没有任何缺失值。因为逻辑回归的 sklearn 和 statsmodels 实现都无法处理缺失值，所以需要在使用模型之前处理缺失值。

为了拟合逻辑回归模型，需要一组分解为特征和目标的训练数据。可以像这样创建我们的特征和目标：

```
train_features = df.drop('default payment next month', axis=1)
train_targets = df['default payment next month']
```

上面的代码中，第一行删除了目标列，将所有其他列保留为特征，第二列仅将目标列保留在 train_targets 变量中。首先使用 sklearn 实现逻辑回归：

```
from sklearn.linear_model import LogisticRegression
lr_sklearn = LogisticRegression(random_state=42)
lr_sklearn.fit(train_features, train_targets)
```

所有 sklearn 模型的工作方式都类似。先导入模型类（这里是 LogisticRegression），然后实例化它（如上面第二行代码所示）。当我们创建模型对象时，可以为类提供参数。对于许多模型，有一个 random_state 参数，它将为随机过程设置随机种子。如果算法中有任何随机过程，都会使我们的结果被重现。我们还有其他可以设置的参数，尽管我们没有设置。一旦有了初始化的模型对象，就可以使用 fit()方法在我们的数据上训练模型。这就是“机器学习”的用武之地——模型（机器），正在从我们提供的数据中学习。由此会看到，当运行这段代码时会发出一个警告，说迭代达到了极限。后面我们将解释这意味着什么。

当模型使用的训练数据完成拟合过程，就可以轻松地评估其在相同数据上的性能：

```
lr_sklearn.score(train_features, train_targets)
```

训练后的模型可以通过 score()方法计算模型的评分。对于逻辑回归等分类算法，这通常指准确率，即正确预测的数量除以数据点的总数。score()方法在这里返回了 0.7788，因此我们知道准确率约为 78%。要了解模型的评分是否达标，将其与“多数类分数”进行比较会有所帮助，可以从 train_targets.value_counts(normalize=True)中找到答案。上述结果告诉我们 0

的类是 0.7788，所以我们的模型所做的并没有比猜测所有的结果都是“no default”更好。

通过模型进行预测

使用经过训练的模型，还可以根据训练数据预测目标的值。例如，可以这样预测训练集中的最后一个值：

```
predictions = lr_sklearn.predict(train_features)
```

我们向 predict()方法提供的数据必须是一个二维数组，所以如果只预测一个数据点的话，那么输入数据将是一个单行的二维数组：

```
lr_sklearn.predict(train_features.iloc[-1].values.reshape(1, -1))
```

Predict 函数为类标签返回一个 NumPy 数组。对于二进制分类，这将由 0 和 1 组成。如果有两个以上的类，结果为 0 到 n-1。

可以使用 predict_proba 函数获得所有预测的概率，而不是获得确切的类预测：

```
lr_sklearn.predict_proba(train_features)
```

结果返回一个 NumPy 数组，其中包含 c 列（表示 c 个类）和 n 行，表示 n 个数据点。使用我们的数据，它看起来像这样：

```
array([[0.54130993, 0.45869007],
       [0.65880948, 0.34119052],
       [0.65864275, 0.34135725],
       ...,
       [0.59329928, 0.40670072],
       [0.97733622, 0.02266378],
       [0.6078195, 0.3921805 ]])
```

第一行显示类别 0 的概率为 0.54(54%)，类别 1 的概率为 0.46。对于每一行，这些概率总和为 1。可以使用概率来选择一个阈值四舍五入我们的预测。例如，默认阈值>=0.5。换句话说，我们选择每个数据点为类别 1 的概率（第二列），然后进行四舍五入：

```
proba_predictions = lr_sklearn.predict_proba(train_features)[:, 1]
proba_predictions = (proba_predictions >= 0.5).astype('int')
```

通过 proba_predictions>=0.5 语句创建一个布尔数组，可以使用 astype('int')将其转换回整数。然后将结果与 predict 方法的返回结果进行比较，判断它们是否相等：

```
predictions = lr_sklearn.predict(train_features)
np.array_equal(predictions, np.round(proba_predictions))
```

上面的代码的第二行返回 True。

逻辑回归的工作原理

现在看看逻辑回归算法是如何工作的。该算法由以下等式定义：

$$p(y=1)=\frac{1}{1+e^{-(b_0+b_1x_1+\cdots+b_nx_n)}}$$

这是计算 y 为 1（$p(y=1)$）的概率，使用不同的特征（x_1 到 x_n）来执行此计算。我们在方程中有欧拉数（e），以及系数 b_0 到 b_n。这个方程也被称为 sigmoid 函数或 sigmoid 曲线，因为它使特征呈现 s 形，如图 11-1 所示。

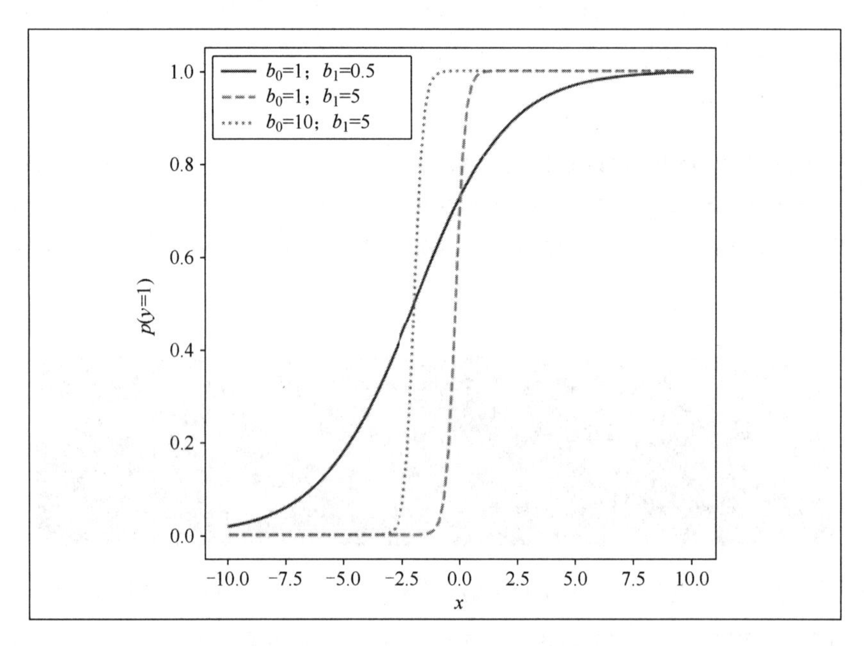

图 11-1　不同参数生成的 s 形曲线

在第一条曲线（实线）中，我们的 y 截距（b_0）为 1，第一个特征系数（b_1）为 0.5。截距项控制 y 穿过 x 轴时的值。较大的截距值意味着 sigmoid 曲线向左移动，正如在图中看到的虚线那样，b_0=10。当特征系数从 b_1=0.5 变为 b_1=5 时，我们可以看到 sigmoid 曲线变陡了。可以使用 intercept_和 coef_属性从 sklearn 模型中访问这些系数：

```
lr_sklearn.intercept_
lr_sklearn.coef_
```

这将显示我们拟合的截距是-2E-5（$-2*10^{-5}$，这里的 E 表示乘以 10 的幂次幂，而不是欧拉数），系数范围从 4E-7 到 7E-4。为了更深入地了解这些系数如何与目标变量相关，让我们看看比值比（也称优势比）和对数比值比（也称对数优势比）。

优势比和 logit

优势比的计算方式如下，其中 p 为一个类别的概率：

$$\text{oddsratio}=\frac{p}{1-p}$$

在本示例中，目标“1”表示还款违约。如果我们取这个等式的自然对数（以 e 为底的对数），就可以得到对数优势比或 logit：

$$\text{logit}=\ln(\frac{p}{1-p})$$

它被定义为等于逻辑回归中的系数项：

$$\ln(\frac{p}{1-p})=b_0+b_1x_1\cdots$$

这个 logit 方程可以重新排列为之前看到的逻辑回归方程。我们可以使用这个 logit 方程来描述系数的含义。例如，从逻辑回归方程的 coef_属性中看到 PAY_0 列的系数为 5E-5。我们可以说，在所有其他变量保持不变的情况下，AY_0 的单位增加意味着 5E-5 的违约风险的 log-odds 的增加。一个更有助于理解的方法是比值比，也就是欧拉系数的指数（$e^{b_0+b_1x_1+\cdots}$）。当我们用 np.exp(lr_sklearn.coef_)对系数取幂时，我们得到了 PAY_0 特征为 1.00005073。我们将这些指数系数与作为基线的值 1 进行比较。值为 1 表示特征和目标没有关系。大于 1 的值意味着当我们的特征中每增加一个单位时，几率会成倍地增加 e^{b1}，而小于 1 的值则意味着当我们的特征中每增加一个单位时，几率会成倍地减少。对于 PAY_0，这是数据集中最近一个月有人拖欠还款的月数。PAY_0 的较高值（延迟还款）意味着下个月违约的几率略高，这很直观。

但是，也可以看到系数非常小，并且系数的比值比都接近 1。为了确定这些系数在统计上是否与 0 有显著差异，可以使用一个统计检验来给出 p 值。为此，我们可以使用 statsmodels 包。在此之前，让我们看看 sklearn 的特征重要性，从而理解哪些特征对于预测目标比较重要。

使用 sklearn 检查特征的重要性

我们可以通过比较系数的绝对值来粗略估计特征的重要性。在用模型拟合数据（如果它们是在不同的单位）之前，我们确实需要缩小输入数据的规模，例如，使用 StandardScaler。系数越大意味着特征越“重要”，因为它对预测的影响越大。在此之前，扩展特征是很重要的，这样它们才具有可比性。可以通过下面代码缩放特征，拟合逻辑回归模型，并绘制特征重要性：

```
from sklearn.preprocessing import StandardScaler
import matplotlib.pyplot as plt
scaler = StandardScaler()
scaled_features = scaler.fit_transform(train_features)
scaled_lr_model = LogisticRegression(random_state=42)
scaled_lr_model.fit(scaled_features, train_targets)
logit_coef = np.exp(scaled_lr_model.coef_[0]) - 1
idx = abs(logit_coef).argsort()[::-1]
plt.bar(range(len(idx)), logit_coef[idx])
plt.xticks(range(len(idx)), train_features.columns[idx], rotation=90)
```

首先，导入用于标准化数据的缩放器和用于绘图的 matplotlib。然后缩放特征，并使用训练数据来拟合逻辑回归模型。我们使用模型的 coef_属性，用[0]索引出第一行数据。coef_数组的行包含每个目标变量的系数和每个特征的列。因为这里只有一个目标变量，所以只有一行。我们用 np.exp()对欧拉数(e)的系数值求幂，以得到与目标变量的几率关系。然后从这个值中减去 1，因为指数系数的值为 1 意味着与目标没有关系。logit_coef 数组中接近 0 的值表示该特征与目标之间的关系很小，值离 0 越远，说明该特征对预测目标越重要。

接下来，对系数的绝对值使用 argsort()来获得索引值，然后使用[::-1]将这个数组进行反转，这样我们的系数值将由大到小排列。最后，绘制 odds 系数，并用列名标记它们。我们得出的特征重要性如图 11-2 所示：

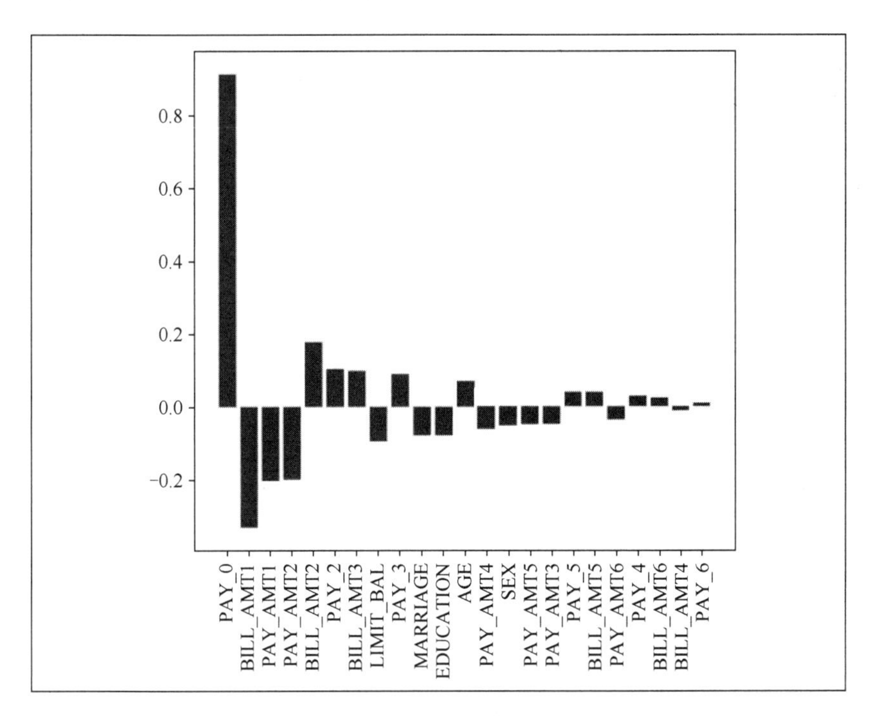

图 11-2 对信用卡逾期数据集的特征使用逻辑回归分析，从而判断特征重要性

可以看到，最重要的特性是 PAY_0，它是数据集中最近一个月还款的延迟月数，与目标呈正相关。最近几个月的其他一些特征值与目标值呈负相关，这意味着值越大，违约的可能性越小。对于 PAY_0，这很直观——如果客户最近一笔还款已经逾期，他们下个月可能有更高的几率依旧逾期还款。在 LIMIT_BAL 特性右侧，对于特征的比值比，在大多数情况下变得非常接近 1（在图 11-2 中表现为接近 0）。我们可以使用这些特征重要程度来删除一些系数小或相对重要性较低的特征。对于上面的情况，我们可以删除 PAY_2 右侧的所有特征，因为 PAY_2 的系数在重要性上比 BILL_AMT_2 特征有很大的下降。

这种特征重要性方法对于更好地理解数据和执行特征选择非常有用，随后还将学习它与其他算法的关系。另一种检验系数显著性的方法是用统计检验得出 p 值。

使用统计模型进行逻辑回归

Sklearn 包没有为我们提供 p 值，但逻辑回归的 statsmodels 实现可以。它使用似然比检验（likelihood ratio test）来计算这些 p 值。就像在第 9 章中那样，可以将这些 p 值与 alpha

值（通常为 0.05）进行比较，以测试结果的显著性。如果 p 值小于 0.05，可以说我们的原假设被拒绝。对于逻辑回归和线性回归而言，原假设是系数与 0 没有差异。因此，如果我们的系数 p 值小于 0.05，我们可以考虑保留这些系数并丢弃其他 p 值较大的系数。statsmodels 的建模方法略有不同，其工作原理如下：

```
import statsmodels.api as sm
import numpy as np
np.random.seed(42)
lr_model = sm.Logit(train_targets, train_features)
lr_results = lr_model.fit()
lr_results.summary()
```

首先使用别名 sm 导入 statsmodels 包的 api 模块，sm 是常用的约定导入名称。然后用 NumPy 设置一个随机种子。我们将很快了解到随机过程如何与逻辑回归一起工作，但请记住，我们还在 sklearn 实现中设置了随机种子。接下来，从 statsmodels 实例化 Logit 类，将目标作为第一个参数，将特征作为第二个参数。然后我们调用这个对象(lr_model)的 fit()方法，从而进行模型训练。这将返回一个带有训练或拟合过程结果的新对象。然后可以使用这个新对象的 summary()方法检查结果，如图 11-3 所示。

在此处仅显示报告的顶部，在完整报告中显示了更多的行。报告顶部是有关模型的一些细节和诊断信息。在顶部的左栏中，我们将目标变量列为因变量，显示模型类型（Logit），显示我们查找参数的方法（MLE，或最大似然估计），拟合的日期和时间，查看我们的模型是否收敛（稍后会详细介绍），最后，显示用于计算每个系数的其他值的协方差类型，如 std err 和 z。

可以使用.fit()方法中的参数 cov_type 更改协方差类型。例如，可以使用 cov_type='HC0'（cov_type 的其他值可以参考如下文档：https://www.statsmodels.org/stable/generated/statsmodels.regression.linear_model.OLSResults.get_robustcov_results.html）。在大多数情况下，可以将其保留为默认值，更改此设置是一个高级主题。通常它对系数的标准差和置信区间影响不大。

Logit Regression Results

Dep. Variable:	default payment next month	No. Observations:	30000
Model:	Logit	Df Residuals:	29977
Method:	MLE	Df Model:	22
Date:	Sun, 21 Mar 2021	Pseudo R-squ.:	0.1197
Time:	20:06:29	Log-Likelihood:	-13955.
converged:	True	LL-Null:	-15853.
Covariance Type:	nonrobust	LLR p-value:	0.000

	coef	std err	z	P>|z|	[0.025	0.975]
LIMIT_BAL	-9.196e-07	1.55e-07	-5.927	0.000	-1.22e-06	-6.16e-07
SEX	-0.1963	0.027	-7.391	0.000	-0.248	-0.144
EDUCATION	-0.1383	0.020	-6.869	0.000	-0.178	-0.099
MARRIAGE	-0.2827	0.023	-12.438	0.000	-0.327	-0.238
AGE	0.0005	0.001	0.394	0.693	-0.002	0.003
PAY_0	0.5733	0.018	32.431	0.000	0.539	0.608
PAY_2	0.0801	0.020	3.971	0.000	0.041	0.120
PAY_3	0.0702	0.023	3.109	0.002	0.026	0.114
PAY_4	0.0243	0.025	0.972	0.331	-0.025	0.073
PAY_5	0.0337	0.027	1.255	0.209	-0.019	0.086
PAY_6	0.0096	0.022	0.436	0.663	-0.034	0.053

图 11-3　statsmodels 逻辑回归拟合的 summary()报告（由于报告很长，因此未显示所有列）

在结果的右上角，有观察的数量、残差的自由度（预测值和实际值之间的差异）、模型的自由度（系数的个数减 1），以及一些模型的指标。第一个模型指标是伪 R 平方，对于完美模型（完美地预测数据），它应该接近 1.0。对于没有任何预测能力的模型，它的值应接近 0。通常，该值很小，可用于比较多个模型。接下来的三个指标与对数似然有关，我们将很快介绍相关等式。它可以衡量模型与数据的拟合程度，值越大越好。LL-Null 项是 Null 模型的对数似然。在 Null 模型中，对于逻辑回归仅使用一个截距项（常数）。最后，LLR p-value 值是对数似然比统计检验。如果我们的 *p* 值小于选定的 alpha 值（同样，我们通常将其与 0.05 的 alpha 值进行比较），LLR 检验告诉我们，我们的模型在统计上明显优于 Null 模型。

还有另一个汇总函数——summary2()。这显示了大部分相同的信息，也包括 AIC 和 BIC。IC 表示信息标准（information criteria）。AIC 为 Akaike Information Criterion，BIC 为 Bayesian Information Criterion。我们期望这两个值都是较小的数值，并且可用于比较同一数据集上的模型。IC 越小越好——IC 对特征数量有一个附加惩罚项，因此，当精度相同时，较少的预测变量将具有较小的 IC 值。

接下来，为每个特征（也称为外生变量、自变量或协变量）设置行。coef 列显示逻辑回归方程的系数值，接下来是标准误差（标准差的估计值）、Wald 检验的 *z* 值、同一检验的 *p* 值和 95%置信区间（当拟合数据样本时，预计 coef 值 95%的时间都在这些范围内）。可以仅保留 $p<0.05$ 的特征，从而对特征进行选择：

```
selected_features = sm.add_constant(
    train_features).loc[:, lr_results.pvalues < 0.05]
lr_model_trimmed = sm.Logit(train_targets, selected_features)
lr_trimmed_results = lr_model_trimmed.fit()
lr_trimmed_results.summary()
```

首先，使用 sm.add_constant(train_features)为我们的 statsmodels-ready 特征生成一个 pandas 的 DataFrame。然后使用 loc 选择 *p* 值小于 0.05 的所有行和列。我们可以使用 summary() 和 summary2()拟合模型并评估指标。由此，我们看到该模型的性能与具有所有特征的模型几乎相同。因此，我们可以选择使用有较少特征的模型（12 个特征加上一个常数项），而不是在所有特征上使用模型。如果模型性能几乎相同，但特征数不同，则最好选择更简单的模型，以最大限度地减少过拟合问题，并最大限度地减少所需资源。

当使用 statsmodels 时，有一个 predict 函数，就像使用 sklearn 一样，可以通过如下方式，对我们的结果对象使用该函数：

```
lr_trimmed_results.predict(selected_features)
```

它返回一个 pandasSeries 表示类别 1 的预测概率。可以根据阈值将其四舍五入，如下所示：

```
predictions = (lr_trimmed_results.predict(
    selected_features) > 0.5).astype('int')
```

这将为我们提供一个由二进制值填充的 pandas Series，可以直接与 0 和 1 的目标值进行比较。可以将其与准确性等指标一起使用：

```
from sklearn.metrics import accuracy_score
accuracy_score(predictions, train_targets)
```

对于许多像这样的 sklearn 指标，将真实值作为第一个参数，将预测值作为第二个参数，但在具体使用之前，详细查看文档工作还是必要的。我们发现我们的准确率约为 81%（0.8091），比 sklearn 模型稍好一些。

可能已经有人注意到 sklearn 和 statsmodels 逻辑回归模型的系数，以及准确度得分是不同的。这主要与两个设置有关——优化算法和正则化。为了理解优化算法，现在让我们来看看逻辑回归如何设置它的参数。

最大似然估计、优化器和逻辑回归算法

逻辑回归使用迭代优化过程来计算每个特征的系数和截距。正如我们从 statsmodels 中看到的，它还使用了一种称为最大似然估计或 MLE 的方法。这个 MLE 过程依赖于一个似然函数，我们试图将其最大化。似然函数是在给定参数的情况下看到数据的条件概率：$P(X|\theta)$，其中 X 是数据数组，θ 是参数（系数，b_0,b_1 等）。逻辑回归对数似然函数为：

$$P(X\mid\theta)=\sum_{i=1}^{N}\log(\hat{y}_i)*(y_i)+\log(1-\hat{y}_i)*(1-y_i)$$

这个方程只需要实际的目标值（y_i）和 $\hat{y}$（$\hat{y}_i$ 被称为 y-hat）预测的概率值（在 0 和 1 之间）。当一个值是一个估计值时，通常将“hat”放在符号的顶部。有时，在同一个方程中，y-hat 会被写成 t 或 p。大写的“E”是一个和（sum）符号——我们为每个数据点（i=1 到 N）取方程的值并将它们加起来。当预测非常接近实际值，并且为负时，该等式达到最大值（接近 0）。有时，整个方程前面都有一个负号，以便函数在其最佳值处最小化。最小化成本函数是数学优化的常见做法，这就是为什么有时将对数似然转换为负对数似然（Negative Log-Likelihood，NLL）的原因。这有点令人感到困惑，NLL 值通常为正，NLL 中的“负数”是因为我们在整个方程前面加上了一个负号。

这个方程也被称为二元交叉熵或对数损失，在 sklearn 中实现为 sklearn.metrics.log_loss()。sklearn 文档也对这个概念有一个简短的解释：https://scikit-learn.org/ stable/modules/model_evaluation.html#log-loss。这种损失函数会严重惩罚错误的预测，但它还惩罚正确但置信

度低的预测。因此，如果 y 的真实值为 1，并且我们的预测为 0，且为低概率，将得到 $\log(\hat{y}_i)$ 的较大负值，从而导致我们的似然值很大。对数函数是非线性的，因此当我们的 $\hat{y}_i$ 值接近 0 时，$\log(\hat{y}_i)$ 值以指数方式接近负无穷大。可以使用 NumPy 和 matplotlib 将其可视化：

```
x = np.linspace(0.01, 1, 100)
y = np.log(x)
plt.plot(x, y)
plt.xlabel('x')
plt.ylabel('log(x)')
```

上面的代码生成的图形如图 11-4 所示：

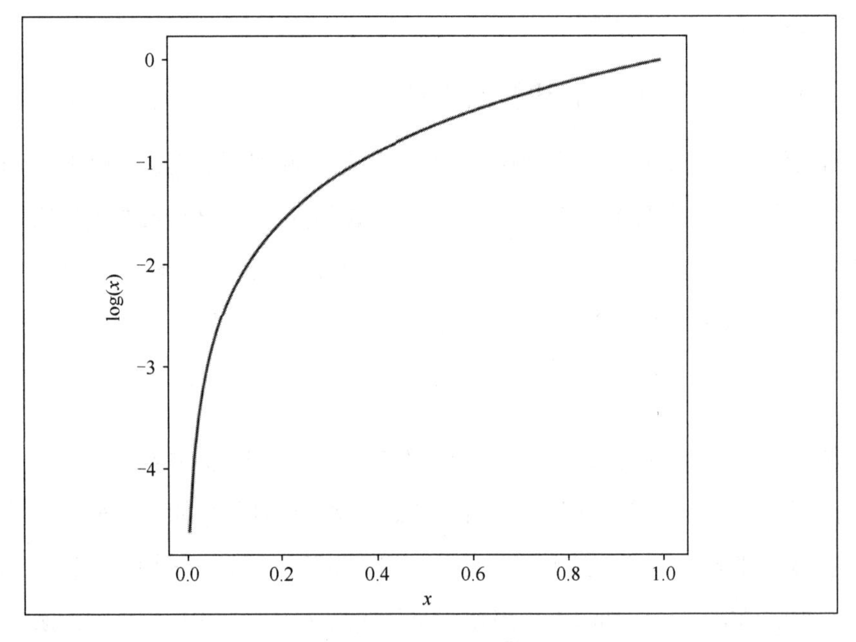

图 11-4　$\log(x)$函数

现在有了对数似然或损失函数，可以使用它来拟合我们的模型和逻辑回归算法。为了获得逻辑回归的参数（系数），首先将它们初始化为一个值（例如，在 statsmodels 中，系数默认初始化为 0）。然后根据逻辑回归方程计算目标的预测值，并计算似然函数的值。接下来，更改参数，使似然函数向 0 移动。我们可以使用各种优化器来做到这一点。在其他算法（如神经网络）中看到的是梯度下降。但是，也可以使用其他几个优化器。它们都改变了参数（系数），以便优化对数似然函数（在这个例子中最大化，将对数似然值移向 0）。

如果我们的模型是气球，并且穹顶是所有可能参数的似然面，那么通过改变参数来最大化对数似然函数就像让气球上升到穹顶的中心，优化器的数学算法就变得复杂，在此不深入研究，但我们可以将这些优化器更改为 sklearn 和 statsmodels 函数的参数。回顾一下，逻辑回归算法为：

- 初始化系数；
- 预测目标值（每个数据点的 y-hat 值）；
- 计算对数似然或损失函数；
- 使用优化器更新系数，以优化损失函数；
- 重复上面步骤，直到损失函数的变化足够小。

使用 statsmodels 逻辑回归 fit 方法，优化器的参数是方法。在默认情况下，Newton-Raphson 优化器是 newton。我们还可以为优化器的最大迭代次数设置一个 maxiter 参数。如果看到了 ConvergenceWarning:Maximum Likelihood optimization failed to blend.的警告，可以尝试其他优化器或增加 maxiter 参数来查看我们是否可以让模型收敛。这些参数应该在 statsmodels 模型的 fit()方法中设置，如下所示：

```
lr_results = lr_model.fit(method='newton', maxiter=10)
```

通过 sklearn 可以使用 newton-cg 方法，可以使用 solver 参数指定该方法。这与 statsmodels 中使用的默认 Newton-Raphson 方法不完全相同，但很接近。还需要增加 max_iter 参数，以便算法可以收敛：

```
lr_sklearn = LogisticRegression(solver='newton-cg', max_iter=1000)
lr_sklearn.fit(train_features, train_targets)
```

然而，在这里，我们仍然会收到关于线性搜索算法（优化器）没有收敛的警告。这些系数与 statsmodels 结果更相似，因此它似乎接近收敛，并且 sklearn 代码中可能存在错误或特殊性，导致这些警告出现在 newton-cg 中。我们可以从 lr_sklearn.n_iter_中看到进行了 185 次迭代，这低于我们的限制 1000 次——所以它似乎已经收敛。有趣的是，statsmodels 牛顿求解器只需要 7 次迭代即可收敛。

sklearn 和 statsmodels 中默认的逻辑回归设置之间的另一个区别是正则化。

正则化

正则化为对数似然函数（也称为损失函数）添加了一个惩罚项。随着系数变大，这个惩罚项会使对数似然值从 0 进一步移动。使用逻辑回归进行正则化的主要方法有三种：L1（也称为 Lasso）、L2（也称为 Ridge）和 ElasticNet(L1+L2)正则化。正则化可以防止过拟合，并为模型提供一个调整偏差—方差权衡的刻度盘。

对于通常的对数似然，L1 正则化减去 $\lambda\sum|b|$，其中$|b|$是系数的绝对值，而 gamma(λ)是我们选择的常数值。一些实现使用负对数似然，我们翻转所有符号（正则化项将被添加，而不是被减去）。正如之前看到的，系数大意味着一个特征对目标的影响更大。如果有很多较大的系数，我们可能会拟合数据中的噪声而不是实际模式。通过 L1 正则化，可以将一些系数正则化到 0，为我们提供一些特征选择。

L2 正则化使用惩罚项 $\lambda\sum b^2$，这会导致系数缩小，但不会将其降低到 0。Elastic Net 将两者结合在一起。使用正则化时，缩放我们的特征很重要，因为惩罚项会惩罚系数的原始大小。唯一的例外是，与 PCA 和逻辑回归特征重要性一样，如果我们的特征使用相同的单位——那么我们可能会考虑不缩放它们。

在 sklearn 中，惩罚参数指定正则化方法。默认情况下，它使用 L2 正则化。还有一个 C 参数，它是正则化强度的倒数。LogisticRegression 类的文档描述了这些参数，并说明了哪些求解器（优化器）可以与不同的惩罚项一起使用（以及相关限制）。如果将 C 的值设置为小于默认值 1 的数字，并使用 L1 正则化，则可以强制一些系数为 0：

```
scaler = StandardScaler()
scaled_features = scaler.fit_transform(train_features)
lr_sklearn = LogisticRegression(penalty='l1', solver='liblinear', C=0.01)
lr_sklearn.fit(scaled_features, train_targets)
lr_sklearn.coef_
```

首先像之前一样使用 StandardScaler 对准备好的数据进行标准化，然后将 C 的值设置为 0.01 以获得强大的正则化效果。拟合模型后，我们可以看到 BILL_AMT features 2-6 已被正则化为 0。我们可以考虑删除这些特征，因为它们在 statsmodels 结果中也有很大的 p 值。

要对 statsmodels 使用正则化，可以使用 Logit 对象的 fit_regularized()方法：

```
scaled_features_df = pd.DataFrame(
    scaled_features,
    columns=train_features.columns,
    index=train_features.index
)
lr_model = sm.Logit(train_targets, sm.add_constant(scaled_features_df))
reg_results = lr_model.fit_regularized(alpha=100)
reg_results.summary()
```

首先，从 NumPy 缩放数据数组创建一个 pandas DataFrame。还需要在创建 DataFrame 和索引时设置列名。这样就可以在摘要报告中获得来自 DataFrame 的列名。如果目标和特征是 DataFrames 或 Series，则它们必须具有相同的索引。

创建模型对象后，对其进行拟合，并使用 alpha 参数指定正则化强度。较大的值意味着有更强的正则化，这与 sklearn 模型中的 1/C 相同。这些值可能在 0.001 到 100 左右。一旦完成模型拟合，然后检查报告，我们可以看到相同的五个特征已被正则化为 0（BILL_AMT features 2-6）。

正则化是防止过拟合的便捷工具，但选择最优 C 需要一些迭代过程。可以使用 for 循环来做到这一点，但更简单的方法是使用预先构建的交叉验证工具。

超参数和交叉验证

Sklearn 逻辑回归中的 C 参数和 statsmodels 实现中的 alpha 值称为超参数。这些是我们选择的模型中的设置。相比之下，参数是模型学习的系数。这会让人感到困惑，因为在 Python 编程中，参数也是我们提供给函数或类的设置。因此，C 值在 Python 编程语言中是一个参数，在机器学习术语中是一个超参数。

机器学习的一个主要内容是优化超参数，我们将在第 14 章“优化模型和使用 AutoML”中更深入地介绍这一点。目前，可以使用 sklearn 中的 LogisticRegressionCV 类轻松地对 C 参数执行超参数搜索。这将使用交叉验证技术，它将数据分解为训练数据和验证数据（或测试数据）。例如，可以将 75%的数据用于模型训练，并保留 25%作为验证集。将模型拟合到训练集，然后在验证集上计算准确度或其他指标。交叉验证（CV）会多次执行此操作，以便我们在训练和测试时对数据集的每个部分进行训练和评估。例如，可以使用 3-fold 交叉验证，将数据分成三份。首先使用前三分之二的数据进行模型拟合，然后使用最后三分之一的数据进行模型评估。然后我们在最后三分之二的数据上从头开始拟合模型，并在前三分之一上进行模型评估。

最后，我们在前三分之一和最后三分之一的数据上进行模型训练，并在中间三分之一的数据上进行评估。然后对三个验证部分的分数进行取平均值，得到超参数设置的分数。我们可以改变超参数设置，重复 CV 过程，从而保持超参数设置得分最高。交叉验证（CV）流程示意图如图 11-5 所示：

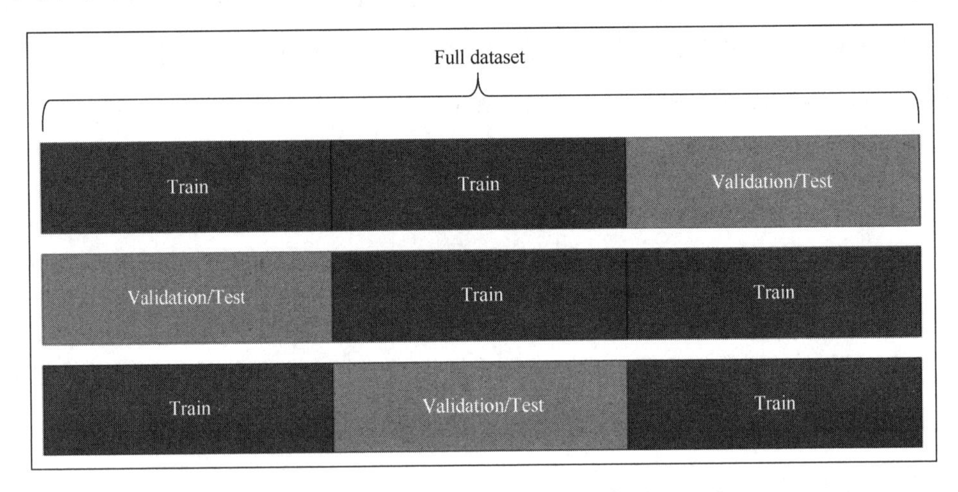

图 11-5　交叉验证（CV）示意图

如图 11-5 所示，我们将获得三个验证分数，然后取它们的平均值，以获得具有一组超参数的算法在数据集上的总体交叉验证分数。可以对一系列超参数（例如 C 值）执行此操作，并选择具有最佳验证分数的超参数。

对于 sklearn 中的某些模型（如逻辑回归），使用 CV 类可以轻松做到这一点。可以对我们的数据执行交叉验证以找到最佳 C 值，如下所示：

```
from sklearn.linear_model import LogisticRegressionCV
lr_cv = LogisticRegressionCV(Cs=[0.001, 0.01, 0.1, 1, 10, 100],
                             solver='liblinear',
                             penalty='l1',
                             n_jobs=-1,
                             random_state=42)
lr_cv.fit(scaled_features, train_targets)
```

首先，导入 LogisticRegressionCV 类。然后，使用几个参数对其进行初始化：我们想要尝试的 C 值列表（Cs），以及求解器（solver）和惩罚参数（penalty）。在这里使用 L1 惩罚，以便可以删除一些特征。由于只有 liblinear 和 saga 求解器可以与 L1 一起使用（LogisticRegressionCV 类的文档中所述），因此这里指定了 liblinear 求解器。还将 n_jobs 参数设置为-1，这告诉 sklearn 并行使用所有可用的 CPU 内核来运行交叉验证过程。这是在其他 sklearn 函数中看到的常见用法。最后，设置了 random_state，因为它会影响 liblinear 求解器的工作方式，并将提供更多可重现的结果。从这个搜索中，我们从属性 lr_cv.C_中发现最佳 C 值为 1。还可以使用 lr_cv.scores_查看交叉验证分数。要获得每个 C 值的平均验证集分数，可以执行以下操作：

```
lr_cv.scores_[1].mean(axis=0)
```

这将返回一个与我们的 C 值数量相同长度的数组，并显示 C=1 的值的得分约为 81%（0.81）。使用 CV，还可以优化其他超参数和设置，如正则化类型（L1、L2、ElasticNet），但这需要更高级的超参数搜索实现，将在第 14 章“优化模型和使用 AutoML”中介绍这部分内容。

大数据的逻辑回归（和其他模型）

通常人们发现，在工作中可能会遇到大数据，因此需要一种方法来处理它。sklearn 和 statsmodels 都可以处理大数据。例如，statsmodels 有一个 DistributedModel 类，但目前缺少如何使用它的示例。对于 sklearn，可以使用 daskPython 包（可以参考以下示例：https://examples.dask.org/machine-learning/incremental.html）。然而，处理大数据的一个简单而快速的解决方法（尽管并不理想）是将数据抽样到可以在单台机器上处理的数据大小。但是为了确定可以使用所有数据，还有其他几个 Python 包可以在大数据集上执行逻辑回归：

- Vowpal Wabbit；
- H2O；
- TensorFlow；
- Dask；
- Spark (pyspark)。

在这些包中，TensorFlow 有许多好文档和示例，Dask 也有不少文档。遗憾的是，VowpalWabbit 的云端部署示例不是很多。

H2O 不但可以在集群中运行逻辑回归，也可用于单台机器上。本书的 GitHub 存储库中的本章代码中显示了一个小示例。H2O for ML 的一些优点是它可以优雅地处理缺失值和非数字值（如字符串）。它还具有从 ML 模型（H2O 被称为"变量重要性"）绘制特征重要性的便捷方法。

在 H2O 的文档中有关于逻辑回归的介绍，其中包含 Python 示例：https://docs.h2o.ai/h2o/lateststable/h2o-docs/data-science/glm.html#examples。

但是，R 文档往往更有条理且更易于阅读：https://docs.h2o.ai/h2o/latest-stable/h2o-r/docs/reference/h2o.glm.html。

在 H2O 中，大多数（如果不是全部）R 语言和 Python 函数名称和参数都相同。

从逻辑回归来开始机器学习的学习，是大家通用的做法，因为该模型的工作原理及其结果相对容易理解（与其他一些机器学习模型相比）。但是，还有许多其他的二元分类模型，接下来将在 sklearn 中学习更多模型。

用于二元分类的朴素贝叶斯

朴素贝叶斯分类器是贝叶斯定理的扩展，在第 8 章中提过。使用朴素贝叶斯模型，通过将条件概率与每个类的先验概率 $P(y)$相乘来预测一个类的概率。正如我们迄今为止所做的那样，该类在二进制分类中是 0 或 1，我们的类分布在 $P(0)=0.78$ 和 $P(1)=0.22$ 左右。模型学习的条件概率是 $P(x_i|y)$，其中 x_i 是第 i 个特征，y 是类别。例如，可以查看某个人已全额支付最近一个月的账单，并且不会拖欠下个月的账单的条件概率：

```
df[(df['default payment next month'] == 0) & \
    (df['PAY_0'] == -1)].shape[0] / df.shape[0]
```

对于一个 PAY_0=1 的样本，这个分数(0.16)乘以其他特征的条件概率，还可以乘以 P(0)=0.78 来得到 y=0 的预测概率。sklearn 文档提供了更详细的解释：https://scikit-learn.org/stable/modules/naive_bayes.html。

在 sklearn 中有几种不同的贝叶斯分类器。所有的贝叶斯分类器都用于分类，但采取不同类型的特征：

- BernoulliNB：二进制特性（1 和 0）。
- CategoricalNB：离散的、非负的范畴特征（例如，一个特征可以包含 0、1 和 2）。
- ComplementNB：具有非负范畴和数值特征，类似于 multi - omialnb，但更适合于目标分布不均匀的不平衡数据集。
- GaussianNB：用于任何数字特征，假设特征（$P(x_i|y)$项）的似然性符合高斯分布。
- MultinomialNB：适用于非负范畴和数值特征。

对于现在使用的数据，可以尝试使用 GaussianNB。然而，可以很容易看到我们的特征和目标不是正态分布的，所以我们可以猜测这个算法不会有很好的表现。可以拟合它，并通过如下代码检查它的评分：

```
from sklearn.naive_bayes import GaussianNB
gnb = GaussianNB()
gnb.fit(train_features, train_targets)
gnb.score(train_features, train_targets)
```

与所有 sklearn 算法一样，首先导入它，然后初始化模型对象。之后将模型拟合到训练特征和目标，并可以评估模型分数。我们的分数只有 37.8%的准确率，这样的准确率远不能满足我们的预测需求。

这些朴素贝叶斯模型具有与逻辑回归类相同的 predict()和 predict_proba()函数（我们只是将特征提供给预测函数）。朴素贝叶斯模型还有一个 partial_fit()方法，每次可以提供部分数据，以便模型更新其参数。通过这种方式，可以通过每次拟合部分数据的方法来处理更大的数据或流数据。

朴素贝叶斯模型的一种用途是文本分类。例如，如果想将文本分类为积极或消极，我们可以使用带有字数的多项式朴素贝叶斯分类器。将在第 18 章“处理文本”中对文本数据进行更多讨论。

k-最近邻（KNN）

下面介绍最后一个模型——*k*-最近邻（KNN）算法。这是一个基于距离的算法。如果我们想预测一个数据点的类别，取离这个数据点最近的 *k* 个点（通过点之间特征的距离来衡量），然后对最近点的类别取加权平均来进行预测。KNN 不同于其他的 ML 算法，因为它不需要训练——我们只存储我们的数据，然后在评估时计算距离来作出预测。这里可以很容易地在 sklearn 中使用 KNN，但要确保在使用它之前已经扩展了我们的特征：

```
numeric_columns = ['LIMIT_BAL', 'AGE'] + \
    [f'BILL_AMT{i}' for i in range(1, 7)] + \
    [f'PAY_AMT{i}' for i in range(1, 7)]
categorical_columns = ['SEX', 'EDUCATION', 'MARRIAGE'] + \
    ['PAY_0'] + [f'PAY_{i}' for i in range(2, 6)]
scaler = StandardScaler()
scaled_numeric_features = scaler.fit_transform(
    train_features[numeric_columns]
)
scaled_features = pd.concat(
    [pd.DataFrame(data=scaled_numeric_features,
                  columns=numeric_columns,
                  index=df.index),
    train_features[categorical_columns]],
    axis=1
)
```

首先，创建数字和分类特征的列表。然后使用 StandardScaler 来缩放数字特征。最后，使用 pd.concat()将这两组特征重新组合在一起。根据缩放特征创建一个 DataFrame，提供来自原始 DataFrame 的列名和索引，以便我们的 DataFrame 可以正确合并。之后通过下面代码拟合 KNN 模型：

```
from sklearn.neighbors import KNeighborsClassifier
knn = KNeighborsClassifier(n_jobs=-1)
knn.fit(scaled_features, train_targets)
knn.score(scaled_features, train_targets)
```

首先，使用 sklearn 模型导入类，然后对它进行实例化。n_jobs=-1 参数指定我们应该使用所有可用的处理器来计算距离，从而加快运行时间。还有其他可用于计算距离的参数。在默认情况下，它使用欧几里得距离，即点之间的直线距离。我们可以在 KNeighborsClassifier()中设置参数 p=1，以使用曼哈顿距离（两点在南北方向上的距离加上在东西方向上的距离，曼哈顿距离又被称为出租车距离）或城市街区距离，这往往更适用于高维数据（具有许多特征）。

曼哈顿距离不是点之间的直线距离，而是沿直角（正交）轴测量的两点之间的距离。

它看起来就像开车穿越城市的市中心（如纽约市的曼哈顿）。曼哈顿距离的一个例子如图 11-6 所示。曼哈顿距离将比欧几里得距离更大。

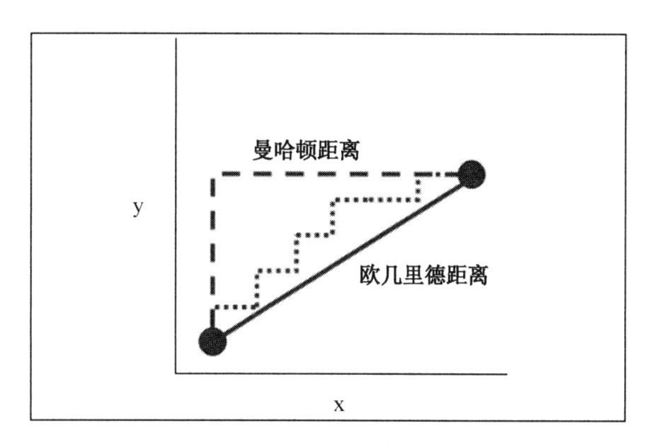

图 11-6　两点之间的曼哈顿距离和欧几里德距离示意图（虚线显示了两个曼哈顿距离的例子）

欧几里得距离和曼哈顿距离都源自明氏距离（https://en.wikipedia.org/wiki/Minkowski_distance）。

KNN 理解和实现起来非常容易。我们可以调整的主要超参数是邻居的数量（n_neighbors 参数）、用于计算预测类的附近点的权重（weights）和距离计算（*p* 和 metric）。搜索这些参数的最简单方法是优化 n_neighbors 参数。

我们将在第 14 章中更详细地介绍这一点，因为 sklearn 中没有特定的 KNN 交叉验证类。在这个模型的训练集上的准确率是 0.8463（84%），对于这样一个简单的模型来说还不错，实际上看起来比我们迄今为止的逻辑回归模型都要好。事实上，在使用 sklearn 的 StandardScaler 对所有特征进行缩放和标准化后，我们的准确性略有提高。在没有缩放的情况下，在训练数据集上的准确率为 81.7%。但是，在评估我们训练的相同数据的准确性时，确实需要小心。如果我们的模型过度拟合数据（拟合数据中的噪声），可能会看到训练数据的准确率非常高，但对新数据的预测准确率很低，将在第 12 章中讨论这一点。

sklearn 文档对其功能进行了解释，也有相关示例。例如，可以在 sklearn 文档找到 KNN 示例和说明：https://scikitlearn.org/stable/modules/neighbors.html#nearest-neighbors-classification。回顾一下，KNN 算法的工作原理如下：

- 将我们的训练数据存储在内存中；
- 要进行预测，请使用新数据点和现有数据点之间的距离指标来计算距离（有多种方法可以做到这一点，蛮力方法可以计算所有距离）；
- 取 k 个最近的点，然后计算平均值或加权平均值，得到 $\hat{y}$ 值。

到目前为止，我们已经研究了二进制分类：将 0 和 1 作为预测目标。然而，现实中许多问题是多类分类，这将在下面介绍。

多类分类

多类分类指目标中有三个或更多的类，这也被称为多项分类。sklearn 中的所有分类器都可以进行多类分类，sklearn 中还有一些其他的多类分类工具。

逻辑回归

现在使用与之前相同的逻辑回归模型，但使用 PAY_0 作为我们的目标：

```
pay_0_target = df['PAY_0'].replace({i: 1 for i in range(1, 9)})
pay_0_features = df.drop(['PAY_0', 'default payment next month'], axis=1)
lr_multi = LogisticRegression(max_iter=1000)
lr_multi.fit(pay_0_features, pay_0_target)
```

首先，创建一个以 PAY_0 列为目标的 pandas Series。对于不同的付款类别，它的值为 -2 到 8（-2 表示“无消费”，-1 表示按时付款，0 表示使用循环信用，1 ~ 8 是延迟付款的月数）。我们将 1 到 8 之间的任何值转换为值 1 以简化分类，通过这种更改，1 表示延迟付款。然后创建一组没有目标列和二进制“违约”列的特征。我们可以在不加修改的情况下使用 sklearnLogisticRegression 类，但通常我们使用 max_iter 参数，以便我们的模型可以完全拟合数据（需要 228 次迭代才能收敛，大于默认的 max_iter100）。使用 sklearn 中的其他分类模型，也可以简单地给它一个多类目标，然后像往常一样使用分类器。

多项逻辑回归算法执行与以前相同的逻辑回归方程，但类别数为 k。有多种方法可以建立求解类概率系数和预测的方程，但我们最终将得到相同的结果——每个类的概率，其中所有预测的概率和为 1。例如，可能会得到一个概率预测的向量，它看起来像 [0.25,0.25,0,5]，表示多项式逻辑回归中 3 种不同类别的概率。使用 sklearn，逻辑回归系数是一个 shape 数组(n_classes, n_features +1)。+1 表示截距项。

用于多类逻辑回归的损失函数与二元情况（交叉熵）相同，但被推广到多类。sklearn 文档显示了它的精确方程：https://scikit-learn.org/stable/modules/model_evaluation.html#log-loss。

还可以使用 statsmodels 中的 MNLogit 类，它给出了类的 k–1 系数：

```
multi_sm = sm.MNLogit(pay_0_target, sm.add_constant(pay_0_features))
multi_sm_results = multi_sm.fit()
multi_sm_results.summary()
```

可以使用 multi_sm_results.predict(sm.add_constant(pay_0_features))从这个模型中得到预测，这也是每个类的概率，每个数据点的概率总和为 1。

这种多项逻辑回归技术依赖于不相关属性独立性（independence of irrelevant attributes，IIA）的假设，即偏好一个类而不是第二个类的概率不应依赖于另一个“不相关”的类。

在我们的例子中，这个假设是成立的，但如果有另一个类的完美替代品，这个例子就不成立了。例如，如果 PAY_0 的 0 值（使用循环信用）有一个完美的替代品，比如另一个价值为-3 的类涉及使用几乎相同的循环信用，那么这个 IIA 假设将不成立，我们的逻辑回归结果可能不可靠。

多项逻辑回归的这种实现可以被认为是针对每个类与最后一个类拟合 k–1 二元逻辑回归模型，这就是为什么 statsmodels 返回 k 类的 k–1 组系数。但是，还有一些其他的多类建模策略：One-vers-REST 和 One-vers-One。

one-versus-rest 和 one-versus-one 公式

多项分类的 one-versus-rest（OVR）和 one-versus-one（OVO）公式略有不同。OVR 将问题公式化，使每个类都适合于二元分类问题中的所有其他类，给出了 k 个类的 k 个模型。OVR 的一个优点是易于解释：每个模型都有单个类与所有其他类的系数或参数。OVO 实现为每对类创建一个模型，并生成 $k*(k-1)/2$ 个模型。这些模型不像 OVR 或 sklearn 模型的默认实现那样容易解释，但 OVO 可以给那些不能很好地随样本数伸缩的算法提供计算优势（例如，使用蛮力距离计算时的 KNN 方法）。将在本章后面的计算复杂性部分讨论与数据大小相关的算法的运行时缩放。OVO 通过从其所有分类器中获得预测类的多数票来进行预测。

要将 OVR 与逻辑回归一起使用，可以将 multi_class 参数设置为'ovr'：

```
lr_multi_ovr = LogisticRegression(max_iter=1000, multi_class='ovr')
```

这保留了之前使用过的相同逻辑回归对象和接口。另一种适用于任何模型的方法是使用 sklearn 中的其他类：

```
from sklearn.multiclass import OneVsOneClassifier, OneVsRestClassifier
lr_ovr = OneVsRestClassifier(LogisticRegression(max_iter=1000), n_jobs=-1)
lr_ovo = OneVsOneClassifier(LogisticRegression(max_iter=1000), n_jobs=-1)
lr_ovr.fit(pay_0_features, pay_0_target)
lr_ovo.fit(pay_0_features, pay_0_target)
```

在这里，从 sklearn 导入 OVO 和 OVR 类，并用这些类简单地包装我们的逻辑回归算法。然后，就可以使用之前使用的拟合、预测和其他方法。但是，predict_proba 不适用于 OVO 模型。我们将 n_jobs 参数设置为-1 以便使用所有可用的处理器。还可以通过如下代码获取每个单独的模型：

```
lr_ovo.estimators_[0]
```

这为我们提供了 6 个逻辑回归模型中的第一个。有 4 个类（-2、-1、0、1），模型的目标对遵循一个模式：第一个类与连续的下一个类配对，然后第二个类与接下来的类配对，以此类推。于是我们将得到(-2,-1),(-2,0),(-2,1),(-1,0),(-1,1),(0,1)和 1。使用单个模型，可以访问模型的任何属性和方法，如 predict_proba。

sklearn 中的模型倾向于使用每种算法（OVR 或 OVO）的最佳实现。实际应用可以尝试不同的算法实现，看看哪个效果最好。

多标签分类

一些分类问题可以为每个目标设定多个标签。例如，如果我们正在对新闻故事的主题进行分类，它可能同时属于多个类别（例如，新闻故事可能同时涉及经济和政治）。多标签问题的分类器（我们也可以称为多目标）根据定义是多输出分类器。我们可以使用违约数据集中的 PAY 列来创建多标签分类问题：

```
import swifter
mo_targets = df[['PAY_0'] + [f'PAY_{i}' for i in range(2, 7)]].copy()
mo_targets = mo_targets.swifter.apply(lambda x: (x > 0).astype(int), axis=1)
```

在这里，从原始 DataFrame 中检索 PAY 列并进行复制（以免更改原始 DataFrame 或从 pandas 收到任何 SettingwithCopyWarning 的警告）。然后我们跨行应用该函数（axis=1），如果值大于 0，则返回 1，否则返回 0。PAY 列存在延迟付款用 1 表示，否则用 0 表示。我们使用 swifter 包来并行化 apply 函数。

某些 sklearn 模型可以很方便地处理多标签数据。例如，DecisionTreeClassifier 等基于树的模型及 KNN。但是，许多其他模型无法处理这个问题，因此必须使用另一个 sklearn 类：

```
from sklearn.multioutput import MultiOutputClassifier
mo_clf = MultiOutputClassifier(LogisticRegression(max_iter=1000), n_jobs=-1)
mo_clf.fit(mo_features, mo_targets)
```

在这里，导入并使用 MultiOutputClassifier 类，它的使用方法与 OVO 和 OVR 类几乎相同。我们给它一个估计器作为第一个参数，并通过 n_jobs=-1 参数告诉它使用所有可用的处理器。然后我们可以使用和之前类似的方法，如 predict、predict_proba、score。这个类为每个目标拟合一个单独的模型，并将模型存储在 mo_clf 变量的 estimators_attribute 中。

另一个类似的方法是 sklearn 的 ClassifierChain 类。它将拟合每个类的单个模型，但按顺序拟合它们。它首先将模型拟合到第一个目标值，然后使用来自先前模型的类的实际值（在训练中）或预测值（在推理或预测期间）顺序拟合其他目标值的模型。可以像这样使用这个模型：

```
from sklearn.multioutput import ClassifierChain
cc_clf = ClassifierChain(LogisticRegression(max_iter=1000))
cc_clf.fit(mo_features, mo_targets)
```

如果目标值之间存在相关性，这将很有效。在这种情况下，多输出模型和链模型的训练数据得分大致相同，准确率为 67%，因此几乎没有什么区别。

选择正确的模型

一旦掌握了多种模型，有时很难决定该选择哪一种。这里提供了一些指导方针，可以使用它们来进行选择，下一章将介绍使用指标来比较模型。

“没有免费的午餐”定理

“没有免费的午餐”定理适用于数学和机器学习。在机器学习中，它指出不存在某个模型一定是特定任务的最佳模型。因此，尝试多个模型，并比较一个或多个所选指标的分数，选择性能最佳的模型。

Sklearn 中有更多分类模型，文档地址为：https://scikitlearn.org/stable/supervised_learning.html。

Sklearn 文档还对不同的分类模型进行了比较：https://scikit-learn.org/stable/auto_examples/classification/plot_classifier_comparison.html。

我们可以使用交叉验证对模型进行评分，或者将数据拆分为训练集和验证集，比较验证集上的分数。第 12 章将更详细地讨论这一点。

模型的计算复杂度

选择模型的另一个考虑因素是计算复杂度或大 O 运行时间。我们可以考虑模型运行所需的时间（训练和推理）和模型运行所需的空间（同样，用于训练和推理）。这些因素只对大数据应用场景比较重要，因为如果我们的数据很大，我们可能会遇到资源（计算机内存或时间）消耗殆尽的问题。

在计算机科学及相关领域中，大 O 表示法描述了当输入或迭代次数变为较大值时算法的行为，这通常被称为计算复杂度，我们通常会考虑时间和内存复杂度。例如，如果算法的运行时间仅线性依赖于输入数据的大小 n，则其计算运行时间（或时间复杂度）将具有大 O 表示法 $O(n)$。对于逻辑回归，大 O 运行时间大致是数据大小乘以优化器必须采取的步数：$O(ns)$，其中，s 是优化器的步数。在推理（预测）期间，运行时间为 $O(n)$，其中 n 是我们用于预测的数据的大小，因为我们只是将逻辑回归系数乘以数据。空间复杂度在训练期间为 $O(ns+n+s)$，在推理期间为 $O(n)$。

相比之下，KNN 有一个截然不同的大 O 运行时间，训练期间为 $O(1)$（即时）（我们只是将数据存储在内存中），推理期间的最佳情况时间复杂度为 $O(nd)$，其中 n 是我们训练数据中的样本数，d 是特征数。训练和推理的空间或内存复杂度都是 $O(nd)$。正如我们所看到的（并且已经从实践经验中发现的），KNN 的推理步骤比逻辑回归慢得多。了解算法的大 O 运行时和空间复杂性可以帮助人们理解为什么特定模型可能运行得非常缓慢。

它还可以帮助人们了解如何使其运行更快或占用更少的内存。例如，可以通过特征选择或 PCA 进行降维，以缩小 KNN 的时间和空间复杂度。对于大多数算法，可以在很多书籍和网络文章中找到它们的时间和空间复杂性说明，包括计算机科学书籍、Stack Overflow、课程讲义材料和其他地方。例如，KNN 复杂性在 Stack Overflow 上有相关讨论，链接如下：https://stats.stackexchange.com/questions/219655/k-nn-computational-complexity。如果想了解更多关于大 O 表示法，可以阅读 Basant Agarwal 博士和 Benjamin Baka 所著的 *Hands-On Data Structures and Algorithms with Python*(Second Edition)。当然，也可以从 ML 算法的数学方程中推导出计算时间和空间复杂度。

本章测试

为了测试对本章知识的掌握，使用本书的 GitHub 存储库中的 Chapter11/test_your_knowledge/data 文件夹中的 loan_data.csv 数据集来拟合 ML 分类模型，以预测 TARGET 列。在使用 ML 算法之前，需要对列进行一些清理（例如，将字符串转换为数字）。该目标的值为 1 表示贷款违约或延迟支付，0 表示没有延迟支付或违约。检查逻辑回归拟合的 p 值，看看是否有特征可能被排除。检查使用的模型的准确性，并将其与大多数类别分数进行比较。写一篇关于结果和过程的简短分析短文。

本章小结

本章介绍了几种机器学习分类算法：二元分类、多类单标签分类和多类多标签分类。了解了一种基本的分类算法——逻辑回归。逻辑回归比许多其他模型更容易解释，因为我们可以从系数大小中获得粗略的特征重要性。它还可以通过删除 p 值较小的特征来进行特征选择。介绍了交叉验证，以及如何使用它来优化超参数，如正则化超参数 C。许多 Python 包可用于逻辑回归（即使是大数据），但在这里使用了 sklearn 和 statsmodels 包，并了解了 statsmodels 如何提供 p 值，也说明了 sklearn 不能提供 p 值。

除了逻辑回归，还介绍了如何使用朴素贝叶斯模型和 k 近邻（KNN）。朴素贝叶斯模型通常用于文本分类问题，其中我们将字数作为特征。KNN是一个简单的模型，但对大数据进行预测可能会很慢（如果我们没有使用pyspark之类的工具对其进行扩展）。了解算法的大O运行时间和空间复杂度是一个好主意，它决定了算法如何处理更大规模的数据。

现在，我们已经了解了一些分类ML算法的知识，接下来我们将学习衡量其性能的指标和处理不平衡数据的采样策略。

第 12 章　评估机器学习分类模型和分类抽样

一旦训练了一些分类模型来预测目标变量，这就需要一种方法来比较它们，并选择最好的模型。比较模型的一种方法是使用准确度等指标。在分类中，人们经常会发现，类或目标是不平衡的。我们可以使用过采样和欠采样等采样技术来提高 ML 分类算法的性能。本章将学习如何评估分类模型和采样方法：

- 如何评估算法的性能（性能指标）;
- 在使用分类模型时，对不平衡的数据进行采样。

从比较 ML 分类算法的指标开始学习。

使用指标评估分类算法的性能

有几个指标可用于比较分类 ML 算法，每个指标都各有其优缺点。在这里将介绍一些常见的分类指标。

训练-验证-测试拆分

在评估算法的性能时，重要的是查看模型对于训练数据以外的数据有怎样的表现。该模型已经学习了训练数据的所有细节，甚至可能对训练数据过度拟合，将训练数据中的噪声也纳入学习内容。因此，将原始数据集的一部分拿出来用作测试，这部分可以称为验证集或测试集。对于某些算法，如神经网络，在训练集上训练模型，在验证集上监控训练期间的性能，然后在测试集上评估最终性能。对于大多数其他 ML 算法，只需使用训练和测试集。如果我们的测试或验证集包含来自训练数据的信息，这称为数据泄漏。数据泄漏会导致验证或测试得分很高，这并不代表模型的真实性能。这就像在考试前得到答案，并获得高分，但并不真正了解考试的内容一样。

下面将使用与第 11 章相同的数据，即信用卡违约还款的二元分类。首先加载数据并创建特征和目标的 DataFrame 和 Series：

```
import pandas as pd
df = pd.read_excel('data/default of credit card clients.xls',
                   skiprows=1,
                   index_col=0)
target_col = 'default payment next month'
features = df.drop(target_col, axis=1)
targets = df[target_col]
```

接下来，可以使用 sklearn 轻松地将数据集拆分为训练集和测试集：

```
from sklearn.model_selection import train_test_split
x_train, x_test, y_train, y_test = train_test_split(features,
                                                    targets,
                                                    train_size=0.75,
                                                    stratify=targets)
```

sklearn 的 model_selection 模块包含 train_test_split 函数，该函数接受特征、目标等参数。对于二元或多类分类，将 stratify 参数与我们的类标签一起使用是一个好主意，这样类的比例在训练集和测试集中可以保持相同。这确保了不会因为训练集和测试集之间的类不平衡而产生偏差。我们在这里选择了 75%的数据作为训练数据，这是典型的比例。用作训练集的数据比例有时会是 60%或 90%。

然后可以将我们的模型拟合到训练数据中：

```
from sklearn.linear_model import LogisticRegression
lr_model = LogisticRegression(max_iter=1000)
lr_model.fit(x_train, y_train)
```

现在，可以通过测试集来评估模型的性能。

准确性

最简单的分类指标之一是准确性，并且是大多数分类器的 sklearn score()方法的默认值。可以通过如下代码使用训练集和测试集来检查模型的性能：

```
print(lr_model.score(x_train, y_train))
print(lr_model.score(x_test, y_test))
```

这表明两者的准确度都在 78%左右（从 score 函数返回的值是 0.78）。由于使用训练集和测试集所得到的分数非常相似，表明模型没有出现过拟合。如果使用训练集的分数更高（例如，使用训练集进行评估，得分为 90%；使用测试集进行评估，得分为 60%），应该担心我们的模型可能出现过拟合的情况。然后应该使用策略来减少过拟合，如特征选择和修剪、正则化或使用更简单的模型。

精确度值似乎很高，但我们应该将其与无信息率进行比较。这是我们在没有关于目标的信息（没有特征）的情况下所期望的精度。可以用多数类分数来近似它，我们的无信息模型可以猜测所有样本都是这种多数类。可以像这样计算类分数：

```
df['default payment next month'].value_counts() / df.shape[0]
```

这表明大多数类（0，没有发生违约）约占数据的 78%，所以我们的模型与猜测每个预测的大多数类没有什么区别。我们也可以使用 sklearning.dummy.dummyclassifier（使用 strategy='most_frequent'参数）找到这个结果，但前面的方法更快、更简单。

还可以使用 sklearn.metrics.accuracy_score()函数，该函数接受一个真实标签数组和一个预测值数组。

如前所述，另一种估计分类器性能的方法是交叉验证。可以使用交叉验证获得更可靠的准确度分数。首先，需要加载第 11 章中使用的分类模型，并创建我们的缩放（标准化）特征：

```
from sklearn.naive_bayes import GaussianNB
from sklearn.linear_model import LogisticRegressionCV
from sklearn.neighbors import KNeighborsClassifier
from sklearn.preprocessing import StandardScaler
scaler = StandardScaler()
scaled_features = scaler.fit_transform(features)
gnb = GaussianNB()
lr_cv = LogisticRegressionCV()
lr_cv.fit(features, targets)
lr_best_c = LogisticRegression(C=lr_cv.C_[0])
knn = KNeighborsClassifier()
```

然后可以对这些模型进行交叉验证以评估模型性能：

```
from sklearn.model_selection import cross_val_score
print(cross_val_score(gnb, features, targets, n_jobs=-1).mean())
print(cross_val_score(lr_best_c, features, targets, n_jobs=-1).mean())
print(cross_val_score(knn, features, targets, n_jobs=-1).mean())
print(cross_val_score(knn, scaled_features, targets, n_jobs=-1).mean())
```

交叉验证的缺点是它训练和评估多个模型（默认设置为5个），因此运行速度比单个训练/测试拆分慢。但是，它为我们提供了一种对算法性能的更稳健的衡量标准。cross_val_score默认也使用分层的训练/验证拆分，所以我们不需要担心训练和验证集中的类不平衡。在前面的代码中，从sklearn导入cross_val_score函数，然后将它与我们在前面部分中创建的模型一起使用。cross_val_score函数返回一个NumPy数组，其中包含5-fold交叉验证的验证集分数（因此我们有一个5元素NumPy数组，可以使用cv参数更改），然后用mean()取平均值，尝试使用朴素贝叶斯模型，优化了C超参数的逻辑回归模型，以及具有缩放和未缩放特征的KNN，得到的结果如下所示：

```
0.37909999999999994
0.7788
```

```
0.7553333333333334
0.7916333333333333
```

可以看到，在缩放特征上的KNN模型表现最好。还看到，缩放也提高了KNN模型的性能（79.2%的准确率，对于未缩放数据的准确率为75.5%）。如果我们训练这些模型并在相同的训练数据上对其进行评估，那么仅训练数据上的分数就与这些交叉验证分数略有不同（通常更好）。最好在验证集或测试集上评估指标，或者使用交叉验证来获得关于哪个模型最好的准确读数。

Cohen's Kappa统计系数

尽管可以将准确性与无信息率进行比较，但将其自动纳入类似准确性的指标的一种方法是Cohen's Kappa。该指标考虑了一个随机模型，并提供了一个介于-1和+1之间的值。值为0则意味着我们的模型并不比随机猜测好；值为1则意味着我们有完美的准确度；而负值则意味着我们有一个比随机猜测更差的模型（或使用“无信息”模型，如为每个预测猜测多数类）。但 Cohen's Kappa 确实有一个缺点，即当我们的类更加不平衡时，它往往会返回较低的值。但它仍然可以用于比较模型，而不必考虑无信息率。可以像这样将它与 sklearn 一起使用：

```
from sklearn.metrics import cohen_kappa_score
cohen_kappa_score(y_test, lr_model.predict(x_test))
```

这个函数的工作原理与 sklearn 中的大多数指标一样，我们提供了一组真实值和预测值（尽管顺序对于这个特定的指标并不重要），对于我们的信用卡违约逻辑回归模型，其准确率接近 78%的无信息率，我们的 Cohen's Kappa 得分非常接近于 0。

我们还可以通过 cross_val_score 函数使用任意评分指标，如 Cohen's Kappa：

```
from sklearn.metrics import make_scorer
print(cross_val_score(lr_model,
                      features,
                      targets,
                      scoring=make_scorer(cohen_kappa_score),
                      n_jobs=-1).mean())
```

这里提供了 scoring 参数，需要使用 make_scorer 函数将指标转换为 scoring 函数。同样，这里的结果为接近 0 的 Cohen's Kappa 分数。

混淆矩阵

可以使用混淆矩阵检查另一组常见的分类指标。混淆矩阵包含一个指标值表，其中行作为实际值，列作为预测值。对于二元分类，这包含真阳性（TP，以病例为例，其中对阳性病例的预测值为 1，是正确的）、真阴性（TN，正确的阴性病例）、假阳性（FP，其中对阴性病例的预测为 1，但应该是 0）和假阴性（FN，预测为 0 但应该为 1）。为此，sklearn 中有一个函数 sklearn.metrics.confusion_matrix，它生成文本版的结果，以及另一个绘制混淆矩阵的函数：

```
from sklearn.metrics import plot_confusion_matrix
plot_confusion_matrix(lr_model,
                      x_test,
                      y_test,
                      cmap=plt.cm.Blues,
                      display_labels=['not defaulted', 'defaulted'],
                      colorbar=False)
```

导入 plot_confusion_matrix 函数，并为其设置几个参数。首先提供模型，然后是特征和目标（使用测试集），然后更改一些图形选项。将颜色更改为一组蓝色（比默认颜色更好），使用 display_labels 为图上的目标和预测提供标签，并关闭颜色条，使图像更加整洁。

如果绘图中出现网格线，可以使用 plt.grid(b=None)或 ax.grid(False)将其关闭。如果要不使用 colorbar=False 参数去删除颜色条，可以使用 f.delaxes(f.axes[1])，其中 f 是通过 f, ax = plt.subplots(1, 1, figsize=(5.5, 5.5))创建的图形。

其他一些软件包，如 yellowbrick 和 mlxtend 包含用于绘制几乎相同的混淆矩阵的便捷方法。这些包还具有其他功能。我们可以使用 conda install -c conda-forge yellowbrick mlxtend 安装它们。

对于依赖于 sklearn 的软件包，如 yellowbrick，可能会遇到版本控制问题（例如，conda 可能会降低你的 sklearn 版本，或者你可能会遇到由于兼容性问题需要降级 sklearn 而发生的错误）。如果 conda 无法“解决环境问题”，可以尝试使用 pip 安装，这可能会解决这个问题。另一种选择是为 Yellowbrick 创建一个单独的 conda 环境，以便可以使用另一个早期版本的 sklearn。使用这些包绘制混淆矩阵的示例可以在本书 GitHub 存储库中本章的 Jupyter Notebook 中找到。sklearnplot_confusion_matrix 函数的结果如图 12-1 所示。

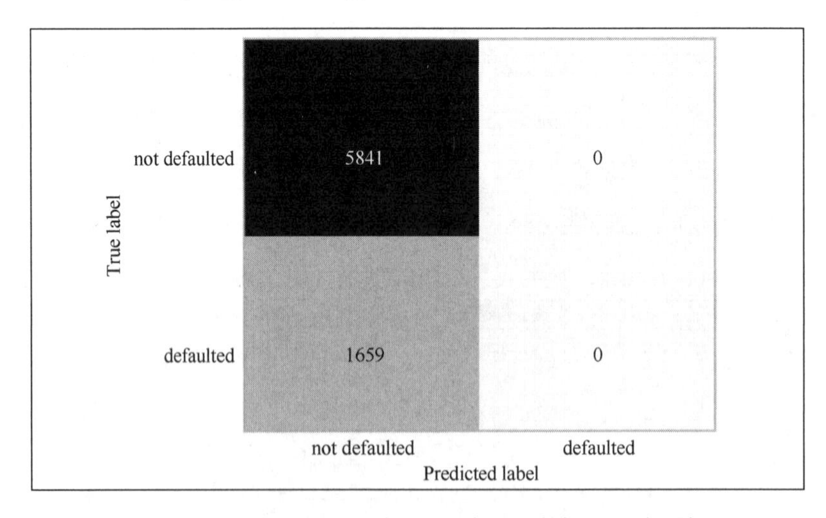

图 12-1　通过 sklearn 生成的二进制违约数据的混淆矩阵

通过图 12-1 可以发现，我们遇到了一个问题——我们没有得到任何真正的正数结果（混淆矩阵右下角的值为 0）或肯定的预测。模型无法根据我们的数据预测是否有违约的情况发生。

混淆矩阵也可以用于多类分类。首先，需要创建多标签特征和目标，并将逻辑回归模型与数据进行拟合：

```
pay_0_target = df['PAY_0'].replace({i: 1 for i in range(1, 9)})
pay_0_features = df.drop(['PAY_0', 'default payment next month'],
                         axis=1)
lr_multi = LogisticRegression(max_iter=1000)
lr_multi.fit(pay_0_features, pay_0_target)
```

在这里，我们将所有大于 0 的值替换为 1（延迟还款）之后预测具有多类值的 PAY_0 列——该列中有 4 个唯一值（代表 4 个类）。然后，我们可以绘制相应的混淆矩阵：

```
plot_confusion_matrix(lr_multi,
                      pay_0_features,
                      pay_0_target,
                      display_labels=['no consumption',
                                      'paid on time',
                                      'revolving credit',
                                      'late'],
                      cmap=plt.cm.Blues,
                      colorbar=False)
ax.grid(False)
```

对 plot_confusion_matrix 的函数调用与以前讲述的基本相同，尽管添加了对应于 4 个唯一类的标签（按数字从小到大排序）。可以看到，对应的混淆矩阵如图 12-2 所示。

最后，还可以从多类多标签问题中查看并绘制混淆矩阵，其中预测了前一章中每个 PAY_i 值是 0 或 1。首先，再次创建多类多标签数据：

```
import swifter
pay_cols = ['PAY_0'] + [f'PAY_{i}' for i in range(2, 7)]
mo_targets = df[pay_cols].copy()
mo_targets = mo_targets.swifter.apply(lambda x: (x > 0).astype(int), axis=1)
mo_features = df[[c for c in df.columns if c not in pay_cols +
                  ['default payment next month']]]
```

然后使用多标签分类器来拟合数据：

```
from sklearn.multioutput import MultiOutputClassifier
```

```
mo_clf = MultiOutputClassifier(LogisticRegression(max_iter=1000), n_jobs=-1)
mo_clf.fit(mo_features, mo_targets)
```

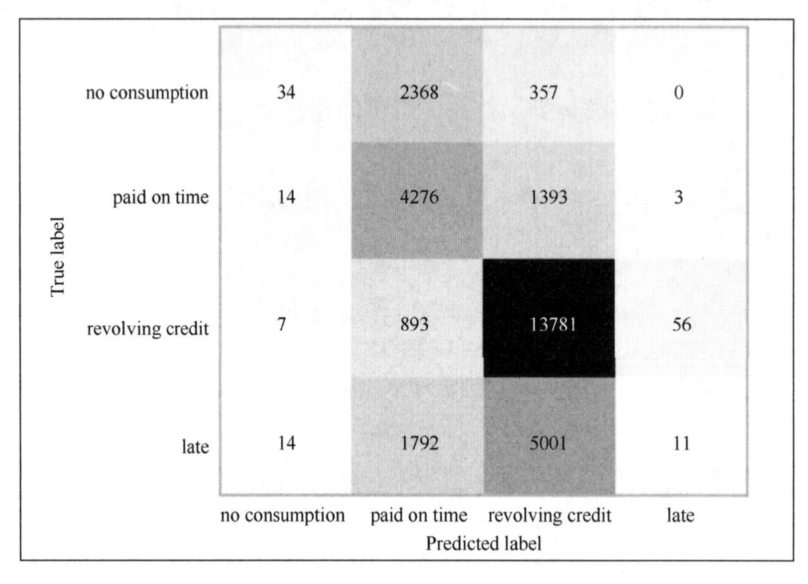

图 12-2　通过 sklearn 生成违约数据的多类混淆矩阵

最后，使用另一个 sklearn 函数来获取每个类的混淆矩阵，循环遍历它们，并绘制每个类的图：

```
from sklearn.metrics import multilabel_confusion_matrix,
ConfusionMatrixDisplay
ml_cm = multilabel_confusion_matrix(mo_targets, mo_clf.predict(mo_features))
for i, cl in enumerate(mo_targets.columns):
    f = ConfusionMatrixDisplay(ml_cm[i], display_labels=['on-time', 'late'])
    f.plot(cmap=plt.cm.Blues, colorbar=False)
    plt.title(cl)
    plt.grid(b=None)
```

首先使用 multilabel_conffusion_matrix 函数获得所有混淆矩阵，该函数采用与 conffusion_matrix 函数相同的参数。然后从 mo_targets DataFrame 循环遍历类名，并使用 enumerate()内置函数。这个函数返回一个计数器（默认从 0 开始）和我们的对象（每个 mo_target 列名）的元组。

使用这个索引(i)来获取每个类的混淆矩阵，并使用 ConfusionMatrixDisplay 函数绘制它。这个函数不需要模型，只需要混淆矩阵，这很适合我们当前的情况。我们也为此函数提供显示标签。它返回一个具有 plot 方法的对象，可以在其中更改颜色并删除颜色条。最后，将标题设置为类名（cl）并删除网格线。

上面代码也可以得到一个混淆矩阵，如图 12-2 所示，但在 sklearn 或相关包中没有简便的方法，因此需要手动重新排列和绘制数据。

精度、召回率和 F1 分数

与混淆矩阵中的 TP、FP、FN 和 TN 密切相关的是精度、召回率和 F1 分数。精度可以被认为是正确预测的阳性结果除以所有预测的阳性结果，即 TP/(TP+FP)。召回率可以认为是正确预测的阳性除以所有实际的阳性，即 TP/(TP+FN)。如你所见，精度和召回率缺失的是真正的阴性值。F1 分数是这两个指标的调和平均值，即：

$$2 * Precision * Recall / (Precision + Recall)$$

F1 分数也可以加权，这样精度或召回率在等式中具有更大的权重，这是通过一个被称为"beta"的参数实现的。可以使用 sklearn 的 classification_report 函数轻松地计算 F1、精度和召回率：

```
from sklearn.metrics import classification_report
print(classification_report(y_test,
                            lr_model.predict(x_test),
                            target_names=['no default', 'default']))
```

打印报告很重要，因为生成的字符串有一些格式，如换行符。该函数首先获取真实目标值，然后获取预测值。还使用 target_names 参数在报告中设置类名，将得到如图 12-3 所示的信息：

```
              precision    recall  f1-score   support

  no default       0.78      1.00      0.88      5841
     default       0.00      0.00      0.00      1659

    accuracy                           0.78      7500
   macro avg       0.39      0.50      0.44      7500
weighted avg       0.61      0.78      0.68      7500
```

图 12-3　二进制违约数据的 sklearn 分类报告

可以看到，每个唯一类都有对应的精度、召回率和 F1 分数。也可以看到 support 信息，它是我们为每一行评估的数据集中的样本数。在报告中，显示了整体准确度及宏观加权平均值。宏观平均值未加权，则意味着所有类都被平等对待（例如，它是精度值的简单平均值）。加权平均有时被称为微平均，它聚合 TP 和其他值来计算精度、召回率和 F1 分数。

可以很容易地用 yellowbrick 绘制这个报告：

```
from yellowbrick.classifier import ClassificationReport
f, ax = plt.subplots(1, 1)
viz = ClassificationReport(lr_model,
                           support=True,
                           classes=['no default', 'default'],
                           cmap='Blues')
viz.score(x_test, y_test)
plt.gcf().delaxes(f.axes[1])
viz.show()
```

首先，从 yellowbrick 导入 ClassificationReport 函数，然后为这个函数提供模型和一些参数。用 support=True 告诉函数包含 support 信息（评估的样本数），我们用 classes 参数设定类标签，并将颜色图更改为蓝色阴影。然后在测试数据上使用返回对象的 score 方法(viz.score())。

yellowbrick 的 ClassificationReport 函数返回一个可以执行建模的对象，因此可以对数据使用其他方法，如 fit()。在代码块的顶部附近，我们还使用 plt.subplots 创建了一个新的图形和轴对象。这允许人们通过使用 plt.gcf()获取当前图形，并删除存储颜色条的第二个轴对象进而删除颜色条。这样操作虽然有点麻烦，但它确实有效，删除颜色条可能会作为参数添加到 yellowbrick 的未来版本中。可能还需要在 delaxes 函数中尝试不同的值来索引 f.axes，例如 0。这将生成如图 12-4 所示图表。

可以看到，它与 sklearn 报告的信息相同，只是不显示准确度、宏观和微观平均值。当然，这很容易扩展到多类模型（单标签，而不是多标签）。例如，使用 sklearn，可以这样做：

```
print(classification_report(pay_0_target,
                            lr_multi.predict(pay_0_features),
                            target_names=['no consumption',
                                          'on time',
                                          'credit',
                                          'late']
                            )
)
```

可以将 yellowbrick 报告绘图与上述相同的数据和分类器一起用于多类分析。

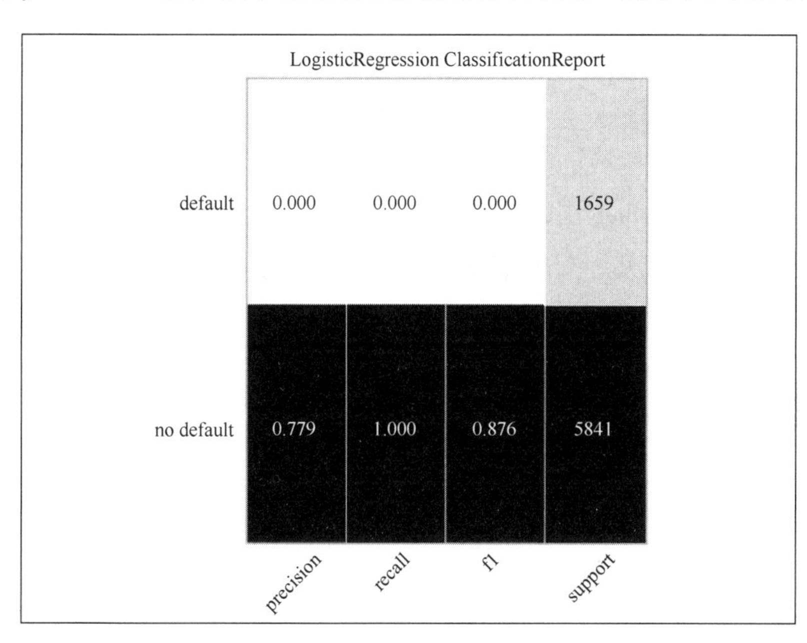

图 12-4　yellowbrick 的分类报告图

AUC 评分和 ROC 曲线

另一个有用的分类指标是受试者工作特征（ROC）曲线的曲线下面积（AUC）。为了获得 AUC，应首先计算 ROC，并可以将其绘制：

```
from yellowbrick.classifier.rocauc import roc_auc
roc = roc_auc(lr_model,
              x_train,
              y_train,
              x_test,
              y_test,
              classes=['no default', 'default'],
              macro=False,
              micro=False)
```

yellowbrick 包提供了一种方便的方式来实现它，尽管 sklearn 中也有一个函数可以做同样的事情（sklearn.metrics.plot_roc_curve）。在撰写本章时，yellowbrick 的优势是它可以绘制多个类，但 sklearn 不能。例如，可以通过如下的代码使用它：

```
roc = roc_auc(lr_multi,
              pay_0_features,
              pay_0_target,
              macro=False,
              micro=False)
```

根据我们的多类、单标签分类问题绘制 ROC 曲线。在上面的示例中，我们简单地使用了来自 yellowbrick 的 roc_auc 函数，它类似于分类报告，为这个函数提供了模型、训练集和测试集的 x 和 y 值，以及一个合适的标签类名列表，还关闭了宏观和微观平均值，因为它们对 ROC 曲线和 AUC 没有太大意义。

以下是通过将宏观和微观参数保留为默认值 True 来保留宏观和微观平均值：

```
roc = roc_auc(lr_model,
              x_train,
              y_train,
              x_test,
              y_test,
              classes=['no default', 'default'])
```

得到的图形如图 12-5 所示。

可以看到，图中的虚线很难读懂，宏观和微观平均值的意义也表示得不清楚。微观平均值也与这两个类别的两个 ROC 曲线位于同一位置。但使用 sklearn 绘制 ROC 曲线反而会得到一个更简单的曲线，并且只显示了我们的正数类（值为 1，表示客户拖欠还款）的 ROC 曲线：

```
from sklearn.metrics import plot_roc_curve
roc = plot_roc_curve(lr_model, x_test, y_test)
plt.plot([0, 1], [0, 1], c='k', linestyle='dotted', label='random model')
plt.plot([0, 0, 1],
         [0, 1, 1],
         c='k',
         linestyle='dashed',
         label='perfect model')
plt.legend()
```

首先导入 sklearnplot_roc_curve 函数，并为其提供模型、x 和 y 数据。我们绘制了一条黑色对角虚线(c='k')，表示随机猜测或无信息模型，并调用 plt.legend()以便显示所有标签。最后，绘制了一条虚线，该虚线表示通过图的左上方的完全精确的模型，结果如图 12-6 所示。

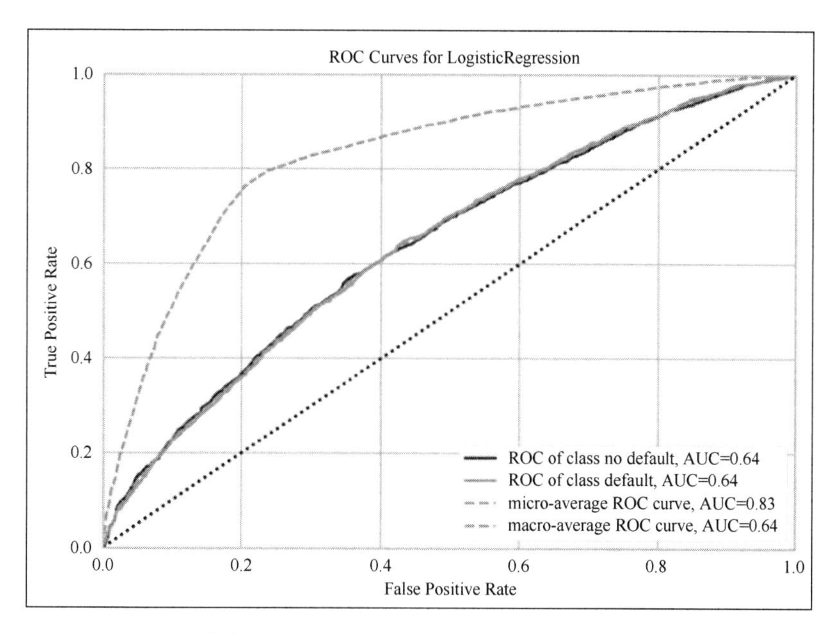

图 12-5　通过具有宏观和微观平均值的 yellowbrick 绘制二元分类 ROC 曲线

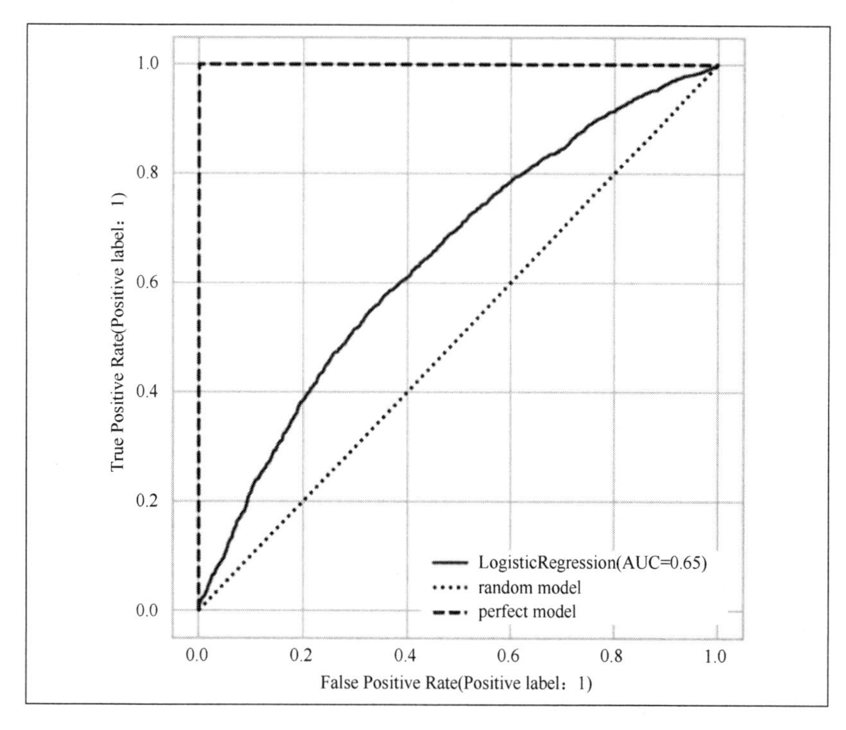

图 12-6　使用 sklearn 对二值分类问题生成 ROC 曲线和 AUC 评分

可以看到，图 12-6 比默认的 yellowbrick ROC 曲线图更简单，更容易解释。图中，x 轴为假阳性率（FPR），即 FP / (FP + TN)。y 轴为真阳性率（TPR），即 TP / (TP + FN)。可以看到，ROC 曲线在虚线的左上方，这意味着我们的模型比随机猜测表现得更好。还可以看到，右下角的曲线下面积（AUC）得分为 0.65，这是 ROC 曲线下面积的积分（和）。可以通过 plot_roc_curve()返回的对象，并利用 roc.roc_auc 获得这个指标。具有 100%准确率的完美模型的 AUC 得分为 1，ROC 曲线创建了穿过图 12-6 左上角的虚线。

AUC 分数为我们提供了一种比较模型的方法，该方法考虑了我们可能使用的概率预测的所有不同舍入阈值。由于大多数模型可以为每个类生成概率估计，可以选择舍入阈值是向上舍入，还是向下舍入。当我们的舍入阈值为 1 或更高时，使得所有预测都向下舍入为 0，这时既没有 FP，也没有 TP，处于 ROC 曲线的左下方。另一方面，阈值为 0 意味着所有案例都被预测为正（1），FPR 为 1，TPR 为 1（图的右上角）。所有其他阈值介于两者之间并形成 ROC 曲线。选择最佳阈值有几种不同的方法，其中一些涉及 ROC 曲线。

选择最佳截止阈值

默认情况下，我们的四舍五入阈值为 0.5——任何大于 0.5 的概率预测都向上舍入为 1，否则向下舍入为 0。我们可以更改此阈值以优化不同的指标。例如，可以最大化 F1 分数，在精度和召回率之间取得平衡，或者可以手动更改阈值以实现所需的精度、召回率或其他指标值。下面将介绍几种常用的方法：

- Youden's J（最大的 TPR － FPR）；
- 左上距离（ROC 曲线到点[0,1]的最小距离）；
- F1 最大值。

这三种方法略有不同。Youden's J 最大化了模型对真阳性和假阳性的“区分度”，而左上距离方法在保持良好 FPR 的同时最大化了 TPR，F1 分数平衡了准确率和召回率。可以使用 Youden's J 找到最佳阈值，如下所示：

```
import numpy as np
roc = plot_roc_curve(lr_model, x_test, y_test, drop_intermediate=False)
youdens_idx = np.argmax(roc.tpr - roc.fpr)
thresholds = np.unique(lr_model.predict_proba(x_test)[:, 1])
```

```
    thresholds.sort()
    thresholds = [1] + list(thresholds[::-1])
    y_thresh = thresholds[youdens_idx]
```

首先，使用 sklearn 函数再次计算 ROC 曲线，并设置 drop_intermediate=False 参数，它保留了曲线计算中使用的所有阈值。阈值是来自 predict_proba 的“正”类（此处为 1）的唯一值。然后取 TPR 和 FPR 的差值，用 np.argmax()得到最大值的索引。接下来，从类别 1 的预测中获得唯一的概率值，用于 ROC 计算。使用 NumPy 对它们进行排序（从最小到最大排序），然后使用[::-1]反转顺序，并在阈值列表的开头添加 1（因为 ROC 曲线计算使用高值作为第一个阈值，这将使我们的阈值大小和 TPR/FPR 数组匹配）。最后，我们可以通过使用来自 np.argmax()的索引来索引我们的阈值列表，从而获得阈值。我们的阈值结果约为 0.27。要获得 ROC 曲线图左上角曲线上最近的点，可以执行以下操作：

```
    upper_left_array = np.vstack((np.zeros(roc.tpr.shape[0]),
                                  np.ones(roc.tpr.shape[0]))).T
    roc_curve_points = np.vstack((roc.fpr, roc.tpr)).T
    topleft_idx = np.argmin(np.linalg.norm(upper_left_array - roc_curve_
points,axis=1))
    tl_thresh = thresholds[topleft_idx]
```

首先创建一个与我们的 TPR 和 FPR 数组大小相同的 0 和 1 数组。np.vstack()函数用于垂直堆叠这两个数组，使它们形成两行记录。然后我们用.T 转置它们（切换行和列），以便每一行都代表一个数据点。该数组表示图 12-7 的左上角（坐标[0,1]）。然后，使用 np.vstack 和转置对 FPR 和 TPR 执行类似的操作，以便我们可以获取这两个数组之间的差异。取 upper_left_array 和 roc_curve_points 之间的差异，并使用带有 axis=1 参数的 np.linalg.norm 来获取绘图左上角和 ROC 曲线之间的欧几里得距离（直线距离）数组。axis=1 参数是必需的，以便它获取每行之间的差异，并且不会将两个数组之间的距离计算为单个值。我们使用 np.argmin 获得该数组的最小值的索引，这是从曲线到绘图左上角的最短距离。最后，将这个阈值（即 0.264）存储在 tl_thresh 变量中。

可以使用 yellowbrick 通过 F1 值获得最佳阈值：

```
    from yellowbrick.classifier.threshold import discrimination_threshold
    dt = discrimination_threshold(lr_model, x_train, y_train)
    f_idx = dt.cv_scores_['fscore'].argmax()
    f_thresh = dt.thresholds_[f_idx]
```

discrimination_threshold 函数绘制 F1 分数和其他指标，并返回一个具有 F1 分数和其他指标的对象。我们使用这个 dt 对象，用 dt.cv_scores_['fscore']检索 F1 分数，并用 argmax 获取最大值的索引。这个 yellowbrick 方法对提供的数据执行交叉验证，从而获得绘制指标的误差线（它使模型拟合我们提供的数据），cv_scores_属性是一个保存绘制指标值的字典。我们提供了 x_train 和 y_train 数据，这意味着图中的数据看起来更平滑一些，因为训练集内的数据多于测试集内的数据。此方法的阈值为 0.223，我们将其存储在 f_thresh 变量中。yellowbrick 函数的绘图如图 12-7 所示。

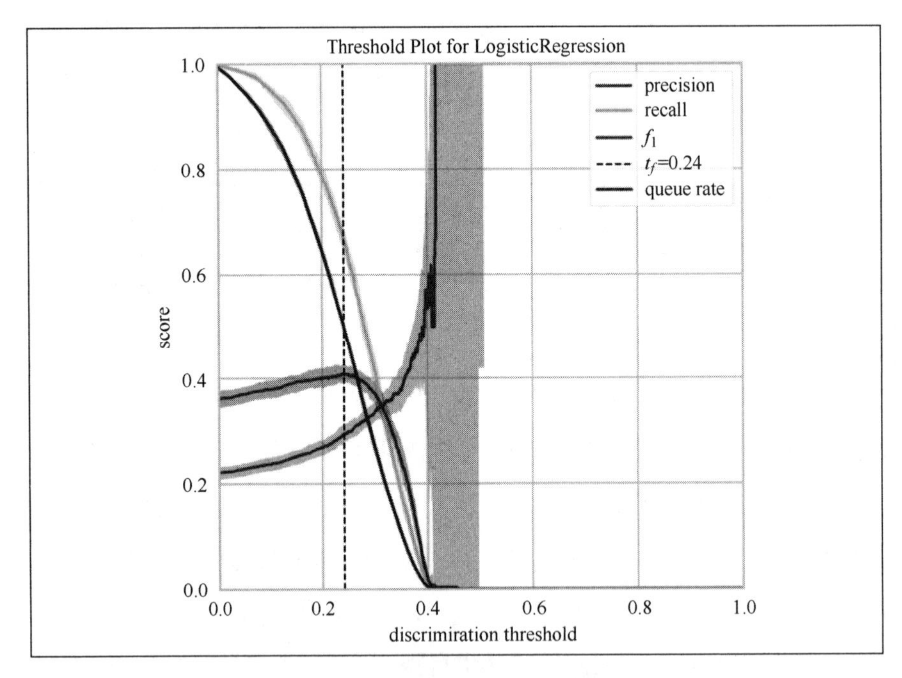

图 12-7　yellowbrick 的阈值图

可以看到，图 12-7 包含一些指标，虚线显示基于 F1 分数的理想阈值。它包含一个 queue rate 行，即 FPR，这是为了显示在商业环境中，从审查中受益的样本的百分比。例如，如果我们的过程是手动筛选任算法预测客户会违约的贷款申请，那么可以使用 FPR 或排队率来优化阈值，以满足我们的审查要求。我们可以计算我们公司每周可以进行的审查次数、每周的申请数量，并将其与 FPR 和 TPR 结合起来，以找出阈值应该是多少，这样就可以通过预测违约情况来审查所有的申请。可以从 dt.cv_scores_['queue_rate']中访问 queue rate 值。

现在我们有了几个不同的阈值，可以像这样使用 sklearn.metrics.accuracy_score 函数检查这些方法的准确性：

```
from sklearn.metrics import accuracy_score
for t in [y_thresh, tl_thresh, f_thresh]:
    print(accuracy_score(y_test, lr_model.predict_proba(x_test)[:, 1] >= t))
```

由此看到，Youden's J、左上角和 F1 方法的准确率分别为 64%、62%和 54%。这些准确度低于我们的默认阈值 0.5 对应的准确度 78%。然而，这些阈值在测试集上给了我们更多的真阳性，而 0.5 的阈值没有给我们任何结果。我们可以用 mlxtend 绘制 Youden's J 阈值的混淆矩阵：

```
from mlxtend.plotting import plot_confusion_matrix as mlx_plot_cm
predictions = lr_model.predict_proba(x_test)[:, 1] >= y_thresh
mlx_plot_cm(confusion_matrix(y_test, predictions))
```

使用 mlxtend 是因为 yellowbrick 和 sklearn 绘图函数要求我们提供模型，并且不让我们设置预测的舍入阈值（它们使用 0.5 为默认值）。相比之下，mlxetend 版本只是采用从 sklearn.metrics.confusion_matrix 函数返回的混淆矩阵。

上述代码运行结果如图 12-8 所示。

如果回想一下前面的内容，阈值为 0.5 的混淆矩阵将所有测试集违约值（1）预测为 0 或非违约值，并且我们在混淆矩阵的右下角有 0 个真阳性。使用较低的阈值，实际上可以获得一些真阳性，这在商业环境中可能很有用。

这些最优阈值方法也可以应用于多类、多标签分类问题，我们可以为每个类获得一个最优阈值。对于多类单标签问题，已经从预测中取最大概率作为预测类，而不需要进行阈值优化。

通过这里的指标，我们可以比较模型，并根据我们的情况选择最佳模型。例如，我们可能最关心精度、召回率或准确度，这具体取决于我们的应用程序，或者我们可以使用 AUC 分数作为更通用的性能指标。另一种选择是通过平均值或加权平均值将多个指标组合成一个元指标（meta-metric）。

在这里没有详尽地介绍所有的分类指标，在工作中，还可以使用更多的分类指标。sklearn 文档中列出了其他一些指标：https://scikit-learn.org/stable/modules/classes.html#classification-metrics。在混淆矩阵的维基百科页面中也介绍了许多其他的分类指标：https://

en.wikipedia.org/wiki/Confusion_matrix#Table_of_confusion。

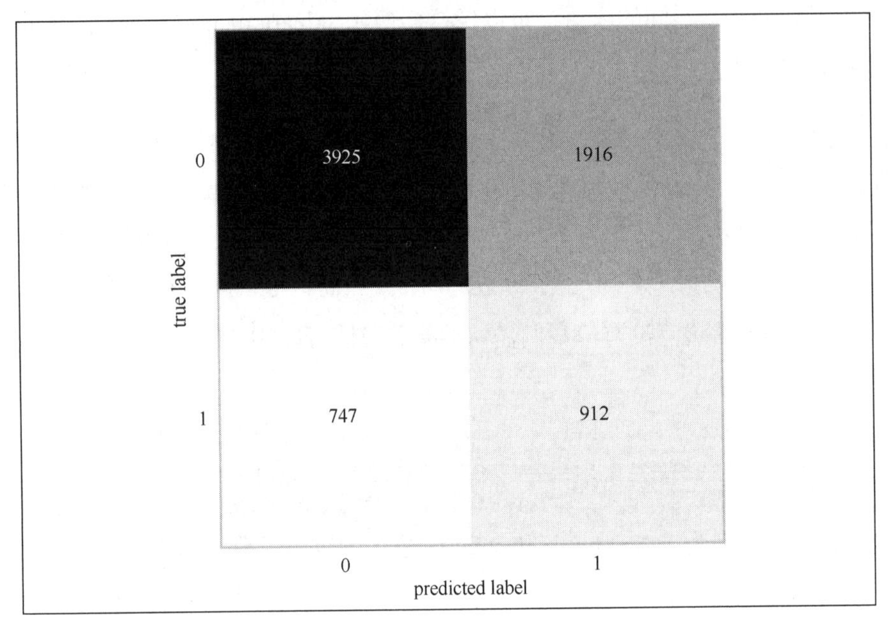

图 12-8　使用最优 Youden's J 预测阈值得到的测试集上的混淆矩阵

本章案例数据是不平衡的，违约值比非违约值少得多。我们应该用某些指标（例如准确性）来考虑这种不平衡，而其他指标对类别不平衡并非那么敏感，如 ROC 曲线和 AUC。处理不平衡数据的另一种方法是使用采样技术。

采样和平衡分类数据

采样数据可用于缩小代码开发的数据大小或在数据集内对数据进行平衡。还可以使用合成采样技术，如 SMOTE 和 ADASYN。下面将从最简单的方法开始学习，即下采样和简单过采样。

下采样

为了在保持类平衡的同时简单地缩小数据集的大小，可以使用 train_test_split：

```
_, x_sample, _, y_sample = train_test_split(features,
                                            targets,
                                            test_size=0.1,
                                            stratify=targets,
                                            random_state=42)
```

stratify 参数是这里的关键，通过它可以让我们的目标保持相同的平衡。我们可以通过 np.bincount(y_sample)/y_sample.shape[0]和 train_targets.value_counts(normalize=True)来确认类平衡已经被保留，它们计算特征和样本中 0 和 1 的分数。我们不保留函数的第一个和第三个返回值，而是将它们发送到下画线字符(_)。这意味着我们将来不会使用这些变量，尽管_变量将保存从前一个函数返回的第三个值。

将 test_size 参数指定为 0.1，这意味着我们的 x_sample 和 y_sample 将拥有原始数据的 10%。最后，设置了 random_state，所以我们的结果是可重现的。在设计原型或者在代码开发阶段，将数据量采样为较小的级别，这是非常有用的。但是，它并没有解决“类”数据不平衡的问题。

可以使用一个完全专注于采样的 Python 包——imblearn。它可以通过 conda install -c conda-forge imbalanced-learn 进行安装。该软件包有非常广泛的文档可供参考。例如，下面链接介绍了欠采样（undersampling）相关的技术：https://imbalanced-learn.org/stable/under_sampling.html。

imblearn 接口使用简单，但它是高度可定制的，并且具有 c 欠采样（c undersampling），可以执行以下操作：

```
from imblearn.under_sampling import RandomUnderSampler
rus = RandomUnderSampler(random_state=0)
x_resampled, y_resampled = rus.fit_resample(features, targets)
```

该接口类似于 sklearn，我们在其中创建一个类（与 sklearn 中具有相同的 random_state 参数），然后使用 fit 等方法。不像在 sklearn 的缩放器中使用了 fit_transform，我们在这里使用 fit_resample，并提供我们的特征和目标。这将返回 pandas DataFrames 和 Series，并适用于多类和单类目标。目前不支持多标签目标，因为它处理起来要复杂得多。在未来，imblearn 也许将支持多标签目标，但现在，需要手动编写代码来对多标签目标进行降采样（其中每个数据点可以有多个目标类）。

从前面的重采样中，我们可以验证数据是否被 y_resampled.value_counts()和 train_targets.value_counts()重采样，这表明我们的重采样数据每个类有 6636 个，y_train 数据有 6636 个少数类(1)。文档中描述了 imblearn 中更复杂的欠采样（undersampling）技术，但不在这里讨论。

过采样

平衡类采样数据的另一种方法是使用过采样技术，如 bootstrapping（带替换采样）对现有数据进行采样，以使“类”数据变得平衡。将使用与之前相同的训练/测试拆分数据，并且可以使用 imblearn 执行随机 Bootstrap 过采样：

```
from sklearn.metrics import roc_auc_score
from imblearn.over_sampling import RandomOverSampler
ros = RandomOverSampler(random_state=0)
x_resampled, y_resampled = ros.fit_resample(x_train, y_train)
lr_model = LogisticRegressionCV(max_iter=1000)
lr_model.fit(x_train, y_train)
print('unmodified:',
        roc_auc_score(y_test,
                    lr_model.predict_proba(x_test)[:, 1])
        )
lr_model_rs = LogisticRegressionCV(max_iter=1000)
lr_model_rs.fit(x_resampled, y_resampled)
print('resampled:',
        roc_auc_score(y_test,
                    lr_model_rs.predict_proba(x_test)[:, 1])
        )
```

在默认情况下，这个 RandomOverSampler 类将所有少数“类”数据引导到与多数“类”数据相同数量的样本上，但也可以使用文档中描述的 sampling_strategy 参数进行自定义。我们将在数据集中重复我们的数据，但至少“类”数据是平衡的。为我们的模型使用 CV 逻辑回归类，它会自动尝试 10 个不同的 C 值（L2 正则化强度）。然后从 sklearn 的 roc_auc_score 函数中得到 AUC 分数，未修改数据为 0.651，重采样数据为 0.658。看起来这种重采样对平衡有一点帮助，但并不明显。

SMOTE 和其他合成采样方法

bootstrapping 对我们的模型进行了部分改进，但还有其他合成采样技术可以根据现有数据生成新样本，也可以提供帮助。这些技术基于现有数据插入新数据——本质上，它们绘制一条连接某些数据点的线，并沿着这条线生成一些新数据。SMOTE（Synthetic Minority Oversampling Technique，合成少数过采样技术）是经典方法之一，但它存在一些问题。它随机生成样本，而不考虑最好生成哪些样本。通常，在“类”数据重叠或邻近的特征空间中生成新样本是理想的，这样分类器可以更好地学习分离数据。

另一种方法是 ADASYN（自适应合成）采样，它考虑了应该在哪里生成新数据。SMOTE 也有几个在“类”数据边界上生成样本的变体，最新且可能是最好的 SMOTE 变体（在撰写本书时）是 *k*-means SMOTE，它是在 2017 年左右被开发出来的。可以使用这种方法对我们的数据进行过采样，如下所示：

```
from imblearn.over_sampling import KMeansSMOTE
kmSMOTE = KMeansSMOTE(k_neighbors=5,
                      cluster_balance_threshold=0.2,
                      random_state=42,
                      n_jobs=-1)
x_resampled, y_resampled = kmSMOTE.fit_resample(x_train, y_train)
lr_model_rs = LogisticRegressionCV(max_iter=1000)
lr_model_rs.fit(x_resampled, y_resampled)
print('resampled:',
        roc_auc_score(y_test,
                      lr_model_rs.predict_proba(x_test)[:, 1])
        )
```

k-means SMOTE 方法有一些需要设置的参数，如 cluster_balance_threshold，设置后才能使其正常工作。对于我们的数据，这需要小于默认值 0.1 或 0.2。k_neighbors 参数也是可调整的，并且可以作为超参数在过采样 pipeline 中进行调整，然后拟合模型。使用上面的模型，我们得到了 0.643 的 AUC 分数，这并没有比随机过采样带来更好的结果。

在 imblearn 中还有其他几种过采样器，它们大多是 SMOTE 的变体。combine 模块包含了更多的过采样器，它们对数据进行过采样，然后根据特定的算法对数据进行修剪。我们可以尝试所有这些过采样器，看看它们如何影响 AUC 评分：

```
from imblearn.over_sampling import SMOTE, BorderlineSMOTE, SVMSMOTE, ADASYN
from imblearn.combine import SMOTEENN, SMOTETomek
samplers = [
    SMOTE(random_state=42),
    BorderlineSMOTE(random_state=42, kind="borderline-1"),
    BorderlineSMOTE(random_state=42, kind="borderline-2"),
    SVMSMOTE(random_state=42),
    ADASYN(random_state=42),
    SMOTEENN(random_state=42),
    SMOTETomek(random_state=42)
]
for s in samplers:
    x_resampled, y_resampled = s.fit_resample(x_train, y_train)
    lr_model_rs = LogisticRegressionCV(max_iter=1000)
    lr_model_rs.fit(x_resampled, y_resampled)
    ra_score = roc_auc_score(y_test,
                             lr_model_rs.predict_proba(x_test)[:, 1])
    print(f'{str(s):<55} {ra_score}')
```

首先导入所有其他过采样器，然后将它们放在一个列表中。接下来，遍历过采样器，重新采样数据，然后拟合我们的模型，最后打印出过采样器和AUC分数。我们使用f-string格式，可以在55个字符的空间内使用字符串的{str(s):<55}部分左对齐过采样器名称。结果如下所示：

```
SMOTE(random_state=42)                                  0.6616400000866853
BorderlineSMOTE(random_state=42)                        0.6636431539885734
BorderlineSMOTE(kind='borderline-2', random_state=42)   0.6611377410562134
SVMSMOTE(random_state=42)                               0.6679814460333662
ADASYN(random_state=42)                                 0.6596417996332178
SMOTEENN(random_state=42)                               0.6541560619011809
SMOTETomek(random_state=42)                             0.6616288548277391
```

由此看到，SVMSMOTE方法的AUC分数似乎比其他方法略高，但相差不大。在这种情况下，只要运行时间不会太长，对训练数据进行过度采样并没有什么坏处，但也没有太大帮助。此处常见的情况是使用合成过采样提高几个百分点。大多数时候，我们不能指望过采样有显著的改进，应该小心比较同一级别的模型之间的指标。例如，我们使用拆分后的训练集训练模型，并在未修改的测试集上评估所有模型。如果我们要在重采样数据上评估模型，将获得更高的准确度和AUC分数，但它不能准确地表达实际情况。虽然过采样不会带来太大的性能提升，但有助于从分类器中挖掘出一些额外的性能。

本章测试

为了测试对本章知识的掌握，请使用第 11 章中相同的 loan_data.csv 数据集（也可以在本书的 GitHub 存储库的 Chapter12/test_your_knowledge/data 文件夹中找到）和在第 11 章测试知识部分的 ML 分类模型训练预测 TARGET 列。

使用指标比较模型，并选择最佳模型。尝试平衡数据中的“类”数据，看看这是否能提高性能。最后，选择舍入概率预测的理想阈值，并用这个理想阈值绘制混淆矩阵。写一段对结果和过程的简短分析。

本章小结

本章介绍了分类 ML 算法的指标和采样技术。一旦我们尝试一些拟合数据的模型，就可以将它们与指标进行比较。为了评估指标，我们希望将数据拆分为训练集/验证集或训练集/测试集，或者使用交叉验证来比较模型，使用测试集或验证集来计算我们的指标。常见的分类指标包括精度、准确率、召回率、F1 分数和 ROC 曲线的 AUC 分数，也可以使用 Cohen's Kappa 作为指标。此外，我们可以结合 Youden's J 并使用一些不同的方法、使用 ROC 曲线或最大化 F1 分数来优化模型概率预测的舍入阈值。可以使用 sklearn、mlxtend 和 yellowbrick 包创建许多指标，同时可以创建混淆矩阵的可视化。

最后研究了欠采样和过采样数据，以实现数据集内“类”数据之间的平衡。许多过采样方法使用合成采样，它根据现有数据生成新样本，如 SMOTE。了解了这些技术如何在某种程度上提升性能。

现在，我们已经学习了监督学习（分类）的某些内容，接下来转向监督学习的另一种技术——回归，将其用于股票价格或天气等连续值的预测。

第 13 章　带有回归的机器学习

在想要预测连续值的情况下，如温度、房价或工资，我们可以使用回归模型。这些是在第 12 章中学习的分类模型之外的另一种监督学习。本章将介绍回归模型的一些基础知识，包括:

- 使用 sklearn 和 statsmodels 进行线性回归;
- 使用线性回归进行正则化;
- KNN 和其他用于回归的 sklearn 模型;
- 评估回归模型的性能。

让我们从学习线性回归的工作原理开始。

线性回归

线性回归自 19 世纪就已出现，但至今仍在使用。这是一种易于使用和解释的方法，对于大多数数据集都适用，只要我们的特征和目标之间存在某种线性关系，并且满足一些其他假设即可。

使用线性回归，可以根据特征预测连续值，我们的结果可能看起来如图 13-1 所示。

在图 13-1 中，x 轴表示房子每层的平方英尺，y 轴表示房屋销售价格。我们可以看到一个普遍的线性关系，更高的价格对应更大的平方英尺。图中的直线显示了对数据的线性拟合。

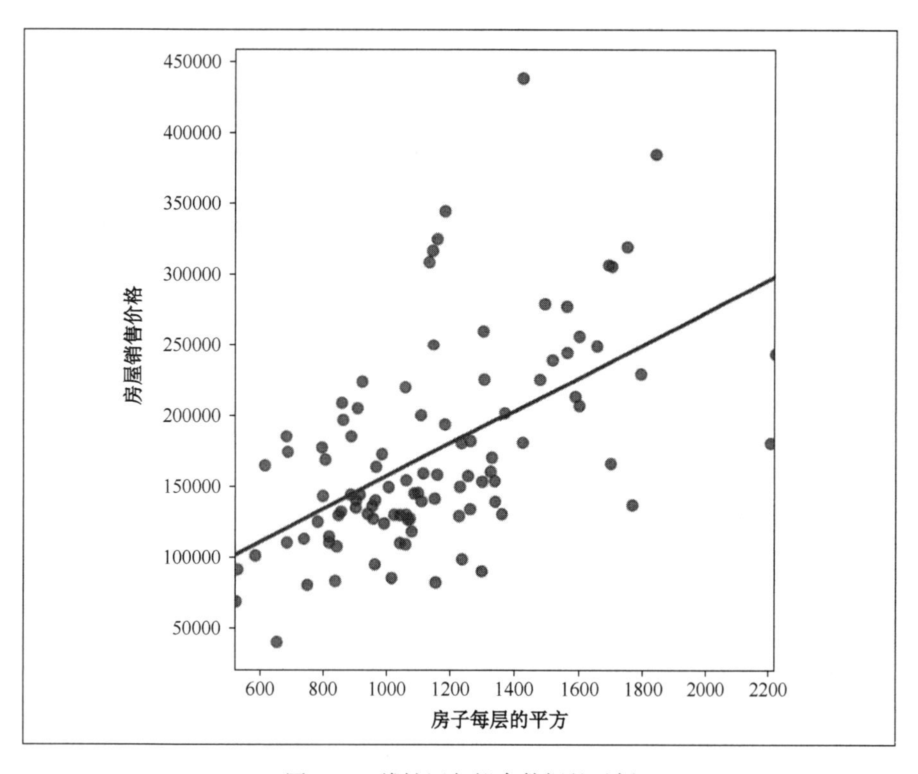

图 13-1　线性回归拟合数据的示例

为了拟合如上所示的简单一维线性模型，使用以下等式表示：

$$y = mx + b$$

其中，m 是我们输入特征的系数，b 是直线与 y 轴相交的值（y 轴截距）。我们可以将其推广到多维数据（具有 n 个特征），如下所示：

$$\hat{y} = \beta_1 x_1 + \beta_2 x_2 + \cdots + \beta_n x_n$$

对于 y 截距，我们可以再添加一个常数特征（全为 1 的列），该特征的相应系数将是我们的 y 截距。

有时，我们会看到等式的末尾写有$+\varepsilon$，而 $\hat{y}$ 不带帽子（y）。epsilon(ε)是表示每个数据点误差的误差项。假设 epsilon 捕获系统中的所有其他误差，然后就可以预测或建模 y 值的精确值。可能还会看到矩阵表示法的方程式，例如 $\boldsymbol{Y}=\boldsymbol{X}\beta$。

对于像这样的常规实现（没有正则化），我们可以精确地求解系数（β 值）的方程。添加正则化将增加系数变大的惩罚，从而防止过度拟合。如果使用正则化，系数是通过迭代来找到的，就像在第 12 章中对逻辑回归所做的那样。在这种情况下，初始化变量并进行预测，然后改变系数，使预测更接近目标。可以使用数学优化器来做到这一点，并且可以使用梯度下降来改变系数，从而最大程度地减少预测值和实际值之间的差异。

使用带有 sklearn 和 statsmodels 的线性回归很简单。下面将使用房价数据集来学习线性回归。该数据集来自爱荷华州艾姆斯，由 DeanDeCock 于 2011 年编译（http://jse.amstat.org/v19n3/decock.pdf）。该数据集的其他副本可以在 Kaggle 的数据集中找到。本书案例的演示，我们只保留了若干特征，它们都是数字类型的。

在进行线性回归之前，获得特征和目标之间的 Pearson 相关性往往是有帮助的。首先加载数据：

```
import pandas as pd
df = pd.read_csv('data/housing_data_sample.csv', index_col='Id')
```

将 id 列设置为索引，因为它是每个数据点的唯一标识符。使用一些 EDA 检查数据也会为我们提供帮助，如使用 pandas-profiling 和 df.head()。数据的前几行如图 13-2 所示。

Id	LotArea	YearBuilt	FullBath	TotRmsAbvGrd	GarageArea	1stFlrSF	2ndFlrSF	SalePrice
1	8450	2003	2	8	548	856	854	208500
2	9600	1976	2	6	460	1262	0	181500
3	11250	2001	2	6	608	920	866	223500
4	9550	1915	1	7	642	961	756	140000
5	14260	2000	2	9	836	1145	1053	250000

图 13-2　房价数据集的前 5 行记录

我们有一个目标列 SalePrice，它是 2006 年到 2010 年之间房屋的销售价格。其他列是描述房屋的特征，例如房屋所在的土地面积（LotArea）和地上房间的数量（TotRmsAbvGrd）。Garage 和 SF 列描述了房子不同部分的面积。

现在看看特征和我们的目标之间的 Pearson 相关性：

```
df.corr()['SalePrice']
```

结果如下所示：

```
LotArea          0.263843
YearBuilt        0.522897
FullBath         0.560664
TotRmsAbvGrd     0.533723
GarageArea       0.623431
1stFlrSF         0.605852
2ndFlrSF         0.319334
SalePrice        1.000000
Name: SalePrice, dtype: float64
```

可以看到，所有特征似乎与目标变量 SalePrice 至少具有中等强度的 Pearson 相关性。请记住，Pearson 相关性是 pandas corr 函数使用的默认方法。它衡量变量之间线性相关的强度，+1 表示完全正相关（两个变量总是按比例增加），-1 表示完全负相关或负相关，0 表示完全没有线性相关。由于有几个远高于 0 的相关性，可以预期线性回归可以解决对房价的预测问题。下面看看如何用线性回归对销售价格进行建模。

使用 sklearn 进行线性回归

首先，使用 scikit-learn 将线性模型拟合到数据中。与所有 sklearn 模型一样，在拟合模型之前，我们的数据必须全部是数字类型的，因此我们需要使用第 10 章中介绍的方法将任何字符串或分类列转换为数字类型，可以使用讲过的机器学习准备数据方法：特征选择、特征工程和降维。完成数据准备之后，我们的数据在这里就全部变成数字类型了。

数据拟合模型之前，让我们将数据分解为训练集和测试集，就像在第 12 章中所做的那样。请记住，我们希望在模型“未见过”的测试集上评估模型的性能，从而了解模型在新数据上的性能。我们像以前一样使用 sklearn 将数据分解为训练集和测试集：

```
from sklearn.model_selection import train_test_split
x_train, x_test, y_train, y_test = train_test_split(df.drop('SalePrice',
                                                            axis=1),
                                                    df['SalePrice'],
                                                    random_state=42)
```

我们首先为 train_test_split 函数提供特征（通过从 DataFrame 中删除目标列），然后是我们的目标（通过仅选择目标列）。为了让结果可以被重现，还设置了 random_state 参数（所以我们每次都能得到相同的结果）。

对于具有时间序列的数据，最好按时间将数据分解成连续的块。例如，如果使用该模型来预测未来的房价，我们可能希望使用较早的数据作为训练集，并使用最新的数据作为测试集。我们可以通过按时间列（完整数据集中的 YrSold 类）对 DataFrame 进行排序。然后对 DataFrame 进行索引，从而将数据的前 75%作为训练集，其余部分作为测试集。

现在可以将 sklearn 的线性回归模型拟合到数据中，并使用内置的评估函数：

```
from sklearn.linear_model import LinearRegression
lr = LinearRegression()
lr.fit(x_train, y_train)
print(lr.score(x_train, y_train))
print(lr.score(x_test, y_test))
```

这与我们在 sklearn 中看到的分类模型相同。首先，为模型导入类，然后对其进行初始化。可以为 LinearRegression 类设置一些选项，但现在不需要这样做（例如，在默认情况下，它拟合 y 轴截距项）。

然后，使用带有训练特征（x）和目标（y）的 fit 方法来训练模型，并使用内置评分方法来评估性能。这将返回：

```
0.6922037863468924
0.7335111149578266
```

内置评分方法是 R^2，即决定系数。我们将在本章测试部分更详细地探讨这一点。现在，我们需要知道的是，当我们有一个完美的模型（完全正确地得到所有 y 值）时，R^2 为 1.0；当我们使用目标变量的平均值作为所有数据点的预测时，R^2 为 0。可以看到，R^2 值并不算太差——至少它们与 0 相比，更接近 1。这里也没有看到过度拟合的证据，因为测试集的分数并没有明显低于训练集的分数。

训练模型后，可以检查系数和 y 截距：

```
print(lr.coef_)
print(lr.intercept_)
```

结果如下所示：

```
array([ 4.69748692e-01,  8.27939635e+02, -3.57322963e+03, -2.59678130e+01,
        6.46264545e+01,  9.74383176e+01,  7.18384417e+01])
-1619889.0110532893
```

解释这些系数的方法是，该值是随着特征单位增加而增加的房价。例如，地块面积每增加一个单位，房价（平均）增加 0.47（第一个系数和特征的关系）。系数与 x_train 中的列名对齐，因此可以创建一个更易于解释的条形图：

```
import seaborn as sns
sns.barplot(x=lr.coef_, y=x_train.columns, color='darkblue')
```

得到的条形图如图 13-3 所示：

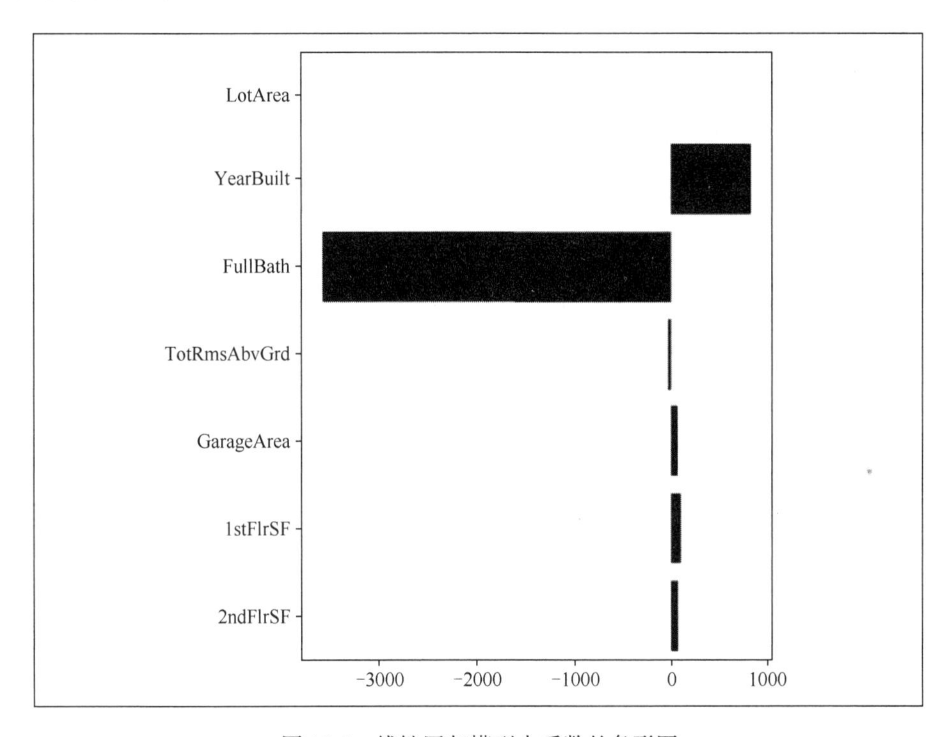

图 13-3　线性回归模型中系数的条形图

从图 13-3 看，这些系数似乎有些异常。Pearson 相关性对于与目标变量相关的所有特征都是正的，因此预计系数是正的。还可以创建特征与目标的散点图以观察它们的关系。比如使用如下代码：

```
sns.scatterplot(x=df['FullBath'], y=df['SalePrice'])
```

看起来系数应该都是正的。凭直觉可知，一间房子里的卧室和浴室越多，价格也就越高，所以每增加一间浴室就损失 3000 美元左右的房价是没有道理的。为了了解发生了什么，使用统计模型来得到系数的统计显著性将会有所帮助。

使用 statsmodels 进行线性回归

就像第 12 章的逻辑回归一样，可以使用 statsmodels 获得系数的 p 值和标准误差。用 statsmodels 训练另一个线性回归模型，并检查结果：

```
import statsmodels.api as sm
sm_lr = sm.OLS(y_train, sm.add_constant(x_train))
res = sm_lr.fit()
res.summary()
```

首先，将 statsmodels 包导入为 sm，然后使用 sm.OLS 类初始化我们的线性模型（OLS 代表普通最小二乘，在这里指用于线性回归的方法）。请记住，使用 statsmodels 时，我们在初始化模型类时将数据提供给模型类，将目标作为第一个参数，将特征作为第二个参数。如果想得到一个 y 截距项，需要使用 sm.add_constant 为我们的特征添加一个常数，然后用 fit 训练模型，最后用从 fit 返回对象的 summary()方法看结果。结果如图 13-4 所示。

OLS Regression Results

Dep. Variable:	SalePrice	R-squared:	0.692
Model:	OLS	Adj. R-squared:	0.690
Method:	Least Squares	F-statistic:	349.2
Date:	Wed, 21 Apr 2021	Prob (F-statistic):	6.20e-273
Time:	21:50:35	Log-Likelihood:	-13242.
No. Observations:	1095	AIC:	2.650e+04
Df Residuals:	1087	BIC:	2.654e+04
Df Model:	7		
Covariance Type:	nonrobust		

	coef	std err	t	P>|t|	[0.025	0.975]
const	-1.62e+06	1.07e+05	-15.165	0.000	-1.83e+06	-1.41e+06
LotArea	0.4697	0.126	3.729	0.000	0.223	0.717
YearBuilt	827.9396	55.108	15.024	0.000	719.810	936.069
FullBath	-3573.2296	3523.070	-1.014	0.311	-1.05e+04	3339.558
TotRmsAbvGrd	-25.9678	1451.611	-0.018	0.986	-2874.245	2822.309
GarageArea	64.6265	8.145	7.934	0.000	48.645	80.608
1stFlrSF	97.4383	5.722	17.029	0.000	86.211	108.665
2ndFlrSF	71.8384	5.337	13.461	0.000	61.367	82.310

图 13-4　statsmodels 对住房数据进行线性回归的结果

（请注意，由于篇幅限制，我们将 summary()函数输出结果进行了省略显示）

现在看一下具有负系数的两个特征——FullBath 和 TotRmsAbvGrd。它们都有很大的 p 值，表示它们的值与 0 没有显著差异。我们还可以看到它们的标准误差大于或大约与系数本身一样大，并且这些系数的 95%置信区间通过 0。这意味着这些系数没有用，可以从这个模型的数据集中删除这两列，其他特征似乎更重要或可以更好地预测房价。请注意，FullBath 和 TotRmsAbvGrd 特征仍然与目标相关，因为它们与 SalePrice 具有中等的 Pearson 相关性，如果仅使用其中一个或两个来拟合模型，则系数将为正，并且 p 值较小。

通过删除这两个特征，我们可以执行一些特征选择。还可以使用正则化来执行特征选择，或者至少防止模型过度拟合。

正则化线性回归

线性回归中的正则化工作方式与第 12 章中的逻辑回归相同。通过逻辑回归，优化了一个损失函数，可以捕获预测值和实际值之间的差异。对于线性回归，使用相同的想法，并最小化预测值和实际值之间的差异。最小化预测值和实际值之间的平方差之和，可以用矩阵表示法将其写为$\|Y-X\beta\|^2$。通过正则化，我们可以使用 L1（Lasso）或 L2（Ridge）回归。还可以将两者与 ElasticNet 正则化结合起来。L1 为最小化函数（或损失函数）添加了一个线性惩罚项$\|Y-X\beta\|^2+\alpha|\beta|$。Alpha ($\alpha$)是可以设置的超参数。使用岭回归，我们有一个平方惩罚项$\|Y-X\beta\|^2+\alpha|\beta|^2$。L1 倾向于将系数移动到 0，而 L2 则不会。还可以将它们与 ElasticNet 结合起来，并设置另一个超参数来控制 L1 与 L2 的比例。这些方法不能完全像普通最小二乘法那样求解，我们必须像逻辑回归那样迭代求解。

使用 sklearn，可以轻松地使用正则化：

```
from sklearn.linear_model import LassoCV
l1_lr = LassoCV()
l1_lr.fit(x_train, y_train)
```

在这里使用 L1 正则化的交叉验证实现。可以简单地导入 Lasso，每次只能尝试一个 alpha 值。

但如果使用交叉验证，将自动为我们搜索 100 个 alpha 值，正如在第 11 章中解释的那样（见图 11-5）。回想一下，我们将训练数据分成相等的部分，然后在部分数据上拟合模型，并在其余部分上进行测试。我们这样做 *n* 次，并计算最终的平均分数，并且可以通过这种方式比较不同的 alpha 设置。我们可以使用 l1_lr.alpha_查看 alpha 的最终值，大约为 230000——考虑到 Lasso 类的默认值为 1.0，这是一个很大的惩罚。然后我们可以看到系数是如何通过 l1_lr.coef_改变的：

```
array([4.27009150e-01, 5.07702347e+02, 0.00000000e+00, 0.00000000e+00,
       8.02080376e+01, 9.60455704e+01, 6.70594638e+01])
```

可以看到，之前为负的两个系数现在已被正则化为 0。

如果我们想使用其他类型的正则化（L2 和 ElasticNet），只需从 sklearn.linear_model 导入类 RidgeCV 和 ElasticNetCV，并以相同的方式拟合它们。RidgeCV 的系数如下所示：

```
array([ 4.69964573e-01,  8.26351818e+02, -3.35200764e+03, -4.04117423e+01,
        6.46405518e+01,  9.73549913e+01,  7.17380074e+01])
```

系数没有太大变化，对于两个没有正则化的负系数特征仍然是负的。ElasticNet 系数结果为：

```
array([ 1.28287688,  3.46879826,  0.        ,  0.        , 27.15263788,
       41.1722103 , 27.02242165])
```

可以看到，两个负系数现在变为 0，但其他系数与我们的 L1 正则化完全不同。要在三者之间选择最好的模型，我们可以评估测试数据集的分数。首先，我们不会使用 L2 正则化，因为它包含我们知道应该具有正系数的变量的较大负值。Lasso 和 ElasticNet 模型的 R^2 值在 0.73 和 0.4 左右。很明显，Lasso 模型要好得多，因此我们可以将其用作迄今为止最好的线性回归模型。

在默认情况下，ElasticNet 使用 0.5 作为 L1 和 L2 之间的混合值（这是 l1_ratio 参数）。也可以尝试像这样优化该超参数：en_lr=ElasticNetCV(l1_ratio=[.1,.5,.7,.9,.95,.99,1])。这将搜索列表中的值以及 100 个默认 alpha 值，从而获得最佳值。

如果这样做，我们会发现最佳 L1 比率为 1（来自 en_lr.l1_ratio_），这意味着 L1 是回归的。

还可以使用 statsmodels 为我们之前的 sm_lr 模型使用 fit_regularized()方法拟合正则化模型。使用 statsmodels 进行交叉验证并不容易，因此可以首先优化 sklearn 中的 alpha 和

l1_ratio 超参数，然后使用 statsmodels 拟合，并评估模型。请注意，参数 refit 需要设定为 True 才能看到来自 statsmodels 的摘要。

在 sklearn 中使用 KNN 进行回归

sklearn 中的几乎所有模型都有相应的分类和回归实现。KNN（*k*-nearest neighbors）就是这些模型之一，并且已经在第 12 章中介绍了它的分类实现。对于回归，KNN 采用最近 *k* 个点的平均目标值进行预测，可以使用统一权重（sklearn 的默认值）或按距离加权。可以通过如下代码进行拟合，并评估 KNN 模型的 R^2 分数：

```
from sklearn.neighbors import KNeighborsRegressor
knr = KNeighborsRegressor()
knr.fit(x_train, y_train)
print(knr.score(x_train, y_train))
print(knr.score(x_test, y_test))
```

同样，所有 sklearn 模型都以相同的方式工作——使用任何参数初始化模型类（主要超参数 n_neighbors 的默认值为 5），然后将其拟合到数据中，使用 score 函数来评估模型的性能。虽然在这里没有介绍其他的回归模型，但可以在 sklearn 文档（https://scikit-learn.org/stable/supervised_learning.html）的监督学习部分中了解它们的细节。我们的模型在训练集和测试集上的 R^2 值为：

```
0.7169076259605272
0.6053882073906485
```

通过上面的数值发现模型出现了过拟合的情况，因为测试集的分数远低于训练集的分数。增加邻居的数量将有助于缓解这种过拟合的情况，尽管测试集的分数不会提高到 0.6 以上。由于这个值低于我们的线性回归模型，所以将继续使用线性回归而不是 KNN。

评估回归模型

回归模型有一套自己的指标标准，我们可以通过它们对模型进行评估。我们将在此介绍一些常见的指标：

- R^2；

- 调整后的 R^2；
- 信息标准（我们将介绍 Akaike 信息标准，Akaike Information Criterion，简称 AIC）；
- 均方误差；
- 平均绝对误差。

这些指标允许我们比较不同的模型，并评估模型的一般性能。

R^2 或决定系数

我们已经看到，R^2 被用作 sklearn 模型的默认评分指标。完美模型得分为 1，不完美模型得分相对较低。指标的计算公式为：

$$R^2 = 1 = \frac{\text{SSR}}{\text{SST}} = 1 - \frac{\sum_i (y_i - \hat{y}_i)^2}{\sum_i (y_i - \overline{y})}$$

其中，SSR 是残差平方和，SST 是总平方和。SSR 是实际目标值（y_i）与预测值（y-hat 或 $\hat{y}$）之间的差异。SST 是实际值与目标平均值之间的差值。因此，根据定义，如果我们的预测是目标的平均值，我们的 R^2 得分为 0：

```
from sklearn.metrics import r2_score
r2_score(y_train, [y_train.mean()] * y_train.shape[0])
```

这类似于之前提到的"无信息率"——作为基线，我们可以将模型的得分与 R^2 为 0 进行比较。如果我们的模型特别糟糕，甚至可能得到一个小于 0 的 R^2 值。在上面的代码中可以看到，我们从 sklearn.metrics 导入 r2_score 函数——这个模块包含许多用于分类和回归的其他指标。对于这个方法，我们要先给出 y 的实际值，然后再给出预测值。

虽然 R^2 是一个不错的指标，但它没有考虑过拟合的情况。为此，我们可以使用其他指标。

调整后的 R^2

对过度拟合进行惩罚的一种方法是使用预测变量（特征）的数量来降低评分指标。这就是调整后的 R^2(R^2_{adj})所做的——它增加了预测变量数量相对于数据点数量的惩罚。我们可以手动计算调整后的 R^2：

```
r2 = r2_score(y_test, l1_lr.predict(x_test))
n, p = x_test.shape
```

```
adj_r2 = 1 - (1 - r2) * (n - 1) / (n - p - 1)
print(r2)
print(adj_r2)
```

在这里，首先使用 sklearn 和我们之前的 Lasso 模型计算 R^2 分数，得到调整后的 R^2 方程中使用的样本数（n）和特征数（p）。我们的 R^2 值约为 0.73，而调整后的版本为 0.726。我们在这里没有看到很大的差异，但是如果我们有很多特征（特别是相对于我们的数据点数量），调整后的 R^2 值可能会下降得更多。

在总结信息中可以看到 R^2 和调整后的 R^2 值输出，当我们拟合 statsmodels 线性回归时，还有许多其他指标。

一般情况下，R^2 和调整后的 R^2 用于线性回归的训练集，而不是测试集。此外，在理想情况下，我们应该为 SST 方程使用训练目标的平均值。我们可以手动计算（例如，使用 NumPy，就像这个 Stack Overflow 的答案：https://stackoverflow.com/a/895063/4549682），但是使用内置的 sklearn 函数可以作为 R^2 的快速而简单的解决方案。

更好地使用 R^2 和调整后的 R^2 是比较线性模型在其训练数据集上的性能。这可能是选择最佳模型的一种方法。

信息标准

评估模型的另一种方法是使用信息标准。这有一些评分方法和随着参数（或特征）数量增加的惩罚。大多数（如果不是全部）信息标准的价值越低越好。我们将在这里查看 Akaike 信息准则（Akaike Information Criterion，AIC），它是对数似然的 2 倍加上系数（参数或特征）数量的惩罚项：

$$\text{AIC} = n * \log\left(\frac{\text{SSR}}{n}\right) + 2k$$

其中，n 是数据点的数量，SSR 是残差平方和，k 是特征的数量。Python 中有一个包可以计算 AIC 及其他一些信息标准，例如，BIC（贝叶斯信息标准）和 Mallow's Cp。此软件包仅可通过 pip 获得，可以使用 pip install RegscorePy 进行安装。像这样计算 AIC：

```
from RegscorePy.aic import aic
aic(y_train, l1_lr.predict(x_train), x_train.shape[1])
```

只需从包的 aic 模块中导入函数，然后使用真实值、预测值和特征数量来调用它。在这里，我们得到的值大约为 23500。该值本身并没有多大用处，但可以用它来比较模型。例如，可以尝试移除特征，从而找到具有最佳 AIC 分数的模型。为此，需要编写代码，拟合模型并计算 AIC，然后比较结果，获得最低的 AIC 分数。这是 R 编程语言具有优势的一个例子，因为它可以提供一个函数（来自 MASS 的 stepAIC）可以为我们完成这一项工作。

RegscorePy 包还包含用于 BIC 的 bic 函数。虽然还有很多其他的信息标准（例如，如下链接列出的内容：https://en.wikipedia.org/wiki/Model_selection#Criteria），但了解 AIC 和 BIC 就足够了。这些内容也列在 statsmodels 线性回归拟合的结果中。

均方误差（MSE）

评估回归模型的常用方法是使用均方误差。所用公式如下所示：

$$\frac{1}{n}\sum_{i}(y_i-\hat{y}_i)^2$$

换句话说，取每个实际值和预测值之间的差异，将其平方，然后将它们相加，最后，除以样本数，得到预测值和实际值之间的平均平方差。可以将它与 sklearn 一起使用，如下所示：

```
from sklearn.metrics import mean_squared_error as mse
mse(y_test, l1_lr.predict(x_test))
```

首先从 sklearn 导入函数，因为函数名称很长，将它的别名设置为 mse，然后为该函数提供真实值和预测值。我们使用房价数据得出的结果是 19 亿左右，这很难解释。当然，我们可以用它与其他模型进行比较。为了获得更直观的结果，可以将 squared 参数设置为 False 以获得均方根误差，也被称为 RMSE。这只是取 MSE 的平方根，将我们的指标放在与我们的数据相同的尺度上。当我们这样做时，结果大约为 43000。考虑到数据集中的平均房价约为 160000，这预测似乎还不错。另一个比 MSE 更容易解释的指标是 MAE，也被称为平均绝对误差。

平均绝对误差（MAE）

该指标取预测值和实际目标值之间差异的绝对值（将任何负值转换为正值），然后除以样本数：

$$\frac{1}{n}\sum_{i}|y_i - \hat{y}_i|$$

与 RMSE 或 MSE 相比，它的一个优点是对异常值不太敏感。如果数据集中有较大的异常值，并且预测值与实际值之间的差异很大，则对该值进行平方会严重影响 MSE，但不太会影响 MAE。因此，可以像使用 MSE 一样来使用 MAE：

```
from sklearn.metrics import mean_absolute_error as mae
mae(y_test, l1_lr.predict(x_test))
```

这里的结果大约为 27000。在这种情况下，使用 MAE 作为指标可能比 MSE 更好，因为数据集内确实带有较大的异常值，从而使数据集相对倾斜。

线性回归假设

使用线性回归时，应该注意几个假设：

- 特征与目标之间的线性关系；
- 正态分布数据；
- 特征之间没有多重共线性；
- 目标不存在自相关；
- 同方差性（残差值在数据中分布的均匀性）。

可以通过生成图来检查其中一些假设。R 语言在这方面稍有优势——我们可以轻松地使用 R 语言的线性模型来直接绘制一些诊断图。然而，我们自己检查这些假设并不难，而且无论使用 R 语言还是 Python，都必须经历许多相同的步骤。

可以通过多种方式检查这些假设。首先，对于线性关系，可以像使用 df.corr()一样使用 Pearson 相关性来查看是否存在线性关系。也可以简单地尝试线性模型，看看是否可以找到任何具有统计意义的系数。另一种检查方法是简单地绘制每个特征与目标的散点图。如果这些方法都表示特征和目标之间存在线性关系，则满足此假设。

检查特征和目标线性的另一种方法是使用残差与拟合图。这会在 x 轴上绘制拟合值，在 y 轴上绘制残差（实际值减去预测值）。可以通过如下代码创建这个图：

```
predictions = l1_lr.predict(df.drop('SalePrice', axis=1))
residuals = df['SalePrice'] - predictions
sns.regplot(x=predictions,
            y=residuals,
            lowess=True,
            line_kws={'color': 'red'})
plt.xlabel('fitted values')
plt.ylabel('residuals')
```

首先，得到我们的预测值和残差，然后将其绘制在带有 Lowess 线（局部拟合线性模型）的散点图上。在这里使用完整的数据集，而不仅仅是训练集或测试集，从而获得更完整的数据场景。图形如图 13-5 所示。

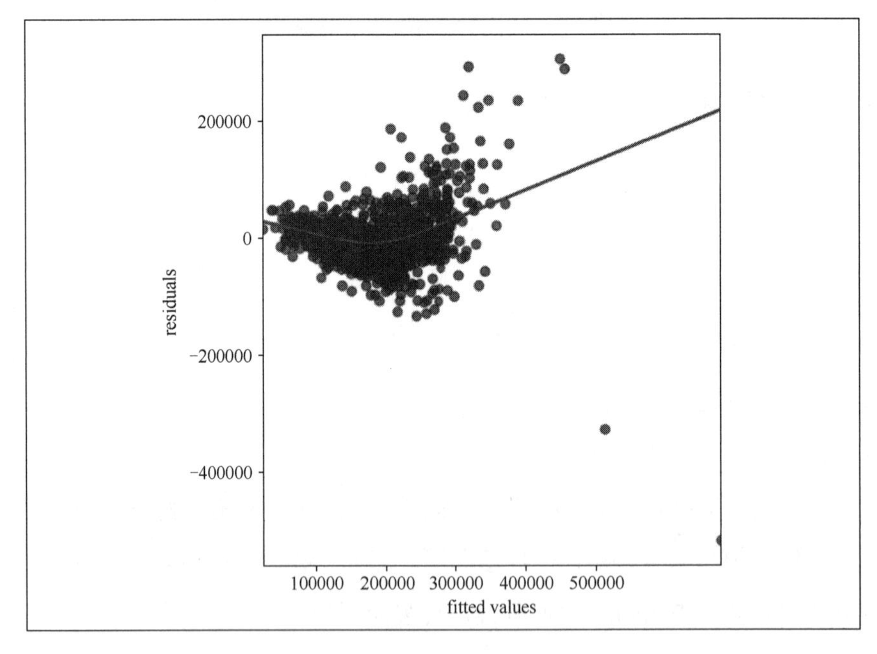

图 13-5　数据的残差与拟合图

可以看到，Lowess 线（或 Lowess 曲线）不是很平坦，这表明我们的数据存在一些非线性情况，这意味着我们的线性假设没有被完美捕捉，看起来有一些二阶效应。我们可以尝试设计一些特征，例如，对一些特征进行平方，可能会解决这个问题。我们也可以简单地尝试一个更复杂的模型，如使用随机森林或其他基于树的模型。从图 13-5 中看到的另一个问题是数据高端的较大异常值。这些异常值会扭曲拟合参数，我们也许应该从模型中排除这些异常值。

对于下一个假设，希望所有的特征和目标都是正态分布的，或者是接近正态分布的。可以通过绘制直方图和运行统计检验来验证这一点，比如在第 9 章中学到的 Kolmogorov-Smirnov 或 Anderson-Darling 正态性检验。如果我们的分布不完全符合正态分布，但是很接近，也是可以的。通常，正态性的统计检验非常敏感，并且可能会告诉我们，当分布接近时，我们的分布是不正态的。但是，如果数据明显偏离正态分布，可以使用在第 10 章中学习的 Yeo-Johnson 变换将其转换为更符合正态分布的情形。

多重共线性是指特征彼此线性相关。一对完全共线的特征的 Pearson 相关性为 1。我们可以使用 Pearson 相关性来验证这一点，如果特征对或特征组的相关性为 1，只需要保留其中一个特征即可。一般情况下，如果我们尝试对具有多重共线性问题的数据进行线性回归，函数通常会返回错误。

自相关是指目标遵循时间模式。例如，来自完美重复且均匀的声音（如使用合成器）的声波遵循重复模式，并且完全自相关。自相关的另一个例子是股票价格。它仅对时间序列数据很重要，与我们的住房数据集无关。接下来，我们将展示如何使用我们的数据检查这个假设。可以使用 pandas 中的 autocorr 函数检查自相关：

```
for i in range(1, 11):
    print(y_train.autocorr(i))
```

在这里，对值 1 到 10 进行循环，并计算目标变量与本身之间的 Pearson 相关性（以值 i 为间隔，称为“延迟”）。我们发现所有这些值都接近于 0，所以似乎不存在自相关问题。一个更好的方法是使用另一个 pandas 函数：

```
pd.plotting.autocorrelation_plot(y_train)
```

上面的代码生成的自相关图，如图 13-6 所示：

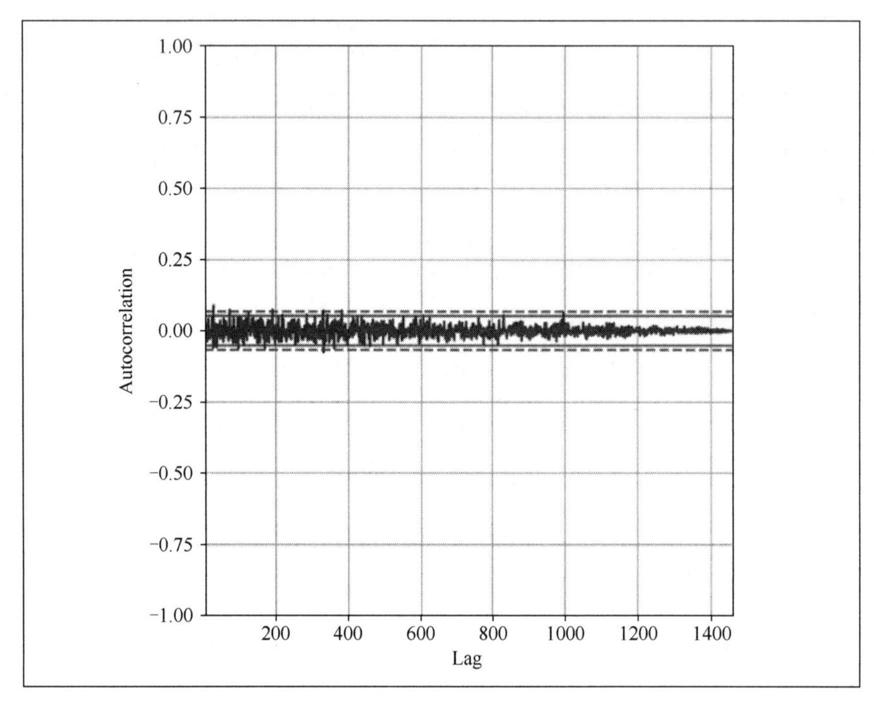

图 13-6　自相关图

中间的波浪线代表不同滞后期的自相关计算(x 轴表示滞后值),水平线代表 95%和 99%的置信区间。如果波浪线的大部分在置信区间之外，则可能存在自相关。

最后一个假设是同方差性，这意味着残差的方差应该在目标的所有值上大致一致。可以使用比例位置图（但也可以使用我们的残差与拟合图）来验证这一点。可以通过如下代码创建比例位置图：

```
import numpy as np
standardized_residuals = np.sqrt(residuals / residuals.std())
sns.regplot(x=predictions,
            y=standardized_residuals,
            lowess=True,
            line_kws={'color': 'red'})
plt.xlabel('predicted values')
plt.ylabel('sqrt(standardized residuals)')
```

首先，我们通过除以它们的标准差来创建标准化残差，然后取标准化残差的平方根。接下来，在 x 轴上绘制预测，在 y 轴上绘制残差，并为其拟合 Lowess 线。上面的代码生成图形如图 13-7 所示。

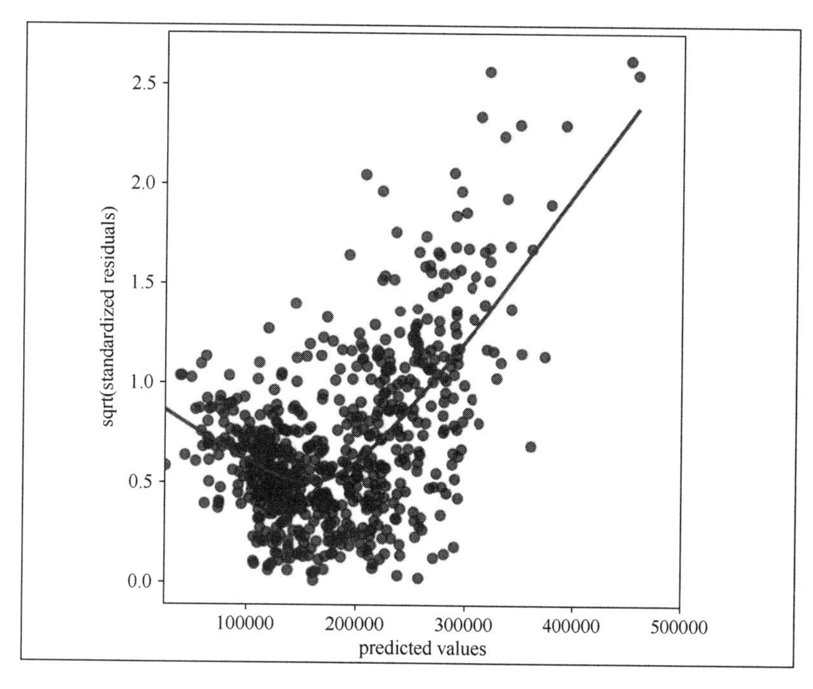

图 13-7　比例位置图显示同方差假设不成立

可以看到，当房价在 250000 到 300000 之间时，标准化残差变得更加分散，并且在 100000 附近变得更小，因此我们的假设在这里不完全满足。

尽管一些假设并不完全成立，但该模型仍然有用，因为它比我们预测平均销售价值的基线更好。可以通过去除异常值和做一些特征工程来改进模型，或者使用更复杂的模型。例如，可以取地上房间数量的平方根，因为房子里的房间越多，价格的收益可能就会递减。

大数据回归模型

有时会发现自己要处理的数据太大，无法放在单台机器上，在这种情况下，我们需要使用大数据解决方案。这些解决方案与用于分类的逻辑回归相同。事实上，其中许多使用 GLM 或广义线性模型，可以将其配置为逻辑回归或线性回归。比如以下模型：

- Vowpal Wabbit；
- H2O；
- TensorFlow；
- Spark (pyspark)；
- Dask；
- AWS SageMaker 或 Google Cloud 的线性学习器。

当然，在选择解决方案时，应该选择最容易使用的那个。AWS 和 GCP 等云解决方案通常提供易于使用的云服务，在这些云服务中往往包含 Spark 或 Dask 等其他解决方案。但是，如果有一个安装了某些软件或满足特定数据隐私策略的本地集群，就可以不选择云服务的解决方案。

预测

回归的另一个用途是预测。例如，可以预测时间序列中的未来值，如证券价格、天气、销售或网络流量数据。以第 4 章中的每日比特币价格数据为例：

```
btc_df = pd.read_csv('data/bitcoin_price.csv')
btc_df['time'] = pd.to_datetime(btc_df['time'], unit='ms')
btc_df.set_index('time', inplace=True)
btc_df = btc_df[['close', 'volume']]
```

我们加载数据，只保留收盘价和成交量。在将时间列解析为日期时间后，还将其设置为索引。时间列的单位是自纪元以来的毫秒数。

将未来收盘价作为目标，并创建目标列，这里可以使用 pandas 函数：

```
btc_df['close_1d_future'] = btc_df['close'].shift(-1)
btc_df.dropna(inplace=True)
```

shift 函数相对于索引移动数据。如果我们将数据相对于索引向后移动一个时间步长，它就是未来一天的收盘价。我们可以通过这种方式提供任何整数，并在未来的任何一天获得收盘价格。因为这也会在数据集的末尾创建缺失值，所以我们删除具有缺失值的行以避免以后出现问题。

现在可以创建我们的特征和目标，以及训练集和测试集：

```
features = btc_df.drop('close_1d_future', axis=1)
targets = btc_df['close_1d_future']
train_idx = int(0.75 * btc_df.shape[0])
x_train = features.iloc[:train_idx]
y_train = targets.iloc[:train_idx]
x_test = features.iloc[train_idx:]
y_test = targets.iloc[train_idx:]
```

在这里，首先通过删除目标列来创建特征，然后通过选择目标列来创建目标。这样可以得到第 75%的数据的索引值。对特征和目标进行索引，将前 75%的数据保留在训练集中，然后将后 25%的数据保留在测试集中。由于这是一个时间序列数据集，我们希望使用最新的数据作为测试集，而不是随机混合我们的数据来获得训练集和测试集。

然后可以拟合并评估模型。在这里，将使用 MAE 分数对其进行评估（从而将异常值的影响降到最低）：

```
from sklearn.model_selection import TimeSeriesSplit
l1_lr = LassoCV(cv=TimeSeriesSplit())
l1_lr.fit(x_train, y_train)
print(mae(y_train, l1_lr.predict(x_train)))
print(mae(y_test, l1_lr.predict(x_test)))
```

首先使用 Lasso 回归拟合到数据中，该回归还会从交叉验证中选择最佳的 alpha 值。还为 LassoCV 模型提供了一个时间序列交叉验证器，它不会将数据随机分解为训练集和测试集，而是将数据的第一部分作为训练集，将数据的最后一部分作为测试集，并慢慢增加训练集的大小（通过下面链接可以更好地理解它的工作原理：https://scikit-learn.org/stable/auto_examples/model_selection/plot_cv_indices.html#sphx-glr-autoexamples-model-selection-plot-cv-indices-py）。不幸的是，最终似乎还是得到了一个过拟合模型，训练集的 MAE 分数为 86 分，测试集的分数为 221 分（请记住，MAE 越低越好）。然而，这对于预测金融时间序列数据很常见。造成这种情况的部分原因是金融时间序列通常是相关的，人们可以通过使用之前使用的 pd.plotting.autocorrelation_plot()函数绘制比特币收盘价的自相关图来看到这一点。可以通过如下代码生成可视化图：

```
train_dates = btc_df.index[:train_idx]
test_dates = btc_df.index[train_idx:]
```

```
train_predictions = l1_lr.predict(x_train)
test_predictions = l1_lr.predict(x_test)
plt.plot_date(train_dates, y_train, fmt='-', color='b')
plt.plot_date(train_dates, train_predictions, fmt='--', color='orange')
plt.plot_date(test_dates, y_test, fmt='-', color='k')
plt.plot_date(test_dates, test_predictions, fmt='--', color='r')
plt.axvline(btc_df.index[train_idx])
plt.yscale('log')
```

这会为训练集和测试集创建一系列日期，然后获取训练集和测试集的预测。接下来，我们使用 matplotlib 的 plot_date 函数根据日期绘制我们的目标值和预测值。我们将实际数据的格式更改为实线，将预测更改为虚线并更改颜色，在视觉上可以进行很好的区分。最后，我们在训练/测试分割处画一条垂直线，并将 y 轴尺度更改为对数。因为数据很多，所以需要以交互方式探索这些数据，从而了解模型在哪里有效，以及在哪里失败。为此，我们可以在 Jupyter Notebook 中使用魔术命令%matplotlib 或%matplotlib notebook 来使绘图具有交互性。我们还想检查我们对这些数据的假设，以确保它们成立。

另一个很好的预测工具是 Facebook 的 Prophet 包，它支持在 R 语言和 Python 中可用，可以通过 conda install -c conda-forge prophet 进行安装。首先，需要重新排列我们的数据以便为 Prophet 做好准备。需要将日期放在名为 ds 的列中，将目标放在名为 y 的列中：

```
btc_df.reset_index(inplace=True)
btc_df.drop('close_1d_future', axis=1, inplace=True)
btc_df.rename(columns={'close': 'y', 'time': 'ds'}, inplace=True)
```

由于不再需要未来收盘价这一列，所以删除它。接下来，可以将我们的模型拟合到数据中：

```
from prophet import Prophet
m = Prophet()
m.fit(btc_df)
```

然后就可以得到未来一年的预测值并绘制它：

```
future = m.make_future_dataframe(periods=365)
forecast = m.predict(future)
m.plot(forecast)
```

上面的代码执行后，将得到如图 13-8 所示图形。

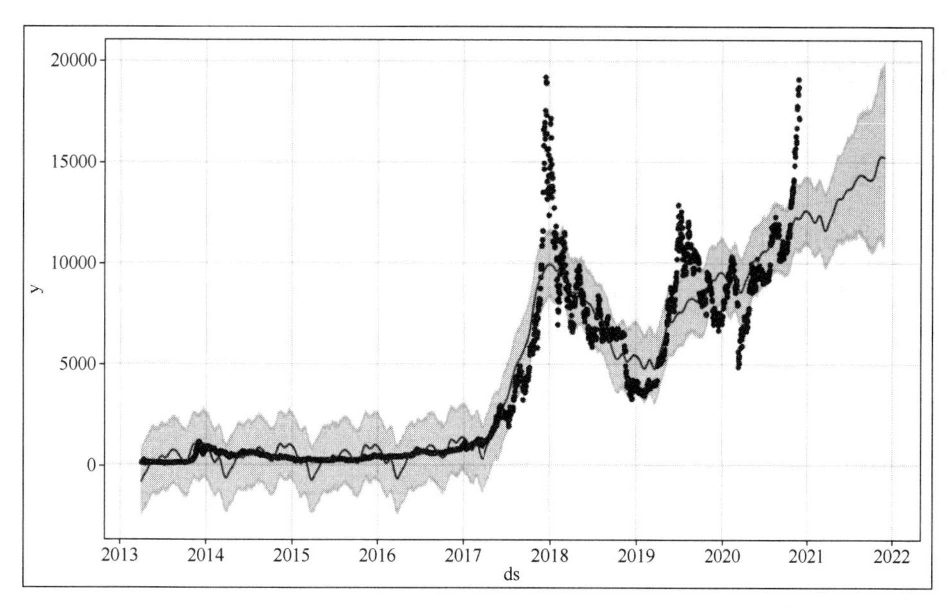

图 13-8　使用 Prophet 对比特币每日收盘价进行预测

该模型由分段线性拟合，以及使用高级方法分解的一些季节性趋势组成。可以通过如下代码来了解该组件：

```
m.plot_components(forecast)
```

总体而言，Prophet 提供了一种简单快捷的预测方法。但是，我们也可以看到，当数据包中含有像比特币价格数据这样的不稳定成分时，它的表现并不好。

本章测试

使用本书 GitHub 存储库中的完整 Ames 住房数据集（Chapter13\data\housing_data_full.csv），并使用改进后的线性回归模型来预测房价。可以尝试一些特征工程、数据清理和特征选择方面的工作，从而改进预测结果。

本章小结

本章学习了回归的基础知识。主要介绍了线性回归，它是一种更易于使用且更易于解释的模型。我们还讨论了线性回归的假设，包括特征和目标之间的线性关系、数据的正态分布、检查多重共线性、检查目标的自相关，以及同方差性（残差在目标值之间的均匀分布）。了解了如何使用正则化和线性回归来选择具有 L1 或 Lasso 正则化的特征，因为它会将一些系数移动到 0。还学习了如何尝试 L2 或 Ridge 回归，以及使用 L1 和 L2 的组合 ElasticNet。

此外还学习了如何使用其他 sklearn 模型进行回归，并为此演示了 KNN 模型。此外，statsmodels 包可用于线性回归，以便能够获得系数统计显著性的 p 值。还介绍了用于评估回归模型的指标，如 R^2、调整后的 R^2、信息标准，例如，AIC（Akaike Information Criterion）和 BIC（Bayesian Information Criterion）、MSE（均方误差）、RMSE（均方根误差）和 MAE（平均绝对误差）。需要注意的是，MAE 在评估具有异常值的数据集方面比 RMSE 或 MSE 要好一些。

最后，本章讨论了如何通过适当准备数据来进行预测，并使用线性回归来预测我们目标的未来值。另一种预测数据的方式是使用 Facebook 的 Prophet 包。由此知道了预测证券或比特币价格之类的数据是一件多么困难的事。

在第 14 章，将通过扩展在本章和前面所学到的知识，进行模型优化和模型选择。

第 14 章　优化模型和使用 AutoML

到目前为止，已经研究了一些用于分类和回归的机器学习（ML）模型，如简单线性模型（线性回归和逻辑回归）、k-最近邻（KNN）和用于分类的朴素贝叶斯模型。正如在接下来的几章中看到的，还有其他模型在 ML 和数据科学中被经常使用。本章将介绍如何在模型之间进行选择，以及如何优化模型。具体来说，将介绍如下内容:

- 使用随机、网格和贝叶斯搜索进行超参数优化;
- 使用学习曲线来优化所需的数据量，并诊断 ML 模型;
- 使用递归特征选择优化特征数量;
- 使用 Python 的 pycaret AutoML 包。

现在开始使用一些不同的搜索方法进行超参数优化。

使用搜索方法进行超参数优化

到目前为止，已经看到了一些 ML 模型的超参数，例如，线性和逻辑回归的正则化强度超参数，或者 KNN 中的 k 值（最近邻的数量）。

请记住，超参数是我们选择的模型的设置，而参数是模型学习的值（如线性或逻辑回归的系数）。正如之前所见，为 Python 和编程中的函数提供的数据也称为参数。

我们还看到了 sklearn 中线性和逻辑回归的交叉验证（CV）类如何能够优化 C 或 alpha 超参数，以获得正则化强度。然而，这些内置的 CV 方法只搜索一个最佳超参数，而不是同时处理多个超参数。当引入多个超参数进行优化时，事情会变得更加复杂。

一个例子是 KNN 算法，它通过平均离数据点最近的 k 个点来进行预测。在 KNN 回归版本的 sklearn 文档（https://scikit-learn.org/stable/modules/generated/sklearn.neighbors.KNeighborsRegressor.html）中可以看到，有几个超参数可以调整：

- n_neighbors；
- weights；
- *p*（闵可夫斯基距离幂参数）；
- 其他，包括 algorithm、leaf_size、metric 和 metric_params。

闵可夫斯基距离是两点之间距离的通用公式。当 *p* 为 2 时，它等于欧几里得距离（直线距离）；当 *p* 为 1 时，它是曼哈顿或城市街区的距离。

以下几种方法可以调整具有多个超参数的 ML 算法：

- 随机搜索；
- 网格搜索；
- 贝叶斯搜索和其他高级搜索方法。

这些都采用定义的超参数空间，并以不同的方式搜索它。随机搜索，顾名思义，随机尝试不同的超参数组合。网格搜索有条不紊地尝试我们提供的所有超参数组合。最后，贝叶斯搜索使用贝叶斯统计原理更有效地搜索超参数空间。还有其他几种高级搜索方法，包括超频带、树结构 Parzen 估计器（TPE），以及在 optuna 和其他 Python 包中实现的 CMA-ES 算法。

我们还可以通过连续减半来修改随机搜索和网格搜索，如 sklearn 文档中所述（https://scikit-learn.org/stable/modules/grid_search.html）。

这些搜索方法使用 CV，这在第 11 章中已介绍过，此处回顾一下知识点。对于 CV，将数据分解为 *n* 个部分，其中 *n* 的常规值可能是 3 或 5。还可以对数据进行分层（如果我们正在进行分类），以便不同部分之间的“类”数据平衡。如果我们有 *n* 个部分，那么我们在 *n*-1 个部分上进行 ML 模型训练。被排除在训练之外的数据集被称为保持集、验证集或测试集。评估模型在该测试集上的性能，从而了解它的性能。然后对所有可能的数据组合执行此操作。对于 n-fold CV，我们有 *n* 个组合。最后，对测试集上的分数取平均值，从而得到最终的分数。通过超参数搜索，对每个超参数组合执行此过程，并选择得分最高的组合。例如，图 14-1 显示了 3-fold CV 策略。

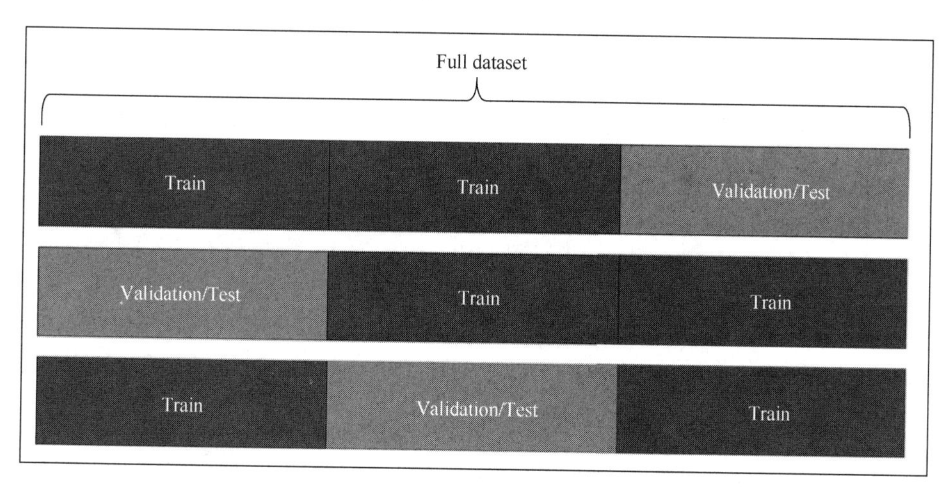

图 14-1　3-fold CV 策略示例（这与第 11 章中的图 11-5 相同）

用一种更简单的方法开始 sklearn 中的网格搜索。首先，加载我们的数据：

```
import pandas as pd
df = pd.read_csv('data/housing_data_sample.csv', index_col='Id')
```

使用与第 13 章相同的数据，其中包含爱荷华州艾姆斯的房屋销售价格，以及描述房屋的数字特征（例如，建造年份、卧室和浴室数量等）。这是一个回归问题，但介绍的技术同样适用于分类。我们将只在演示中使用 KNN 模型，当然这也适用于其他具有超参数的 ML 模型。

使用网格搜索

要使用网格搜索，可以使用内置的 sklearn 类——GridSearchCV。首先需要定义一个 ML 模型和一组超参数：

```
from sklearn.neighbors import KNeighborsRegressor
knn = KNeighborsRegressor()
hyperparameters = {'n_neighbors': [3, 5, 7],
                   'weights': ['uniform', 'distance'],
                   'p': [1, 2]}
```

首先导入 KNN 回归模型，并对其进行初始化，然后创建一个超参数字典。该字典中的每个键都是 ML 模型类的参数，而值是要尝试的值的列表。然后可以使用 GridSearchCV 类来找到超参数的最佳组合：

```
from sklearn.model_selection import GridSearchCV
features = df.drop('SalePrice', axis=1)
targets = df['SalePrice']
gs = GridSearchCV(knn,
                  hyperparameters,
                  scoring='neg_mean_absolute_error',
                  n_jobs=-1)
gs.fit(features, targets)
```

首先导入网格搜索类，然后从 DataFrame 创建特征和目标。接下来，使用 KNN 模型（也可以将 KNeighborsRegressor()类实例化调用直接放在那里）、超参数字典、评分指标和要使用的处理器数量（n_jobs 设定为-1，表示使用所有可用的 CPU）初始化网格搜索类。请注意，我们在这里指定了一个自定义评分指标，即平均绝对误差（MAE）的负值。sklearn 中回归模型的默认评分指标是 R^2，但使用 RMSE 或 MAE 解释和理解起来更容易。

最后，我们在特征和目标上调用 fit 方法，它使用每种超参数组合对数据执行 CV。在默认情况下，它使用 5-fold 分层 CV（分层仅对分类有用，并保持训练集和测试集之间不同“类”数据的比例相同）。可以使用 GridSearchCV 的 cv 参数更改 CV 拆分的数量。网格搜索会试探提供给它的所有可能的超参数组合。

完成网格搜索后，可以查看最佳结果：

```
print(gs.best_estimator_)
print(gs.best_params_)
print(gs.best_score_)
```

下面的结果中，展示了 gs 对象的三个属性：

```
KNeighborsRegressor(n_neighbors=7, p=1, weights='distance')
{'n_neighbors': 7, 'p': 1, 'weights': 'distance'}
-30069.78491711035
```

根据最好的分数（最后一行）可知，预测值和实际值之间的平均误差约为 3 万美元。对于回归，我们希望使用负值，因为这里的网格搜索将分数最大化，从而找到最佳模型。我们可以从文档（https://scikit-learn.org/stable/modules/model_evaluation.html#scoring-parameter）中列出的许多预先构建的分数中进行选择，或者可以使用 sklearn 中的 make_scorer 函数创建自己的评分指标。在许多情况下，能够使用其中一种预先构建的评分方法。best_params_属性为人们提供了最佳模型的超参数字典，而 best_model_属性提供了 sklearn 模型，我们可以使用它在完整数据集上重新进行训练或进行预测。

如果知道要搜索的特定超参数集，网格搜索效果就很好。但是，它会详尽地搜索所有可能的超参数组合，这对于大型数据集或带有较多的超参数组合而言，可能需要很长时间。然而，它确实提供了很多不同超参数的得分结果。检查超参数集，以及其相应的 CV 分数，如下所示：

```
list(zip(gs.cv_results_['params'], gs.cv_results_['mean_test_score']))
```

这表明每种超参数组合都已尝试过：

```
[({'n_neighbors': 3, 'p': 1, 'weights': 'uniform'}, -31795.947260273977),
 ({'n_neighbors': 3, 'p': 1, 'weights': 'distance'}, -31226.346501552915),
 ({'n_neighbors': 3, 'p': 2, 'weights': 'uniform'}, -32975.90890410959),
 ({'n_neighbors': 3, 'p': 2, 'weights': 'distance'}, -32338.55514879399),
 ({'n_neighbors': 5, 'p': 1, 'weights': 'uniform'}, -31175.630547945206),
 ({'n_neighbors': 5, 'p': 1, 'weights': 'distance'}, -30438.96577645269),
 ({'n_neighbors': 5, 'p': 2, 'weights': 'uniform'}, -31986.23561643836),
 ({'n_neighbors': 5, 'p': 2, 'weights': 'distance'}, -31134.3566873946),
 ({'n_neighbors': 7, 'p': 1, 'weights': 'uniform'}, -30935.39412915851),
 ({'n_neighbors': 7, 'p': 1, 'weights': 'distance'}, -30069.78491711035),
 ({'n_neighbors': 7, 'p': 2, 'weights': 'uniform'}, -32122.704011741684),
 ({'n_neighbors': 7, 'p': 2, 'weights': 'distance'}, -31028.74010010045)]
```

可以看到，CV 分数并没有太大的不同，所以我们的优化在这里并没有产生很好的效果。但是，如果使用更大的数据集或更大的超参数空间，随机搜索可以通过尝试更少的组合来加快处理速度。

使用随机搜索

sklearn 对超参数的随机搜索类似于网格搜索，我们可以提供超参数的分布而不是特定值。例如，可以为 n_neighbors 指定 3 到 20 之间的均匀分布：

```
from sklearn.model_selection import RandomizedSearchCV
from scipy.stats import randint
hyperparameters = {'n_neighbors': randint(low=3, high=20),
                   'weights': ['uniform', 'distance'],
                   'p': [1, 2]}
rs = RandomizedSearchCV(knn,
```

```
                        hyperparameters,
                        scoring='neg_mean_absolute_error',
                        n_jobs=-1,
                        random_state=42)
rs.fit(features, targets)
```

应该使用 scipy 分布来指定超参数的分布，比如我们想尝试一个范围，但不想指定精确值。对于整数的超参数，可以使用 randint。根据指定的超参数，可以使用 randint、uniform、loguniform 或其他分布。

对于正则化参数和其他一些参数，如将在第 15 章“基于树的机器学习模型”中介绍的 SVM 的 gamma 超参数，“对数均匀分布”可以有很好的表现，这是因为正则化超参数可以跨越数量级，并且“对数均匀分布”可以有效地搜索这些数量级。例如，我们可以在逻辑回归模型中对 C 使用 scipy.stats.loguniform(1e-4,1e4)。对于潜在范围较小的情况，如在 KNN 中的 k 数，均匀分布效果更好（对于整数超参数，我们应该使用 randint）。

随机搜索的优点之一是可以通过 n_iter 参数限制搜索的超参数组合的数量。请注意，在上面的函数中，我们没有设置它，而是将其默认值保留为 10。设置了 random_state 参数，以便每次运行上述代码时可以得到相同的结果。和我们的网格搜索一样，可以通过如下代码得到最好的模型、超参数和分数：

```
print(rs.best_estimator_)
print(rs.best_params_)
print(rs.best_score_)
```

可以得到如下结果：

```
KNeighborsRegressor(n_neighbors=13, p=1, weights='distance')
{'n_neighbors': 13, 'p': 1, 'weights': 'distance'}
-29845.646440602075
```

可以看到，我们的 n_neighbors 更大，而 MAE 比我们的网格搜索好一点。我们还可以查看尝试过的确切超参数，如下所示：

```
list(zip(rs.cv_results_['params'], rs.cv_results_['mean_test_score']))
```

与网格搜索一样，结果存储在 cv_results_属性的字典中。超参数和相应的分数如下所示：

```
[({'n_neighbors': 9, 'p': 2, 'weights': 'uniform'}, -32363.609665144595),
 ({'n_neighbors': 17, 'p': 1, 'weights': 'distance'}, -30055.746440937754),
 ({'n_neighbors': 9, 'p': 2, 'weights': 'uniform'}, -32363.609665144595),
 ({'n_neighbors': 13, 'p': 1, 'weights': 'distance'}, -29845.646440602075),
 ({'n_neighbors': 6, 'p': 2, 'weights': 'distance'}, -30997.193897640995),
 ({'n_neighbors': 5, 'p': 2, 'weights': 'uniform'}, -31986.23561643836),
 ({'n_neighbors': 4, 'p': 2, 'weights': 'distance'}, -31910.191127678332),
 ({'n_neighbors': 8, 'p': 2, 'weights': 'distance'}, -31181.05668402912),
 ({'n_neighbors': 3, 'p': 2, 'weights': 'distance'}, -32338.55514879399),
 ({'n_neighbors': 14, 'p': 1, 'weights': 'uniform'}, -30972.516438356164)]
```

可以看到，这些都是 n_neighbors 的随机样本。随机搜索从为超参数提供的分布或值中获取随机样本。还可以看到，在较小的搜索空间中，某些超参数组合在某些试验中完全重复。同样，这种方法对于较大的超参数搜索空间和较大的数据集是有利的，因为如果使用网格搜索，需要很长时间才能完成。

Sklearn 包还有一个 Pipeline 类，它允许人们将多个步骤链接在一起。这可以与网格或随机搜索一起使用来搜索超参数，以及进行其他转换设置，如缩放。Sklearn 文档中提供了一个使用 Pipeline 进行网格搜索的示例：https://scikit-learn.org/stable/tutorial/statistical_inference/putting_together.html

对于随机搜索进行改进之后，就得到了贝叶斯搜索。

使用贝叶斯搜索

使用贝叶斯搜索可以搜索超参数空间并计算类似于随机搜索的分数。我们选择一些随机点并计算分数。然而，它随后会近似这些已知点之间的得分空间，并使用它来猜测哪些超参数会带来更好的分数。一种方法是使用高斯函数将未知模型分数与超参数组合进行插值。

要使用这种方法，需要使用 conda install -c conda-forge scikit-optimize 安装一个新包 scikit-optimize (skopt)。不幸的是，其中一些用于 scikit-learn 的扩展或帮助程序包（如 skopt）可能与最新的 sklearn 版本不兼容，可能需要降低我们的 sklearn 版本才能使 skopt 工作。这可能使用 pip 或 conda 自动处理，但在撰写本书时，我们需要使用 conda install -c condaforge scikit-learn=0.23.2 手动降级 sklearn（如果“解决环境”步骤花费的时间过长，可以用 pip 代替）。你可能需要检查 pip 或 conda 的安装打印输出，以查看 sklearn 是否已降级。或者，可以通过 import sklearn，并使用 Python 中的 sklearn.__version__查看 sklearn 的版本。检查版本的另一种方法是从终端使用 pip freeze 或 conda list -n env_name（其中，env_name 是正在使用的环境的名称）。如果在下面的代码中遇到错误，可以使用搜索引擎搜索错误，并在 GitHub 和 Stack Overflow 搜索错误，从而查看它是否与 sklearn 版本控制问题有关。

另一个可能更好的选择是使用 conda create -n skopt python=3.9 -y，为 skopt 创建一个单独的环境。然后在本章的练习中使用该环境。安装后，skopt 界面基本与 sklearn 相同，我们可以通过如下代码使用贝叶斯优化来替代随机搜索：

```
from skopt import BayesSearchCV
from skopt.space import Categorical, Integer
hyperparameters = {'n_neighbors': Integer(3, 20),
                   'weights': Categorical(['uniform', 'distance']),
                   'p': Categorical([1, 2])}
bs = BayesSearchCV(knn,
                   hyperparameters,
                   scoring='neg_mean_absolute_error',
                   n_jobs=-1,
                   random_state=42,
                   n_iter=10)
bs.fit(features, targets)
```

首先，导入 BayesSearchCV 类及一些用于生成 skopt 使用的分布的函数。然后创建超参数字典。需要使用 skopt.space 搜索空间函数来生成我们的分布。然后通过与随机搜索和网格搜索相同的方式创建贝叶斯搜索对象，并将迭代次数（n_iter）设置为 10 而不是默认值 100。最后我们将搜索对象拟合到特征和目标，再次检查最佳模型：

```
print(bs.best_estimator_)
print(bs.best_params_)
print(bs.best_score_)
```

将看到如下结果：

```
KNeighborsRegressor(n_neighbors=11, weights='distance')
OrderedDict([('n_neighbors', 11), ('p', 2), ('weights', 'distance')])
-31143.98162060483
```

在这种情况下，我们的结果不如随机搜索的结果好，因为我们没有彻底地搜索所有空间。如果有跨越多个数量级的超参数，如正则化超参数，使用贝叶斯搜索会更有帮助。

其他高级搜索方法

还有许多其他高级搜索方法可以通过比随机搜索或网格搜索更有效和更智能的方式搜索超参数空间。一些实现这些方法的 Python 包为：

- tune-sklearn；
- optuna；
- hyperopt；
- hpbandster。

这些是对随机搜索方法的改进。在一组方法中，随机搜索通过搜索空间的数学近似法得到改进，例如，我们使用的贝叶斯搜索、TPE 和 CMA-ES。另一组优化是对资源的使用，例如，对没有希望的超参数组合及早停止训练。这些方法包括连续减半、Hyperband、中值剪枝和其他剪枝方法。资源优化方法要求可以提前停止 ML 算法或具有热启动选项（如一些 sklearn 算法）。资源优化方法也适用于神经网络。

使用学习曲线

模型优化的另一部分是确定要使用的正确数据量。我们希望使用足够多的数据以使性能最大化，但如果不能提高性能，就不希望使用太多额外的数据，因为这需要更多的资源和更长的时间来训练模型。使用 yellowbrick 包，可以很容易地看到随着我们使用的数据量的增加，模型的性能如何变化：

```
from yellowbrick.model_selection import LearningCurve
lc = LearningCurve(knn, scoring='neg_mean_absolute_error')
lc.fit(features, targets)
lc.show()
```

只需要为 LearningCurve 类提供模型、评分指标和可能的其他选项。在默认情况下，它使用 3-fold CV。当我们拟合并使用 lc.show()显示结果时，可以得到如图 14-2 所示曲线。

训练分数是来自 CV 的训练集的平均分数，而 CV 分数是验证集的平均分数。我们还看到了条带，它们是分数的标准差。从结果来看，很明显我们没有足够的数据——即使我们使用最大量的数据，我们的 CV 分数也在增加。为了获得更好的模型性能，我们应该收集更多数据，直到 CV 分数变平。

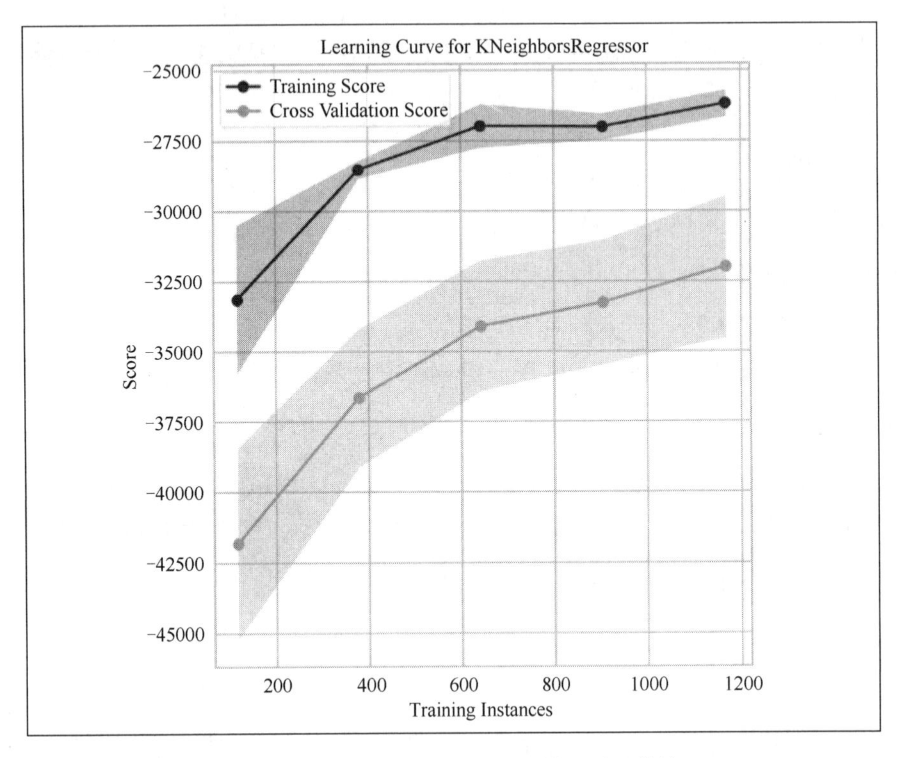

图 14-2　使用房价数据的 KNN 模型学习曲线

使用 ML 模型优化特征数量

优化模型的另一种方法是对模型使用特征选择。为此，我们需要具有系数或特征重要性方面的模型，如线性回归、逻辑回归或基于树的方法。我们可以使用前向、后向或递归特征选择。递归特征选择和后向选择都从所有特征开始，然后删除最不重要的特征。

然而，向前或向后选择（顺序选择）适合多个模型来选择要添加或删除的每个特征，而递归选择只适合它删除的每个特征的单一模型。例如，前向选择的第一个特征将通过分别用每个特征拟合一个模型，并选取性能最好的模型来找到。对于递归选择，我们拟合一个模型并删除最不重要的特征（由特征重要性或特征系数表示）。在此过程之后，可以获得一个布尔掩码来选择给出最佳分数的指定数量的特征。可以像这样在 CV 中使用递归特征选择：

```
from sklearn.feature_selection import RFECV
from sklearn.linear_model import LinearRegression
lr = LinearRegression()
feature_selector = RFECV(lr, scoring='neg_mean_absolute_error')
feature_selector.fit(features, targets)
```

首先，导入递归特征选择类（RFECV）和线性回归模型。然后创建我们的模型和特征选择对象，使用负的 MAE 作为我们的度量。接下来，简单地将特征选择与我们的特征和目标相匹配，然后可以得到一个分数数组：

```
feature_selector.grid_scores_
```

结果如下所示：

```
array([-44963.06493189, -41860.3132655 , -37319.2626792 , -33319.79319284,
       -28524.60411086, -27607.29672974, -27315.23987193])
```

结果显示了许多选定特征的分数数组，从 1 开始，一直到我们数据中的最大特征数（此处为 7）。可以看到，当删除特征时，我们的分数会变差，所以在这种情况下，最好保留所有特征，除非有一些其他约束要求我们删除特征（例如训练或预测运行时间长度）。如果发现删除某些特征将得到更好的分数，可以选择最好的特征，如下所示：

```
features.iloc[:, feature_selector.support_]
```

在 sklearn0.24 版本中还有一个新的类 SequentialFeatureSelector，其行为与后向特征选择类似。如果将它与默认的前向选择一起使用，它会通过每次添加一个特征的方式来尝试所有特征，并保留得分最高的特征。默认情况下，递归 CV 和顺序方法都使用 5-fold CV。

使用 PyCaret 进行 AutoML

到目前为止，已经研究了几个不同的 ML 模型。但是，还有更多机器学习模型可以使用，手动尝试其中的模型很乏味。一次尝试多个模型的更简单方法是使用自动机器学习（AutoML）。

没有免费的午餐定理

在 ML 中，我们通常不知道哪个模型的性能最好。以逻辑回归模型和朴素贝叶斯，以及第 11 章机器学习分类中的逻辑回归模型为例，在尝试使用它们之前，没有太多依据知道哪一个可能表现最好。人们都知道，高斯朴素贝叶斯假设特征具有正态分布，这似乎是错误的，因此我们猜测该模型可能无法正常工作。可以使用模型的假设来猜测哪些模型可能有效或可能无效，但除此之外，我们应该尝试几种不同的模型，并比较它们的结果，然后根据我们选择的模型评估指标，选择性能最佳的模型。

AutoML 解决方案

AutoML 是一个自 20 世纪 90 年代以来一直存在的想法，但在 21 世纪 20 年代才开始成为一种广泛使用的技术。部分原因是许多人制作了易于使用的 AutoML 工具，如 Python 中的几个 AutoML 包：

- PyCaret；
- H2O；
- TPOT；
- mljar-supervised；
- AutoGluon；
- MLBox；
- AutoVIML；
- NNI（Neural Network Intelligence，神经网络智能）；
- Ludwig；
- AutoGL（用于图形数据集）；
- auto-sklearn（在撰写本书时，它处于早期开发阶段，仅适用于 Linux）；
- AutoKeras、AdaNet 和 Auto-PyTorch（用于神经网络）。

大多数主要的云提供商也有 AutoML 解决方案，通常这些可以通过 GUI、Python API 或两者的组合来使用。三个最大的云提供商——微软的 Azure、亚马逊的 AWS 和谷歌的

GCP，都提供了 AutoML 产品。百度等其他主要云提供商也准备了 AutoML 解决方案。许多数据科学 GUI 提供了 AutoML 工具，包括 RapidMiner 和 Weka。

AutoML 解决方案仍然有限——没有单一的 AutoML 解决方案可以尝试所有可用的模型，而且由于新的模型不断出现，因此不太可能存在一个可以涵盖所有模型的 AutoML 解决方案。但是，它仍然是一种快速尝试多个模型，并快速找出最适合模型的好方法。有些 AutoML 解决方案将包括广泛的特征转换、特征工程和特征选择。

使用 PyCaret

在撰写本书时，尽管 PyCaret 问世不久，但它却是 AutoML 中最容易使用的 Python 包之一。它可以使用 conda install -c conda-forge pycaret 进行安装（这个安装可能需要很长时间"解决环境问题"，并且可以使用 pip install pycaret 或 mamba install pycaret 更快地进行安装）。因为 PyCaret 使用了很多其他 ML 包，并且包的开发需要大量的时间和精力，它有时会使用稍微旧版本的组件，如 sklearn、scipy 等（这是考虑兼容性问题）。因此，使用 conda 或其他方法（如 virtualenv）创建单独的虚拟环境来使用 PyCaret 会很有帮助。

在默认情况下，PyCaret 安装使用最低要求。但要安装所有软件包以获得完整功能，我们可以执行 pip install pycaret[full]，或从此处安装需求文件：https://github.com/pycaret/pycaret/blob/master/requirements-optional.txt。这可以通过下载文件并运行 pip install -r requirements-optional.txt 或 conda install --file requirements-optional.txt 来完成。

也可以手动安装其中一些可选包，例如，使用 conda install pycaret xgboost catboost -y。其中，XGBoost 和 CatBoost 默认不被安装。默认情况下，也没有安装 PyCaret 可以使用的更高级的超参数搜索包，如 scikit-optimize。

如果想通过 PyCaret 为一些 ML 算法使用 GPU 加速训练，需要确保正确安装一些相关的包。PyCaret 文档中描述了相关要求：https://pycaret.readthedocs.io/en/latest/installation.html?highlight=gpu#pycareton-gpu。

对于我们的房价数据集，可以将 PyCaret 用于 AutoML，如下所示：

```
from pycaret.regression import setup, compare_models
exp_clf = setup(df, target='SalePrice')
```

```
best = compare_models(sort='MAE')
```

首先，从 PyCaret 导入一些函数，然后使用 setup 函数设置我们的 AutoML，该函数接受一个 DataFrame 和一个目标列字符串。这将输出一个提示，要求确认变量类型是否正确，如图 14-3 所示：

Processing:

Initiated	....	13:08:01
Status	....	Preprocessing Data

Following data types have been inferred automatically, if they are correct press enter to continue or type 'quit' otherwise.

	Data Type
LotArea	Numeric
YearBuilt	Numeric
FullBath	Categorical
TotRmsAbvGrd	Categorical
GarageArea	Numeric
1stFlrSF	Numeric
2ndFlrSF	Numeric
SalePrice	Label

图 14-3　PyCaret setup()函数的输出

在以上示例中，希望卧室和浴室的数量是数字，所以可以在输入提示符中输入 quit 并重新运行设置，如下所示：

```
exp_clf = setup(df,
                target='SalePrice',
                numeric_features=['FullBath', 'TotRmsAbvGrd'])
```

现在已经强制这两个特征是数字类型，可以继续了。请注意，设置文档中描述的函数参数，可以帮助 setup 函数访问大量可能的配置。

在撰写本书时，PyCaret 的 setup 函数对所有数据列进行分析，并尝试自动确定数据的几个属性。对于更大的数据集或具有许多特征的数据，运行速度可能会非常缓慢。PyCaret 的未来版本可能会改善这一点，但目前这仍受局限。

接下来，当运行 best = compare_models(sort='MAE')时，PyCaret 会尝试几个具有默认超参数的 ML 模型。当它在 Jupyter Notebook 或 IPython shell 中运行时，它会在结果可用时输出。这些指标内容来自 CV 的结果。请注意，我们告诉 PyCaret 按 MAE 对结果进行排序，因为到目前为止我们一直在使用这个指标。PyCaret 的 AutoML 结果如图 14-4 所示：

	Model	MAE	MSE	RMSE	R2	RMSLE	MAPE	TT (Sec)
catboost	CatBoost Regressor	22353.7346	1418647627.3685	36051.8438	0.7920	0.1765	0.1309	0.7260
et	Extra Trees Regressor	23329.3219	1441783942.2166	37082.8491	0.7837	0.1860	0.1388	0.0920
gbr	Gradient Boosting Regressor	23470.9520	1403920691.4596	36394.5036	0.7888	0.1839	0.1400	0.0420
rf	Random Forest Regressor	23566.2820	1474049881.5263	37618.4355	0.7771	0.1865	0.1392	0.1280
lightgbm	Light Gradient Boosting Machine	23745.3886	1460994079.8343	37406.6507	0.7785	0.1863	0.1392	0.1010
xgboost	Extreme Gradient Boosting	24041.0336	1414369004.8000	37156.4764	0.7838	0.1902	0.1417	0.3940
br	Bayesian Ridge	27917.6710	2162130678.3645	45052.1027	0.6708	0.2147	0.1609	0.0070
en	Elastic Net	28122.8166	2191205760.0000	45326.6930	0.6664	0.2168	0.1622	0.0050
llar	Lasso Least Angle Regression	28277.0974	2221374815.1595	45602.8589	0.6617	0.2181	0.1632	0.0060
ridge	Ridge Regression	28285.6875	2223337715.2000	45615.3258	0.6614	0.2184	0.1633	0.0070
lasso	Lasso Regression	28286.2037	2223486067.2000	45616.5367	0.6614	0.2184	0.1633	0.0080
lr	Linear Regression	28286.6674	2223548300.8000	45617.1480	0.6614	0.2184	0.1633	0.0080
lar	Least Angle Regression	28286.6725	2223549977.0677	45617.1650	0.6614	0.2184	0.1633	0.0070
dt	Decision Tree Regressor	31129.3049	2267183977.5862	47273.5472	0.6504	0.2515	0.1824	0.0070
huber	Huber Regressor	31270.1470	2505940664.8500	48928.6428	0.6159	0.2343	0.1847	0.0140
ada	AdaBoost Regressor	31745.8409	2017832544.3491	44324.3494	0.6937	0.2446	0.2075	0.0350
knn	K Neighbors Regressor	33974.3541	2735516224.0000	51689.2941	0.5864	0.2513	0.1991	0.0110
omp	Orthogonal Matching Pursuit	44187.6583	4234780237.2675	64456.8225	0.3527	0.3224	0.2670	0.0060
par	Passive Aggressive Regressor	44792.7165	4859497083.9170	66193.0854	0.2468	0.3084	0.2786	0.0080

图 14-4　对房价数据使用 PyCaret AutoML 的结果

我们可以看到排名最靠前的模型是 CatBoost，它是一种基于提升树的模型。同样，需要确保已经安装了完整版的 PyCaret 或安装了 requirements.txt 中的软件包，或者至少安装了 CatBoost 和 XGBoost 从而可以访问所有可用的模型。看起来基于树的模型都是顶级模型（排名靠前），如梯度提升和随机森林。可以看到它也尝试了其他几种模型。为了使用最适合的模型进行预测，可以使用 PyCaret 中的 predict_model 函数：

```
from pycaret.regression import predict_model, save_model, load_model
prediction_df = predict_model(best, features)
```

这将自动应用在模型选择期间完成的所有特征转换，如分类到数值的转换，会返回一个与输入特征 DataFrame 具有相同特征的 DataFrame，但现在有一个新的 Label 列，其中包含预测值。对于回归，这只是提供了数字预测值。对于分类（来自 pycaret.classification 模块），它为 Label 列提供类别预测标签，并为 Score 列提供预测标签的置信概率。

一旦有了优化的模型，就可以将它保存到一个 pickle 文件中，如下所示：

```
save_model(best, 'catboost_regressor')
```

这会将我们最好的模型保存到 catboost_regressor.pkl 文件中。然后可以通过如下代码将其加载回来：

```
cb_model = load_model('catboost_regressor')
```

如果需要很长时间来训练和优化模型，并且我们不想重复运行 compare_models()，将模型保存起来，在重复使用时，直接加载也是一个很好的选择。

PyCaret 的另一个优势是它可以轻松调整超参数：

```
from pycaret.regression import tune_model
tuned_knn = tune_model(knn)
```

在这里，使用 tune_model 函数和之前创建的 KNN 模型，并使用一组默认的超参数对模型进行调整。通过打印出 tune_knn 变量，我们可以看到优化的超参数。请注意，在调整模型之前，需要从 PyCaret 运行 setup()函数。还可以使用 tune_model 函数的 custom_grid 参数，以及许多其他参数来控制过程使用的自定义搜索空间。PyCaret 超参数调优的另一个优势是，可以使用几种不同的高级方法来调优模型，如已经学过的 skopt 贝叶斯搜索，或者使用其他软件包，如 tune-sklearn 和 optuna。

前面几章中只介绍了几种分类算法，在 sklearn 中还有许多其他算法可用。在接下来的章节中将介绍一些更重要的内容，但要查看更多详细知识点，请参考：https://stackoverflow.com/questions/41844311/list-of-all- classificationalgorithms。下面的链接也提供了来自 sklearn 的监督学习算法的完整列表：https://scikit-learn.org/stable/supervised_learning.html。其中，算法列表包含分类算法和回归算法。下面的链接提供了一些对二元分类任务的分类器比较：https://scikit-learn.org/stable/auto_examples/classification/plot_classifier_comparison.html。

PyCaret 在文档中也有可用模型的列表，或者可以像这样访问它们：

```
from pycaret.datasets import get_data
from pycaret.classification import models, setup
data = get_data('credit')
exp = setup(data=data, target='default')
models()
```

在编写本书时，必须在调用 models()之前调用 setup 命令。此外，PyCaret 还具有许多其他功能。比如，用于组合多个模型的高级模型集成。

至此，我们已经学习完了本章的所有知识点，可以尝试在完整的房价数据集上练习上述技能。

本章测试

使用本书 GitHub 存储库中的完整住房数据集（在 Chapter13/data/housing_data_full.csv 中），然后使用 PyCaret 或其他 AutoML 包为数据找到最佳 ML 模型。如果运行时间过长（或对数据进行了下采样），使用递归特征选择来减少特征数量可能会有所帮助。找到最佳模型后，绘制模型的学习曲线，看看我们是否有足够的数据，在理想情况下应该收集更多数据，应该会看到与我们在本章中看到的相似结果。如果使用完整的数据集，可能会看到学习曲线已经变得更加平缓。

本章小结

本章介绍了一些优化 ML 模型和使用 PyCaret AutoML 包的方法。我们研究的一些模型优化是超参数、拥有的数据量（通过学习曲线分析），以及通过递归特征选择获得的特征数量。Python 提供了若干个 AutoML 包，本章只介绍了 PyCaret，因为它快速且易于使用，并提供不错的结果。

在第 15 章，我们将研究一类重要的 ML 模型——基于树的模型，包括决策树、随机森林、LightGBM、CatBoost 和 XGBoost。

第 15 章　基于树的机器学习模型

我们已经学习了一些简单的机器学习模型，现在是时候研究一些更高级的模型了。本章将研究基于决策树的机器学习模型。这些模型，尤其是增强模型，赢得了机器学习竞赛，并被作为先进的机器学习模型，被广泛地应用在生产中。本章将介绍如下内容:

- 决策树在机器学习中的工作原理;
- sklearn 和 H2O 中的随机森林，它们是决策树的集合;
- 从基于树的方法中提取重要特征;
- boost 算法，包括 AdaBoost、XGBoost、LightGBM 和 CatBoost。

下面从基本的决策树及其工作原理开始我们的学习。

决策树

决策树是一种简单的算法，它根据数据的特定值来分割数据。让我们使用第 11 章和第 12 章的本章测试部分中的数据，它们是贷款数据，其中有一个 TARGET 列，表示某人是否在偿还贷款(1)或(0)方面遇到困难。

首先，载入数据：

```
import pandas as pd
df = pd.read_csv('data/loan_data_sample.csv', index_col='SK_ID_CURR')
```

如果上面示例在计算机上运行缓慢，可以使用 df.sample()对数据进行采样。有一些字符串列需要转换为数字数据类型，因为 sklearn 只能处理数字数据：

```
numeric_df = df.copy()
numeric_df['NAME_CONTRACT_TYPE'] = numeric_df['NAME_CONTRACT_TYPE'].map(
    {'Cash loans': 0, 'Revolving loans': 1})
```

```
numeric_df['CODE_GENDER'] = numeric_df['CODE_GENDER'].map({'M': 0, 'F': 1})
numeric_df['FLAG_OWN_CAR'] = numeric_df['FLAG_OWN_CAR'].map({'N': 0, 'Y': 1})
numeric_df['FLAG_OWN_REALTY'] = numeric_df['FLAG_OWN_REALTY'].map(
    {'N': 0, 'Y': 1})
numeric_df['NAME_EDUCATION_TYPE'] = \
    numeric_df['NAME_EDUCATION_TYPE'].map({'Lower secondary': 0,
                                           'Secondary / secondary special': 0,
                                           'Incomplete higher': 1,
                                           'Higher education': 2,
                                           'Academic degree': 2})
numeric_df.dropna(inplace=True)
```

由于制作了 DataFrame 的副本，因此我们仍然拥有原始数据，并将字符串列转换为数字。大多数的数列都是二进制的，因此可以将它们转换为 0 和 1。由于教育列有几个值，可以把它们变成一个序数变量，这是一个有顺序的分类类别。还需要删除缺失值，因为 sklearn 无法处理它们（当然，我们也可以估算缺失值）。转换后，可以使用 numeric_df.info() 再次检查数据类型是否正确。

决策树的工作原理是根据特征列中的特定值分割数据。例如，可以根据 AMT_INCOME_TOTAL 将我们的数据分成两组，因为当数值（总收入）高于 20 万左右时，拖欠贷款的概率会稍低一些（换句话说，TARGET 变量更有可能为 0）。决策树拆分如图 15-1 所示。

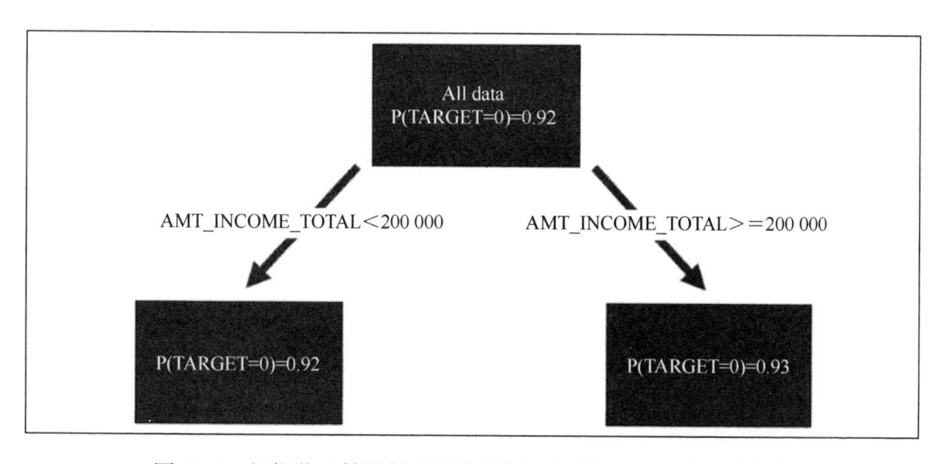

图 15-1　根据收入情况划分的决策树，显示 TARGET=0 的概率

可以看到，TARGET=0 的样本比例在高收入人群中增加了一小部分，所以通过这种方式分割数据，逐渐获得了对无信息率（目标值在总体数据中的比例）的一些预测能力。

图 15-1 所示的决策树中的每个框都是一个节点。第一个节点位于顶部，包含所有数据，被称为根节点，就像树的根一样。树的底部节点被称为叶节点。根节点和叶节点之间的任何节点都是内部节点。

机器学习在自动分解决策的决策树中发挥了作用。有几种不同的算法可用于创建决策树，一些顶级算法是 C4.5、C5.0 和 CART（分类和回归树）。sklearn 包使用了一个版本的 CART。使用 CART，我们对数据进行二元拆分（见图 15-1），并以贪婪的方式进行分割。例如，尝试在所有特征，以及特征的所有值上拆分数据，然后找出哪个拆分数据最好。对于分类，可以通过节点的“纯度”来衡量最佳分割，这意味着最好使用将数据分割成唯一类的分割。可以用基尼系数或熵（熵也被称为“信息增益”）来衡量。当叶节点中的类是纯类时，这两个标准的最小值为 0。当类均匀分布时，具有最大值。对于回归，可以使用均方误差（MSE）、平均绝对误差（MAE）或其他指标。

我们可以比较分割中叶节点的基尼标准、熵或回归指标的值，并采用最小化这些值的分割。基尼标准是 sklearn 中的默认值，表示为$1-\sum_j p_j^2$，而熵是：

$$-\sum_j p_j \log_2 p_j$$

其中，p_j 是类别 j 的概率。我们可以看到，如果一个叶节点是纯的（对于二元分类问题），基尼标准将是 1-1-0=0，因为一个类的概率是 1，而另一个类的概率是 0。因为在对数（log）操作中，熵在计算上稍微复杂一些，但对严重错误分类的惩罚也稍高（类似于对数损失）。

C4.5 和 CART 之间的一个区别是，C4.5 不必像 CART 那样以二进制拆分结束。C4.5 构造一个决策树，然后构造“规则集”（if-else 语句的字符串），从而确定数据点的分类方式。规则集内的节点被修剪，从而使树的大小最小化并使准确性最大化。

C5.0 对 C4.5 进行了改进，但目前仅在 R 的包中可用。

在将模型拟合到数据之前，将其分解为训练集和测试集，以便人们可以评估模型的质量：

```
from sklearn.model_selection import train_test_split
features = numeric_df.drop('TARGET', axis=1)
targets = numeric_df['TARGET']
x_train, x_test, y_train, y_test = train_test_split(features,
                                                    targets,
                                                    stratify=targets,
                                                    random_state=42)
```

接下来，可以使用 sklearn 为我们的数据拟合，并对决策树进行评分，它的工作原理与其他 sklearn 模型一样：

```
from sklearn.tree import DecisionTreeClassifier
dt = DecisionTreeClassifier()
dt.fit(x_train, y_train)
print(f'Train accuracy: {dt.score(x_train, y_train)}')
print(f'Test accuracy: {dt.score(x_test, y_test)}')
```

默认的分类评分方法是准确率，可以使用在第 12 章中学到的其他指标作为评分标准。结果如下所示：

```
Train accuracy: 0.9835772442407513
Test accuracy: 0.8566890176420806
```

这看起来像是严重的过度拟合——训练分数几乎 100%准确，而测试分数要低得多。产生这种结果的原因是决策树被允许增长到无限的深度（或高度）。树继续拆分数据，直到每个叶子都非常纯净。虽然这对训练数据很有用，并且几乎总是可以通过这种方式在训练集上获得接近 100%的准确率，但它几乎总是在测试集上表现不佳。可以通过 dt.get_depth() 看到我们的决策树的深度（或高度），结果为 50。这意味着我们在根节点之后有 50 个拆分和 50 层节点，这个数值设定相对较高。树的深度可以通过 max_depth 超参数来限制，在这里将它设置为 2：

```
small_dt = DecisionTreeClassifier(max_depth=2, max_features=None)
small_dt.fit(x_train, y_train)
print(f'Train accuracy: {small_dt.score(x_train, y_train)}')
print(f'Test accuracy: {small_dt.score(x_test, y_test)}')
```

还设置了 max_features 超参数，它控制每次拆分时尝试了多少特征。每次拆分都会使用随机的特征子集，在默认情况下，这是特征数量的平方根。设置 max_features=None 在每次拆分时将使用所有特征。还可以设置其他几个超参数，如标准（'gini'或'entropy'）和许多其他参数，用来控制节点中可以有多少样本，或拆分节点需要多少样本（如 min_samples_leaf）。对于分类，还可以设置 class_weight 来控制 Gini 标准或熵计算中每个类的权重。

现在，在训练集和测试集上的准确率都在 91.9%左右，这与“无信息率”大致相同，这意味着我们的模型并没有比随机选择做得更好。这并不意味着它完全没有用——我们可能能够比随机选择更好地预测某些样本，并且可以从模型中理解特征与目标的关系。为了更好地理解这一点，可以使用 sklearn 函数绘制决策树：

```
import matplotlib.pyplot as plt
from sklearn.tree import plot_tree
f = plt.figure(figsize=(12, 12))
_ = plot_tree(small_dt, feature_names=features.columns)
```

这里使用 plot_tree 函数，将决策树和特征名称作为参数。结果如图 15-2 所示。

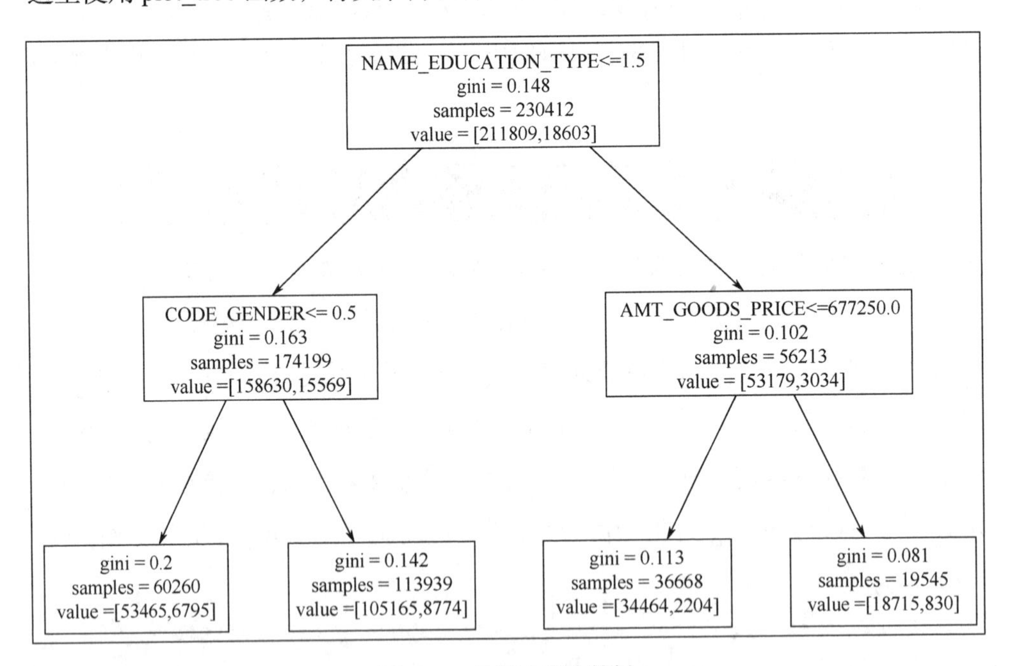

图 15-2　绘制小型决策树

可以看到，教育类型是树分裂的第一个变量，其次是性别和用贷款购买的商品的价格。拆分规则显示在每个节点的顶部。如果满足条件，则数据移动到拆分的右侧。还看到了每个节点的基尼标准值(gini)、节点中的样本数量(samples),以及每个类的值的数量(value)。由此，我们能分析出教育类型为 2（高等教育）且贷款商品价格昂贵的情况下，往往不会出现还款问题（最右边的叶节点，其大部分 TARGET=0，以及在所有叶子节点中，基尼标准值最低）。回想一下，前面介绍过较低的基尼标准值意味着更多的纯叶节点。

上面的决策树图有助于我们了解决策树是如何进行预测的。对于分类，使用节点的多数类进行预测。对于回归，取每个节点中训练样本的平均值。在 sklearn 模型中，通常在名称末尾带有分类器或者回归器标志（比如带有 KNN、决策树等标志）。

sklearn 决策树和其他基于树的方法的一个优点是它们可以用于多输出或多目标，而不需要修改——只需为算法提供一个多维目标数组即可。

决策树很容易解释，因为我们可以绘制它们并查看拆分规则。然而，由于它们简单，在性能（分类的准确性）方面会受到限制。另一种提高性能的方法是随机森林。

随机森林

随机森林建立在决策树之上。森林不是使用一棵树，而是使用它们的集合（从名称中可能已经猜到了）。每棵树都是用从 bootstrapping 或替换抽样中获得的数据样本构建的。在每次拆分时还随机对特征进行子集化，正如前面介绍的，sklearn 决策树可以使用 max_features 参数。随机森林也可以跨处理器或跨计算机进行并行化，可以单独构建每个决策树，因为它们彼此独立。这种 ML 算法被称为集成方法，因为它使用模型集合。bootstrapping 将几个模型组合在一个集合中称为 bagging（bootstrapping 和 aggregating 的合成词）。在 Python、R 语言、其他编程语言和数据科学 GUI 中有几种随机森林的实现。在 Python 中使用它们的两种简单方法是 sklearn 和 H2O 包。

随机森林与 sklearn

在 sklearn 中，使用随机森林与使用 sklearn 中的其他模型相似，还可以使用更多的超参数。在下面的代码中，只限制树的深度：

```
from sklearn.ensemble import RandomForestClassifier
rfc = RandomForestClassifier(max_depth=10, n_jobs=-1, random_state=42)
rfc.fit(x_train, y_train)
print(rfc.score(x_train, y_train))
print(rfc.score(x_test, y_test))
```

这里为分类器类设置了一些参数:n_jobs=-1，这将并行地使用所有可用的 CPU 核，以及 random_state 参数，这个参数使结果可再现。上面的代码运行后的分数与无信息率差不多——准确率为 91.9%。

为了提高性能，可以调优以下几个超参数：

- 树的数量（n_estimators）;
- 树的深度（max_depth）;
- 每次分割时考虑的特性数量（max_features）。

可以尝试不同的标准设置、每叶样本（通过 min_samples_split 等参数控制）和类权重（class_weight），尽管这些超参数通常不会像上面三种超参数具有影响力。

决策树的数量通常为 100 ~ 500，但它也可能会超出此范围。深度通常可以为 5 ~ 20，深度大有助于解决复杂的问题。max_features 超参数对性能有很大影响，可以从 2 或 3 个特征开始到所有可用特征循环遍历进行搜索。在默认情况下，该参数是特征数量的平方根。

可以使用交叉验证网格搜索来搜索其中一些超参数（正如在第 14 章中看到的），如下所示：

```
from sklearn.model_selection import GridSearchCV
x_tr_sample = x_train.sample(1000)
y_tr_sample = y_train.loc[x_tr_sample.index]
params = {'n_estimators': [100, 300, 500],
          'max_depth': [10, 15, 20],
          'max_features': [3, 6, 9],
          'random_state': [42],
          'n_jobs': [-1]}
gs = GridSearchCV(rfc, param_grid=params, n_jobs=-1)
gs.fit(x_tr_sample, y_tr_sample)
print(gs.best_estimator_)
print(gs.best_score_)
```

我们在典型范围内搜索上述三个超参数，并使用固定的 random_state 和 n_jobs 参数。

训练数据被采样到只有 1000 个数据点，因为这需要一段时间才能运行完成，因为我们使用网格搜索拟合 135 个模型（5*3*3*3=135 个模型)。网格搜索完成后，最好的超参数和分数如下：

```
RandomForestClassifier(max_depth=10, max_features=3, n_jobs=-1, random_
state=42)
0.9179999999999999
```

可以看到，这仍然没有超过无信息率，尽管我们确实使用了不同的最大特征数。

对于完整的数据集或更大的数据集，训练和超参数搜索可能会花费很长时间，可以通过如下几种方法来解决这个问题：

- 通过采样来缩小数据规模；
- 等待作业完成（尽管这可能需要数小时甚至数天）；
- 扩大计算资源（比如使用云计算资源）；
- 通过 Dask 等软件包，使用集群计算资源；
- 使用可以利用集群进行计算能力扩展的其他软件或软件包。

另一个可以利用集群的选择是使用 H2O，它包括基于树的模型，如随机森林。

使用 H2O 中的随机森林

H2O 是 Python 中除 sklearn 之外的另一个 ML 包。与 sklearn 相比，它具有一些特殊的 ML 算法和一些不错的优势。随机森林（和其他基于树的方法相比）允许人们使用缺失值和分类特征，这与 sklearn 不同。H2O 还可以在大数据集群上进行扩展。H2O.ai 公司还提供其他产品，如无人驾驶 AI，这是一种数据科学和机器学习 GUI，可提供大量自动化功能。要使用 H2O Python 包，需要安装它。一个简单的方法是使用 conda，因为 conda 也可以一同安装 Java。否则，将需要单独安装 Java（这并不难，但有时会由于 Java 版本不兼容而导致问题，并且解决起来很麻烦）。可以通过 conda 安装 H2O：conda install -c conda-forge h2o-py openjdk -y。安装 OpenJDK 包的同时会在我们的 conda 环境中安装 Java 开发工具包。如果选择使用 pip 安装，H2O 文档还包含有关安装和兼容 Java 版本的信息：http://docs.h2o.ai/h2o/latest-stable/h2o-docs/welcome.html。

一旦安装了 H2O，需要正确地导入和初始化。由于 H2O 使用 Java 并且可以扩展到集群，因此必须在导入包后对其进行初始化：

```
import h2o
h2o.init()
```

这需要几秒钟的时间来运行，并在完成后打印出当前 H2O 实例的信息。接下来，我们需要正确地准备数据。我们不需要处理缺失值或将分类值编码为数字，就可以简单地使用原始的 DataFrame。但需要注意的是，H2O 使用自己的数据结构，称为 H2O Frame。

可以将原始数据转换为 H2O Frame，如下所示：

```
hf = h2o.H2OFrame(df)
hf['TARGET'] = hf['TARGET'].asfactor()
train, valid = hf.split_frame(ratios=[.8], seed=42)
```

首先，简单地使用 h2o.H2OFrame 函数将 pandas DataFrame 转换为 H2OFrame。然后将 TARGET 列设置为“因子”数据类型，这意味着它是一个分类变量。这是必要的，以便随机森林执行分类而不是回归。还可以将其他应该分类的非字符串列转换为更彻底的因子。最后，将数据分解为训练集和验证集，其中 80%的数据用于训练。现在我们可以将模型拟合到数据，并评估性能：

```
from h2o.estimators import H2ORandomForestEstimator
drf = H2ORandomForestEstimator(ntrees=100, max_depth=10, mtries=3)
feature_columns = hf.columns
feature_columns.remove('TARGET')
target_column = 'TARGET'
drf.train(x=feature_columns,
          y=target_column,
          training_frame=train,
          validation_frame=valid)
drf
```

首先导入该类并对其进行初始化，将其保存在变量 drf 中，该变量代表“分布式随机森林”。由于 H2O 本身就可以很好地进行并行扩展，它将使用所有可用的 CPU 内核和资源，因此我们的随机森林将分布在各种资源中。我们设置了与 sklearn 相同的三个超参数：树的数量（ntrees）、树的深度（max_depth），以及在每个节点拆分时使用的特征数量（mtries）。虽然这里不详细介绍，但 H2O 有一个类似于 sklearn 的网格搜索方法，以下文档中有相关示例：https://docs.h2o.ai/h2o/latest-stable/h2o-docs/grid-search.html。

接下来，创建一个列表用来保存我们的列，这些列是 H20Frame 中的特征，并从列表中删除 TARGET 项。然后创建一个变量来存储目标值列名（target_column）。最后，使用 drf.train 来训练模型，为其提供特征名称、目标名称，以及用于训练和验证的 H2OFrame。这将通过一个进度条来显示拟合的进展情况（类似于 h2o.H2OFrame 函数输出的内容）。拟合后，可以打印出 drf 变量以查看结果，只需在单独的 Jupyter Notebook 单元中运行它即可。

结果会显示大量信息，包括训练集和验证集的性能。它显示了一个混淆矩阵，以及许多具有最佳阈值的指标的最大值。例如，验证集上的最大 F1 分数是 0.21，阈值为 0.097——这个阈值已经过优化，从而使 F1 分数最大化。这些值也可以通过训练集的 drf.F1()找到，或者通过 drf.model_performance(valid).F1()找到所有数据。然后我们可以使用这个阈值得出预测，如下所示：

```
predictions = drf.predict(train)
(predictions['p1'] > 0.097).as_data_frame()['p1'].values
```

第一行使用模型对提供的 H2OFrame 进行预测，并返回一个包含三列的 H2OFrame：predict、p0 和 p1。这些是预测值（使用 0.5 的阈值）、0 类的概率和 1 类的概率。第二行采用 F1 优化阈值，如果 p1 超过此阈值，则将 p1 的预测值四舍五入为 1。我们还使用 as_data_frame()将其转换为 pandas DataFrame，然后选择 p1 列，并将其转换为 NumPy 数组。

如果想保存这个模型，可以使用 H2O 轻松完成：

```
save_path = h2o.save_model(model=drf, path='drf', force=True)
drf2 = h2o.load_model(path=save_path)
```

只需要为 save_model 函数提供训练好的模型和一个路径（在我们当前目录中创建一个具有该名称的文件夹）。force=True 参数将覆盖已经存在的模型文件。save_path 变量用来设定保存模型的完整路径，可以使用这个路径通过 h2o.load_model 函数将模型加载到内存中。

最后，H2O 为树模型提供了一些便利功能。它有一个学习曲线图，在 y 轴上显示一个指标，在 x 轴上显示树的数量。这个曲线可用于优化树的数量，而不需要使用网格搜索。可以用 drf.learning_curve_plot()来绘制它。在默认情况下，它会显示日志损失，在此示例中，验证集的日志损失在 10 棵树左右趋于平缓（因此我们不需要更多的树来获得最佳性能）。它另一个方便的功能是绘制变量重要性。

基于树的方法的特征重要性

特征重要性，也被称为变量重要性，可以通过基于树的方法，通过对每个变量在所有树中所减少的基尼系数（或熵）的总和来计算。

因此，如果使用一个特定的变量来分割数据，并大量降低基尼系数或熵值，那么该特征对进行预测很重要。这与从逻辑或线性回归中使用基于系数的特征重要性形成了很好的对比，因为基于树的特征重要性是非线性的。还有其他计算特征重要性的方法，如排列特征重要性和 SHapley 加法解释（SHapley Additive exPlanations）。

使用 H2O 获取特征重要性

可以使用 drf.varimp()轻松获取重要性，或者使用 drf.varimp_plot(server=True)绘制它们。server=True 参数使用 matplotlib，将允许我们做一些其他事情，如直接用 plt.savefig()保存图形。结果如图 15-3 所示。

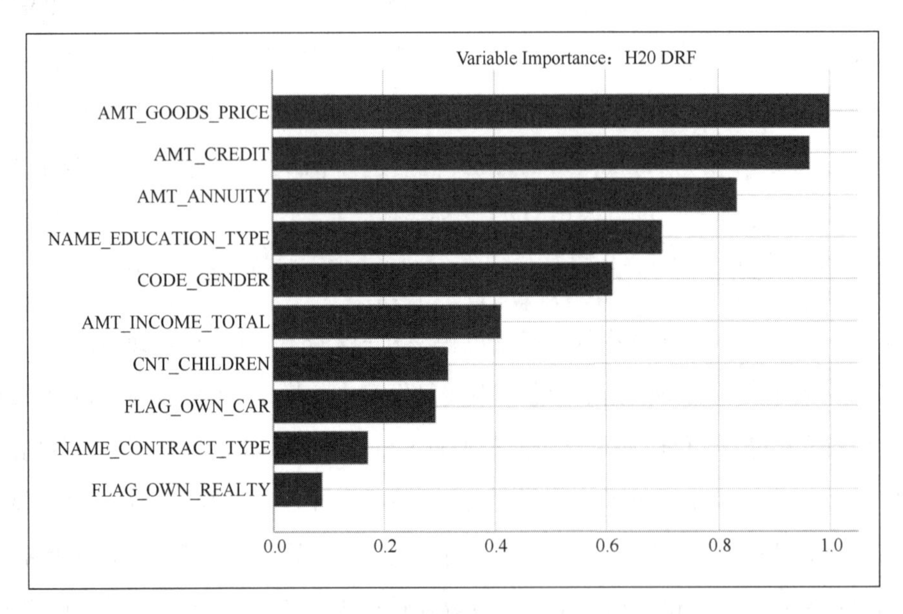

图 15-3　来自 H2O 随机森林的变量（特征）重要性

从图 15-3 中可以看出，没有一个特征远高于其他特征。但是，前五个特征的重要性看起来相对高于其他特征，并且在第五个特征（CODE_GENDER）之后重要性都有所下降。

关于基于树的特征重要性的一件有趣的事情是，如果删除其他特征，它们可能会发生变化。有时变化可能是巨大的，并且特征的排名也会发生巨大变化。我们可以尝试删除最重要的特征，并再次检查特征重要性。

通过使用 yellowbrick 包，sklearn 模型能够很容易地检查特征的重要性。

使用 sklearn 获取随机森林特征重要性

通过 yellowbrick，让 sklearn 绘制特征重要性变得非常容易：

```
from yellowbrick.model_selection import feature_importances
_ = feature_importances(gs.best_estimator_,
                        x_train,
                        y_train,
                        colors=['darkblue'] * features.shape[0])
```

将本章前面网格搜索中训练好的随机森林模型及训练数据提供给 feature_importances 函数，然后指定条形的所有颜色都应该是深蓝色，因为默认情况下是使用过多的颜色种类（即 chartjunk）。

上面的代码执行后，将得到如图 15-4 所示图形：

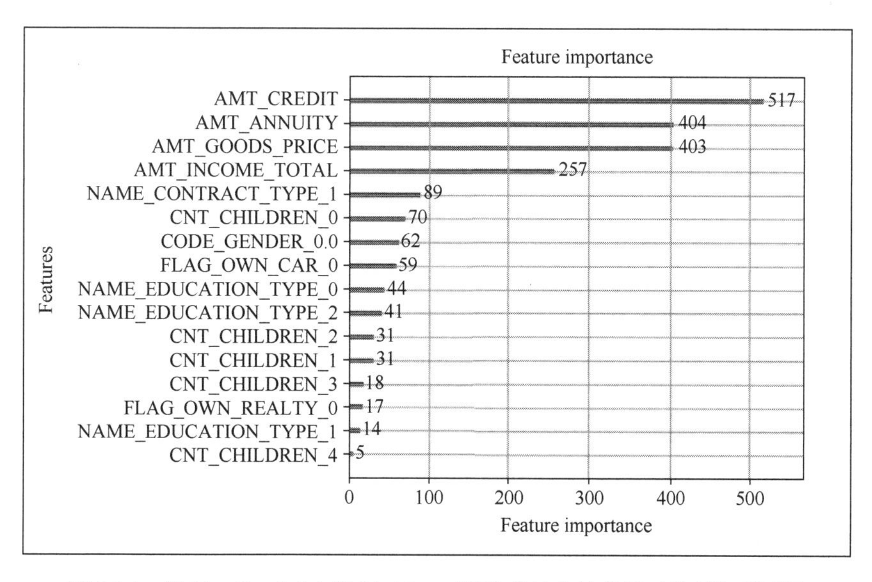

图 15-4　使用 yellowbrick 绘制 sklearn 随机森林中的变量（特征）重要性

可以看到，H2O 和 sklearn 之间的特征重要性存在一些差异。请记住，一个很大的区别是我们在 H2O 随机森林中包含了缺失值和分类列（如 NAME_EDUCATION_TYPE），而我们为 sklearn 预处理了数据，从而将所有内容转换为数值并删除所有缺失值。

随机森林是一个很好的尝试模型，通常情况下，运行良好。但是，还有另一类基于树的模型，它对随机森林进行了改进，并且通常优于它们，这些模型被称为增强树模型。

增强树模型：AdaBoost、XGBoost、LightGBM 和 CatBoost

增强型机器学习模型于 1989 年左右首次被引入，并已被证明表现良好。一些常见的增强算法是 AdaBoost、梯度增强、XGBoost、LightGBM 和 CatBoost。

XGBoost 已经在多个机器学习竞赛中有出色的表现（例如，在 Kaggle 上），它最初于 2014 年发布。LightGBM 由微软开发并于 2016 年发布，而 CatBoost 于 2017 年发布（要了解更多关于增强机器学习模型的历史，请参阅论文：https://cseweb.ucsd.edu/~yfreund/papers/IntroToBoosting.pdf）。这些机器学习模型的算法和实现略有不同，但在数据集上尝试模型时，可以尽可能多地尝试它们，而不必担心有错误产生。一个简单的方法是使用第 14 章中介绍的 PyCaret 包。

首先了解一下 boosting 的工作原理。其理由是将几个弱学习器（例如，一个称为“stump”的 1-split 决策树）结合起来，以组成一个强学习器。弱和强描述了 ML 算法或学习器的性能。一般来说，boosting 的执行步骤如下。

1. 将初始模型拟合到数据（它可以是树或常数值，如目标变量的均值或众数）
2. 计算预测的误差：

- 对于 AdaBoost，误差用于增加下一个模型的不正确预测的权重；
- 对于梯度提升，计算损失函数的导数（梯度，有时也称为伪残差）。

3. 为数据拟合弱学习器：

- AdaBoost 适合加权数据；

- 梯度提升将模型拟合到损失函数的导数（梯度）。

4．将弱学习器线性添加到之前的模型中：

- 弱学习器乘以最小化损失函数的值；
- 还可以使用“学习率（learning rate）”来缩放弱学习器，这会减慢对数据的拟合（提高预测结果的准确率，但需要更多模型）。

5．重复上述步骤 2 至步骤 4，直到尝试完指定数量的弱学习器。

最终模型是弱学习器的线性组合，这些学习器已被加权，从而最小化每一步的损失函数。 更简单地说，我们最终得到了小型决策树的线性组合，可用于进行预测（大多数提升算法使用小型决策树作为其弱学习器）。

在进行预测时，可以简单地从各个弱学习器中进行预测，然后将它们相加得到最终预测（当然，还要结合训练中每个弱学习器的乘数）。

正如在逻辑回归中看到的那样，梯度提升本质上是使用梯度下降，从模型中找到误差，并将整个模型朝着有望最小化该误差的方向移动。

梯度提升背后的数学计算和处理过程很复杂，而且有些混乱。维基百科有一个不错的伪代码解释：https://en.wikipedia.org/wiki/Gradient_boosting#Algorithm。

也可以在这里找到更简单的伪代码解释：https://towardsdatascience.com/boosting-algorithmsexplained-d38f56ef3f30。

Boosting 类似于随机森林，因为我们使用了多个决策树，但它是一个迭代过程，其中每棵树都依赖于下一棵树。这意味着它可能比随机森林更难并行化，因为随机森林中的树都是相互独立的。然而，Boosting 通常优于随机森林，并且是获得最佳性能 ML 算法的重要算法。下面看看 AdaBoost 是如何工作的。

AdaBoost

使用 AdaBoost，可以选择弱学习器，但通常它是一个 1-split 决策树（称为“stump”）。Sklearn 包具有 AdaBoost 的分类和回归版本，可以将分类器与贷款支付数据集一起使用：

```
from sklearn.ensemble import AdaBoostClassifier
```

```
adaboost = AdaBoostClassifier(n_estimators=100,
                              learning_rate=0.5,
                              random_state=42)
adaboost.fit(x_train, y_train)
print(adaboost.score(x_train, y_train))
print(adaboost.score(x_test, y_test))
```

同样，这与其他 sklearn ML 算法的工作原理相同——创建分类器，拟合数据，然后评分并进行预测。sklearn 中 AdaBoost 的两个超参数是弱学习器的数量和学习率。

这两者相互作用——学习率越低，需要越多的估计器来达到可比的性能。我们还可以使用 base_estimator 参数将基础学习器从决策 stump 更改为另一个 ML 算法。在这里的训练和测试分数与 0.919 的无信息率大致相同。

还可以使用在第 14 章中学习的网格搜索或贝叶斯搜索方法来优化超参数，也可以使用 pycaret 包通过交叉验证轻松搜索一些超参数。首先需要设置我们的数据（检查数据类型，并按 Enter 确认）：

```
from pycaret.classification import setup, create_model, tune_model
classification = setup(data=numeric_df, target='TARGET')
```

然后可以创建一个 AdaBoost 模型，并像这样调整它：

```
adaboost = create_model('ada', fold=3)
tuned_adaboost, gridsearch = tune_model(adaboost, fold=3, return_tuner=True)
```

将 fold 参数设置为 3 以使用 3-fold 交叉验证——默认为 10-fold，而这个算法需要很长时间才能拟合。事实上，如果花费的时间太长，你可能需要对数据进行抽样从而加速程序的运行。这将搜索超参数的默认分布，因为设置了 return_tuner=True，所以可以从返回的 gridsearch 变量中访问超参数和分数。

可以从 PyCaret 源代码中看到针对不同模型和调谐器搜索的默认超参数（例如，在分类模型的 pycaret/containers/models/classification.py 文件中：https://github.com/pycaret/pycaret/blob/master/pycaret/containers/models/classification.py）。

可以使用 tune_adaboost.get_params()从返回的模型中获得最佳超参数。一般来说，树的数量可能在 50 到 500 之间，学习率可能在 0.001 到 1 之间。在撰写本书时，在 PyCaret 中搜索的 AdaBoost 超参数如下。

- n_estimators：10-300，步长为 10。
- learning_rate：值从 0.0000001 到 0.5。
- algorithm：SAMME 和 SAMME.R。

超参数搜索的结果（如果我们使用默认的 sklearn 网格搜索）可以从 gridsearch.cv_results_['params']和 gridsearch.cv_results_['mean_test_score']中找到（例如，可以使用 zip()组合和打印出来）。

使用 AdaBoost 的另一种方法是直接从 sklearn 中使用 AdaBoostClassifier 和 AdaBoostRegressor 类，以及使用像 sklearn 网格搜索这样的调谐器或其他用于搜索超参数的包。

AdaBoost 可以很好地解决某些问题，但当数据有太多噪声或存在特定类型的噪声时，它有时不会得到很好的结果。其他提升算法，例如接下来将介绍的算法，通常都优于 AdaBoost。

XGBoost

XGBoost 代表“极端梯度提升”。它对普通梯度提升进行了一些改进，如使用牛顿提升。XGBoost 没有找到理想的乘数来缩放每个弱学习器（这就像我们梯度下降中的步长），而是在一个方程中求解方向和步长。相比之下，梯度提升使用线性搜索技术来为每个弱学习器找到最佳乘数（步长）。这意味着 XGBoost 可以比普通梯度提升更快。它还可以用多种编码语言实现，这意味着它可以部署在很多情况。此外，它可以通过几种不同的方式与大数据一起使用，如 Dask、H2O、Spark 和 AWS SageMaker。

XGBoost 可以通过 XGBoost 库和 Python 中的 H2O 实现。通常考虑将它与 PyCaret 一起使用，尽管它也可以直接从 XGBoost 库中使用（如文档所示：https://xgboost.readthedocs.io/en/latest/python/python_intro.html）。将它与 XGBoost 包一起使用还需要将数据从 XGBoost 转换为 DMatrix 数据类型。

使用 H2O 进行梯度提升与 H2O 中的随机森林非常相似，可以参考下面文档中的示例：https://docs.h2o.ai/h2o/latest-stable/h2o-docs/data-science/gbm.html。sklearn 包还有一个 GradientBoostingClassifier 和回归器，它是普通的梯度提升。

XGBoost 与 PyCaret

同样，可以通过 PyCaret 轻松使用 XGBoost，在默认情况下，它会搜索以下超参数空间。

- learning_rate：0.0000001 ~ 0.5。
- n_estmators：10 ~ 300，以 10 为步长。
- subsample：0.2 ~ 1。
- max_depth：1 ~ 11，步长为 1。
- colsample_bytree：0.5 ~ 1。
- min_child_weight：1 ~ 4，步长为 1。
- reg_alpha：0.0000001 ~ 10。
- reg_lambda：0.0000001 ~ 10。
- scale_pos_weight：0 ~ 50，步长为 0.1。

可以看到，XGBoost 比 AdaBoost 有更多的超参数。这是默认使用 sklearn 网格搜索完成的，因此可能需要很长时间。为了加快速度，可以使用另一个调谐器，如贝叶斯搜索，它在 PyCaret 中默认搜索以下超参数空间：

```
tune_distributions = {
    "learning_rate": UniformDistribution(0.000001, 0.5, log=True),
    "n_estimators": IntUniformDistribution(10, 300),
    "subsample": UniformDistribution(0.2, 1),
    "max_depth": IntUniformDistribution(1, 11),
    "colsample_bytree": UniformDistribution(0.5, 1),
    "min_child_weight": IntUniformDistribution(1, 4),
    "reg_alpha": UniformDistribution(0.0000000001, 10, log=True),
    "reg_lambda": UniformDistribution(0.0000000001, 10, log=True),
    "scale_pos_weight": UniformDistribution(1, 50),
}
```

我们可以看到它与网格搜索的区域相同。这些超参数代表以下内容。

- learning_rate：算法中增量树的缩放因子。
- n_estmators：算法中树的个数。
- subsample：为每棵树采样的数据所占的比例。

- max_depth：每棵树的深度（拆分的次数）。
- colsample_bytree：为每棵树采样的特征的分数。
- min_child_weight：根据节点中样本的纯度判断一个节点是否应该被拆分。
- reg_alpha：每片叶子的权值的 L1 正则化（在 XGBoost 实现中，每棵树的每片叶子都有一个与之相关的权值）。
- reg_lambda：每片叶子的权重的 L2 正则化。
- scale_pos_weight：用来控制二进制分类问题的正负值的平衡。

PyCaret 搜索空间通常很好，尽管有些人使用不同的策略来调整 XGBoost 超参数。一些策略将固定树的数量并调整学习率，还有一些策略将固定学习率并调整树的数量。将 XGBoost 与 PyCaret 一起使用与使用 AdaBoost 相同，但在此处将使用 scikit-optimize 贝叶斯搜索进行 10 次迭代（它比 sklearn 中的网格搜索完成得更快）：

```
xgb = create_model('xgboost', fold=3)
best_xgb, tuner = tune_model(xgb,
                             fold=3,
                             search_library='scikit-optimize',
                             return_tuner=True)
```

这将需要相当长的时间来运行（当使用 PyCaret 搜索多个模型时，XGBoost 通常是运行时间最长的模型），你可能想要对数据进行采样，或让它在运行时休息一下。

如果看到类似于 ValueError: Estimator xgboost not available 的错误，需要使用 conda 或 pip 安装 xgboost。只要先安装了 CUDA，pip 安装将包括 GPU 支持（适用于 Window 和 Linux）。安装 CUDA 的一个简单方法是使用 conda install -c anaconda cudatoolkit。

完成后，可以从 best_xgb.get_params()访问最佳结果，并从 tuner.cv_results_['params'] 和 tuner.cv_results_['mean_test_score']获得 CV 结果。

与随机森林和其他基于树的方法一样，可以获得特征重要性。使用 XGBoost 模型（假设在这里使用 sklearn API 进行 XGBoost），可以从 xgb_model.get_booster().get_score()或 best_xgb.feature_importances_中检索到，这可以通过权重提供特征重要性。

这是一个特性，被用来拆分模型中所有树中的数据的次数。其他可以用 get_score 中的

importance_type 参数设置的特性重要性方法，在以下文档中进行了描述：https://xgboost.readthedocs.io/en/latest/python/python_api.html。

XGBoost 与 xgboost 包

人们也可以直接使用 xgboost 包来创建和训练模型。为此，首先按照 XGBoost 文档中的约定导入别名为 xgb 的包：

```
import xgboost as xgb
```

接下来，需要将数据转换为 DMatrix xgboost 数据类型：

```
dtrain = xgb.DMatrix(x_train, label=y_train)
dtest = xgb.DMatrix(x_test, label=y_test)
```

将特征作为第一个参数，将标签作为第二个参数（我们在这里也提供了关键字标签，尽管它不是必须的）。现在可以通过下面代码训练模型：

```
xgb_model = xgb.train(params={'objective': 'binary:logistic'}, dtrain=dtrain)
```

第一个参数是超参数，使用 params 关键字设置。在这里，必须唯一设置的内容是目标函数。对于二元分类，它是“binary:logistic”（在默认情况下，它是对于带有平方误差损失函数的回归，“req:squarederror”）。如果愿意，还可以设置其他超参数。

默认超参数可以这样查看（除了 import json 之外的所有内容都应该在一行上）：

```
import json
json.loads(xgb_model.save_config())['learner']
['gradient_booster']
['updater']['grow_colmaker']['train_param']
```

使用 XGBoost 调整超参数可能很复杂。可以通过 Jason Brownlee 的 *XGBoost with Python* 一书了解更多相关信息，其中涵盖了超参数设置和调整：https://machinelearningmastery.com/xgboost-with-python/。

一旦训练了 XGBoost 模型，就可以像这样评估性能：

```
from sklearn.metrics import accuracy_score
train_preds = xgb_model.predict(dtrain)
test_preds = xgb_model.predict(dtest)
print(accuracy_score(y_train, train_preds > 0.5))
print(accuracy_score(y_test, test_preds > 0.5))
```

模型的预测是概率预测，因此需要提供一个阈值，通过该阈值将预测四舍五入到 1。在这种情况下，我们使用 0.5 的值，这是其他模型的默认值。请注意，我们还需要提供一个 DMatrix 作为预测函数的数据。

XGBoost scikit-learn API

xgboost 包还有一个 sklearn API，它可以像使用 scikit-learn 模型一样轻松使用 XGBoost。这可以使其更容易与 sklearn pipelines 和其他依赖于模型行为的工具一起使用，就像其他人在 sklearn 中所做的那样。为了使用这个 API，通过如下代码创建模型：

```
xgb_model = xgb.XGBClassifier()
```

可以直接向类提供超参数作为参数，然后可以像 sklearn 模型一样拟合它：

```
fit_model = xgb_model.fit(x_train, y_train)
```

这将计算模型的准确性。当然，可以使用 xgb.XGBRegressor()对回归做类似的操作。xgboost 文档还列出了有关使用 xgboost 包的更多详细信息，包括在此处提到的 sklearn API 方法。与 sklearn 模型一样，xgboost 模型也有 predict 和 predict_proba 方法，它们采用 sklearn API 样式，可以分别为我们提供预测值和概率。

在 GPU 上训练增强模型

使用一些较新的 boosting 方法和包的一个优点是它们可以在 GPU 上进行训练和运行。这显著缩短了训练时间，有时甚至提高了 10 倍。要在 GPU 上使用增强模型，只需要为 PyCaret 的 create_model 函数提供两个额外的参数：

```
xgboost_gpu = create_model('xgboost',
                           fold=3,
                           tree_method='gpu_hist',
                           gpu_id=0)
```

tree_method 和 gpu_id 用于指定 GPU 训练。如果有多个 GPU，则需要确定要使用的 GPU 的正确 ID。撰写本书时所用硬件的 3-fold CV 时间在 CPU 上运行约为 12 ~ 14 秒，在 GPU 上运行约为 6 ~ 9 秒。是否加速将取决于所使用的特定模型和数据。下面链接提供了相关解释：https://stackoverflow.com/a/65667167/4549682。可以在运行此代码的 Jupyter 单元的开头使用魔术命令%%time 来测量它所花费的时间。请注意，第一次使用 XGBoost 和

PyCaret 调用 create_model 时，运行时可能会很长。因此，可能需要先运行一次，从而初始化环境，然后再次运行来测量运行时间。

为确保 XGBoost 可以使用 GPU，必须使用 pip 或从不同的 Anaconda 包安装它。如果使用 pip，还应该安装 CUDA 工具包，例如使用 conda install -c anaconda cudatoolkit。另一种方法是直接使用 conda install py-xgboost-gpu 安装 GPU 版本。但是，py-xgboost-gpu 包目前（截至撰写本书时）的版本号比 pypi.org 上的 xgboost 包（pip 使用）低得多。另请参阅本章的 Jupyter Notebook 了解更多信息。

使用 GPU 的一种更简单的方法是使用 pycaret 在 setup()函数中将 use_gpu 参数设置为 True。这将提示支持它的算法使用 GPU 环境，这些算法在如下文章中进行了介绍：https://pycaret.readthedocs.io/en/latest/installation.html?highlight=gpu#pycaret-on-gpu。pycaret 中除了 XGBoost，还可以使用 GPU 的其他模型 LightGBM（需要安装 GPU 版本的 lightgbm）、CatBoost、逻辑回归（带有 ridge）、随机森林、KNN 分类器和 SVM（支持向量机）。非增强型 ML 算法需要安装另一个包 cuML（在撰写本书时，它仅适用于 Linux，尽管可以使用 Docker 容器运行 Linux 和 cuML）。

还需要注意的是，在 pycaret 中，使用 GPU 还有其他一些限制，如不能使用 tune-sklearn 对 GPU 进行优化。

LightGBM

LightGBM 是一个较新的算法，与 XGBoost 相比，它做了一些改进，尽管它在实践中并不总是优于 XGBoost。它使用新的技术，用不同的方式创建集合中的决策树（论文中有详述：https://papers.nips.cc/paper/2017/file/6449f44a102fde848669bdd9eb6b76fa-Paper.pdf），这使得它比 XGBoost 运行得更快，使用的内存更少。它还可以本地处理缺失值和分类数据。它是由微软创建的，是 Azure 的 ML GUI 在选择增强决策树 ML 算法时使用的（在撰写本书时）。有一个 lightgbm 库，可以在几种不同的语言中使用，包括 Python。它也包含在 pycaret 中，可以像调整其他增强算法一样调整模型：

```
light_gbm = create_model('lightgbm', fold=3)
best_lgbm, tuner = tune_model(light_gbm,
                              fold=3,
                              search_library='scikit-optimize',
                              return_tuner=True)
```

pycaret 默认搜索的超参数和空间如下。

- num_leaves：这是每棵树允许的叶节点数，类似于 Max 深度，它的值为 2～256。
- learning_rate：每棵新树所乘的权重，值为 0.0000001～0.5。
- n_estimators：树的数量，值为 10～300，以 10 为步长。
- min_split_gain：如果结果不够纯，较高的值会阻止节点拆分，值为 0（接受所有拆分）～0.9。
- reg_alpha：与 XGBoost 一样对树权重进行 L1 正则化，值为 0.0000001～10。
- reg_lambda：叶权重的 L2 正则化，与 XGBoost 一样，值为 0.0000001～10。
- feature_fraction：为每棵树选择的特征的分数，值为 0.4～1。
- bagging_freq：使用 bagging 重新采样数据的频率（带有替换的采样），值为 0～7。
- bagging_fraction：bagging 过程中抽取的样本分数，值为 0.4～1。
- min_child_samples：类似于 XGBoost 中的 min_child_weight，根据拆分后叶节点中样本的纯度和数量确定节点是否应该拆分，值为 1～100。

如文档所述，其中一些超参数可用于减少训练时间或提高准确性：https://lightgbm.readthedocs.io/en/latest/Parameters-Tuning.html。

正如上面所介绍的，这里的许多超参数与 XGBoost 相似，最大的区别是我们设置了叶节点的数量而不是最大深度。这与 LightGBM 树创建方法有关，该方法是基于叶的增长，而不是基于深度的增长的。

LightGBM 绘图

lightgbm 包也有一些绘图方法（请参考文档：https://lightgbm.readthedocs.io/en/latest/Python-API.html#plotting）。通过如下代码可以绘制特征重要性：

```
import lightgbm
lightgbm.plot_importance(best_lgbm)
```

还可以从 best_lgbm.feature_importances_ 中获取这些数值，这与 sklearn 接口相同。结果如图 15-5 所示。

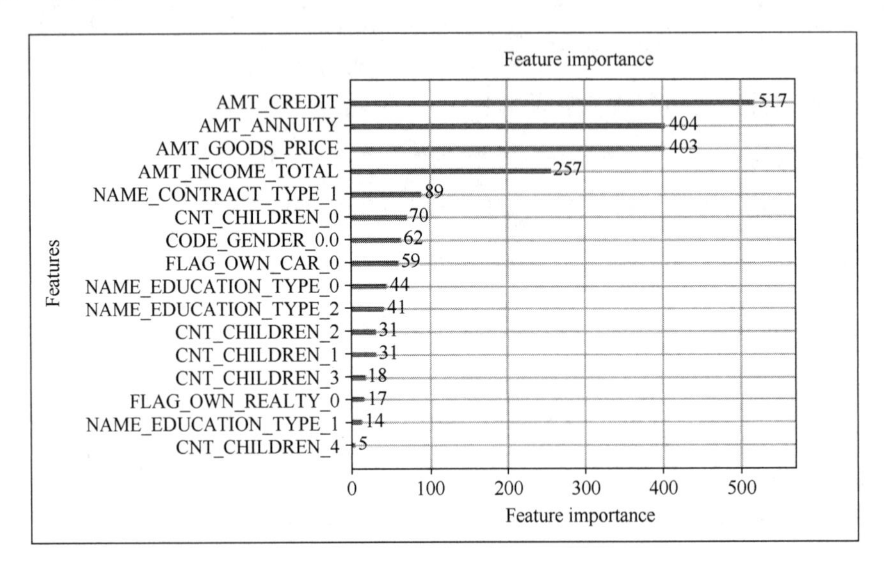

图 15-5　lightgbm 模型中的变量（特征）重要性

可以看到，贷款规模（AMT_CREDIT）似乎是该模型中用于预测某人是否有还款问题的最重要因素。

直接使用 LightGBM

LightGBM 有一个 Python API（在 API 文档中做了详细的介绍：https://lightgbm.readthedocs.io/en/latest/Python-API.html）。它的风格与 sklearn 模型基本相同。首先，初始化模型，如下所示：

```
lgb_model = lightgbm.LGBMClassifier()
```

然后将它与数据进行拟合：

```
trained_lgb = lgb_model.fit(x_train, y_train)
```

可以像 sklearn 模型一样使用 score、predict 和 predict_proba 方法来获得准确度（用于分类）、预测值或预测概率。

关于 LightGBM 的一个注意事项是，如果希望直接使用分类特征（例如，不使用热独编码），应该将对象数据类型转换为 pandas DataFrames 中的 category。可以通过以下方式来实现这一点：

```
for col in df.select_dtypes(include=['object']):
    df[col] = df[col].astype('category')
```

LightGBM 在其文档中介绍了许多功能。

CatBoost

最后一种提升算法是 CatBoost，它是近期讨论度较高的新提升算法。CatBoost 类似于 XGBoost，使用增强的决策树，但有一些单独的优点：

- 比 XGBoost 更少的超参数调整（更易于调整）；
- 可以在内部处理缺失的数据和分类值；
- 快速训练，类似于 LightGBM。

Python 中有一个 catboost 包，可以直接使用这个包，但需要首先通过 PyCaret 展示其用法。如果使用基本的 catboost 包，还可以绘制一些模型指标，并在模型训练结果中显示它们（如拟合更多树的准确性）。

为了使 CatBoost 模型适合使用 PyCaret 的数据，做法与其他 boosting 模型相同：

```
catboost_model = create_model('catboost', fold=3)
best_cb, tuner = tune_model(catboost_model,
                            fold=3,
                            search_library='scikit-optimize',
                            return_tuner=True)
```

调整的结果最终略微优于无信息率（准确度为 0.9196，无信息率为 0.9193）——这并不是一个真正重要的结果，但有趣的是，CatBoost 显示出了比 XGBoost 和 LightGBM 更好的性能。

在 PyCaret 中，CatBoost 的默认超参数搜索空间如下。

- eta：学习率，或者新树所乘的系数，值为 0.000001 ~ 0.5。
- depth：树的最大深度，值为 1 ~ 11。
- n_estimators：模型中树的数量，值为 10 ~ 300。

- random_strength：随机高斯变量的强度添加到树中拆分的分数，因此树的拆分并不总是按分数进行的最佳拆分（例如，基尼系数），值为 0～0.8。
- l2_leaf_reg：叶权重的 L2 正则化，值为 1～200。

由此看来，CatBoost 比 XGBoost，甚至比 LightGBM 拥有更少的超参数。分类 CatBoost 文档：https://catboost.ai/docs/concepts/python-reference_catboostclassifier.html#pythonreference_catboostclassifier。参照文档，我们可以配置大量参数和超参数。

使用本机 CatBoost

要从 Python 包中使用 CatBoost，首先导入几个类：

```
from catboost import CatBoostClassifier, Pool
```

然后创建模型（可以在这里指定超参数），并将数据转换为 CatBoost 所需的特殊 Pool 数据类型：

```
cb_model = CatBoostClassifier()
catboost_train_data = Pool(x_train,
                           y_train)
```

接下来，可以训练模型：

```
cb_model.fit(catboost_train_data)
```

这将实时输出指标的值（默认情况下是损失函数）、总运行时间和剩余时间。还可以通过提供参数 plot=True 对指标进行可视化。一旦完成，可以使用其他方法，如 score，来获得准确性:cb_model.score(catboost_train_data)。也可以像这样对只有特征（没有目标）的新数据使用 predict 和 predict_proba：

```
catboost_test_data = Pool(x_test)
cb_model.predict(catboost_test_data)
```

首先，用 catboost Pool 类创建一个数据集，它提供特征。然后简单地在这些数据上使用模型的 predict 方法。官方文档中还介绍了许多 CatBoost 模型的其他方法。

使用提前停止的算法

在训练 XGBoost、LightGBM 和 CatBoost 模型时，可以使用一种称为提前停止的做法来防止过拟合。可以在拟合模型时使用此方法。我们提供了一个训练数据集和一个验证集，我们的指标是在将每棵新树添加到模型后在这两个数据集上计算的。如果验证指标在指定的轮数（添加新树）内没有改善，则停止模型训练，并选择具有最佳验证分数的模型迭代。xgboost、lightgbm 和 catboost 包在其 fit 或 train 方法中有一个参数，叫做 early_stopping_rounds，它确定在停止训练之前可以拟合的树的数量。例如，在训练 CatBoost 模型时使用提前停止的算法，如下所示：

```
import catboost
new_cb = catboost.CatBoostClassifier(**best_cb.get_params())
new_cb.set_params(n_estimators=1000)
new_cb.fit(X=x_train,
           y=y_train,
           eval_set=(x_test, y_test),
           early_stopping_rounds=10,
           plot=True)
```

上面我们使用从通过 pycaret 模型调整中找到的最佳 CatBoost 模型参数，而字典前的**是字典解包。这会将每个字典项扩展为函数或类的参数，因此如果我们的字典有一个元素 best_cb.get_params()['n_estimators']=100（或{'n_estimators':10}），那么这将与在 CatBoostClassifier 类中提供 n_estimators=100 一样。然后我们将估计器的数量增加到一个较大的值，以便可以看到提前停止工作的情况。最后，将模型拟合到训练集，并使用测试集作为评估集。plot=True 参数显示训练时的训练和验证分数。通过使用 new_cb.tree_count_可以检查树的数量，可以看到它提前停止，并返回 172。

可以使用提前停止来防止过拟合，也可以使用正则化（例如，catboost 的 l2_leaf_reg）和交叉验证来防止和检查过拟合。事实上，使用 PyCaret 中的 tune_model 提供了一种避免过度拟合的方法，可以通过使用验证集上的指标分数来优化超参数。

有几本学习 XGBoost 的书籍可供参考，例如，Packt 出版的由 CoreyWade 编写的 *HandsOn Gradient Boosting with XGBoost and scikit-learn*，或者 Jason Brownlee 的 *XGBoost with Python*。对于 LightGBM 和 CatBoost，目前还没有那么多全面的资源可供学习。LightGBM 和 CatBoost 的一些最有用的资源是它们各自的官方文档。一些软件包的快速入门指南也对学习有所帮助。

本章测试

既然已经了解了如何使用一些基于树的模型和提升模型，请尝试将它们用于在本章中处理的住房贷款数据集的完整数据集分析中。完整的数据集有更多的特征。与往常一样，在使用一些基于树的 ML 算法之前，希望执行一些数据清理和准备工作，PyCaret 可以自动清理和准备数据，而 CatBoost 和 LightGBM 可以处理缺失值和分类列（对于 lightgbm，需要将数据类型从 object 转换到 category）。使用在本章中学到的方法来探索特征的重要性。与之前的章节一样，一定要写一份结果总结分析文档。

本章小结

本章讨论了很多重要的主题，首先是基于树的 ML 模型的基础——决策树。我们了解了树如何自动确定数据的拆分，以便做出最佳预测，这使用了诸如基尼系数或熵之类的计算。接下来，介绍了如何将这些树组合成一个整体以形成随机森林。还要记住，随机森林会为每个决策树引导数据，添加另一个元素以防止过度拟合。接下来，介绍了决策树如何用于 ML 提升算法，例如，AdaBoost、梯度提升、XGBoost、LightGBM 和 CatBoost。

这些增强算法一步一步地将决策树拟合到数据中，每一棵新的决策树拟合到添加了错误预测权重的数据（AdaBoost）或拟合到损失函数的梯度（梯度 boosting 方法），以改进模型。讨论了如何使用 pycaret 包显著的 boosting 方法，并自动调优。还介绍了 PyCaret 的超参数搜索空间，让我们知道要搜索哪些超参数，以及在什么范围内搜索。本章也讨论了 LightGBM 和 CatBoost 的优点，它们比 XGBoost 的训练时间更短，以及使用 LightGBM 和 CatBoost 处理缺失值和分类值的能力。最后，介绍了增强模型如何使用早期停止来防止过度拟合。当然，交叉校准和正则化也有效。

在 ML 和数据科学领域中，基于树的 ML 模型是非常重要的，但并不总是适用于所有问题。接下来要学习的另一种重要的 ML 算法是支持向量机。

第 16 章　支持向量机（SVM）机器学习模型

在第 15 章中介绍的基于决策树的模型在许多问题上表现良好。但对于某些问题，其他算法可能会更好。一种广泛使用的机器学习算法是支持向量机（SVM）。与线性回归和逻辑回归一样，自 1963 年面世以来，SVM 已经存在了相当长的时间。SVM 可用于回归和分类，有时称为支持向量回归器（SVR）和支持向量分类器（SVC）。尽管 SVM 已经存在了一段时间，并且因其他 ML 算法的兴起而变得不那么流行，但仍然值得尝试将 SVM 作为监督学习问题的 ML 算法之一。本章将重点介绍支持向量机的基本理论和使用。具体来说，将介绍如下内容。

- SVM 背后的基本思想。
- 如何通过 sklearn 和 pycaret 使用 SVM 进行分类和回归。
- 如何调整 SVM 超参数。

SVM 有以下优点：

- 它们适用于大量维度（具有众多特征的数据集）。
- 高效使用内存，因为它们只使用数据点的子集来对新的数据进行分类。
- 使用内核转换数据可以使它们更灵活地处理更高维和复杂的特征空间。

但 SVM 也有以下缺点：

- Vanilla SVM 实现无法随着特征和数据点的增加而很好地扩展（尽管有使用 Spark 和其他软件实现大数据的方法）。
- 类预测的概率估计需要通过交叉验证来完成，这需要大量的计算资源。

下面将从支持向量机的基础工作原理开始本章的学习。

SVM 是如何工作的

正如刚才提到的，支持向量机可以用于分类和回归，而且每种方法的实现都是不同的。首先从分类开始学习。

使用 SVM 进行分类

下面将从一个简单地对数据集进行分类开始学习。在这个示例中，两个轴上有两个特征，目标由颜色和形状表示。希望用不同的形状和颜色来分隔这两种类型的数据点，可以看到如何绘制几种分类边界线来分隔它们。现在我们画了一条可能的分界线，如图 16-1 所示。

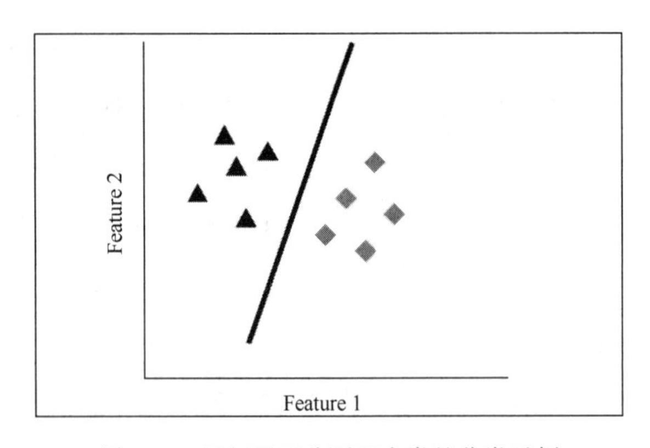

图 16-1　用超平面分隔两个类的分类示例

支持向量机允许人们在数学上找到数据组之间的最佳拆分。在二维的情况下，这是一条线，但在更高的维度上，正如我们经常看到的，它变成了超平面。SVM 分类器的目标是找到用于分离类的最佳超平面。这个超平面的定义类似于我们定义线性回归，可用一个方程来定义 $w.x+b=0$，其中 w 是系数向量，x 是我们的特征向量，b 是常数。这个超平面在数学上由最近的点定义。这些最近的点定义了支持向量，支持向量机的名称由此衍生而来。当研究超过两个或更多特征时，它变成了一个真正的超平面——一个具有多个维度的表面。通常，当人们谈论任意数量的维度时，会使用“超”来形容。通常，它用于描述三个以上的维度。找到超平面的精确数学很复杂，并且涉及优化，简而言之，就是需要我们最大化超平面与相对类中最近点之间的距离。离超平面最近的点为支持向量，训练后存储在内存中。这个超平面是通过优化迭代找到的（类似于我们如何找到梯度下降或梯度上升的逻辑回归系数）。

人们可以在支持向量机的许多解释中看到二维超平面的插图，例如：

- https://en.wikipedia.org/wiki/Support-vector_machine。
- https://towardsdatascience.com/support-vectormachine-simply-explained-fee28eba5496。

这种分离点的简单方法适用于许多问题，但不适用于所有问题。例如，两个同心圆点的经典示例，在它们的基本特征空间中不能线性分离，如图 16-2 中右侧所示。

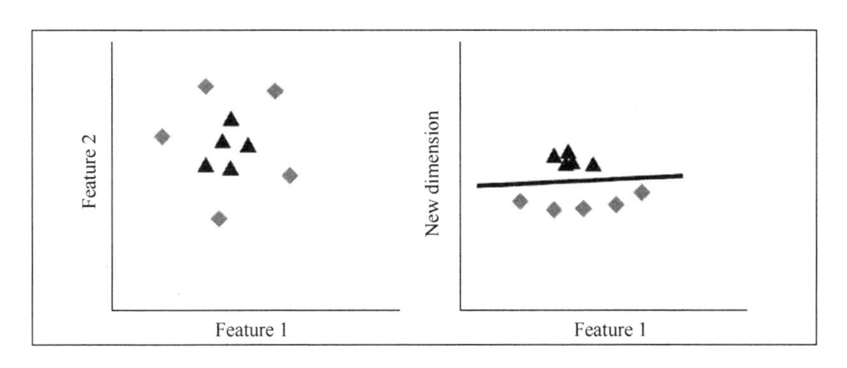

图 16-2　对数据进行转换，使其线性可分

但正如在图 16-2 右侧看到的，如果将数据转换成一个新的维度，它可以被线性分离。这里显示的新维度可以是取特征 1 和 2 的平方并将它们相加。这种转换可以通过 kernel trick 来完成。这是一种本质上将数据转换为新的和更高维度的方法。这里使用的数学算法再次变得复杂，但也可以简单地将其视为把数据转换为更高维度。

有很多文章来解释 kernel trick，如这篇文章：https://towardsdatascience.com/the-kerneltrick-c98cdbcaeb3f。如果想更好地理解它，可能需要阅读有关该主题的其他文章和书籍。

四种常见的 kernel 如下。

- Linear（线性）：我们看到的第一个例子。
- Polynomial（多项式）：可以处理稍微复杂的数据。

- 径向基函数（RBF）：适用于非常复杂的数据。
- Sigmoid：可以处理复杂的数据。

在实践中，人们通常使用线性或 RBF kernel。线性 kernel 更适用于大数据，因为它运行得更快一些。但是，SVM 运行时倾向于以 $n_{features} * n_{samples}^2$ 到 $n_{features} * n_{samples}^3$ 的形式扩展（https://stats.stackexchange.com/a/88982/120921），因此，即使是线性 kernel 也可能需要很长时间才能完成大量数据的处理（如果我们不使用 Spark 或 pyspark 等大数据解决方案）。

使用 SVM 进行回归

SVM 对回归的工作方式略有不同，称为 SVR。SVR 不是试图最大化超平面和不同类别的点之间的边距，而是本质上将超平面拟合到数据中。尽管正在使用 SVR 优化不同的函数，但这类似于线性回归的工作原理。本质上，人们试图最小化来自超平面的数据点预测与实际值之间的差异。

有几本书对支持向量机背后的数学和概念进行了解释。如 Alexandre Kowalczyk 的 *Support Vector Machines Succinctly*，它可以通过如下地址免费在线阅读：https://www.syncfusion.com/succinctly-free-ebooks/supportvector-machines-succinctly。

让我们看看通过 sklearn 和 pycaret 使用 SVM 进行分类。

使用 SVM

人们可以使用许多包来实现 SVM，但 sklearn 是常用的 Python 包之一。还可以使用 pycaret 轻松搜索超参数空间。

在 sklearn 中使用 SVM

sklearn 当中包含几个不同的 SVC 和 SVR 实现：

- 线性 SVM（svm.LinearSVC、LinearSVR、linear_model.SGDClassifier 和 SGDRegressor）;
- 通用 SVM（svm.SVC 和 SVR）;
- NuSVM（svm.NuSVC 和 NuSVR）。

线性 SVM 可以使用 svm.LinearSVC 和 svm.SVC 实现，LinearSVC 实现更好（如文档中介绍的 https://scikit-learn.org/stable/modules/generated/sklearn.svm.LinearSVC.html，它可以更好地扩展到大型数据集，并且具有更大的灵活性）。SVC 实现允许使用任何 kernel，并且具有使用不同 kernel 的预制选项：多项式（poly）、RBF（rbf）和 sigmoid。

NuSVM 引入了一个超参数 Nu，它是用于分类的误分类点个数的上界和支持向量个数的下界。

使用这些算法与任何其他 sklearn 监督学习算法相同——创建模型（使用任意选择的超参数），训练模型，然后使用并评估模型。首先，加载我们之前使用的信用卡违约数据，并创建训练和测试集：

```
import pandas as pd
from sklearn.model_selection import train_test_split
from sklearn.preprocessing import StandardScaler
df = pd.read_excel('data/sample - default of credit card clients.xls',
                   skiprows=1,
                   index_col='ID')
target_column = 'default payment next month'
features = df.drop(target_column, axis=1)
targets = df[target_column]
train_x, test_x, train_y, test_y = train_test_split(features,
                                                    targets,
                                                    stratify=targets,
                                                    random_state=42)
scaler = StandardScaler()
scaled_train_x = scaler.fit_transform(train_x)
scaled_test_x = scaler.transform(test_x)
```

正如之前所做的那样，先加载数据，并将其分解为训练集和测试集，使用 train_test_split 中的 stratify 来确保训练集和测试集之间二进制目标的平衡保持不变，还准备了一些缩放特征。对于 SVM，有一些注意事项，首先是它有助于缩放数据，这是由于 SVM 背后的数学支撑（同样，这很复杂，需要更深入的研究才能完全理解）。另一个需要注意的是，获取概率预测不是内置的，并且不适用于 LinearSVC。

先看看如何使用带有默认超参数的 LinearSVC。几乎所有的配置参数都与函数的迭代求解器有关，如 max_iter（用于最大迭代次数）和 tol（如果迭代后优化没有得到足够的改进，将停止迭代）。这里要调整的主要超参数是 C，它是一个正则化系数。较高的 C 值意味着更少的调整（防止过拟合），或更小的边际超平面（点和超平面之间的分离更少）。下面链接提供了一个很好的可视化解释：https://stats.stackexchange.com/a/159051/120921。

可以通过如下代码对模型进行拟合和评分：

```
from sklearn.svm import LinearSVC
lsvc = LinearSVC()
lsvc.fit(scaled_train_x, train_y)
print(lsvc.score(scaled_train_x, train_y))
print(lsvc.score(scaled_test_x, test_y))
```

这与人们从其他 sklearn 模型中遵循的模式相同。在测试集上的准确率是 78.7%，略好于 78.3%的无信息率（来自 targets.value_counts(normalize=True)）。如果改为使用非缩放数据，准确率会低得多（大约 50%）。

还可以使用其他一些方法来实现线性 SVC——使用默认值 loss='hinge'的 linear_model.SGDClassifier，或者使用 kernel='linear'的 SVC 或 NuSVC 模型。SGD 代表随机梯度下降，因为它使用梯度下降来优化模型（SVC 的超平面）。对于 SGD 模型，虽然没有 C 超参数，但我们可以更详细地微调模型中使用的梯度下降和 L1、L2 损失。

我们还有一个用于 L1 和 L2 正则化的 alpha 参数，它惩罚超平面方程中 w 向量中的较大值。

虽然 C 惩罚错误分类的点，但 alpha 惩罚 w 中较大的系数。两者都有相同的效果，即以更大的惩罚（较小的 C 或更大的 alpha 值）增加边距（从超平面到最近点的距离）。对于 SVC 和 NuSVC 模型，线性 SVC 使用了不同的算法，该算法不能很好地拟合更大的数据。但是，可以通过设置 probability=True 参数来获得预测的概率估计：

```
from sklearn.svm import SVC
svc = SVC(probability=True)
svc.fit(scaled_train_x, train_y)
print(svc.score(scaled_train_x, train_y))
print(svc.score(scaled_test_x, test_y))
```

使用 probability=True 之后，就可以使用模型的 predict_proba 方法（如 svc.predict_proba(scaled_test_x)）来预测类的概率。但是，这些概率是通过交叉验证方法估计的，因此可能并不总是与实际预测一致。有趣的是，与 SVC 模型一起使用的不同求解器（libsvm 而不是带有 LinearSVC 的 liblinear）似乎比此处的 LinearSVC 模型有更好的结果，测试准确率为 81.8%。也可以尝试使用 SGDClassifier 和 NuSVM 模型进行比较。NuSVM 模型的工作方式与 SVC 模型几乎相同，尽管它具有 nu 超参数，该超参数应大于 0 且小于或等于 1。nu 超参数确定错误分类点的最大比例和支持向量。

要在 sklearn 中使用 SVM 进行回归，过程是相同的，尽管我们没有可用的概率或 predict_proba 选项，并使用基于 SVR 的类（或 SGDRegressor）而不是 SVC。在分类中，有一个超参数 class_weight，但在回归中却没有。如果设置为 balanced，则会对出现在其类频率的点进行反向加权。但确实还有另一个 SVR 超参数——epsilon。它确定了与超平面的距离，其中错误的预测不会受到惩罚。较大的 epsilon 值意味着模型将有更多的偏差（较少过度拟合），而较小的 epsilon 使模型更准确地拟合数据（更多方差）。

应该像使用任何 ML 模型一样优化我们的超参数，以最大限度地提高性能。可以使用网格搜索来手动执行此操作，也可以使用 PyCaret，使用 PyCaret 更简单。

使用 PyCaret 优化 SVM

与其他模型一样，可以使用 PyCaret 轻松调整它们。默认情况下，PyCaret 对线性 SVM 使用 SGDClassifier 或回归器，对 RBF kernel SVM 使用 SVC 或 SVR。但是可以使用 PyCaret 来调整任何 sklearn 模型。所以，如果想调整已经尝试过的 LinearSVC 模型，可以这样做：

```
from pycaret.distributions import UniformDistribution
from pycaret.classification import setup, create_model, tune_model
clf_setup = setup(data=df,
                  target='default payment next month',
                  normalize=True)
lsvc = create_model(LinearSVC())
tuned_lsvc = tune_model(lsvc,
                        search_library='scikit-optimize',
                        custom_grid={"C": UniformDistribution(0, 50)})
```

从 pycaret.classification 模块导入必要的函数，然后设置我们的 PyCaret 空间。为检测到的数字或类别列保留缺省值，并对我们的特性进行规范化（这种规范化在默认情况下使用标准化）。然后创建 LinearSVC 模型，并在 0 到 50 范围内使用贝叶斯搜索调整它。结果 C 值约为 2，10-fold 交叉验证的准确性约为 81%。

要在 PyCaret 中使用线性 SVC 和 RBF kernel SVC 的默认搜索空间，可以为我们的模型使用'svm'或'rbfsvm'：

```
lsvc = create_model('svm')
tuned_lsvc = tune_model(lsvc, search_library='scikit-optimize')
```

在这里，从 sklearn 中搜索 SGDClassifier 的超参数，包括以下具有范围的超参数。

- l1_ratio：来自 ElasticNet 的 L1 和 1-L2 正则化的分数，值为 0 到 1。
- alpha：正则化强度（值越大，强度越大），值为 0 到 1。
- eta0：梯度下降的学习率，值为 0.001 到 0.5。
- penalty：L1、L2 或 ElasticNet 惩罚，值为["elasticnet", "l2", "l1"]。
- fit_intercept：向超平面方程添加截距项，值为[True, False]。
- learning_rate：度下降的学习率计划（在优化问题中如何执行步骤），值为["constant", "invscaling", "adaptive", "optimal"]。

这里的最优模型与线性 SVC 相差不大，精度为 81.7%。然而，它与 SGDClassifier 的一个不同之处在于，它的运行速度比 LinearSVC 快得多。

rbfsvm 使用带有 kernel='rbf'的 sklearn.svm.SVC，从 0 到 50 的范围搜索 C 超参数，并尝试使用 class_weight='balanced'和 None。使用'balanced'会将类别的权重设置为与其流行程度成反比。rbfsvm 的运行时间比 LinearSVC 或 SGDClassifier 长得多，最终的准确率为 81.6%。在这种情况下，最好的 SVC 模型是 SGDClassifier（来自 PyCaret 的 svm 模型），因为它与其他模型具有相似的准确性，但运行速度最快。

RBF kernel 确实还有一个超参数，即 gamma。使用 PyCaret 将其设置为 auto，也可以尝试对其进行调整。gamma 值会影响数据如何转换为新维度，较大的 gamma 值会导致过度拟合，而值小会导致欠拟合。一个非常小的 gamma 值最终就像一个线性 SVM。sklearn 文档中提供了有关 RBF 超参数的更多详细信息：https://scikitlearn.org/stable/auto_examples/

svm/plot_rbf_parameters.html。

使用 PyCaret 为回归优化 SVM，类似于分类，只是在这里使用 pycaret.regression 模块。但是，回归模型没有 class_weight 超参数，但有 epsilon 超参数。这个 epsilon 超参数确定了与超平面的距离，其中错误的预测不会受到惩罚，并且 PyCaret 会为此搜索 1 ~ 2 的空间。默认情况下也没有可用于 SVR 的线性 SVM，但可以创建自己的 LinearSVR 模型并使用它。

本章测试

现在我们已经了解了 SVM 的工作原理，请尝试使用 SVR 来预测在第 14 章中使用的房价数据的 SalePrice。数据可以在本书 GitHub 存储库的 Chapter16\data 文件夹中找到。尝试将其与迄今为止所了解的其他模型进行比较。

本章小结

人们已经了解了 SVM 如何用于分类和回归，并了解了一些关于它们是如何工作的基础知识。对于分类，支持向量机优化了一个超平面来分离类，最大化了超平面和数据点之间的距离。我们可以使用 C 和 L1/L2 正则化等超参数来调整性能。对于回归，可以使用 epsilon 超参数来平衡模型的偏差和方差。最后，看到了如何使用 PyCaret 轻松调整 SVM 模型和搜索超参数空间。

此外还学习了几种用于监督学习的分类和回归模型，监督学习是机器学习的主要部分。然而，如果我们没有用来预测的目标值，仍然可以使用机器学习。在这种情况下，可以使用聚类，它可以帮助我们发现数据中的模式。在第 17 章中，将介绍一些重要的聚类算法和如何使用它们。

第 5 部分

文本分析和报告

第 17 章　使用机器学习进行聚类

经过前面几章的学习，知道了如何使用监督学习，包括使用和比较不同的模型、优化超参数和评估模型。机器学习还包括聚类。与监督学习不同，聚类和非监督学习不需要数据的目标或标签。然而，人们仍然可以对标记数据使用聚类，但所有输入都被视为特征。聚类基于数据点的相似性揭示数据中的模式。执行聚类有几种不同的方法，但它们都依赖于数据点之间的距离。本章将学习如何使用一些关键的聚类方法，并将了解它们是如何工作的，包括：

- *k*-means 聚类；
- DBSCAN；
- 层次聚类。

在本章的最后，将讨论一些其他可用的模型，以及如何使用聚类作为半监督学习系统的一部分。下面先从 *k*-means 聚类开始学习。

使用 *k*-means 聚类

k-means 聚类方法在数据科学中很普遍，部分原因是由于它易于使用和理解。

在这种方法中，有一个主要的超参数 *k*，它决定了聚类的数量。该算法的工作步骤如下。

1. 初始化聚类中心：随机选择特征空间中的 *k* 个点作为聚类中心。
2. 使用欧几里得距离等指标计算点到每个聚类中心的距离，然后将点分配给最近的聚类。
3. 根据每个聚类中点的平均值重新调整聚类中心。
4. 重复第 2 步和第 3 步，直到聚类中心不再发生较大变化（或根本没有变化）。

聚类中心的初始化可以以一种智能的方式来加速收敛——可以初始化集群中心，使它们彼此远离。其他步骤很简单，手工编写代码也很容易，但是可以通过 sklearn 轻松地使用 *k*-means 聚类。让我们重新审视一下我们的房价数据，看看它是否可以分组。首先，加载数据：

```
import pandas as pd
df = pd.read_csv('data/housing_data_sample.csv', index_col='Id')
```

由于聚类算法是基于距离的，所以如果数据值不是在相同的尺度上或在相同的单位上，最好对数据进行缩放。可以使用 sklearn 的 StandardScaler 来实现这一点，然后将一个简单的 *k*-means 模型与数据进行拟合：

```
from sklearn.preprocessing import StandardScaler
from sklearn.cluster import KMeans
scaler = StandardScaler()
scaled_df = scaler.fit_transform(df)
km = KMeans()
km.fit(scaled_df)
```

默认情况下，它使用 8 个聚类。但是，如果不尝试对不同的值进行比较，我们就无法知道最佳的聚类数量。为此，需要使用指标来衡量模型的性能。

聚类指标

我们可以使用几个不同的指标来比较 *k*-means 聚类中使用不同的 *K* 值得到的结果（或者比较其他聚类算法的结果）。以下是一些常见的指标。

- 聚类内平方和（Within-cluster sum-of-squares，WCSS），也称为惯性（inertia）。
- 剪影分数（或剪影系数）。
- Calinski Harabasz 评分（或 Calinski Harabasz 指数）。

一般来说，这些方法旨在衡量聚类的分组情况。WCSS 很简单，它计算每个点到聚类中心的距离之和。聚类的中心（质心）是聚类中样本的平均值。较低的 WCSS 更好，但人们通常使用“肘部”图来选择理想值。这种方法适用于球形聚类，但对于其他形状（如椭圆体）则效果不佳。描述这些球形星团形状的另一种方式是凸状，这意味着星团的边界具有永远不会向内弯曲的曲率。有关 *k*-means 聚类的 WCSS 的更多信息，请参见 sklearn 文档：

https://scikit-learn.org/stable/modules/clustering.html#k-means。

另一种测量聚类质量的方法是使用欧几里得距离的平方或聚类内变化。这是聚类中各个点之间的平方距离之和。有关这方面的更多信息可以在多个地方找到，包括 *Introduction to Statistical Learning* 一书（https://www.statlearning.com/）。

剪影分数测量的比率涉及单个点与同一聚类中所有点之间的平均距离(a)，以及单个点与下一个最近聚类中所有点之间的平均距离(b)。单点的方程为 $ss = \frac{b-a}{\max(a,b)}$，其中 $\max(a,b)$ 表示取两个值中较大的一个，a 或 b。要获得聚类的平均分数，可以对聚类中的所有点取平均剪影分数（silhouette score）。该平均值衡量每个聚类的形成程度。还可以将整个数据集的剪影分数平均为一个数字，以描述整个数据集的聚类程度。剪影分数的范围可以从-1 到+1，我们得到每个单独点的值。可以将所有分数绘制在一起，并计算所有分数的平均分数（例如，如下所示：https://scikit-learn.org/stable/auto_examples/cluster/plot_kmeans_silhouette_analysis.html）。接近 1 的值表示更好的聚类，而 0 是中性的，-1 是较差的聚类。

最后一个指标是 Calinski Harabasz 得分。Calinski-Harabasz 得分越高，表示该聚类的模型越好。这是一个相对指标，因此可用于评估相同数据上的不同聚类方法。

有关这方面的更多信息，请参阅 sklearn 文档：https://scikit-learn.org/stable/modules/clustering.html#calinski-harabasz-index。

正如上面介绍的，所有这些指标都可以在 sklearn 中使用。还有其他几个指标，它们都在 sklearn 文档中进行了描述：https://scikitlearn.org/stable/modules/clustering.html#clustering-performance-evaluation。一些指标适合所有形状的聚类（不仅仅是球形），尽管这些指标要求我们知道每个数据点的类标签（例如 Rand 索引、互信息分数，以及 sklearn 文档中描述的许多其他内容）。现在看看如何使用 sklearn 来优化 *k*-means 的 *k* 超参数。

优化 *k*-means 中的 *k*

首先使用 WCSS 或 inertia 值生成一个“肘部”图，以查看哪个 *k* 值看起来最好。这个值可以通过 km.inertia_在拟合的模型中找到。人们可以遍历 *k* 的一系列值并存储 inertia 值：

```
k_values = list(range(2, 20))
```

```
inertias = []
for k in k_values:
    km = KMeans(n_clusters=k)
    km.fit(scaled_df)
    inertias.append(km.inertia_)
```

首先，为 k 创建一个从 2 到 19 的整数列表，然后遍历该列表并创建 k-means 模型。然后将其拟合到我们的标准化数据中，并将 WCSS 值存储在我们的 inertia 列表中。接下来，我们可以绘制结果，x 轴表示 k 值，y 轴表示 WCSS 值：

```
import matplotlib.pyplot as plt
plt.plot(k_values, inertias, marker='.')
plt.xticks(k_values)
plt.xlabel('number of clusters')
plt.ylabel('WCSS')
```

代码执行之后，将得如图 17-1 所示图形：

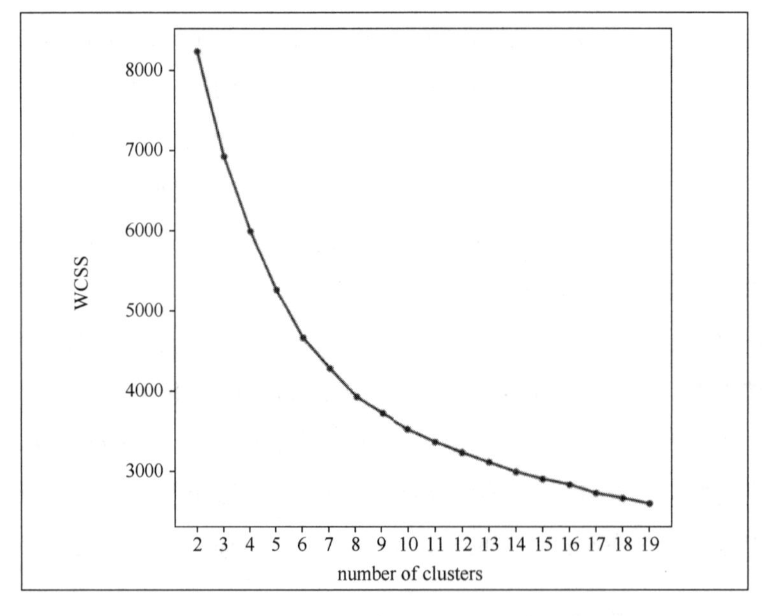

图 17-1　k-means 算法的 WCSS 肘形图

这被称为“肘部”图，因为在理想情况下，将在图中看到 WCSS 或其他指标的改进速度减慢并且线迅速变平的拐点。在上面的例子中，没有一个非常清晰的肘部，这表明数据在不断扩散。但是，可以选择一个 8 左右的值，因为在此处看起来斜率有一个小的变化。

还可以使用 np.diff 查看每个点（导数）的斜率变化：

```
import numpy as np
plt.plot(k_values[1:], np.diff(inertias), marker='.')
```

这显示了一个类似的结果，此时可以选择一个大约 7 到 9 的值。如果想使用剪影分数和 Calinski Harabasz 分数，可以使用 sklearn 对应的函数：

```
from sklearn.metrics import silhouette_score, calinski_harabasz_score
silhouette_score(scaled_df, km.labels_)
calinski_harabasz_score(scaled_df, km.labels_)
```

请注意，为这些方法提供了我们的数据和来自我们的 *k*-means 算法拟合的聚类标签（来自 km.labels_）。这些将是从 0 到 *k*−1 的数值。

我们也可以在循环中使用这些其他指标，并像使用 WCSS 一样绘制它们。另一个自动完成所有这些工作的好工具是 yellowbrick 包，它可以遍历 *k* 的多个值，绘制结果，并自动为 *k* 选择最佳值：

```
from yellowbrick.cluster.elbow import kelbow_visualizer
kelbow_visualizer(KMeans(), scaled_df, k=(2, 20))
```

默认情况下，它会使用 distortion，这与 WCSS 相同（参数 metric='distortion'）。还可以将 metric='silhouette'或 metric='calinski_harabasz'用于之前讨论过的其他指标。结果如图 17-2 所示。

可以看到，在 *k*=8 时图像出现了拐点，这与之前的分析结果一样。该图还显示了算法拟合数据所需的时间，通常所需时间随着聚类数量的增加而增加（因为在每次迭代中需要计算更多的距离）。

yellowbrick 用来寻找最佳 *k* 值或肘部的算法是 WCSS 的 kneedle 方法（可以参考如下描述：https://raghavan.usc.edu/papers/kneedle-simplex11.pdf）。对于剪影分数和 Calinski Harabasz 分数，人们希望得到最大值。

如果尝试其他指标，如剪影分数，将找到不同的最佳 *k* 值（剪影分数为 3，Calinski Harabasz 为 2）。理想情况下，人们希望看到一些指标标准在聚类上达成一致。例如，R 中的 RbClust 包使用 30 种不同的指标，并将得票最多的值作为理想的聚类数量。

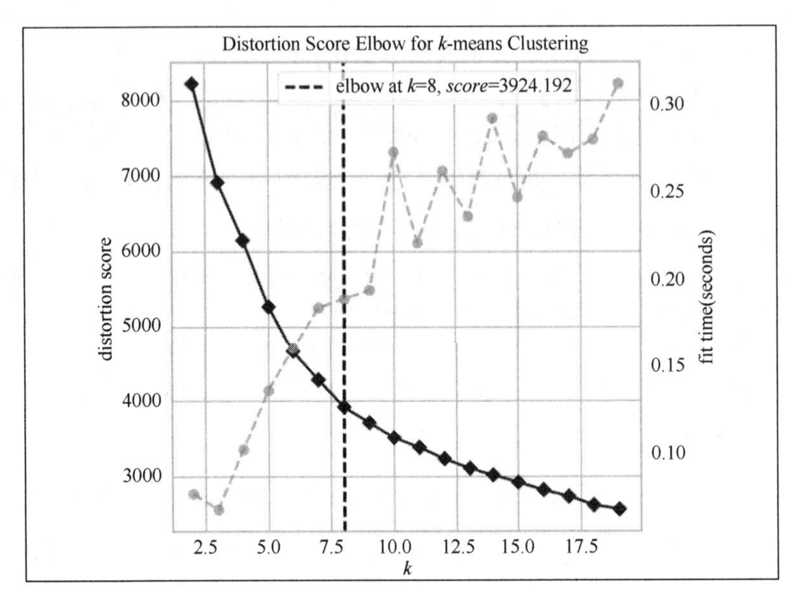

图 17-2 使用 yellowbrick 绘制的 *k*-means 算法 WCSS（distortion）值肘部图

最后看一下聚类的剪影图。这里将使用三个聚类，因为这是剪影得分的理想得分，并且这是从三个指标中找到的三个 *k* 值的中间值。可以像这样可视化每个点的剪影分数：

```
from yellowbrick.cluster import silhouette_visualizer
viz = silhouette_visualizer(KMeans(3, random_state=42), scaled_df)
```

请注意，在这里使用了 random_state 参数。在选择初始聚类中心时，*k*-means 算法存在少量随机性，尽管它不应该以任何形式影响最终状态。但是，聚类的确切标签可能会发生变化，因此，设置 random_state 将确保聚类中心每次都相同。结果如图 17-3 所示。

可以看到，虚线表示的是平均分数，水平条是每个点的剪影分数。负分的点在一个聚类的外围并且靠近另一个聚类，而那些得分很高的点则靠近它们的聚类中心。理想的剪影图将具有高分的所有点和急剧下降的一些（如果有的话）低分点。这里的聚类看起来不错，但不是最好的。人们还可以看到聚类 1 的大小远大于其他两个聚类。

这个剪影图也可以用 sklearn 创建，但它需要几行代码，而不是 yellowbrick 的一行代码：https://scikit-learn.org/stable/auto_examples/cluster/plot_kmeans_silhouette_analysis.html。

现在已经为 k 选择了最佳值，接下来开始更详细地检查聚类。

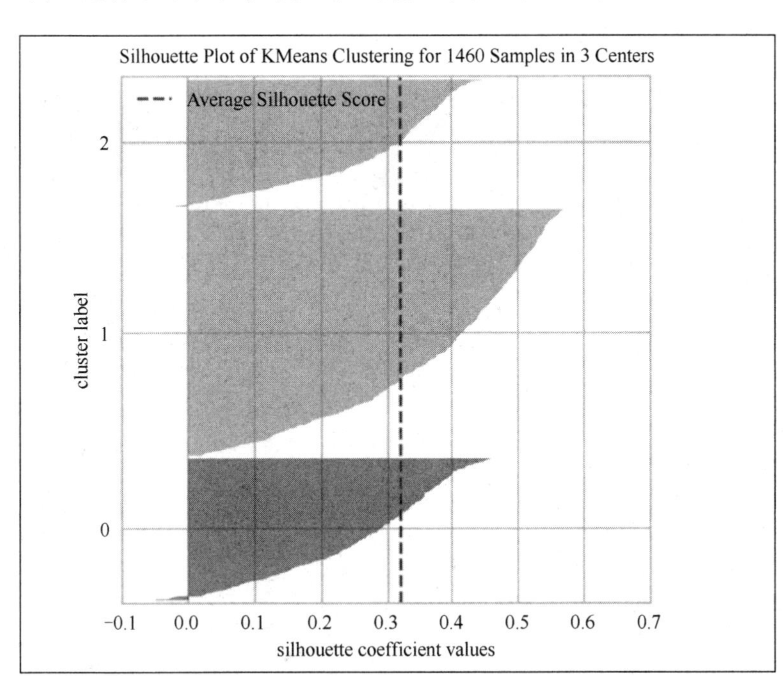

图 17-3　yellowbrick 的剪影得分图

检查聚类

人们可以通过几种方式检查聚类，例如数字或者可视化。在数值上，人们可以获得每个集群的汇总值，如平均值。首先，拟合 k-means 模型：

```
km = KMeans(3, random_state=42)
km.fit(scaled_df)
```

然后查看每个聚类的平均值：

```
df_labels = df.copy()
df_labels['label'] = km.labels_
for label in range(3):
    print(f'cluster {label}:')
    print(df_labels[df_labels['label'] == label].mean(), '\n')
```

首先创建原始 DataFrame 的副本，并向其添加标签。然后遍历每个聚类标签并使用

DataFrame 掩码打印该聚类内点的平均值。这里还添加了一个换行符('\n')，因此每组结果都由一个空行分隔。结果如下所示。

```
cluster 0:
LotArea          11100.957606
YearBuilt         1983.097257
FullBath             2.049875
TotRmsAbvGrd         7.945137
GarageArea         551.256858
1stFlrSF          1074.279302
2ndFlrSF           921.137157
SalePrice       223219.441397
label                0.000000
dtype: float64

cluster 1:
LotArea           8717.477889
YearBuilt         1953.158345
FullBath             1.088445
TotRmsAbvGrd         5.596291
GarageArea         357.379458
1stFlrSF           980.592011
2ndFlrSF           181.263909
SalePrice       129434.780314
label                1.000000
dtype: float64

cluster 2:
LotArea          13385.846369
YearBuilt         1993.477654
FullBath             1.955307
TotRmsAbvGrd         6.723464
GarageArea         611.659218
1stFlrSF          1618.027933
2ndFlrSF            28.399441
SalePrice       234358.013966
label                2.000000
dtype: float64
```

由此可以看到，第一个聚类（0）由两层的价格较高的房屋组成。第二个聚类（1）是更便宜、更老旧的房子。最后一个聚类似乎是更新、价格更高的单层房屋。

检查数据的另一种方法是可视化。如使用直方图或使用在本书中学到的其他可视化技术。例如，可以查看销售价格的直方图：

```
import seaborn as sns
sns.histplot(df_labels, x='SalePrice', hue='label', multiple='dodge')
```

这将为三个聚类分别创建销售价格的直方图。查看某些元素可能会有所帮助，在检查数据时，既可以使用二维图像，也可以使用三维图像。

由于每个数据点都有多个维度，因此使用降维可以很好地在二维或三个维度上可视化数据。可以使用主成分分析（PCA）来实现这一点：

```
from sklearn.decomposition import PCA
pca = PCA(random_state=42)
pca_df = pca.fit_transform(scaled_df)
```

在第 10 章我们已经学习了 PCA。这里使用 PCA，是想它创建特征的线性组合，并创建捕获数据集中最大方差的新特征。因此，第一个 PCA 维度应该捕获最多的变化，第二个 PCA 维度的数据变化次之，依此类推。通过 pca.components_，人们可以看到每个原始特征对 PCA 成分的相对贡献（由此可以看到，前两个 PCA 维度捕获了大多数特征的平衡）。

一旦有了 PCA 变换，就可以用聚类标签来绘制它：

```
scatter = plt.scatter(pca_df[:, 0],
                      pca_df[:, 1],
                      c=km.labels_,
                      cmap='Dark2',
                      alpha=0.25)
plt.legend(*scatter.legend_elements())
plt.xlabel('PCA dimension 1')
plt.ylabel('PCA dimension 2')
```

绘制第一个 PCA 维度与第二个 PCA 维度的对比图，并使用聚类标签作为颜色，参数为 c=km.labels_。通过 cmap 参数来设置 colormap（在 matplotlib 文档中描述了更多的选项：https://matplotlib.org/stable/tutorials/colors/colormaps.html）。还使用*scatter.legend_elements() 从散点图中解压缩图例项的元组，从而为聚类标签设置图例。最后，通过 alpha=0.25 来设置图中的点具有 75%的透明度，这样就可以看到点的密度分布情况。也可以使用类似于 seaborn 的 hexplot 来生成二维数据密度的可视化（https://seaborn.pydata.org/generated/seaborn.jointplot.html）。通过上面的代码，将得到如图 17-4 所示图形。

可以看到，聚类没有完全分离，并且存在一些异常值。从图 17-4 中甚至可以看出可能会有四个聚类，但请记住我们使用指标优化了 k。除了使用 PCA 维度进行绘图，还可以使用原始数据或标准化数据中的两个维度进行绘图，从而查看数据如何沿着这些维度分组。或者，可以使用除 PCA 之外的其他降维技术。

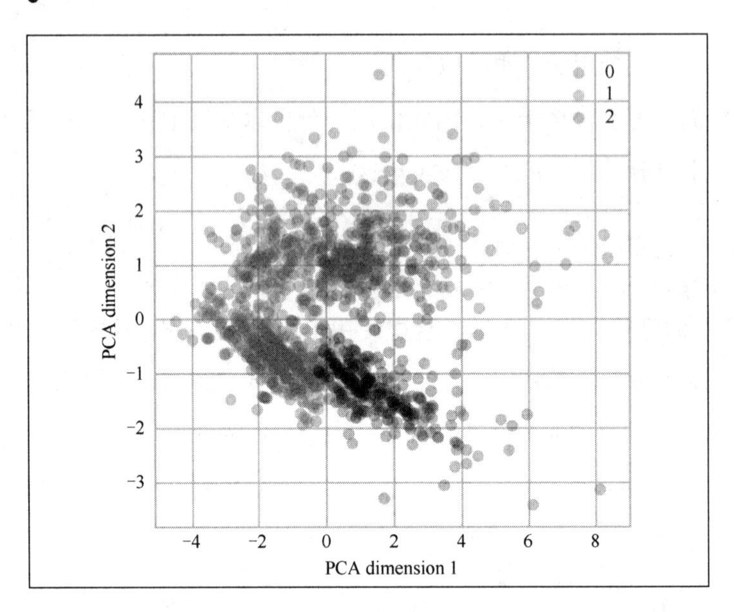

图 17-4　使用 PCA 维度绘制三个聚类的图

最后，使用 yellowbrick 轻松创建类似于上图的 PCA 图，如图 17-5 所示。

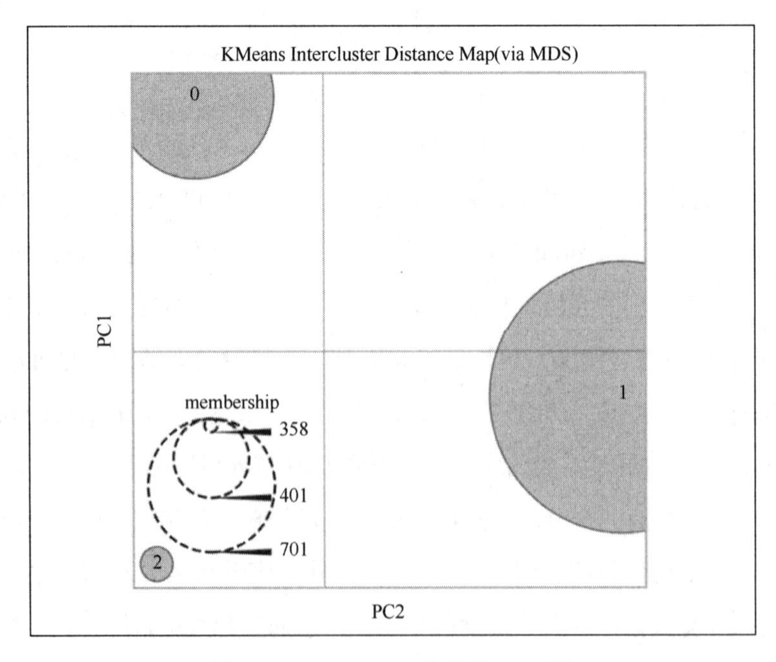

图 17-5　yellowbrick 聚类的 PCA 图

```
from yellowbrick.cluster import intercluster_distance
intercluster_distance(km, scaled_df, random_state=42)
```

这不显示原始数据点，而是显示聚类中心的圆，圆的大小与点的数量成正比。

从图 17-5 可以看到，这与原始 PCA 图有相同的聚类关系，圆圈的大小也对应于在图 17-4 中看到的点的密度。但是，读取圆的大小比从猜测点的密度要容易一些。

现在我们已经了解了 *k*-means，它是典型的聚类方法，接下来看看其他基本的聚类方法。

层次聚类

接下来，我们将研究层次聚类。在上面介绍的缺失值图中已经看到 pandas-profiling 报告使用的这一点。层次聚类可以采用自下而上或自上而下的方法。自下而上的方法从它自己的聚类中的每个点开始，并根据距离指标将最近的点加入聚类，直到所有点都被分配到特定的聚类中。

自上而下的方法是从一个聚类中的所有点开始，然后将它们拆分，直到所有点都在它们自己的聚类中。

人们可以沿着这些路径选择一个点，这将提供一组聚类。让我们看看如何使用 sklearn 来实现，它使用自下而上的方法：

```
from sklearn.cluster import AgglomerativeClustering
ac = AgglomerativeClustering(n_clusters=3)
ac.fit(scaled_df)
```

这个 sklearn 类的工作原理与 *k*-means 聚类算法几乎相同，都有一个主要的超参数 n_clusters。与 *k*-means 和其他基于距离的算法一样，缩放数据通常会带来较好的效果，这里使用了 scaled_df。可以使用与以前相同的指标，如 distortion（inertia 或 WCSS）、剪影分数和 Calinski Harabasz。再次将它们与 yellowbrick 一起使用，以获得最佳的聚类数量：

```
viz = kelbow_visualizer(AgglomerativeClustering(),
                        scaled_df,
                        k=(2, 20),
                        show=False)
```

运行上面代码后，将得到如图 17-6 所示的图像。

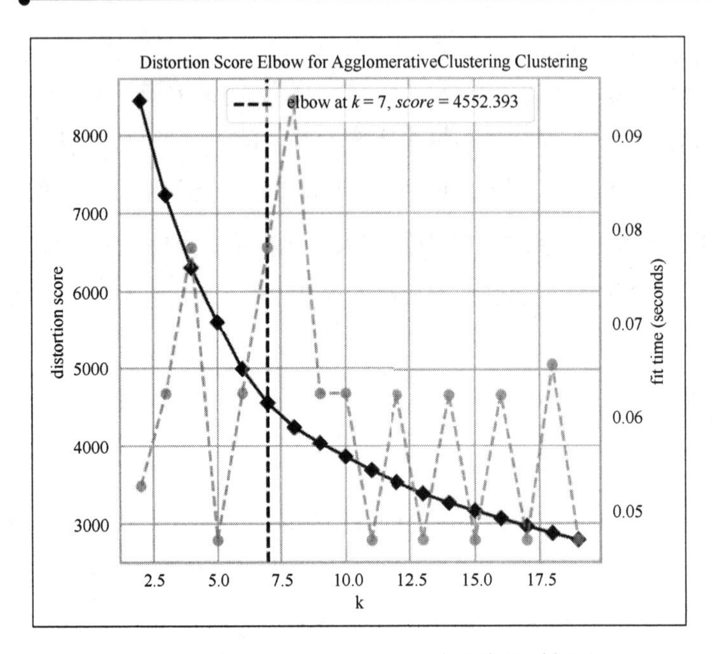

图 17-6　使用 yellowbrick 的层次聚类的肘部图

可以看到，此处使用 WCSS 为 7 的最佳聚类数，类似于 *k*-means，而 *k*-means 的最佳聚类数为 8。两者存在的区别是 WCSS 的拟合时间更短。这是由于算法的工作原理不同，需要计算的距离更少。

层次聚类算法通过找到最近的点，并将它们连接在一起作为一个聚类来工作。然后，它采用每个聚类之间的距离指标，并连接最近的聚类，直到满足聚类的数量或所有点都被分组到一个聚类中。要测量距离，可以使用几种不同的方法。

- 单一连结（Single linkage）：聚类间最近点之间的距离。
- 完全（最大）连结（Complete/ maximum linkage）：聚类内，点之间的最大距离。
- 平均连结（Average linkage）：聚类的质心之间的距离（聚类内，各点的平均值）。
- Ward 连结（Ward linkage）：聚类中每个点之间距离的平方和。

sklearn 的 AggolmerativeClustering 的默认 linkage 参数或距离方法是 ward(linkage='ward')，当然它可以是 ward、complete、average 或 single 中的任何一个。通常，在处理较大的数据集时，会使用不同的连结方法，与大多数应用程序使用的 ward 方法没有很大的区别。然而，根据 ISLR 资料（https://www.statlearning.com/），与 single 等方法相比，average、complete 和 ward 连结往

往会产生更平衡的树状图。ward 连结也适用于类似 *k*-means 聚类的球形或凸形聚类，并且使用单一连结（Single linkage）可以捕获特殊的聚类形状。

另一个关于更多连结的方法，以及如何选择它们，可以通过如下网址进行了解：https://stats.stackexchange.com/a/217742/120921。

层次聚类的另一个优势是可以绘制树状图。它们显示了点是如何连接在一起的，从而形成聚类。sklearn 文档有一个示例显示如何使用自定义函数来实现（https://scikit-learn.org/stable/auto_examples/cluster/plot_agglomerative_dendrogram.html），人们也可以简单地使用 scipy 来完成上述任务：

```
from scipy.cluster.hierarchy import dendrogram, linkage
dendrogram(linkage(scaled_df), truncate_mode='lastp', p=3)
plt.xlabel('points in cluster')
plt.ylabel('depth')
```

使用 scipy 的 linkage 函数对我们的缩放数据执行聚类，然后使用 dendrogram 函数对其进行绘图。使用参数 truncate_mode='lastp'和 p=3 指定只想查看哪三个聚类，得到如图 17-7 所示树状图。

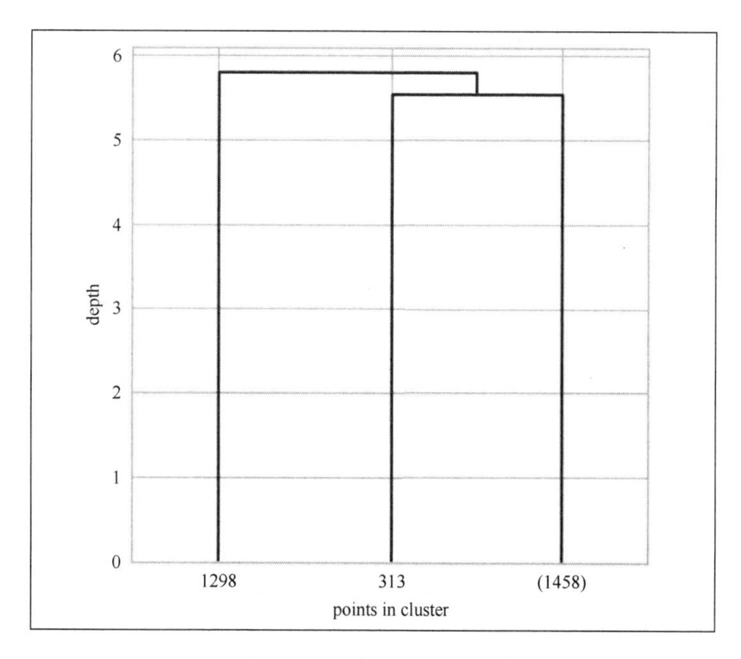

图 17-7　层次聚类的树状图

树状图中的 y 轴是点之间的距离。水平线表示当两个聚类连接在一起时，它们的距离与水平线处的 y 值对应关系。从图 17-7 中还可以看到，聚类中的点数与我们从 *k*-means 中看到的相似。

根据所使用的连结方法，层次聚类可以比 *k*-means 更好地适用于形状特殊的聚类。sklearn 文档中的示例说明了这一点（https://scikit-learn.org/stable/modules/clustering.html#hierarchical-clustering）。

DBSCAN

另一种可以很好地用于特殊聚类形状的聚类方法是 DBSCAN，它是 Density-Based Spatial Clustering of Applications with Noise 的缩写。该算法与 *k*-means 或层次聚类完全不同。使用 DBSCAN，聚类由核心点和非核心点组成。核心点都在同一聚类中至少 *n* 个点（*n* 为 sklearn 函数中的 min_samples 参数）的距离内，即 epsilon（sklearn 参数中的 eps）。那么，所有其他在核心点距离内的点也在这个簇中。如果存在点不在任何核心点的距离之内，这些点就代表离群值。该算法假设样本之间存在空白区域（dead space），因此我们的聚类之间必须有一定的间隔。还可以调优 eps 和 min_samples 超参数来优化聚类指标。

min_samples 超参数通常应介于特征数和特征数的两倍之间，对于噪声较大的数据应该选择更高的值。更多的核心点意味着人们需要更密集的组来创建集群。对于 eps，可以计算点与它们的 min_samples 最近邻点之间的平均距离，按顺序绘制这些值，然后在图中找到一个“膝盖”或“肘部”（曲率最大的点）。可以使用 sklearn 获得点与其最近的 *n* 个邻居之间的平均距离，如下所示：

```
from sklearn.neighbors import NearestNeighbors
core_points = scaled_df.shape[1] * 2
nn = NearestNeighbors(n_neighbors=core_points + 1)
nn = nn.fit(scaled_df)
distances, neighbors = nn.kneighbors(scaled_df)
average_distances = distances[:, 1:].mean(axis=1)
average_distances.sort()
plt.plot(average_distances)
```

```
plt.xlabel('point number')
plt.ylabel(f'average distance to {core_points} neighbors')
```

上面的代码包括以下内容。

- 将 core_points 变量设置为特征数（DataFrame 中的列数）的两倍，因为我们的数据集很小，并且可能有很多噪声数据。
- 计算每个点到 core_points 邻居的平均距离。需要加 1，因为第一个最近的邻居是距离为 0 的点本身。
- 使用 NearestNeighbors 对象拟合数据（用拟合后的 NearestNeighbors 对象覆盖 nn 变量）。
- 使用 nn.kneighbors 提取邻居之间的距离和每个点的最近邻居的索引。
- 取到 core_points 最近邻居的平均距离（通过使用[:,1:]进行索引，忽略第一个最近邻居或自距离 0），并将其从最小到最大进行排序。

最后，绘制排序后的距离，如图 17-8 所示。

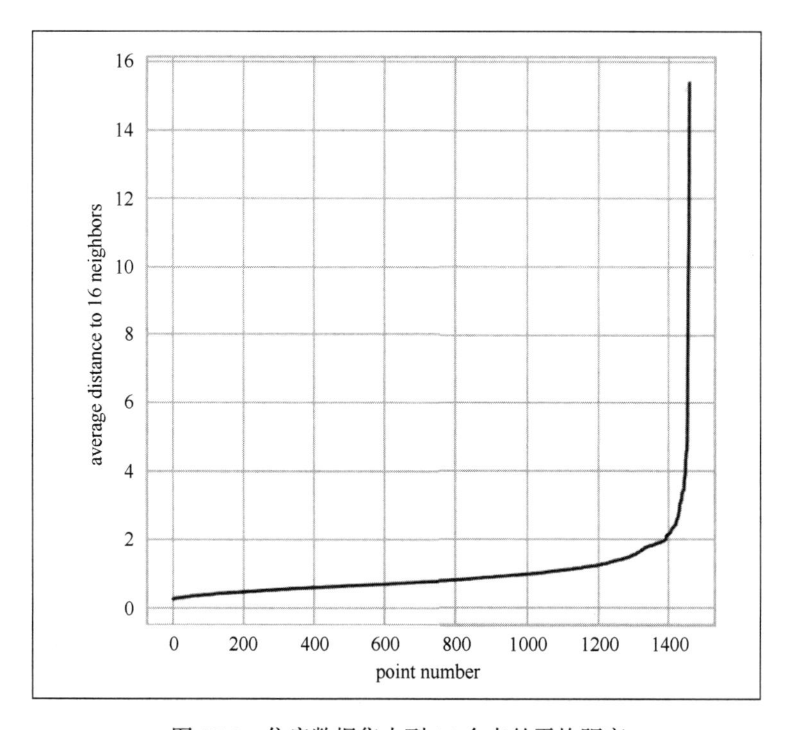

图 17-8　住房数据集内到 16 个点的平均距离

可以看到，最大曲率在索引为 1400 左右。我们可以使用一个名为 kneed 的包来自动找到它（请务必先使用 conda install -c conda-forge keeked 或 pip 安装该包）：

```
from kneed import KneeLocator
kneedle = KneeLocator(range(average_distances.shape[0]),
                      average_distances,
                      curve="convex",
                      direction="increasing")
eps = average_distances[kneedle.knee]
```

由此，可以确定索引为 1421，eps 的值为 2.43。然后可以将它们放入 DBSCAN 并拟合模型：

```
from sklearn.cluster import DBSCAN
db = DBSCAN(eps=eps, min_samples=core_points, n_jobs=-1)
db.fit(scaled_df)
```

请注意，在这里也使用 n_jobs=-1 来并行使用所有可用的处理器。人们可以通过使用 np.unique(db.labels_)查看标签中的唯一值，来查看聚类的数量。这表明我们只有一个聚类（标签 0）和异常值（标签-1）。如果减少 eps 或核心点值，可以获得不止一个聚类。但是，如果增加聚类的数量，一些指标（如剪影分数）将会降低。当然，我们可以尝试其他方法来优化 eps 和 min_samples，如为各种超参数值计算 WCSS 等指标。

可以看到，使用 DBSCAN，不仅可以将其用于聚类，还可以用于异常值检测。DBSCAN 的缺点之一是它假设聚类的密度是均匀的，但事实并非总是如此。有一些对 DBSCAN 进行的改进，如 DMDBSCAN（https://iopscience.iop.org/article/10.1088/1755-1315/31/1/012012/pdf）等。在 sklearn 中与 DBSCAN 类似的一个算法是 OPTICS，它使用一种更复杂的方法来寻找与 DBSCAN 类似的聚类。然而，考虑剪影分数，OPTICS 并不适合小型数据集。

其他无监督方法

这里将介绍一些基本的无监督聚类方法，但还有更多种无监督方法。sklearn 文档在这里讨论了许多其他基于距离的聚类方法：https://scikit-learn.org/stable/modules/clustering.html。还有一些无监督机器学习模型算法使用矩阵分解方法。另外，一些无监督方法通常属于降维技术和主题建模。

第 10 章，我们介绍了一种关于特征工程的算法，即 PCA（主成分分析）。PCA 也可以用作聚类或其他无监督方法的预处理步骤，可以提高聚类性能。SVD（奇异值分解）是另一种降维技术。我们还可以使用 t-SNE，这是一种比 PCA 或 SVD 更复杂的降维技术。

与 t-SNE 类似（但更新且可以说更先进，且通常效果更好）的是 UMAP（Uniform Manifold Approximation and Projection）。最后，神经网络自动编码器可用于降维，尽管结果通常与 PCA 相似。

主题建模技术包括 SVD（以及 SVD++等变体）、LDA（latent Dirichlet allocation）和 LSA（latent semantic analysis，以及 PLSA 等变体）。许多主题建模技术经常用于推荐系统。这些通常适用于文本数据，并将文档分组到不同的主题中，其中每个主题中的文档包含语义相似的文本。

有时人们处理需要聚类的大数据，Dask、PySpark 和 H2O 等 Python 包可以对大数据进行聚类。还可以使用 AWS SageMaker 和 Google 的 BigQuery ML 等云解决方案。

本章测试

为了测试对分类技术的了解情况，请尝试对完整的住房数据集或更大的住房数据集样本进行聚类，可在本书的 GitHub 存储库 Chapter17/data 下找到相关数据集。使用我们学到的方法（*k*-means、层次聚类、DBSCAN），并通过使用肘部图或其他指标（如剪影分数）优化超参数（如聚类的数量）。

本章小结

在不需要标签或目标的情况下，非监督学习是一种发现数据模式的有用技术。我们了解了 *k*-means 和分层聚类如何提供类似的结果，以及如何使用不同的指标，如聚类内平方（WCSS）和剪影分数来优化 *k*-means 和分层聚类的邻居数量。使用 WCSS 指标，可以使用肘部图，并在这个图上找到最大曲率的点，这个点被称为拐点，从而找到 n_clusters 的最佳值。

剪影图被证明是另一种评价聚类拟合质量的方法。通过对本章的学习，我们了解了如何创建聚类的可视化，以及如何查看聚类的汇总统计信息，从而理解聚类结果的含义。最后，研究了 DBSCAN 是如何工作的，并且了解了一种确定最佳 eps 和 min_samples 超参数的方法，这些超参数决定了如何形成聚类。

现在我们已经学习了一些监督学习和非监督学习技术，第 18 章中，将介绍如何使用这些工具应用于我们经常看到的数据源——文本。

第 18 章　处理文本

文本是一个巨大的数据来源，它存在于书籍、报告、社交媒体和语音转录中。人们可以通过几种不同的方式将数据科学与文本数据结合使用，从而提取有用的信息和隐藏的模式。许多与文本有关的数据科学被称为自然语言处理或 NLP。这是使用计算机提取信息或理解人类语言的过程。当然，需要将文本转换为数字，以便能够使用大多数机器学习和分析工具对其进行处理，因此在处理文本时，需要增加一个文本到数字的转换步骤。接下来将介绍有关文本分析的许多细微差别。在本章中，将学习以下内容:

- 基本的文本预处理和清理，包括 TFIDF 和词向量;
- 文本分析，如字数和单词搭配;
- 用于文本分析的无监督学习，包括主题建模;
- 文本的监督学习（分类）;
- 情绪分析。

本章将介绍几个关键 Python 包的使用方法，包括正则表达式（re）、NLTK、spaCy、sklearn、textblob 和 VADER。下面从文本分析和预处理的一些基础知识开始学习。

文本预处理

在进行文本分析之前，我们可以进行一些常见的清理和预处理步骤。

这通常包括:

- 大小写转换;
- 删除标点符号、空格和数字;

- 删除其他特定文本模式（例如，电子邮件）；
- 删除停用词；
- 提取词干或者词形还原。

清理和准备文本可以提高 ML 算法的性能，并使分析结果更容易理解。接下来将介绍文本清理和准备步骤。

基本文本清理

字母大小写转换处理在 Python 中非常容易。我们只需要使用一个字符串变量，并使用内置的.lower()方法就可以。这里将使用列夫·托尔斯泰（Leo Tolstoy）的《战争与和平》（*War and Peace*）一书作为我们的文本数据，因为它是著名的长篇著作之一。我们不用读完全书，就可以对本书的主题做出一些结论。ProjectGutenberg 网站（https://www.gutenberg.org/）可以检索带有 URL 的文本（本书的 GitHub 存储库中有备份）。首先，使用 pip install gutenberg-cleaner 安装 gutenberg-cleaner 包，这将帮助人们从文本中删除页眉和页脚，如下所示：

```
from urllib.request import urlopen
from gutenberg_cleaner import simple_cleaner
wnp = urlopen('https://www.gutenberg.org/files/2600/2600-0.txt').\
    read().decode('utf-8')
wnp = simple_cleaner(wnp)
wnp[:100]
```

在这里使用第 7 章中的 urlopen 技术，并利用 gutenberg_cleaner 包通过 simple_cleaner() 函数去除页眉和页脚。wnp[:100]向人们展示了前 100 个字符，从中可以看到有很多空格（如换行符，\r\n），接下来就需要处理它们：

```
'\r\n\r\n\r\n\r\nAn Anonymous Volunteer, and David Widger\r\n\r\n\r\n\r\n\r\
n\r\n\r\nWAR AND PEACE\r\n\r\n\r\nBy Leo Tolstoy/Tols'
```

如果想将文本转换为小写，可以通过如下代码完成：

```
wnp = wnp.lower()
```

将字母转换为小写有助于标准化我们的单词，从而进行分析。将单词转换为小写的一个缺点是对专有名词可能无法正确识别，并且无法与常规名词区分开来。处理实体和专有名词需要更复杂的技术，如使用 spaCy 包，这个内容稍后会介绍。

接下来需要处理多余的空格。大多数情况，我们不需要担心有多余的空格，因为大多数方法都可以处理具有多个空格的单词。但是，如果想将所有空格压缩为单词之间的单个空格，可以这样做：

```
import re
wnp = re.sub(r'\s+', ' ', wnp).strip()
```

re.sub 函数接受一个模式和相关的替换字符串。可以使用\s+来查找出现的一个或多个空格，然后将它们替换为 wnp 字符串中的单个空格。最后，可以使用 strip()删除字符串开头和结尾的空格。前一百个字符(wnp[:100])如下所示：

```
'an anonymous volunteer, and david widger war and peace by leo tolstoy/
tolstoi contents book one: 180'
```

另一个常见的预处理步骤是删除标点符号。可以通过如下代码实现：

```
import string
wnp = wnp.translate(str.maketrans('', '', string.punctuation))
```

使用内置的字符串模块来获取一串常用标点符号。然后使用 string 的 translate 方法和 str.maketrans 方法，将标点符号替换为空，从而将其删除。

在这里使用内置 Python 函数，但效果类似于使用正则表达式 re 包。maketrans 函数最多可以使用三个参数，其文档有详细描述。当我们提供三个参数时，最后一个参数中的每个唯一字符都映射为 None，这将从 translate 的原始字符串中删除这些字符。

如果想包含更多要删除的字符，如数字，可以简单地使用 string.punctuation+string.digits 作为 str.maketrans 的第三个参数。

接下来，我们可能需要删除一些特定的字符串模式，如电子邮件地址，它具有字符串、@符号、网站、句点和域的模式。电子邮件的字符串部分通常只有字母和数字，因此可以使用\w+正则表达式字符串来匹配一个或多个“任何语言的任何单词”的字符（https://docs.python.org/3/library/re.html），以及数字和下画线字符。可以再次使用 re 模块来删除特定的模式，如下所示：

```
wnp = re.sub(r'\w+@\w+\.\w+', '', wnp)
```

\w 模式指定任何字母和数字字符（字母和数字，以及下画线字符），+表示匹配一个或多个模式。\.表示字符串英文句号。通常，句点是匹配任何内容的通配符，因此我们需要用反斜杠“转义”它。总之，此模式查找一个或多个字母数字字符，然后是@符号、另一组字母数字字符、句点和更多字母数字字符。然后用一个空字符串替换它，这样就可以删除所有常见的电子邮件地址。

在 Python 中，将反斜杠与正则表达式一起使用理解起来有点难。在 Python 字符串中，反斜杠字符既可用于字符串文字（普通字符串）以转义其他字符，也可以与其他字符组合以创建特殊字符。例如，\n 是换行符。或者，如果人们想在 Python 字符串中使用反斜杠，需要用另一个反斜杠“转义”它，例如“\\”（可以使用 print("\\")进行测试）。使用正则表达式，传递给 re 函数进行匹配的字符串应该转义反斜杠。例如，如果人们希望传递给 re.sub 的字符串是'\s+'，应该转义反斜杠：'\\s+'。另一种方法是使用原始字符串，将 r 放在字符串之前：r'\s+'。这意味着人们不需要转义反斜杠。然而，目前，re.sub('\\s+',' ',wnp)和 re.sub('\s+',' ',wnp)这两个语句实际上运行得都很好，并且完成了同样的事情。将来这种情况可能会发生变化（有时自动持续集成和开发（CI/CD）工具会出现不正确使用正则表达式和反斜杠的问题），因此最好了解在 Python 正则表达式中使用反斜杠的正确方法。下面的链接提供了有关 Python 正则表达式中反斜杠的更多信息：https://sceweb.sce.uhcl.edu/helm/WEBPAGE-Python/documentation/howto/regex/node8.html。

来自 A.M. Kuchling 的完整指南（https://sceweb.sce.uhcl.edu/helm/WEBPAGE-Python/documentation/howto/regex/regex.html）也是学习 Python 正则表达式的优秀资源。

此外，也可以通过 Python 文档或者 google 参考手册来获取更多信息：

- https://docs.python.org/3/howto/regex.html
- https://developers.google.com/edu/python/regular-expressions

接下来要删除停用词。停用词是指没有太大意义的常用词，例如，the、a 等。Python 包中至少有三种不同的停用词列表来源：sklearn、NLTK 和 spaCy。这里使用 sklearn，因为我们已经安装了它。我们需要注意的是包之间的停用词略有不同。首先从 sklearn 中检索停用词列表，然后从文本中删除这些词，如下所示：

```
from sklearn.feature_extraction import _stop_words
non_stopwords = []
for word in wnp.split():
    if word not in _stop_words.ENGLISH_STOP_WORDS:
        non_stopwords.append(word)
cleaned_text = ' '.join(non_stopwords)
```

遍历每个单词（通过 split()利用空格进行分隔），如果它不是停用词，则将其添加到 non_stopwords 列表中。当我们将文本拆分为单词后，单个单词通常被称为 token，将文本拆分为 token 的处理称为 tokenization。最后，将单词列表与单词之间的空格重新连接在一起，以再次获得单个字符串。

_stop_words.ENGLISH_STOP_WORDS 变量是一个集合。其他停用词列表（如 NLTK）是列表，在执行上述代码示例之前，最好将它们转换为集合。这是因为当我们检查一个字符串是否在字符串列表中时，它每次会检查与列表中每个元素匹配的项。如果我们使用集合而不是列表，Python 会立即检查我们正在搜索的字符串是否在集合中，并且使用的是哈希算法（将输入数据转换为唯一数字或字母数字组合），这更有效。检查停止词集会显示所有的词都是小写的，并且没有标点符号。如果停用单词列表包含标点符号，应该小心地在删除停用单词之前或之后删除标点符号。

要使用 NLTK 停用词，应该先安装 NLTK，可以通过 conda install -cconda-forge NLTK 进行安装，然后下载停止词。在 Python 中，可以通过如下代码来完成：

```
import nltk
nltk.download('stopwords')
```

然后可以通过下面代码得到一个停止词的列表：

```
nltk.corpus.stopwords.words('english')
```

这个 NLTK 停用词列表包含标点符号。

刚刚使用的文本预处理步骤有助于标准化文本，并可以改进接下来的预处理过程做进一步的分析。

提取词干和词形还原

最后一步是词干化（提取词干）或词形还原。词干是通过切断单词（后缀）的结尾以获取词根。NLTK 包中有几种不同的算法可用于此目的，我们需要确保首先使用 conda 或 pip 安装它们。本书使用 Snowball 词干分析器，也可以选择其他词干分析器。

- 波特词干分析器（Porter stemmer）：1980 年的原始词干分析器，也是此处列出的词干分析器中最保守的词干分析器（单词不会缩短太多，生成的词干通常是可以理解的）
- Snowball stemmer（也叫 Porter2）：对 Porter stemmer 做了一些改进，通常被认为比 Porter stemmer 更优秀（除英语外，还支持其他语言）
- Lancaster stemmer：一个更激进的词干分析器，可能会产生不可预料的结果，但可以将单词修剪成更短的长度
- 非英语词干分析器，如 ISRI（阿拉伯语）和 RSLP（葡萄牙语）

NLTK 文档很好地解释了基本词干，通过 https://www.nltk.org/howto/stem.html，可以看到 Snowball 词干分析器可以分析不同语言。

Porter2 词干分析器对 Porter 词干分析器进行了一些改进，具体改进可以参考如下文档：http://citeseerx.ist.psu.edu/viewdoc/download;jsessionid=0A0DD532DC5C20A89C3D3EEA8C9BBC39?doi=10.1.1.300.2855&rep=rep1&type=pdf。

对于文本数据，可以通过如下方式进行分析：

```
from nltk.stem import SnowballStemmer
stemmer = SnowballStemmer('english')
stemmed_words = []
for word in cleaned_text.split():
    stemmed_words.append(stemmer.stem(word))
stemmed_text = ' '.join(stemmed_words)
```

首先为英语初始化词干分析器，然后使用与上面的停用词循环类似的循环。事实上，可以在同一个循环中检查停用词和词干，从而提高效率。从《战争与和平》一书中摘录一部分，看看如何清理和预处理。使用以下段落文本：

```
"I knew you would be here," replied Pierre. "I will come to supper
with you. May I?" he added in a low voice so as not to disturb the
vicomte who was continuing his story.
```

请注意，在使用 clean_string=clean_string.translate(str.maketrans('', '', string.punctuation + '“”')) 删除标点时包含了双引号。清洗和提取词干的结果为：

```
knew repli pierr come supper ad low voic disturb vicomt continu stori
```

可以看到，诸如“continuing”之类的内容已缩短为“continu”，并且已从我们的清理和预处理步骤中删除了停用词。显然，我们可以看到一些词干难以解释，但这将有助于我们将相似的词分组，从而进行分析，如字数统计。词干提取的缺点是单词可能看起来有点奇怪，并且难以解释（例如，repli 而不是 reply）。

另一种选择是使用词形还原而不是词干提取。这以不同的方式将单词归结为词根，并且通常以更易于识别的形式显示单词。然而，词形还原时需要人们知道这个词的词性（POS），例如，名词、动词、形容词等。执行词形还原的一种方法是使用 NLTK 的 WordNetLemmatizer。但是，这需要人们首先进行 POS 标记，并且 NLTK 词形还原器默认假定所有单词都是名词（这是不正确的，还会导致错误的词形还原）。执行词形还原的一种更简单的方法是使用 spaCy 包，也可以将其用于刚刚描述的所有数据清理工作。

使用 spaCy 准备文本

spaCy 是 Python 中的 NLP 包，具有广泛的处理能力。它可以清理文本、执行词形还原、提取实体（如人或地点）、执行 POS 标记，以及将文本转换为向量（例如，单词、句子或文档向量）。下面我们来研究在一个简单的 Python 函数中使用 spaCy 来清理我们的文本，并对其进行词形还原。首先，需要使用 conda 或 pip 安装 spaCy。然后需要安装一个语言模型，其中包含有关语言的信息，例如，停用词列表、词向量等。对于简单的英文模型，可以从命令行运行以下命令：python -m spacy download en_core_web_sm。spaCy 文档介绍了更多语言模型：https://spacy.io/usage/models，然后就可以使用以下代码来清理和预处理文本：

```
import spacy
spacy_en_model = spacy.load('en_core_web_sm', disable=['parser', 'ner'])
spacy_en_model.max_length = 4000000
```

```
def clean_text_spacy(text):
    processed_text = spacy_en_model(text)
    lemmas = [w.lemma_ if w.lemma_ != '-PRON-'
              else w.lower_ for w in processed_text
              if w.is_alpha and not w.is_stop]
    return ' '.join(lemmas).lower()
wnp = urlopen('https://www.gutenberg.org/files/2600/2600-0.txt').\
    read().decode('utf-8')
wnp = simple_cleaner(wnp)
lemmatized_text = clean_text_spacy(wnp)
```

首先，导入 spaCy 并加载小型英文模型。可以使用 spacy.load()中的 disable 参数关闭解析器和命名实体识别（NER）。解析器和 NER 可能会占用大量内存和处理能力，因此禁用这些功能将显著加快执行速度。向量化器（tok2vec）允许人们获取每个单词的单词向量，但也需要额外的处理时间和内存。出于某种原因，禁用向量化器会导致词形还原无法正常工作，因此将其保留为启用状态。可以看到 spaCy 执行步骤的完整列表，如下所示：

```
spacy_en_model = spacy.load('en_core_web_sm')
spacy_en_model.pipe_names
```

代码执行结果如下所示：

```
['tok2vec', 'tagger', 'parser', 'ner', 'attribute_ruler', 'lemmatizer']
```

如上面结果所示，我们保留了向量化器、标注器、属性标尺和词形还原器等步骤。最重要的是，这可以让我们能够对单词进行词形还原，并且标注器和属性标尺可以获得 POS 标签（POS 标签有简单和复杂两个版本）。需要此 POS 标签才能正确地对单词进行词形还原。

为了提高效率而禁用了某些功能之后，将模型的最大长度从默认的 1000000 增加到 4000000，因为文本大约有 320 万个字符，已经超过了默认的最大长度。如果我们使用解析器和 NER，长文本可能会占用大量内存和资源，并运行很长时间。但由于我们在这里禁用了它们，运行时间不会太长。

接下来将介绍函数。首先用我们的语言模型 spacy_en_model(text)处理文本。然后，使用列表推导来遍历处理过的文本中的每个 token。如果这个词存在，或者这个词是一个代词（由 spacy 表示为-PRON-），那么就可以使用这个词的小写版本。还使用 if w.is_alpha 和 not w.is_stop，只保留字母数字单词和不是停止单词的单词。最后，将词干化和清理过的单词重新组合成一个字符串，并将其返回，然后将其存储在 lemmas 变量中。

重新下载《战争与和平》，并清理页眉和页脚，然后使用 clean_text_spacy 函数。接下来，看看它对示例文本块的影响：

```
"I knew you would be here," replied Pierre. "I will come to supper
with you. May I?" he added in a low voice so as not to disturb the
vicomte who was continuing his story.
```

使用 spaCy 对其进行清理和预处理后，词形化结果为：

```
'know reply pierre come supper add low voice disturb vicomte continue story'
```

为了便于比较，以下是我们使用词干提取的其他清理和预处理方法得到的结果：

```
knew repli pierr come supper ad low voic disturb vicomt continu stori
```

可以看到，通过词形还原（如 reply 与 repli），使用 spaCy 对其进行清理和预处理后的这些词通常更易于阅读和理解，并且它处理了引号。spaCy 还保留特殊字符，例如，带重音符号的字母。一般来说，这可能需要比词干提取稍长的时间，因为它需要在词干化之前标记词性。但是，它通常会给出更容易解释的结果。如果要处理的文本量不大，或有足够的计算资源可用，最好启用所有的数据处理步骤，而不是像我们这样禁用 NER 和解析器。

单词向量

正如在 spaCy 中看到的那样，人们可以获得标记或单词向量。有时这些被称为单词或文本嵌入。这些是单词到表示单词语义含义的一系列数字（向量）的映射。目前已经有几组不同的单词向量，其中许多是用神经网络模型生成的，该模型试图预测像维基百科这样的大量文本中邻近的单词。

一种更高级的单词嵌入方法是神经网络模型，如 BERT 或 ELMO，它可以更好地区分上下文的意义。然而，要使用 BERT 和 ELMO，必须通过模型传递文本来生成单词嵌入，而不是简单地使用查找字典。

在 Python 中，可以通过以下几种方式轻松获得单词向量：

- Gensim 包（https://radimrehurek.com/gensim/models/word2vec.html）；

- spaCy 包（https://spacy.io/usage/linguisticfeatures#vectors-similarity）；
- fasttext 包（https://github.com/facebookresearch/fastText）；
- 使用 GloVe、Word2Vec 或其他向量（http://vectors.nlpl.eu/repository/）。
  - 也可以通过 Python 包（如 word-vectors 包）使过程变得更加容易。

这里考虑使用 spaCy，因为我们已经安装它了。要从 spaCy 中获取单词向量，应该下载更大的模型，如中型或大型模型（md 或 lg），它具有更完整的单词向量集——python -m spacy download en_core_web_lg。SpaCy 使用自己的训练模型中的单词向量。

生成单词向量集的方式是使用 skip-gram 或 continuous bag-of-words（CBOW）模型。我们可以查阅文档了解更多详细信息，例如：https:// towardsdatascience.com/nlp-101-word2vec-skipgram-and-cbow-93512ee24314。

加载大型 spaCy 模型并将其用于我们的文档：

```
import spacy
spacy_en_model = spacy.load('en_core_web_lg', disable=['parser', 'ner'])
spacy_en_model.max_length = 4000000
processed_text = spacy_en_model(wnp)
```

同样，这里禁用解析器和 NER 从而提高速度，并将最大长度设置为 400 万。简单地将模型应用于我们的文本，然后我们将得到向量：

```
for word in processed_text[:10]:
    print(word.text, word.vector)
```

每个单词都有自己的向量，可以通过向量属性进行访问。人们还可以使用 processes_text.vector 获得整个文档的向量。这将取文档中所有单词向量的平均值，很好地用于分类和主题建模等应用程序。

单词向量是一种新技术，因为用于创建词向量的计算能力和易于访问的数据集刚刚出现。TFIDF 向量是一种已经存在并使用了一段时间的早期技术。

TFIDF 向量

TFIDF（Term Frequency Inverse Document Frequency）描述了这些向量是什么——单词的词频（为每个文档单独计算）乘以词的逆文档频率。换句话说，词频只是字数，逆文档频率是 1 除以包含单词的文档数。使用 TFIDF，可以为我们可能拥有的一组文档中的每个文档获取一系列数字。例如，看一下 sklearn 中提供的 20 个新闻组数据集，这是一个关于各种主题的互联网论坛帖子的数据集，通常用作文本分类示例。像这样的文本或文档的集合通常称为语料库。可以通过如下代码加载它：

```
from sklearn.datasets import fetch_20newsgroups
newsgroups_train = fetch_20newsgroups(remove=('headers', 'footers'))
```

将字典加载到 newsgroups_train 中，其中文本作为列表存储在 key 为 ‘data’ 的条目中。此处的 remove 参数删除了帖子的开头和结尾，这些帖子通常包含对分析无用的样板词（并且会增加绘图和结果的噪音）。加载数据后，可以使用 sklearn 将这些文档转换为 TFIDF 向量：

```
from sklearn.feature_extraction.text import TfidfVectorizer
tfidf_vectorizer = TfidfVectorizer()
ng_train_tfidf = tfidf_vectorizer.fit_transform(newsgroups_train['data'])
```

向量化器的使用类似于之前在 sklearn 中使用过的缩放器，首先初始化类，然后对数据使用 fit_transform 方法。这提供了一个 shape 为（11314,130107）的数组，可以通过 ng_train_tfidf.shape 得到数组的 shape。每行代表一个文档（有 11314 个文档），每列是一个单词（因此文档中大约有 130000 个唯一单词）。默认情况下，sklearn 计算 TFIDF 的方程为：

$$\mathrm{tfidf}(t)=\mathrm{tf}(t)\times\left(\log\frac{1+n}{1+\mathrm{df}(t)}+1\right)$$

其中，tf(t)是词频或单词在文档中出现的次数，其余的是逆文档频率（IDF）。n 是总文档数，df(t)是一个词条的文档频率，也可以理解为一个词条出现在文档中的次数。这为每个文档中的每个单词提供了一个 TFIDF 值。这些值使用欧几里得范数进行归一化，即意味着要将每个值除以：

$$\sqrt{v_1^2+v_2^2+\cdots+v_n^2}$$

其中，v 是文档的 TFIDF 向量（通过向量化器类实例化中的 norm='l2'设置参数）。结果由介于 0 和 1 之间的值组成，其中，较为低的值表示该术语在它出现的特定文档中不重要，1 表示该术语在它所在的文档中重要。通常，TFIDF 帮人们衡量每个文档中哪些词最具特征，值越高，表示重要性越高。

向量化器有几个可用于自定义行为的参数。通常，在将数据传递给向量化器之前应该先对数据进行清理，默认为小写文本（默认参数 lowercase=True），并且如果我们向 stop_words 参数提供一个列表，则可以删除停止单词。也可以使用字符串'english'作为

stop_words 参数，来使用 sklearn 的停止词列表，但是 sklearn 文档不建议这样做。此外，可以使用 max_df、min_df 和 max_features 参数来调整包含的单词数量。如果将 min_df 参数设置为一个更高的值（它的默认值是 1），这将只包含出现在特定个数的文档中的单词。这将减少对我们进一步分析可能没有帮助的罕见词汇（例如，错别字、俚语或术语）。它还可以减少 TFIDF 矩阵的大小，并可以加快进一步分析的运行速度。max_df 参数以同样的方式工作，但限制了术语的最大文档频率。max_features 参数让向量化器只保留我们指定的最高数量的特性，它按词频进行排序。另一个有用的选项是使用 ngram_range 参数更改 n-gram 范围。这是一个元组，可以用它来设置要包含的 n-gram 的大小。

默认情况下，它是(1,1)，这意味着我们只包含 unigrams（单个单词）。我们只能包含带有(2,2)的二元组（单词对或 2-gram），或者包含带有其他组合的不同 n-gram（例如使用(1,2)表示 1-gram 和 2-gram）。当然，我们可以指定向量化器的其他参数，详见相关文档。

这些 TFIDF 向量作为稀疏的 NumPy 数组返回。这意味着值存储为位置（行和列标签）和任何非零条目的值。由于 TFIDF 矩阵的大多数条目将为零，因此将它们存储为稀疏数组以节省内存是有意义的。如果需要，可以使用.todense()方法将它们转换为密集数组。

下面对这些数据使用 spaCy 清理函数，为进一步分析做准备：

```
import pandas as pd
import swifter
ng_train_df = pd.DataFrame({'text': newsgroups_train['data'],
                            'label': newsgroups_train['target']})
ng_train_df['text'] = ng_train_df['text'].swifter.apply(clean_text_spacy)
tfidf_vectorizer = TfidfVectorizer(min_df=10, max_df=0.9)
ng_train_tfidf = tfidf_vectorizer.fit_transform (ng_train_df['text'])
```

首先，将数据转换为 pandas DataFrame，其中包含每个帖子的文本和标签（这是一个发布帖子的论坛，包含汽车等信息）。然后应用 spaCy 清理和词形还原函数，使用 swifter 包来并行化处理。最后，使用 TFIDF 向量化器，最小文档频率为 10 以排除稀有词，最大为 0.9，以排除过于频繁出现的词。

这种 TFIDF 方法和平均文档的单词向量被称为词袋（BoW，Bag-of-Words）方法，因为我们在特征提取中采用无序词。换句话说，我们将数据中的单词用作多重集（一个集合，但合并了每个项目的计数），但使用 BoW 时，我们不关注它们的顺序或语法。如果我们使用其他方法，比如一些神经网络模型，在这里单词的顺序就很重要，它将不再使用 BoW 方法。一旦对文本进行了一些基本的预处理，就可以开始分析它了。

基本的文本分析

分析的第一步是探索数据。常见的文本探索性数据分析（EDA）包括频率和 TFIDF 条形图及单词计数图。在本节中，我们还将研究 Zipf 法则、单词搭配，以及分析来自数据的 POS 标签。

词频图

探索数据的一种简单方法是使用单词频率或单词计数图。有几种方法可以生成它，可以使用 sklearn 的 CountVectorizer，NLTK 的 FreqDist, PyCaret 等。

在撰写本书时，PyCaret 安装的是 space 2.x.x 版本，而最新的是 3.x.x。一种解决方案是安装 PyCaret，然后使用 conda install spacy=3.1.2 的最新版本重新安装 spaCy（您应该使用最新版本，而不是 3.1.2），尽管这可能会导致 PyCaret 出现一些功能上的问题。为本章创建一个独立的 conda 环境来处理这里使用的不同版本的包可能是一个好方法，因为有些包有很多依赖项，其中一些可能会发生冲突，甚至可以为本章的不同章节创建不同的环境。还要注意，在重新安装包时，最好关闭或重新启动所有 Python 会话（如 IPython 和 Jupyter Notebook 会话），这样当前就不会遇到安装错误，否则可能会出现“权限被拒绝”错误。

可以绘制单个单词（unigram 或 1-gram）、单词对（bigram 或 2-gram）、单词三联体（trigram 或 3-gram），以及较多单词的单词组。pycaret 包提供了一种非常简单的方法来实现这一点。绘制 20 个新闻组数据的 unigram 频率代码如下：

```
from pycaret.nlp import setup, plot_model
nlp_setup = setup(newsgroups_train['data'], custom_stopwords=['ax', 'edu',
'com', 'write'])
plot_model(model=None, plot='frequency')
```

只需使用 setup 函数，并提供我们的文档列表及显示在这些文档中的一些其他自定义停用词（如电子邮件中的域），然后使用带有 None 的 plot_model 作为模型。

使用'frequency'作为第二个参数，我们绘制一元频率，当然还有许多其他绘图选项，例如二元组、三元组等（详情参见：https://pycaret.org/plot-model/ ）。PyCaret 的一个缺点是它不允许在编写时对数据清理过程进行微调，尽管可以向它提供预清理的数据。但是，即使数据已经过预清理，PyCaret 仍然会使用 spaCy 对单词进行词形还原，并执行清理和分析步骤。从上面的代码中得到的词频图如图 18-1 所示。

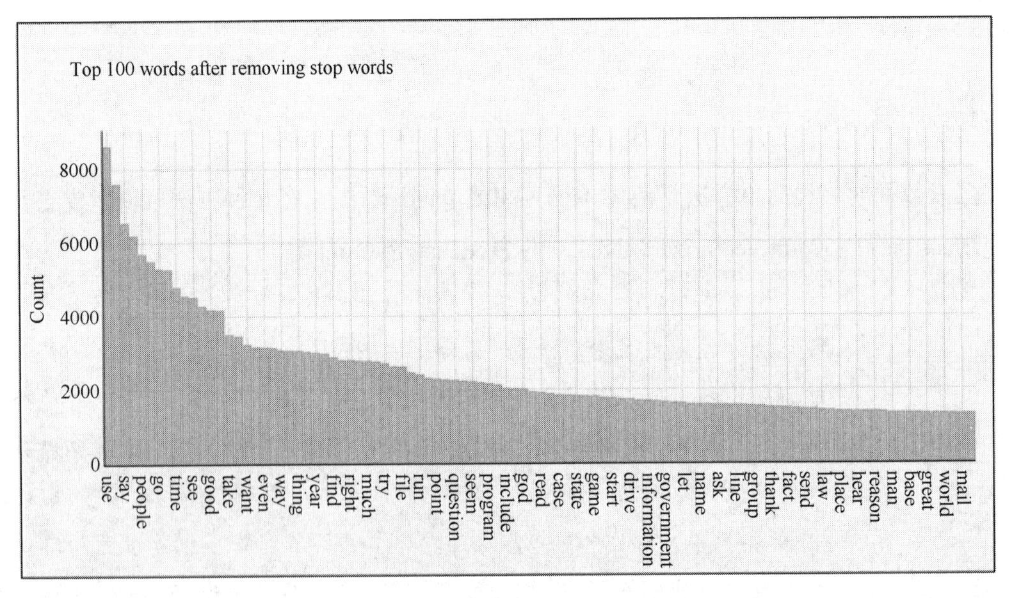

图 18-1　20 个新闻组数据的词频图

该图是用 Plotly 生成的，它允许缩放和鼠标悬停。由于受空间限制，它只显示 x 轴上的部分单词。可以看到，一些热门词是简短的词，是人们可能在在线论坛帖子中看到的内容。我们可能还想按不同的帖子类型生成指标，这可以通过将 newsgroups_train 对象转换为 pandas DataFrame，然后按'target'列过滤来创建。

使用 NLTK 生成频率图更容易，也更快。一旦文本被预处理，我们就可以通过如下代码来完成：

```
from nltk import FreqDist
fd = FreqDist(lemmatized_text.split())
```

```
fd.plot(20)
```

plot 命令将显示排名靠前的单词，可以使用第一个参数限制单词的数量（否则它会显示所有单词）。还可以使用 fd.most_common(20)查看元组列表中排名靠前的单词。通过 Unigrams 可以查看，但 bi-或 trigrams 往往可以提供更多信息。要从 FreqDist 获取二元组，可以这样做：

```
from nltk import bigrams
fd_bg = FreqDist(map(' '.join, bigrams(lemmatized_text.split())))
fd_bg.plot(20)
```

在这里，从 nltk 包导入 bigrams 函数，然后从我们的标记化（已通过空格分割的文本）和词形还原的《战争与和平》文本创建 bigrams。接下来，使用 map 函数将它们与空格连接在一起，并将 join 作为第一个参数，然后绘制前 20 个二元组，如图 18-2 所示。

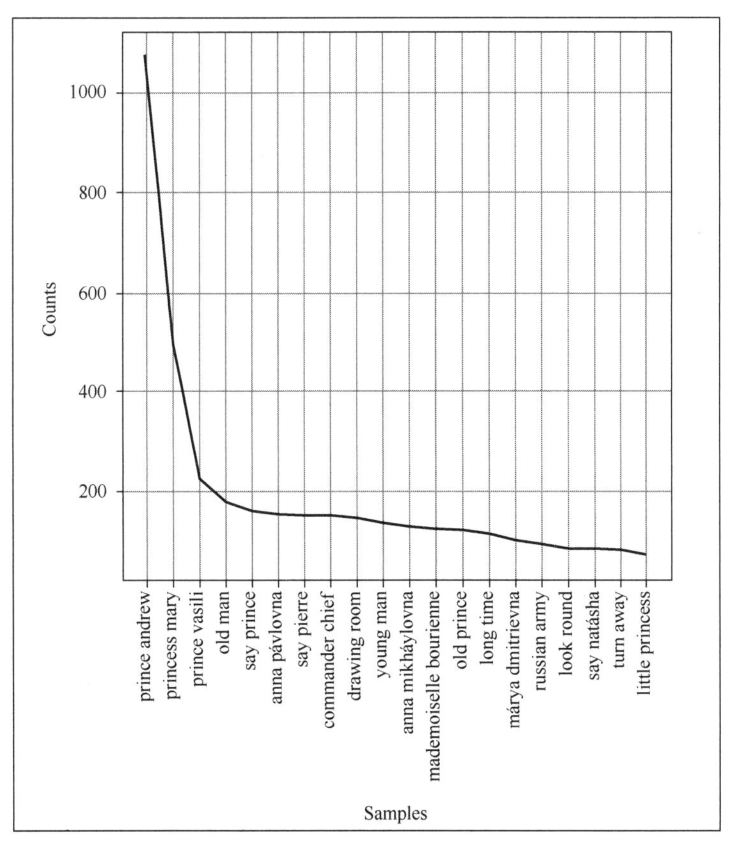

图 18-2 《战争与和平》的二元频率图

可以看到，一个人物——皮埃尔，似乎在书中出现了很多次。一些常用短语也经常重复出现，如"longtime"和"lookround"。请记住，这些是经过清理和词形还原的文本，因此“lookround”可能来自“lookinground”或类似的短语。

如果将 fd_bg.plot()的 plot 参数设置为 False，可以在显示之前修改该图。plot 函数返回一个 matplotlib.axes 对象。如果愿意，人们可以修改它来改变绘图的样式或外观。人们还可以使用其他稍微复杂一点的方法来制作更美观的绘图，如 Python 的内置 Counter 方法或 sklearn 的 CountVectorizer 方法。

与查看 CountVectorizer 的结果类似，可以查看 TFIDF 结果，按照 TFIDF 从大到小的顺序进行绘图：

```
import matplotlib.pyplot as plt
import numpy as np
idx_to_word = {v: k for k, v in tfidf_vectorizer.vocabulary_.items()}
num_words = 20
tfidf_sum = np.asarray(ng_train_tfidf.sum(axis=0)).flatten()
sorted_idx = tfidf_sum.argsort()[::-1]
tfidf_sum = tfidf_sum[sorted_idx]
xticks = range(num_words)
plt.bar(xticks, tfidf_sum[:num_words])
plt.xticks(xticks,
           [idx_to_word[i] for i in sorted_idx[:num_words]],
           rotation=90)
plt.xlabel('word')
plt.ylabel('TFIDF')
```

在上面的示例中，首先创建了一个字典，将索引（ng_train_tfidfnumpy 数组中的列号）映射到每个词汇项（单词，或者在我们的例子中的 1-gram）。这需要反转内置的词汇表字典，使用字典推导式来完成。然后得到每个单词的 TFIDF 向量的总和（每列的总和，使用 axis=0）。这会创建一个 NumPy 矩阵，将其转换为数组，然后将其展平（删除无关的单线态维度，因为它的 shape 为(1,8714)）。接下来，使用 argsort 从最大到最小获取 TFIDF 和的排序索引，并使用[::-1]将其反转。以此为我们的 tfidf_sum 变量编制索引，然后为 x 轴刻度创建一个列表。人们可以通过 num_words 变量来调整我们在绘图上显示的单词数。最后，我们可以通过提供 x 轴刻度值和 TFIDF 总和来绘制它，并使用 plt.xticks 设置 x 轴刻度

标签。结果如图 18-3 所示。

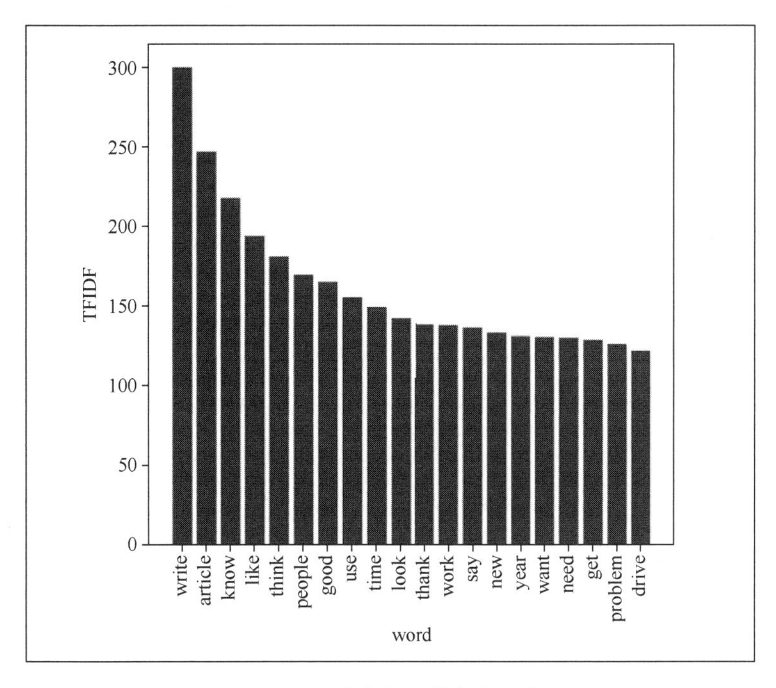

图 18-3　20 个新闻组数据的词频图

当然，可以更改 TFIDF 向量化器设置以使用其他 n-gram，并使用更大的 n-gram（如 2-gram 或 3-gram）重新创建此图。我们将要探索的另一个场景是每篇文章中单词数的分布，可以通过如下代码完成：

```
import seaborn as sns
sns.histplot(ng_train_df['text'].apply(lambda x: len(x)))
plt.xscale('log')
```

将长度函数应用于 DataFrame 中的每个文档，然后在 x 轴上绘制一个带有对数刻度的直方图。这些文档的长度变化很大，因此对数轴有助于更轻松地对其进行可视化。人们可以从图中发现直方图的峰值在 200 个单词左右。

词云

可以使用 Python 中的 wordcloud 包创建词云。词云是词频的可视化，其中词的大小与词的频率成正比。然而，很多人鄙视词云，甚至称它为“互联网的鲻鱼”，因为它们看起来很俗气，经常被滥用。词云偶尔可以用作演示文稿或网页的美学补充，但不利于文字分析，也很难解释。如上所示，使用词频条形图有助于文字分析和理解。

齐夫定律

有趣的是，较大文本中的词频往往遵循特定的分布。它不仅会出现在文本中，而且还会出现在其他具有排名顺序的情况中，例如，城市人口。人们可以在齐夫定律的维基百科页面（https://en.wikipedia.org/wiki/Zipf%27s_law#Other_data_sets），以及这个有趣的视频（https://www.youtube.com/watch?v=fCn8zs912OE）中了解更多信息。这种分布称为齐夫（Zipf）定律。在该定律中，一个单词的频率与其在频率表中从最大到最小的排名成反比，因此单词编号 k 的频率为 $1/k$。一种语言或文本中最常见的（排名最高的）词当然具有很高的频率，而频率较低的词则以快速和对数的方式下降。对它们进行可视化，可以让人们更好地理解文本——参考图 18-4，了解《战争与和平》文本的分布情况。我们可以使用几个函数创建该文本的 Zipf 图：

```
from sklearn.feature_extraction.text import CountVectorizer
def get_top_grams(docs, n=2):
    v = CountVectorizer(ngram_range=(n, n))
    grams = v.fit_transform(docs)
    gram_sum = np.array(np.sum(grams, axis=0)).flatten()
    gram_dict = {i: v for v, i in v.vocabulary_.items()}
    top_grams = gram_sum.argsort()[::-1]
    return [gram_dict[i] for i in top_grams], gram_sum[top_grams]
```

首先，正在创建的函数要接受一个文档列表和一个 n-gram 值，然后执行类似于我们处理 TFIDF 图的过程。用 CountVectorizer 得到 n-gram 的计数，然后得到 n-gram 的列表，以及它们从最大到最小排序的频率。可以像下面代码那样得到一些不同的 n-gram 值：

```
ngrams, ngram_counts = {}, {}
for n in [1, 2, 3]:
    ngrams[n], ngram_counts[n] = get_top_grams([lemmatized_text], n=n)
```

然后可以绘制 Zipf 图，这可能有点复杂：

```
from scipy.stats import zipf
def make_zipf_plot(counts, tokens, a=1.15):
```

```
    ranks = np.arange(1, len(counts) + 1)
    indices = np.argsort(-counts)
    normalized_frequencies = counts[indices] / sum(counts)
    f = plt.figure(figsize=(5.5, 5.5))
    plt.loglog(ranks, normalized_frequencies, marker=".")
    plt.loglog(ranks, [z for z in zipf.pmf(ranks, a)])
    plt.title("Zipf Plot")
    plt.xlabel("Word frequency rank")
    plt.ylabel("Word frequency")
    ax = plt.gca()
    ax.set_aspect('equal') # make the plot square
    plt.grid(True)
    # add text labels
    last_freq = None
    labeled_word_idxs = list(np.logspace(-0.5,
                                         np.log10(len(counts) - 1),
                                         10).astype(int))
    for i in labeled_word_idxs:
        dummy = plt.text(ranks[i],
                         normalized_frequencies[i],
                         " " + tokens[indices[i]],
                         verticalalignment="bottom",
                         horizontalalignment="left")
    plt.show()
```

这个函数接受 n-gram 计数和单词（tokens），以及 Zipf 函数的一个 shape 参数。然后，绘制单词的排名频率，以及来自 scipy 的 Zipf 分布。Zipf 分布在对数尺度（x 和 y 的对数轴）上是线性的，这就是我们使用 plt.loglog 的原因。还将对频率进行归一化，方法是将频率除以整个语料库中单词计数的总和。

经验数据与 scipy 的 Zipf 分布一致是必要的。函数的最后一部分为 log 空间中的一些单词添加文本标签，以便它们均匀地分布在整个图形中。结果如图 18-4 所示：

可以看到一个分布几乎遵循理想的齐夫定律线，但有些偏差。排名靠前的单词出现的频率比预期低，但其余单词的出现频率比预期高。这可能与写作风格及该文本是从俄语翻译成英语的事实有关。通常人们也看不到与 Zipf 行完全匹配的文本。写作的 Zipf 概要可以用作帮助识别作者的众多特征之一（这可以基于作者作品的齐夫定律图的特征，但我们希望使用其他指标，例如不同的单词计数 POS 标签）。我们还可以使用 make_zipf_plot (ngram_counts[2], ngrams[2], a=1.01)来绘制 bigrams。注意，此处我们将 Zipf 分布的 shape 参数从用于 ungram 的 1.15 调整为 1.01。带来最佳拟合的 shape 参数可以根据作者和文本类型而改变。

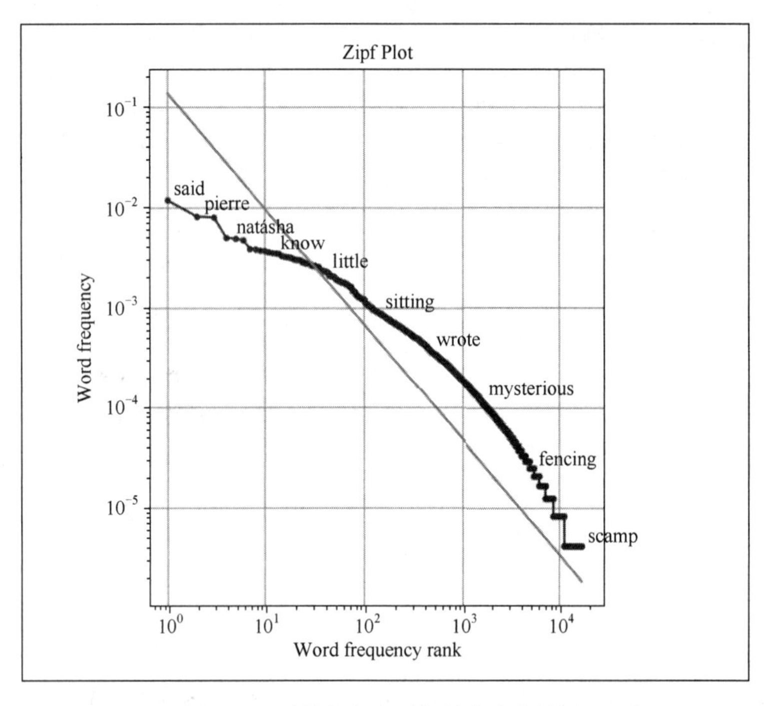

图 18-4　《战争与和平》的齐夫定律图

单词搭配

另一种探索文本数据的有趣方法是单词搭配，它是统计上唯一的单词组合。衡量单词搭配统计重要性的一种方法是通过几个单词的共现（例如，当两个单词彼此相邻出现时）与每个单词的单独出现的比率，这称为逐点互信息或 PMI。如果文本中的两个词大多显示为二元组，但单独显示的不多，那么这是一个词对。例如，“of the”这两个词很常见，并不总是一起出现。不过，“New York”这两个词并不常见，往往会一起出现。因此，“New York”的 PMI 或其他搭配统计值较高，而“of the”的值较低。可以使用 NLTK 包提取这些搭配值：

```
from nltk.collocations import BigramAssocMeasures, BigramCollocationFinder
```

```
BigramCollocationFinder.from_words(lemmatized_text.split()).\
    nbest(BigramAssocMeasures().pmi, 10)
```

《战争与和平》文本中使用了来自 NLTK 的搭配查找器，并通过 PMI 得到了前 10 个 bigram，它返回结果如下所示：

```
[('ab', 'ovo'),
 ('academy', 'jottings'),
 ('achtung', 'nehmen'),
 ('adhere', 'officious'),
 ('adèle', 'tempted'),
 ('agricultural', 'laborers'),
 ('agwee', 'evewything'),
 ('ahahah', 'rrrr'),
 ('alliée', 'sincère'),
 ('alliés', 'détruite')]
```

也可以使用 score_ngrams 方法来获取 PMI(或其他指标值)，如下所示：

```
BigramCollocationFinder.from_words(lemmatized_text.split()).\
    score_ngrams(BigramAssocMeasures().pmi)
```

由此发现，前几百个 bigram 具有相同的 PMI 得分，约为 17.87。所以，从统计学上讲，前几百个 bigram 在显著性上没有任何区别。在 NLTK 中，还有一个可以使用的 trigram 版本搭配指标。

词类

分析文本的另一种方法是查看 POS 标签。这些标签是赋予单词的，从而表示其词性的标签，例如，名词、动词、形容词等。词性标签允许人们对文本进行词形还原，并以不同的方式对其进行分析，例如，不同词性标签的计数、写作类型等。可以使用 pos_或 tag_属性从经过 spacy 处理的文本中获取 POS 标签。pos_attribute 是一个简单的 POS 标签，而 tag_提供更多信息。从《战争与和平》文本中提取这些信息，如下所示：

```
pos_dict = {}
pos_dict['word'] = []
pos_dict['POS'] = []
for word in processed_text:
    if word.is_alpha and not word.is_stop:
        pos_dict['word'].append(word.lower_)
        pos_dict['POS'].append(word.pos_)
wnp_pos_df = pd.DataFrame(pos_dict)
```

首先，用单词和词性标签创建带有空列表的字典，然后遍历文本中的每个单词。如果它是字母数字而不是停用词，可以将小写版本的单词添加到我们的单词列表中，并将 POS 标签添加到 POS 列表中。然后把它转换成一个 DataFrame。之后，我们可以查看每个标签的 top POS 标签和 top 单词：

```
pos_counts = wnp_pos_df.groupby('POS').count().\
                sort_values(by='word', ascending=False).head(10)
pos_counts.columns = ['count']
wnp_pos_df['count'] = 1
wnp_pos_df.groupby(['POS', 'word']).count().\
    sort_values(by='count', ascending=False).head(10)
```

首先，得到总体排名靠前的 POS 标签，这些标签通常是名词、动词和形容词。为了更清楚地了解其中的内容，将我们的列重命名为“count”。在这种情况下，我们有很多专有名词（PROPN，例如名称和地点），如图 18-5（a）所示。接下来，我们创建一个新列 count，所有值都设为 1。然后，我们先按 POS 标签分组，再按单词分组，然后计算这些 POS 单词组合出现的次数，这样就可以根据 POS 标签得出最前面的单词。可以从执行结果中看到，《战争与和平》这本书中有很多对话（因为“said”这个词是排在最前面的动词），主要人物被提到的次数也很多（Pierre, Natasha 和 Andrew）。

(a)

POS	count
NOUN	92285
VERB	72675
PROPN	30427
ADJ	29536
ADV	11077
INTJ	1452
SCONJ	942
X	479
ADP	405
NUM	379

(b)

POS	word	count
VERB	said	2839
PROPN	pierre	1963
	prince	1590
	natásha	1210
NOUN	man	1172
PROPN	andrew	1141
NOUN	time	927
	face	883
VERB	went	862
	know	846

图 18-5 《战争与和平》中排名靠前的 POS 标签（a），以及按标签排序的单词（b）

还可以通过从分组按操作中过滤产生的 DataFrame 来获得每个 POS 标记的排名靠前的单词。

POS 标签可用于分析，作为识别作者风格的一个指标，或仅通过查看名词来理解文本的主题。

完整的标签列表可以在 spacy 的词汇表中找到（使用 from spacy.glossary import GLOSSARY），它是一个字典。这也可以从 spacy 源代码中查看：https://github.com/explosion/spaCy/blob/master/spacy/glossary.py。

以下文档有 POS 标签的示例和说明：

- https://universaldependencies.org/docs/u/pos/；
- https://web.archive.org/web/20190206204307/；
- https://www.clips.uantwerpen.be/pages/mbsp-tags。

无监督学习

另一种更高级的文本分析方法是无监督学习。可以获取每个文档的单词向量或 TFIDF 向量，并使用第 17 章学习的聚类技术对文档进行聚类。

但是，这往往效果不佳，聚类内平方和（sum of squares）图中的“肘部”通常不会清楚地显现，因此我们没有明确的聚类数量。一个更好地查看文本如何分组的方法是使用主题建模。

主题建模

执行主题建模有很多算法：

- 奇异值分解（SVD），用于潜在语义分析（LSA）和潜在语义索引（LSI）；
- 概率潜在语义分析（PLSA）；
- 非负矩阵分解（NMF）；
- 潜在狄利克雷分配（LDA）；
- 其他算法，如神经网络模型（例如，TopicRNN 和 Top2Vec）。

这些方法各有优点和缺点，尽管它们都尝试完成相同的事情：找到通常出现在文档组中的隐藏（潜在）单词（主题）分组（“潜在”一词意味着存在但被隐藏起来）。Python 中有几个包可以执行这些操作：

- sklearn (SVD, LDA, NMF)；
- Gensim (LDA)；
- Top2Vec；
- pycaret；
- lda (LDA)；
- fasttext。

我们将研究如何使用 pycaret 和 Top2Vec，因为它们都使主题建模变得容易。例如，主题模型的结果可能用于向人们推荐新闻文章，也可以用来理解和总结文本的内容。

使用 pycaret 包进行主题建模

通过 pycaret 包，可以像以前一样运行我们的设置函数。让我们使用 20 个新闻组数据集来探索“space”新闻组中讨论的主题。可以通过以下方式获取每个新闻组的标签号：

```
list(zip(newsgroups_train['target_names'],
        range(len(newsgroups_train['target_names']))))
```

然后可以对我们的新闻组 DataFrame 进行过滤，所以我们只得到 space 新闻组，即标签号 14：

```
space_ng = ng_train_df[ng_train_df['label'] == 14].copy().reset_index()
```

重置索引，以便 pycaret 函数 assign_model 能够正常工作（它期望索引从 0 开始并逐渐增加）。同样，我们需要使用我们的数据设置 pycaret 环境，指定将使用的文本：

```
from pycaret.nlp import setup, create_model, plot_model, assign_model
space_setup = setup(space_ng, target='text')
```

然后可以创建一个主题模型。在撰写本书时，有五个可用的主题模型（详见：https://pycaret.org/nlp/），但我们这里使用 LDA，因为它是大多数数据分析师使用的标准主题建模技术。我们只需创建模型，默认使用四个主题。

```
lda = create_model('lda')
plot_model(lda, 'topic_model')
```

我们还可以绘制模型，使用 pyLDAvis 包可以对该模型可视化。这是一个可以交互的图形，可以帮助人们了解发现的主题。一般来说，我们可以查看一些最热门的词，然后把几个词串起来，得出每个主题的摘要。接下来，可以通过下面代码获取每个文本的主题：

```
lda_results = assign_model(lda)
```

这将返回一个 DataFrame，包括每个主题的分数，以及主要主题及其占每个文本总分数的百分比。

决定我们应该使用的主题数量的一种方法是使用一致性分数（也称连贯性分数）。我们可以对 PyCaret 的 LDA 模型使用 gensim，因为它是一个 gensim 模型。首先，我们需要从 gensim 导入 CoherenceModel，使用模型创建 CoherenceModel 实例，LDA 模型可以在字典中查找单词（lda.id2word）和标记化的文本：

```
from gensim.models import CoherenceModel
cm = CoherenceModel(model=lda,
                    texts=lda_results['text'].map(str.split).tolist(),
                    dictionary=lda.id2word)
cm.get_coherence()
```

然后使用 get_coherence()方法来获得一致性分数，这个值越高越好。这可以衡量给定主题中文档的相似程度，并且有几种计算方法。我们可以将主题数量设置为几个不同的值，并检查一致性分数：

```
coherences = []
for num_topics in range(2, 16):
    lda = create_model('lda', num_topics=num_topics)
    lda_results = assign_model(lda)
    cm = CoherenceModel(model=lda,
                    texts=lda_results['text'].map(str.split).tolist(),
                    dictionary=lda.id2word)
    coherences.append(cm.get_coherence())
```

可以通过如下代码绘制一致性分数：

```
plt.plot(range(2, 16), coherences)
plt.xlabel('number of LDA topics')
plt.ylabel('coherence score')
```

上述代码执行后，将得到如图 18-6 所示的图形。

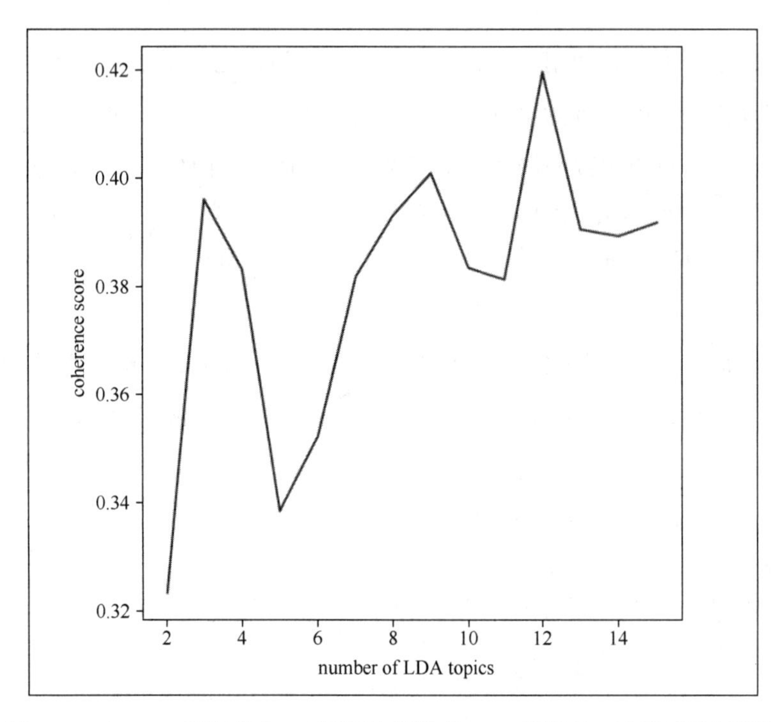

图 18-6 在 space 新闻组中，对不同主题数的 LDA 模型的一致性值进行研究

从图 18-6 中可以看到，3、9 和 12 个主题表现出局部最大值，12 是全局最大值。然而，我们可能想要探索更多的主题，以确保一致性分数不会继续增加。有时，主题模型的指标可以随着主题数量的增加而不断增加，这有助于从图 18-6 中选择一个局部最大值或“肘部”，如上面主题数 3 对应的点。

使用 Top2Vec 进行主题建模

Top2Vec 模型于 2020 年推出，通过几个步骤即可主题建模：

- 使用神经网络方法获取文档向量；
- 使用 UMAP 降维（2018 年推出的一种高级降维技术）；
- 使用 HDBSCAN 对文档进行聚类；
- 获取离每个聚类的质心最近的单词向量（将质心作为每个聚类中文档的平均文档向量）。

它会自动确定聚类的数量，因为它使用 DBSCAN 的一个变体来进行聚类，并且还会执行从原始文本获得主题模型所必需的几个步骤。因此，在使用该模型时，人们甚至不需要对文本进行预处理。需要通过 pip install top2vec 安装这个包，然后就可以在 space 新闻组的数据上创建一个模型，将它与 LDA 进行比较：

```
from top2vec import Top2Vec
raw_ng_df = pd.DataFrame({'text': newsgroups_train['data'],
                          'label': newsgroups_train['target']})
raw_space_df = raw_ng_df[raw_ng_df['label'] == 14]
model = Top2Vec(documents=raw_space_df['text'].to_list(), workers=8)
```

首先，从包中导入 Top2Vec 函数，然后创建原始文档的 DataFrame，对它进行过滤，并取得 space 新闻组的数据。接下来，我们将 space 新闻组 DataFrame（作为列表）中的文本提供给 Top2Vec 函数，并指定使用 8 个 CPU 线程（worker=8）。通常，人们使用的线程数至少可以与机器上的 CPU 内核数相同。完成后，我们可以使用 model.get_topics()[-1].shape[0]查看主题的数量，此处显示为 2。这类似于 LDA，这是一个不错的结果。人们可以通过 topic_words、word_scores、topic_nums=model.get_topics()来查看主题中排名靠前的单词。Top2Vec 还有很多其他功能，在 GitHub(https://github.com/ ddangelov/Top2Vec)的文档中有介绍。

监督学习

监督学习技术也可以用于文本分析。在准备数据时，可以将文本转换为数值，并将每组特征与目标进行配对。

目标可以是数字的，如股票价格；也可以是分类的，如银行交易的类别。可以使用在第 11 章和第 12 章中介绍的监督学习技术。例如，我们研究 20 个新闻组数据集的多类分类。

分类

分类通常与文本一起使用。例如，可以对银行交易的类型进行分类，还可以对社交媒体帖子进行分类，如标记有攻击性的内容。另一个例子是将电子邮件分类为垃圾邮件或非垃圾邮件。许多机器学习算法都可以完成这类工作，其中性能最高的算法是神经网络。然而，正确地使用带有文本的神经网络是很困难的，有专门针对这个主题的书籍（例如，Packt出版的由 Karthiek Reddy Bokka、Shubhangi Hora、Tanuj Jain 和 Monicah Wambugu 编写的 *Deep Learning for Natural Language Processing*）。还可以使用之前学过的更简单的算法，如逻辑回归、朴素贝叶斯和 KNN。

第一步是清理并准备文本，并将其转换为数值。这里将同时使用单词向量和 TFIDF 向量，并比较结果。首先使用 spacy 将 20 个新闻组文档转换为单词向量：

```
newsgroups_train = fetch_20newsgroups(remove=('headers', 'footers'))
newsgroups_test = fetch_20newsgroups(subset='test',
                                     remove=('headers', 'footers'))
en_large = spacy.load('en_core_web_lg', disable=['parser', 'ner'])
def get_document_vectors(text):
    processed = en_large(text)
    return processed.vector
ng_train_df = pd.DataFrame({'text': newsgroups_train['data'],
                            'label': newsgroups_train['target']})
ng_train_doc_vectors = pd.DataFrame(
    np.vstack(ng_train_df['text'].
              swifter.apply(get_document_vectors).tolist())
)
ng_test_df = pd.DataFrame({'text': newsgroups_test['data'],
                           'label': newsgroups_test['target']})
ng_test_doc_vectors = pd.DataFrame(
    np.vstack(ng_test_df['text'].
              swifter.apply(get_document_vectors).tolist())
)
```

从 20 个新闻组数据集中加载训练集和测试集。然后创建一个函数来使用 spacy 的大型英语模型获取文档向量。请记住，这会获取文档中所有单词向量的平均值。接下来，使用每个帖子的文本及其标签（一个数字，对应于 newsgroups_train ['target_names']中的标签）从新闻组数据创建 DataFrame。然后，将 get_document_vectors 函数与 swifter 并行应用于我们的文本。这会为每个文本创建一个 NumPy 数组。将它们转换为 NumPy 数组列表，并使用 NumPy 的 hstack 将数组列表转换为 shape 为（n_documents,300）的二维数组。单词向量的维度为 300。接下来，可以使用向量和标签创建一个 pandas DataFrame：

```
ng_train_vector_df = pd.concat([ng_train_df['label'].astype('category'),
                               ng_train_doc_vectors], axis=1)
ng_test_vector_df = pd.concat([ng_test_df['label'].astype('category'),
                              ng_test_doc_vectors], axis=1)
```

将来自第一个 DataFrame 的标签与我们的文档向量组合成一个 DataFrame 用于训练和测试。我们还将标签转换为 category 类型，因为它们是数字形式的。由于某些算法或函数可能尝试执行回归，如果不是数字形式，分类时可能发生潜在问题。

接下来，可以创建 TFIDF 特征：

```
vectorizer = TfidfVectorizer(min_df=10, max_df=0.9)
train_tfidf = vectorizer.fit_transform(newsgroups_train['data'])
test_tfidf = vectorizer.transform(newsgroups_test['data'])
train_tfidf_df = pd.DataFrame(train_tfidf.todense())
test_tfidf_df = pd.DataFrame(test_tfidf.todense())
train_tfidf_df['label'] = pd.Series(newsgroups_train['target']).\
    astype('category')
test_tfidf_df['label'] = pd.Series(newsgroups_test['target']).\
    astype('category')
```

首先，初始化我们的 TFIDF 向量器，通过一些限制来减少词汇表中的单词数量（使用最小和最大文档频率，min_df 和 max_df）。然后用它来拟合和转换训练数据，并转换测试数据。这确保在训练集和测试集上使用相同的词汇表，意味着我们在训练集和测试集中具有相同数量的特征。如果测试集中有新词，它们将不会包含在我们的特征中，因为它们不在原始词汇表中。这是 TFIDF 与单词向量相比的一个缺点。另一个缺点是特征的大小。

TFIDF 训练集的 shape 为（11314,13269），而单词向量的 shape 为（11314,300）。通常，能够捕获大致相同信息的特征越少、越好，并且 TFIDF 矩阵中的许多条目都是零。在性能方面（特别是对于计算运行时间），与 TFIDF 相比，使用单词或文档向量可能会获得更好的性能。

接下来，通过将稀疏的 NumPy 数组转换为密集的数组，从 TFIDF 向量创建 DataFrame。然后添加标签列，再次将其转换为 category 数据类型。现在我们可以尝试一些机器学习工作。在这里使用一个简单的逻辑回归模型，还可以使用在第 11 章和第 13 章中学到的技术来改进我们的模型。

```
from sklearn.linear_model import LogisticRegression
```

```
lr = LogisticRegression()
lr.fit(ng_train_vector_df.drop('label', axis=1), ng_train_vector_df['label'])
lr.score(ng_train_vector_df.drop('label', axis=1),
    ng_train_vector_df['label'])
```

简单地将逻辑回归模型拟合到我们的文档向量中，并在训练集上评估准确度得分，大约为76%。我们还可以评估测试集的准确率，结果接近69%。考虑到无信息率约为5%（因为每个类代表大约5%的数据），因此我们的模型表现良好。

用TFIDF做同样的事情，在训练数据上得分为94%，在测试集上得分为77%。

```
lr = LogisticRegression()
lr.fit(train_tfidf_df.drop('label', axis=1), train_tfidf_df['label'])
lr.score(train_tfidf_df.drop('label', axis=1), train_tfidf_df['label'])
```

这显示了有过拟合情况，因为训练分数远高于测试分数。同时，我们确实看到了比文档向量特征更高的测试准确度。使用超过40倍的特征数量来获得这种模型性能提升可能不值得——我们需要权衡使用更多的计算能力或运行时间与更高的准确性之间的利弊。我们还可以使用更大的单词向量，通过优化模型，从而得出更完整的结论。在评估文本分类模型性能时，正如在第12章中看到的那样，查看准确率、召回率和F1分数也很有帮助。

情绪分析

在文本分析中，最后一个主题是情绪分析，这是表示文本的正面或负面情绪的指标。可以进行类似的分析来衡量文本的情绪。它的工作方式与前面的内容类似——从文本中创建特征，然后训练分类器从标签列表中预测情绪或其他信息。通过情绪分析，如果用-5到+5等值标记文本，可以通过训练回归器来预测情绪，或者我们可以训练分类器来简单地预测正面情绪、中性情绪或负面情绪。

另一种确定文本情绪的方法是基于规则的算法。这些可以通过查找字典，其中单词具有情绪分数，将文本的情绪分数相加，并取平均值以获得整体情绪。可以应用否定规则，如在另一个单词翻转其值之前使用单词“not”。

Python中有几个用于判断情绪的包：

- NLTK（使用经过训练的 Naïve 贝叶斯分类器）;
- Textblob（也可以通过 spaCy；使用带有规则的字典查找）;
- VADER（使用基于规则的系统，专为社交媒体设计）。

当然，也可以根据各种免费的公共数据集训练情绪分类器。还有一些云服务和 API 允许我们发送文本获取情绪分数。

不要将情绪分析称为“情感”分析。多愁善感往往是对某事有一种怀旧的依恋，而不是文本的正面或负面情绪。

情绪分析可用于许多场景，例如，通过沟通衡量客户满意度、分析公众对公共政策的态度，以及分析公众对社交媒体上讨论的其他主题的态度。

这里使用 VADER 估计 20 个新闻组中每个新闻组的情绪。包名是 vaderSentiment，可以用 pip 或者 conda 安装。然后可以创建一个函数来提取情绪并将其应用于我们的新闻组数据：

```
from vaderSentiment.vaderSentiment import SentimentIntensityAnalyzer
vader = SentimentIntensityAnalyzer()
def get_sentiment(text):
    return vader.polarity_scores(text.lower())['compound']
ng_train_df['sentiment_score'] = ng_train_df['text'].\
    swifter.apply(get_sentiment)
```

首先，从 vaderSentiment 导入情绪分析器，使用默认设置（无参数）对其进行初始化。然后，在函数 get_sentiment 中，将文本转换成小写，并将 vaderSentiment 的 polar_scores 函数应用于文本。这将应用查找字典和规则算法，然后返回具有负、中性、正和复合分数的字典。复合分数是文本的整体情绪，范围从-1（负面）到+1（正面）。然后我们只需将此 get_sentiment 函数应用于 DataFrame 中的文本。在这个过程中，将文本转换为小写很重要，因为词典中的文本都是小写的。vaderSentiment 分析器还处理表情符号。这些词典可以在 GitHub 存储库中查看：https://github.com/cjhutto/vaderSentiment/blob/master/vaderSentiment/vader_lexicon.txt。可以从词典中看到，大多数单词看起来都没有进行词形还原，所以我们可能不需要进行词形还原。我们也不需要考虑删除标点符号或停用词，因为任何不在词典中的内容都会被算法忽略。

查看结果，将数字转换为 DataFrame 中的实际新闻组的标签。可以通过创建一个以数字为键，以新闻组标签为值的字典来做到这一点，然后在 DataFrame 的标签列中替换数字：

```
label_dict = {i: label for i, label in
              enumerate(newsgroups_train['target_names'])}
ng_train_df['label'].replace(label_dict, inplace=True)
```

通过获取每个类别的平均情绪得分，并将其从高到低排序，以此来查看我们的结果：

```
ng_train_df.groupby('label').mean().\
    sort_values(by='sentiment_score', ascending=False)
```

结果如图 18-7 所示。

label	sentiment_score
comp.graphics	0.547356
misc.forsale	0.493030
rec.sport.hockey	0.470409
rec.sport.baseball	0.469508
sci.electronics	0.431782
comp.sys.ibm.pc.hardware	0.430881
sci.space	0.424613
soc.religion.christian	0.395767
comp.os.ms-windows.misc	0.394298
comp.sys.mac.hardware	0.377526
comp.windows.x	0.373962
sci.crypt	0.353488
rec.autos	0.338401
rec.motorcycles	0.295666
sci.med	0.183302
talk.religion.misc	0.178544
alt.atheism	0.125859
talk.politics.misc	0.104019
talk.politics.mideast	-0.253308
talk.politics.guns	-0.308504

图 18-7　新闻组的情绪分析结果

可以看到，与电子、体育等相关的新闻组的平均情绪相对较高，而枪支和中东论坛则相当消极。随机检查其中的一些帖子，或通过对 DataFrame 进行过滤，从而获得非常积极或非常消极的帖子，看看是什么让它们如此积极或消极。可以通过下面代码实现：

```
ng_train_df[(ng_train_df['label'] == 'talk.politics.guns') &
            (ng_train_df['sentiment_score'] < -0.5)].\
    sample(3, random_state=42)['text'].tolist()
```

如果还想查看帖子的情绪分数，可以使用 remove.tolist()。在枪支论坛上可以看到“kill”和“ban”字眼频繁出现，而且很多帖子确实是负面的。在计算机图形论坛中，许多帖子都是问题，并有很多“good”和“easy”之类的词，从而产生积极的情绪得分。然而，这可能是一个错误的分类，因为这些词没有被用来解释积极的情绪（例如，句子“Is it good?”计算出来是高度积极的情绪）。因此，在使用情绪分析时，最好随机检查一些正面和负面的文本示例，并检查它们是否真正有意义。

最后，可以通过 seaborn 来查看情绪分布：

```
import seaborn as sns
guns_hockey_df = ng_train_df[ng_train_df['label']\
                             .isin(['talk.politics.guns',
                             'rec.sport.hockey'])]
sns.histplot(guns_hockey_df,
             x='sentiment_score',
             hue='label')
```

上面绘制了枪支和曲棍球论坛的直方图。结果如图 18-8 所示。

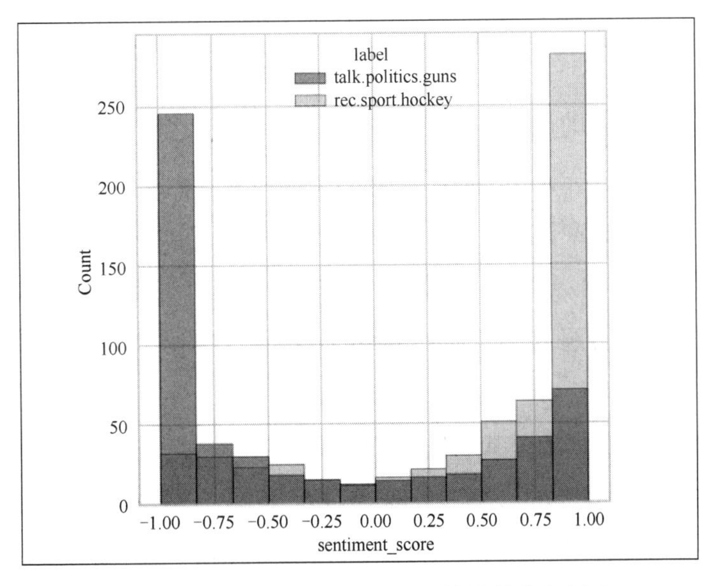

图 18-8 枪支和曲棍球新闻组的情绪得分直方图

从图 18-8 中，我们可以看到枪支论坛似乎有很多-1 分数，而曲棍球论坛有很多+1 分数。在 textblob 包（我们可以用于情感分析的另一个包，类似于 vaderSentiment 包）中，人们经常会看到许多得分为 0 的中立帖子。查看情绪得分直方图有助于我们对整体进行情绪分析。

本章测试

在新数据上练习在这里学到的一些知识。人们可能会使用 API 收集一些社交媒体数据，如在第 7 章中从 Reddit 收集一些社交媒体数据，并应用一些基本分析（字数频率图）、情绪分析和主题建模。人们还可以使用公共数据集训练自己的情绪分类器。如果创建了自己的情绪分类器，则可以从文本中提取文档向量并将其用作特征，这可能比使用 TFIDF 向量获得更好的结果。另外，在训练数据的选择上，请参照本章中的说明，避免在训练过程中出现问题。

本章小结

数据科学技术与文本的使用跨越了几个不同的领域，使用计算机处理语言和文本的广泛领域称为 NLP。本章首先介绍了如何使用 Python 和 spaCy 包，通过删除标点符号、停用词和数字等内容来清理文本数据。小写转换可用于将相同的单词（无论大小写）压缩成相同的计数以进行词频分析。还可以使用词干提取或词形还原，将词简化为词干或词根，从而进一步对相似词进行分组以测量词频。spaCy 包使清理和词形还原变得容易，通过几行代码即可完成。

然后，本章介绍了如何通过基本分析（例如，词频图、POS 标签和词搭配）来理解文本。齐夫定律也可用于分析文本，从 Zipfian 分布中了解文本的特征 shape 参数。虽然可以使用词云，但最好避免使用，因为词云不像词频图那样信息丰富且易于阅读。

接下来，介绍了如何使用主题建模来理解文本的主题。这可以通过多种方式完成，这里介绍了使用 pycaret 和 gensim 包的 LDA 方法，以及如何使用 pycaret 和 pyLDAviz 包对结果进行可视化。还研究了 Top2Vec 模型，该模型使用高级单词向量、降维和聚类方法为我们自动确定主题数量。

我们介绍了监督学习是如何与文本结合的。首先，需要将文本转换为数字向量，可以选择字数向量、TFIDF 向量或文档向量（通过取文档中单词向量的平均值或总和）。正如前面介绍的，TFIDF 和字数向量是稀疏的（存在许多 0），并且随着语料库大小的增加，特征的数量迅速变大。使用单词向量，可以显著减少特征空间。这些单词向量通常是用神经网络模型创建的，这些模型试图从给定的词中预测附近的词，从而产生捕捉词的上下文和含义的向量。

最后，介绍了情绪分析及如何使用 Python 进行情绪分析。它经常被应用在社交媒体中，用来分析用户的情绪，可以使用 Python 包（VADER）来分析社交媒体数据。我们看到了它如何根据文本中的关键字捕捉情绪，但如果单词的上下文不是我们所期望的（例如，问题中的“good”这个词应该是中性的，但被给予了正面的分数），也会导致测量不准确。

通过对本书前面内容的学习，我们已经学到了许多分析数据的方法。第 19 章将介绍如何通过自动化报告和分析来提高我们的生产力。

第 6 部分

总　　结

第19章　讲述数据故事和自动报告及仪表板

到目前为止，我们已经学到了很多重要的技能，但人们通常需要将结果传达给他人。如果没有交流，分析结果就没有多大用处。如果工作结果在本质上更具分析性（例如标准差和直方图等描述性统计数据），那么对使用数据讲故事就会有所帮助。通过故事呈现信息比列出统计数据更有效。例如，世界记忆冠军使用记忆宫殿技术（将数字放入故事中）来记住大量数字。此外，一些研究表明，在决策过程中，情绪比事实更重要。因此，如果向组织中的决策者展示结果，用数据和结果来讲述故事通常比简单地向观众倾倒大量数字更有效。在本章第1部分用数据讲故事中，将介绍通过数据讲故事的一些原则，以及如何使用这些原则。

在本章的第2部分，将研究使用自动报告来生成数据故事。这可以通过多种方式完成，包括FPDF、Streamlit、PlotlyDash等Python包。还有一些其他工具可以独立于Python或与Python一起使用，但往往需要订阅或支付许可费用，例如，ReportLab、Tableau、Excel、RapidMiner和其他数据科学GUI。

下面我们从了解如何用数据讲故事开始学习。

用数据讲故事

数据科学家经常需要通过数据讲故事。这是一种很好的传达信息的方式。人们总是需要将结果传达给利益相关者，故事比统计数据列表更利于沟通。为了创建数据故事，需要数据、可视化和叙述。本书前面章节介绍了如何获取数据和创建可视化，例如第5章探索性数据分析和可视化。本章将围绕数据整理和叙述故事来展开叙述。

用数据讲故事考虑的步骤是：

- 考虑受众和试图传达的信息；
- 用发现支持自己传导的信息，并要有核心信息或洞察力；
- 以某种号召性用语或主要观点作为故事的结尾。

用数据讲故事首先要考虑的是故事的受众和试图传达的信息。受众的技术水平很重要，要根据受众的技术水平确定需要解释到怎样的程度，以及如何简化结果和可视化内容。如果有一群技术含量很高的受众，如一群经验丰富的数据科学家，就不需要解释机器学习的基础知识。但是对于可能不是机器学习专家的高级管理人员，可能需要稍微简化我们的信息，并且需要解释机器学习的一些基本知识。

接下来，故事要传达核心信息和洞察力。理想情况下，这个核心信息或洞察力也应该会利于决策。后面将要介绍的示例，使用的是信用卡违约数据集。故事将传达哪些特征最能预测信用卡违约行为的发生，以及 ML 模型是否已准备好部署。作为故事的一部分，还将解释模型是否准备好的依据，如是否缺乏数据。分析结果将作为高管和经理决策的依据。当然，也可以包含一些其他分析结果，如果这些结果有助于讲述故事，但希望避免过多的细节。例如，人们不会在数据故事中讨论所有不起作用的方法（如效果不佳的 ML 模型）。但是，如果特征工程步骤对提高模型的性能有很大的影响，那么它可能值得包含在故事中。

在某些情况下，不一定要用号召性用语。例如，向同行展示项目的结果，以实现知识共享。在这些情况下，可以在演示结束时回顾核心结果，而不是使用号召性的语言。

最后，需要制作可视化的图形来讲述故事。这应该由图像组成。 但是，如果有单个数字（例如，准确度数字或其他性能指标），也可以通过醒目的方式将它们显示出来，如使用大字体并将文本加粗。但是，对于许多数字的集合（如时间序列数据集），使用可视化效果要好得多。例如，对于时间序列数据集，折线图通常是最好的选择。如果有一个数据表对我们很重要，可以将它放在附录中，并且在演示文稿中包含相关的重要数字。这些可视化图形将支持和构建核心信息。

关于可视化，我们在第 5 章中介绍的最佳实践在此仍然适用：

- 避免图表垃圾；
- 合理使用颜色；
- 正确呈现数据（例如，使用折线图显示时间序列数据）；
- 使图表“冗余”，在黑白打印下使图表更加清晰，考虑色盲受众；
- 清楚地标记轴和数据集，并使用合适的字体和统一的字号；
- 为客户量身定制可视化内容。

这里同样需要注意黑白冗余问题。如果在 PowerPoint 演示文稿中展示数据并且知道可以使用颜色，就不必太担心需要冗余显示问题。但是，应该注意避免使用对色弱观众不友好的颜色（例如，同一图中的线条颜色为红色和绿色）。

讲故事与创建一般可视化不同之处在于，人们可以使用视觉技术突出图形区域以吸引观众的注意力。例如，如果想指出散点图上的某个点是最重要的，可以将其设置为不同的颜色或更改其图案。

在讲述故事时，需要一种策略来传达观点并支持细节。Brent Dykes 设计的一种方法（*Effective Data Storytelling* 一书有详细描述）是使用“数据故事弧”的四部分结构。

（1）设置：背景和悬念（如果需要，还可以预览关键洞察力）。

（2）不断完善的洞察力：支持带来关键洞察力的细节。

（3）关键见解：主要发现。

（4）解决方案和后续步骤：选项和行动建议。

第一步：设置，提供一个背景和吸引观众的内容——悬念。这应该是能够引起观众注意的有趣的或新的内容，如销售或制造数字，或者是示例中信用卡的违约率。如果观众主要由忙碌的高管组成，可以提供关键洞察力。这是一个有效的伏笔，可以吸引观众，但就不能讲述故事中的悬念。因为我们发现在向一些管理职位的人展示数据和结果时，他们往往不喜欢悬念。在其他环境中，如会议中，悬念和与悬念相关的讲故事模式可能更合适。我们也可以向高管剧透，让他们来决定他们想听更多的细节内容，还是想跳过报告或演示的悬念部分。在设置背景和悬念之后，根据需要将支持数据可视化。如果有关键的数据清理或特征工程步骤，或者小洞察，也可以将它加入到演示文稿中。接下来需要阐述关键见解，这是主要信息。最后，总结接下来要采取的行动，或者给出相关建议。

下面看一个使用数据讲故事的示例，其最终目标是让高管团队批准部署机器学习系统。

用数据讲故事的示例

下面将使用前面章节中介绍的信用卡违约数据集，假设我们正在为银行工作，我们的任务是使用机器学习技术来预测信用卡违约情况，并帮助银行降低违约率。在这种情况下，观众将是银行的高管和经理，我们希望向他们展示我们的分析结果。首先，加载数据：

```
import pandas as pd
df = pd.read_excel('data/default of credit card clients.xls',
                   skiprows=1,
                   index_col='ID')
```

该数据中有一个“下个月违约付款”列，这是使用二进制值表示的目标。像往常一样，我们希望通过执行一些 EDA（使用 pandas-profiling 很容易）来了解数据情况。通过 PhiK 相关性分析，我们能获知前几个月延迟付款与目标列之间的强相关性（例如，PAY_0 与目标列）。可以创建一个 PhiK 相关性图，在“新兴见解”部分中使用：

```
import phik
phik_corr = df.phik_matrix()
sns.heatmap(phik_corr)
```

接下来，可以创建一个条形图来显示 PAY_0 列的违约组和非违约组之间的差异，因为该组与目标最相关：

```
import matplotlib.pyplot as plt
plt.ylabel('percent')
sns.barplot(data=df,
            x='PAY_0',
            y='PAY_0',
            hue='default payment next month',
            estimator=lambda x: len(x) / len(df) * 100)
```

现在，可以用 pycaret 训练一个分类模型：

```
import pycaret.classification as pyclf
setup = pyclf.setup(data=df, target='default payment next month')
```

```
best_model = pyclf.compare_models()
tuned_model = pyclf.tune_model(best_model, search_library='scikit-optimize')
```

首先使用 pycaret 设置 AutoML 环境，选择默认设置，将 PAY_0 列和其他几个列检测为分类列（意味着它会对它们进行 one-hot 编码）。在用数据讲故事中，不需要描述 one-hot 编码过程，因为它对于主要信息来说并不是那么重要，然后调整模型以优化超参数，从而最大限度地提高准确性。首先应坚持报告的准确性，因为受众不是由数据科学专家组成的，实际操作中可能想要优化支付违约类别的召回分数（以最大限度地提高检测到的违约支付的数量）。这里最好的模型是 Ridge 分类器，虽然其他一些模型的准确率几乎相同，都约为 82%。

接下来，可以使用 pycaret 生成特征重要性图和混淆矩阵：

```
pyclf.evaluate_model(tuned_model)
```

单击结果输出中的特征重要性和混淆矩阵按钮来绘图。如果人们想了解更多信息，这些图可以作为附录或额外信息。下面可以整理故事了。

这个故事的背景和悬念可以设置为讨论 22%的客户为何在最近的付款月份发生违约（我们可以从 df['default payment next month'].value_counts(normalize=True)中看到）。这会给银行和客户带来麻烦。如果能够及早发现付款违约趋势，与客户合作制订付款计划，或者降低违约客户的信用额度，结果对银行和客户来说是双赢的。

通过查看所有客户违约付款的数据，如果可以给出一种方法，得出一些银行可能节省多少钱的具体数字，将是一个很好的关键点。如果有高管想立即听到关键点，可以告诉他们 ML 模型的准确度为 82%，如果愿意，可以进行调整以检测到更多的可能还款违约数据。假设高管在看到这些信息后想听到更多内容，就可以继续用数据讲故事。

接下来，用“不断完善的洞察力”来构建故事。从 PhiK 相关图开始。请注意，这里使用了一个明亮的蓝色框来突出显示想要吸引观众注意力的重要部分，这也可以通过指向框的亮蓝色箭头来补充说明。

通过如图 19-1 所示图形可以了解到，在这个图形中，更亮的颜色表示更高的相关性——换句话说，两个变化强烈的变量在图形中具有较亮的颜色。可以看到，目标列 default payment next month 位于图的底行和最右列，中间框突出显示了值得关注的区域。违约付款之间的 PhiK 相关性在 PAY_0 列中最强，这是一个分类变量，按时付款的值为 0 或小于 0，付款延迟的值大于 0。

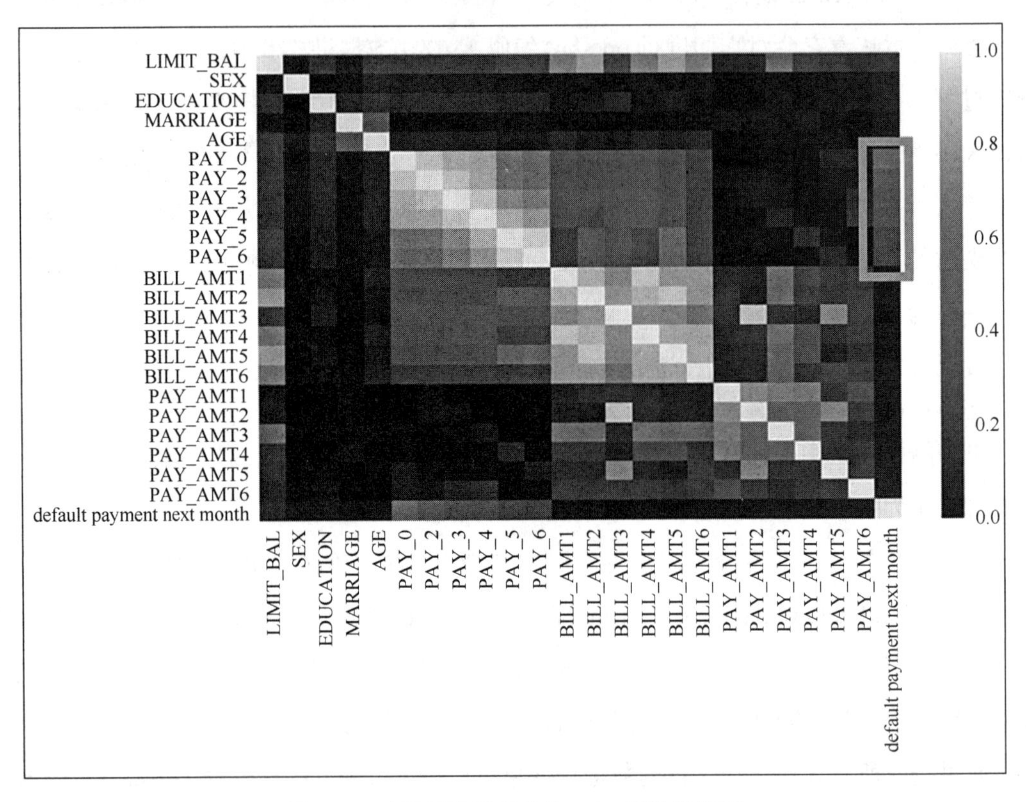

图 19-1　违约还款数据集的 PhiK 相关性热图

此外，从图 19-1 还可以看到，随着月份与当前月份的距离越来越远（例如，PAY_1 比当前月份早 2 个月），相关性会随之减弱。查看此 PAY_0 特征，可以看到违约还款的人往往经常延迟还款。

图 19-2 显示大多数人没有违约，因为非违约还款条形的总尺寸比违约还款的更大。我们还可以看到，大多数非违约还款延迟 0 个月。-2 和-1 值表示通过循环信贷等方式避免逾期付款。查看违约还款条形，可以看到延迟付款比例很高，通常是 1 个月或 2 个月。先前延迟付款与当月违约付款的相关性可用于预测是否有人会拖欠付款。

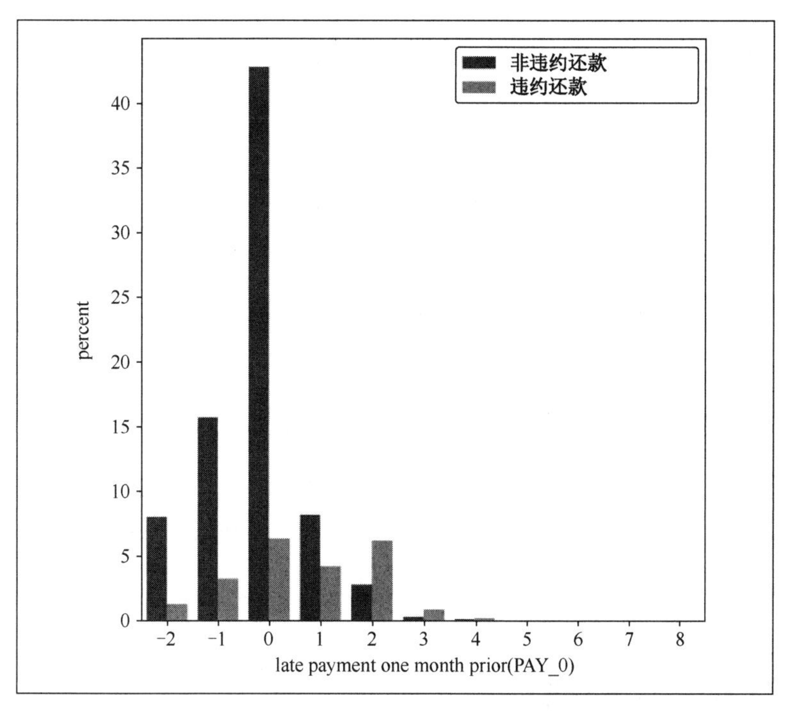

图 19-2　PAY_0 列的条形图，通过违约还款状态进行分隔（负值是其他还款方式，如循环信用）

接下来，讨论从数据中获得的见解。使用自动机器学习或 AutoML 来寻找和优化针对该问题的最佳 ML 模型，并达到 82%的准确率。可以调整模型，使其在预测违约时更具选择性和准确度，代价是一些误报（将非违约预测为违约）。分析混淆矩阵和召回分数，可以看到只识别了大约 1/3 的违约值。通过查看特征重要性还可以发现，最近一个月的还款状态、前几个月是否拖欠付款都与违约率密切相关。

通过 pandas 过滤，可以看到一些更重要的特征与数据中违约值的分布是如何相关的，如下所示：

```
df[df['PAY_5'] == 6]['default payment next month'].
value_counts()
```

最后，给出解决方案和后续行动建议。人们可以使用这个模型来预测还款违约。根据实际情况，可以调整模型以更准确地预测违约，代价是可能会有将非违约预测成违约的情况发生。因此，如果简单地根据预测结果向客户发送电子邮件，为他们提供潜在的解决方案，帮助他们规避违约还款风险，则会有误报。如果可以手动审查违约预测，那么就能避免出现太多误报。此外，通过与数据团队进行更密切的合作，可以获得更多数据的访问权限，这样也有助于提高 ML 算法的性能。还需要创建一个数据工程管道，以便在部署中输入 ML 算法。

上面最后一步总结了人们可以做的事情，并提出了一些在生产中部署模型的解决方案，现在就可以将决定权交给管理层。

用数据讲故事是传达信息和说服他人选择你认为最好的解决方案的一种有效方式。在这里，我们没有介绍用数据讲故事的所有细节。本书第 5 章介绍了几个重要的可视化主题。另外，我们可以阅读更多利用数据讲故事的图书。例如，Brent Dykes 编写的 *Effective Data Storytelling* 和 Cole Nussbaumer Knaflic 编写的 *Storytelling with Data*。

上面介绍的讲故事的方法最适合书面报告、演示文稿和信息图表。向需要数据的人展示数据的另外几种有用方法是自动报告和仪表板。

自动报告和仪表板

在处理定期和频繁更新的数据时，使用自动化工具生成数据报告会很有帮助。这为人们省去不断重复运行分析的麻烦。自动报告和仪表板可以处理共享数据。

自动报告选项

报告通常由 PDF 或其他文档（如 MSWord）或 MSExcel 等电子表格组成。本书前面章节已经介绍了如何使用 pandas 对 Excel 文件处理，但是为了更好地控制 Excel，也可以使用其他 Python 包：

- xlsxwriter（轻松生成图表，它可以搭配 pandas 的 ExcelWriter 一起使用）；
- openpyxl（也可以用于图表显示）。

还有其他处理 Excel 的 Python 包，详情可以参考 http://www.python-excel.org/。win32com 包也可用于在 Windows 上读取和写入 Excel 文件，但本书不推荐使用它，因为它的文档十分匮乏。要通过 Python 使用 Google 表格，可以使用 Google Docs API。

关于自动报告，有多种选择。可以使用 Python 及非免费许可软件，包括 ReportLab 和 Anvil（ReportLab 在撰写本书时有免费增值模式）。还有一些开源解决方案：

- FPDF（直接写 PDF）；
- pdfkit、weasyprint 和 xhtml2pdf（这些将 HTML 转换为 PDF）；
- PyQt；
- pylatex（通过 LaTeX 创建 PDF）；
- rst2pdf。

与 Google Sheets 类似，可以将 Google Docs API 用于 Google Docs。这些解决方案都有文档和示例，但有一些解决方案的学习曲线很陡峭。

PDF 或 Word 文档报告的一个缺点是它们不是交互式的（虽然可以在需要时打印出来）。Excel 报告可以是交互式的，但在平板电脑、手机和计算机等不同设备上查看结果时，可能会出现不同的排版样式及效果。为了能够创建多平台交互式报告，可以使用仪表板。

自动化仪表板

在企业和组织中仪表板被广泛用于监控结果和运营状态。有几种非免费许可软件，如 Tableau、PowerBI 等。这些仪表板使人们能够轻松地创建交互式图表，并将它们组合成一页或多页。人们可以轻松地与其他人在线共享仪表板或给他们发送文件。还可以使用开源 Python 解决方案创建类似的仪表板。使用付费许可解决方案的优势在于，可以经常向软件提供商寻求帮助，试图让一切变得尽可能简单。缺点是它可能很昂贵，并且灵活性不高（不过，通常可以将 Python、R 语言或其他语言与 Tableau 等仪表板软件结合使用）。使用开源 Python 仪表板解决方案，可以免费创建一些仪表板，并且具有很大的灵活性。有以下几个不同的包可用于在 Python 中创建仪表板：

- Dash；
- Streamlit；
- Panel；
- Voila。

还有其他相关包，在 PyViz（https://pyviz.org/dashboard/）上提供的仪表板包列表会随着时间的推移而更新。在本例中，将使用 streamlit 创建一个简单的仪表板，展示来自支付违约数据集的数据。

关于 streamlit 的一点说明：在撰写本书时，它并不是流数据的最佳解决方案，Dash 和 Voila 才是流数据的更好选择。这是由于 streamlit 的实现方式及其可用的代码库，使得某些流数据操作变得困难。

安装 streamlit，在撰写本书时，由于包有依赖关系，使用 pip install streamlit 来安装更便捷。然后，可以通过打开终端并运行 streamlit hello 来确认它是否可以正常工作，会运行一个测试应用程序。仪表板中应包含数据故事的要点。

首先，创建一个.py 文件，并将其命名为 default_dashboard.py。可以从终端或命令行使用 streamlit run default_dashboard.py 运行应用程序（只要文件在的正确目录中）。这将显示一个网址，可以单击或复制到浏览器中查看。在 default_dashboard.py 文件中，首先导入所有必要的包（和函数），总共九个：

```
import phik
import streamlit as st
import pandas as pd
import seaborn as sns
import plotly.express as px
import pycaret.classification as pyclf
import matplotlib.pyplot as plt
from mlxtend.plotting import plot_confusion_matrix
from sklearn.metrics import confusion_matrix
```

接下来，将页面配置设置为 wide：

```
st.set_page_config(layout="wide")
```

这也可以从我们查看应用程序的网页（从右上角的菜单按钮）中完成。它使仪表板（具有多个图）更易于查看。然后加载数据，并为其拟合一个 LightGBM 模型：

```
df = pd.read_excel('data/default of credit card clients.xls',
                   skiprows=1,
                   index_col='ID').sample(1000)
setup = pyclf.setup(df, target='default payment next month', silent=True)
lgbm = pyclf.create_model('lightgbm')
lgbm, tuner = pyclf.tune_model(lgbm, return_tuner=True)
```

这与之前示例类似，因为使用了 silent=True 参数，所以 pycaret 不会要求确认数据类型。使用 return_tuner 参数从 tune_model 函数中获取调谐器对象，并使用它来报告交叉验证准确度得分。这里使用的是 LightGBM 模型，因为它是顶级模型之一，与最佳模型具有非常相似的精度，并且它具有易于访问的 feature_importances_attribute，很快我们将会使用它。

接下来，从 CV 中获取平均验证集/测试集分数，并将其设置为页面标题：

```
cv_acc = round(tuner.cv_results_['mean_test_score'].mean(), 3)
st.title(f"CV Accuracy is {cv_acc}")
```

这将设置 HTML 标题，以便在页面顶部以大字号的文本显示 CV 准确性。

现在可以计算 PhiK 相关性并创建结果的热图，创建与之前一样按违约状态分组的 PAY_0 列的条形图，并将这些添加到应用程序中：

```
phik_corr = df.phik_matrix()
correlogram = sns.heatmap(phik_corr)
barchart = px.histogram(df,
                        x='PAY_0',
                        color='default payment next month',
                        barmode='group')
col1, col2 = st.columns(2)
col1.write(correlogram.figure)
col2.write(barchart)
plt.clf()
```

前几行代码以前介绍过。px.histogram 函数使用 Plotly express 创建 PAY_0 列的直方图，并使用“违约”列创建两组条形图。使用 barmode='group'将条形设置为彼此相邻，就像之前的图形一样。接下来，使用 streamlit 的 columns 函数创建两个列，然后使用 streamlit 中的通用 write 函数将图形添加到列中。关于相关图或热图，可以访问图形属性以便显示图形（因为它是一个 matplotlib.axes 对象）。但是，也可以直接在 write 函数中删除 Plotly 图表。最后，使用 plt.clf()清除绘图区域，为下一步绘图做准备。

在 streamlit 中，研发团队使用 beta_作为新功能和特性的前缀，而伴随着特性功能的完善，beta_会被删除。例如，st.set_page_config 曾经是 st.beta_set_ page_config。

接下来，可以计算特征重要性：

```
feature_importances = pd.Series(lgbm.feature_importances_,
```

```
                                     index=pyclf.get_config('X').columns)feat_imp_
plot = feature_importances.nlargest(20).plot(kind='barh')
feat_imp_plot.invert_yaxis()
```

在这里，可以使用特征重要性创建一个 pandas Series，并将索引设置为来自 pycaret 的预处理数据的列名。get_config 函数允许人们从 pycaret 会话的设置中获取对象，X 是预处理数据。最后，反转 *y* 轴，使其按照由大到小进行排序。

接下来，为图表创建另一行（有 2 列），并将此特征重要性图添加到第一列：

```
col1, col2 = st.columns(2)
col1.write(feat_imp_plot.figure)
```

现在可以创建混淆矩阵，并将其添加到仪表板：

```
predictions = pyclf.predict_model(lgbm, df)
cm = plot_confusion_matrix(
    confusion_matrix(df['default payment next month'],
    predictions['Label'])
    )
col2.write(cm[1].figure)
```

使用 pycaret 函数从模型中获得预测，该函数需要对数据进行预处理，例如，one-hot 编码分类变量。然后使用 mlxtend 创建一个混淆矩阵图，将 sklearn 混淆矩阵函数的结果与真实值和预测值一起提供给它。Label 列保存了来自预测 DataFrame 的预测值。最后，使用 col2.write 将图表添加到仪表板。

现在可以使用 streamlit run default_dashboard.py 运行仪表板。生成的仪表板如图 19-3 所示。

我们可以看到，人们可能想要对图形的形状和大小进行一些调整，从而使其更加美观，但这只是第一步。右上角的 Plotly 条形图是页面唯一的交互部分，可以使用 Plotly 或其他交互包来制作更具交互性的仪表板。

streamlit 最初是为 ML 工程师设计的，以便能够监控和检查他们的 ML 流程，现在它也越来越多地用于数据仪表板。在撰写本书时，有一个活跃的开发团队在不断改进 streamlit。

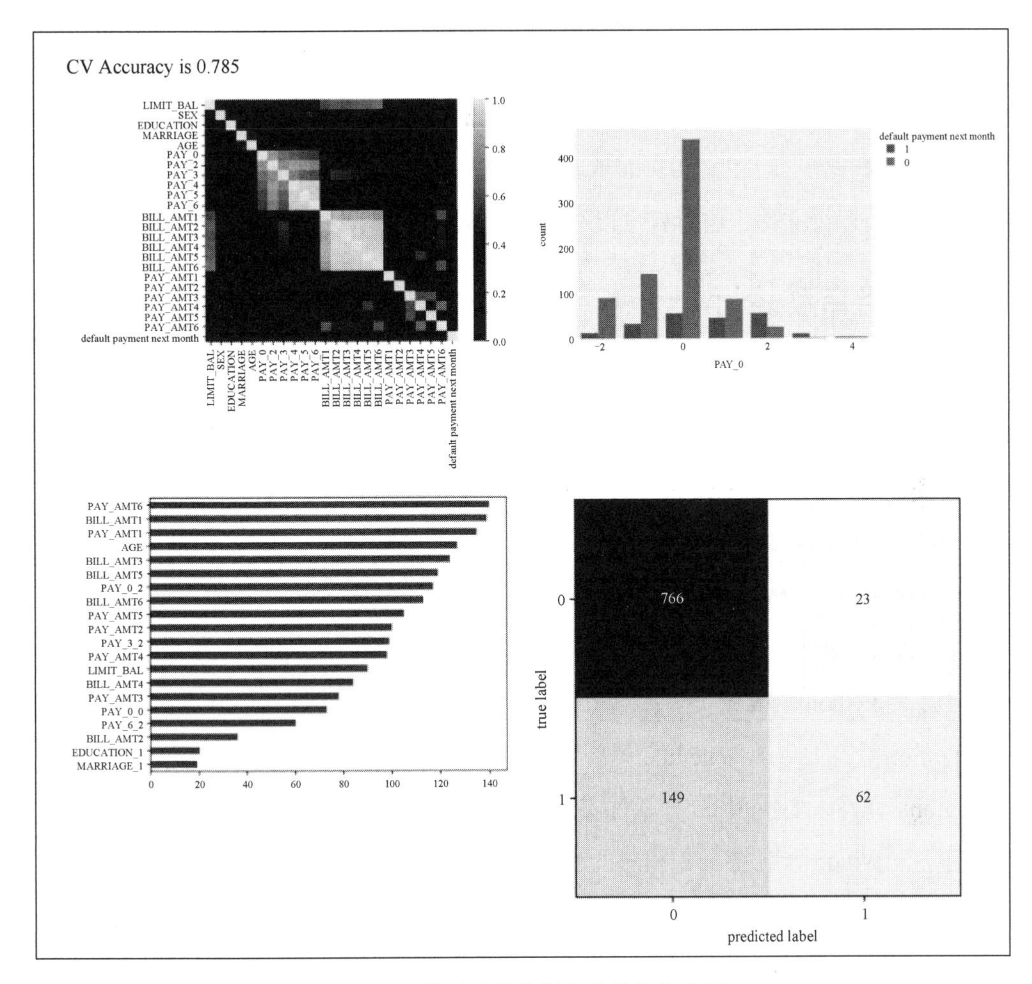

图 19-3　信用违约数据集的精简仪表板

使用 streamlit，还可以使用像 default_choices=st.sidebar.multiselect('Choosedefaultcategories:', [0,1],[0,1])这样的代码行轻松地将小部件添加到侧边栏。这将创建一个多选框，其选项为 0 和 1（第二个参数），违约值为 0 和 1（第三个参数）。当更改选择时，整个.py 文件从上到下重新运行，重新生成页面。可以添加其他小部件，如滑块等。

当选择或 streamlit 应用程序中的侧边栏发生变化时，它会从上到下重新运行整个文件。但是，这可能意味着人们重新加载数据并重新运行长时间的 ML 训练过程。streamlit 对此有一个解决方案，即缓存，可以通过如下文档了解详细信息：https://docs.streamlit.io/en/

stable/caching.html。

如果我们更改设置或更改源.py 文件，streamlit 会重新运行该文件。应用程序的页面上还有一个 Rerun 按钮，可以刷新页面重新运行它。但是，对于其他报告或仪表板，人们可能希望定期重新运行文件，这时就可以通过几种不同的方式来执行此操作。

安排任务自动运行

一旦设置了自动报告或仪表板，定期运行报告可以获取最新结果。这非常适用于我们不太频繁地获取数据更新的批处理应用程序的情况。为了更新更快，例如，实时流式传输数据，需要使用其他解决方案，例如，streamlit 的 add_rows 函数或其他仪表板包，如 Dash。有以下几种方法可以做到这一点：

- Cronjobs（在 Mac 或 Linux 中）；
- Windows 任务计划程序；
- 自定义 Python 或其他代码；
- Python 软件包，如 schedule 等。

Cronjobs 允许人们使用 cron 软件实用程序（使用 crontab 文件）定期运行一些 Linux 或 Mac 命令。Windows 任务计划程序的工作方式与之类似，允许人们运行可执行文件或终端命令，但仅提供一个 GUI，而不是像 cron 这样的命令行界面。

还可以编写一个自定义的 Python 函数（或使用其他编程语言来实现相同的功能），它运行一个循环，等待指定的时间间隔（例如，在 Python 中使用 time.sleep()），然后运行另一个 Python 函数或文件。但是，人们已经制作了软件包来执行此操作，如 Python 的 schedule 包，可以参考 GitHub 存储库（https://github.com/dbader/schedule）的自述文件和文档中的示例来使用它。

如果使用 Python 文件定期运行一个函数或另一个文件，人们可能还希望将这个调度程序文件添加到计算机上的启动程序中，这可以通过在 Windows 中的启动文件夹中添加文件或快捷方式来完成，或者通过 Mac 中的系统首选项或 Linux 中的配置文件来完成。

用 Python 还可以完成更多的自动化任务，并且有一些关于这个主题的资料。如 AI

Sweigart 著的 *Automate the Boring Stuff*，以及其他相关文章。我们在本书中学到的内容也可以用于自动化，如处理 Excel 文件和文档，第 6 章我们详细介绍过。

本章测试

为了测试读者对本章内容的掌握情况，请使用本书 GitHub 存储库中的房屋数据集（在本章的文件夹 Chapter19/data 下）或其他适合机器学习的数据集。对于住房数据，假设你正在为一家房地产公司工作，并试图将数据分组，从而用于营销目的（你可以使用聚类来完成该任务）。此时的工作应该是将客户划分为不同的群体，对每个群体设定特定的营销策略。用机器学习工作结果讲述一个数据故事，并使用 streamlit（或其他 Python 仪表板包）创建仪表板以显示数据故事的结果。

本章小结

用数据讲故事是一项重要技能，因为许多工作都使用数据来推动结果的。通过数据讲述一个好故事，可以说服利益相关者采取你认为最好的解决方案。请记住我们介绍了 BrentDykes 的四步数据讲故事框架：设置问题（背景）并为故事创建一个伏笔或悬念，然后以不断完善的洞察力支持故事，传递主要信息或洞察内容，最后提供建议或下一步计划。除了用数据讲故事，还可以设置仪表板，这可以通过多种方式完成，本书研究了使用 streamlit 包。在这里只介绍了一些基础知识——streamlit 具有灵活性和完善的功能。建议读者进一步探索 streamlit 和其他仪表板解决方案，从而了解更多仪表板解决方案。

我们已经涵盖了数据科学的许多方面，并在本书中介绍了许多相关技术。正如一句格言所说："能力越大，责任越大。"接下来，我们将介绍在做数据科学工作时应该牢记的道德准则。

第 20 章　道德与隐私

通读整本书，我们学习了几种获取数据并将其转化为洞察力的技术。和任何强大的工具一样，这些工具可以用于好的方面，也可以用于不好的方面，并且可能在无意中被用于坏的方面。例如，使用机器学习（ML）算法或数据工程管道可能会意外泄露隐私数据。要成为全面的数据科学家，我们需要了解从事数据科学的道德准则。这通常包括隐私和偏见。我们将在本章中详细了解这些道德和隐私注意事项，包括：

- 机器学习算法中的偏见；
- 数据准备和分析中的数据隐私注意事项；
- 如何利用 k-anonymity 和 l-diversity 保护人们的数据隐私；
- 数据隐私法律法规；
- 将数据科学用于共同利益。

因为本书介绍了机器学习案例，所以让我们先来看看机器学习算法中的隐私注意事项，以及人们可以做些什么。

机器学习算法的道德

机器学习算法在人们的日常生活中使用得越来越多，一个重要的问题是我们需要考虑使用这些强大工具的道德问题。

偏见

机器学习算法可能导致问题的一个主要原因与偏见有关。这种偏见通常表现为对一群人的影响不成比例，并且往往会出现性别和种族分歧，有很多例子可以证明这一点。对于性别问题，机器学习算法已被视为歧视女性的算法。部分原因是由于软件工程师、数据科学家和其他类似工作中的性别比例——通常这些工作中男性的比例总体上远高于女性。首先，大多数人工智能助手，如 Siri 和 Alexa，历来都默认为使用女性声音，这强化了女性服从他人的刻板印象（尽管这种情况正在改变）。然而，这只是一个设计选择，而不是 ML 问题。尽管如此，在创建软件时需要考虑默认设置，因为许多人不会更改默认设置。一个相关的问题是语音识别对女性和非白人男性的效果通常较差（https://hbr.org/2019/05/voice-recognition-stillhas-significant-race-and-gender-biases）。这可能最初是一个问题，主要是因为由白人男性（如 Ray Kurzweil 和他的团队）开发了第一个语音识别系统，并且可能只是收集了很多关于他们自己的数据。由于机器学习系统从他们看到的数据中学习模式，因此通常不能推断出存在明显差别的未知数据。

另一个例子是面部识别问题——2017 年，苹果在 iPhone 上的面部解锁功能无法很好地区分中国用户，或者根本无法区分（https://nypost.com/2017/12/21/chinese-users-claim- iphone -x-face-recognition-canttell-them-apart/）。同样，这可能归结为 ML 训练集中缺乏中国用户面孔的数据的原因。同样，一些自动驾驶汽车系统在检测深色皮肤的行人方面不如浅肤色的行人准确，检测准确率的差距约为 5%（https://www.vox.com/future-perfect/2019/3/5/18251924/self-driving-car-racial-bias-study-autonomous-vehicle-dark-skin）。为了解决这些问题，人们应该收集一个庞大而多样化的训练集，并仔细考虑所有将受到影响的人。

事实上，面部识别软件有很多问题，这些问题可能会产生严重的后果。例如，在密歇根州，一名男子因使用面部识别软件处理的模糊的安全视频而被捕（https://www.nytimes.com/2020/06/24/technology/facial-recognition-arrest.html）。这种情况是因为当局过于信任人工智能系统，虽然算法的结果也通过人工方式进行复查过。

最后一个例子是 COMPAS 系统，它已被多个美国法院系统使用。COMPAS 用来预测再犯的风险，或犯罪分子在因犯罪受到惩罚后再次犯罪的行为。ProPublica 的分析发现（https://www.propublica.org/article/how-we-analyzed-the-compas-recidivismalgorithm），该系统存在种族偏见，它高估了黑人的风险，并且低估了白人的风险。虽然 COMPAS 系统的创建者尽最大努力通过从输入特征中删除种族数据来删除种族信息，但是从犯罪分子那里收集的用于 COMPAS 系统的问卷中仍然间接包含了种族信息。

如何减少机器学习偏见

有几种方法可以消除 ML 算法中的这些偏见：

- 收集更多数据，尤其需要平衡数据集；
- 创建合成数据，例如，使用 GAN（生成对抗网络）、SMOTE 或 ADASYN；
- 使用过采样或欠采样技术，例如，SMOTE 和 ADASYN。

数据收集过程通常很昂贵，因此可能艰难收集更多数据。但是，人们可以针对数据收集来平衡分类问题，或者增加对代表性不足的群体的数据量。平衡数据组的一种简单的方法是使用 SMOTE 或采用在第 12 章中学到的其他抽样技术来解决简单的分类问题。也可以对数据进行欠采样，但一般来说，最好尽可能多地使用数据。

通过合成方式创建更多数据的方法是使用 GAN。这些神经网络会生成假数据，这些假数据会遵循他们所训练的数据的分布。使用 GAN 生成数据的示例为 https://thispersondoesnotexist.com/，它使用 GAN 生成人脸的模拟图像。如果有一些代表性不足的群体的数据，可以使用 GAN 合成更多数据。但是，它将遵循现有数据的潜在分布，因此应该确保原始数据集内具有多样性。

仔细评估性能和后果

使用机器学习算法时，重要的是要考虑如何使用它们的后果。一个强有力的例子是 SKYNET 计划（https://arstechnica.com/information-technology/2016/02/the-nsas-skynet-program-may-be-killing-thousands-of-innocent-people/）。该项目使用机器学习（随机森林）来预测巴基斯坦人是否是恐怖分子。尽管该系统具有很高的预测准确性，报告的误报率为 0.18，但这仍然意味着大约有 100000 名巴基斯坦人将被错误地标记为恐怖分子。如果这种机器学习算法被用于在巴基斯坦下令进行致命的无人机袭击，许多无辜的人可能会因此丧生。这种情况是基本比率谬误的一个例子，其中假阳性多于真阳性，实际阳性案例数量很少。

这意味着数据的召回率和准确率分数都会很低，并说明了选择正确指标的重要性。在

SKYNET 案例中，应检查多个指标（例如，召回率、精度、Cohen's kappa 等），尤其是要考虑情况的权重。它类似于垃圾邮件分类，可能有 99%的邮件不是垃圾邮件，而准确率为 99% 的分类器并不比随机猜测结果更好。

前面描述的执法面部识别系统是严重后果 ML 应用的一个示例。应谨慎评估多个指标，并考虑哪个指标最好用。此外，最终结果与最终用户的沟通应该清晰准确。例如，面部识别系统可以从分类算法中输出匹配的置信度，一些指标，如精度和召回率（或误报率）也可以作为很好的参考指标。

机器学习的可解释性结果也可以添加到仪表板中，它可以显示输入数据的哪些部分用于得出 ML 结果。

数据隐私

数据隐私是数据科学道德的重要组成部分。我们可能会处理人们的医疗保健、财务或其他个人数据，尽管我们看到的只是一些数字，但重要的是要记住这些数字代表了人。一个强有力的例子是经常用于 ML 学习材料的 Titanic 数据集。该数据集包含泰坦尼克号乘客的数据，通常用作分类练习，分类的目标是对泰坦尼克号乘客的生还情况进行分类。在处理数据时，很容易迷失在执行 ML 算法的数字和细节中，但应该记住，每个数据点都是一个像你我一样活生生的人。

数据隐私可能会以多种方式泄露：

- 数据泄露（例如，被黑客入侵或数据被盗）；
- 结合来自多个来源的匿名数据，以对人们进行去匿名化；
- 从 ML 算法中提取信息；
- 数据剖析；
- 发布小型数据集的结果（甚至汇总）。

隐私泄露和数据泄露可能会暴露一个人的敏感数据，例如，他们可能患有的疾病、他们的网络搜索历史等。当然，通过黑客攻击导致的数据泄露是数据隐私泄露的明显方式。

因此人们应该妥善保护数据，例如，在具有适当授权的安全系统上保护数据（例如使用强密码的多因素身份验证）。与此类似，数据可能会从组织内的人员那里流出。适当的数据治理和员工管理将有助于防止内部数据被盗。

一种更狡猾的侵犯隐私的方式是将公共数据与所谓的去识别数据结合起来。一个著名的例子是马萨诸塞州州长威廉·韦尔德（William Weld）是通过将公共投票记录与一个据称是匿名的健康保险数据集相结合而确定的（https://papers.ssrn.com/sol3/papers.cfm?abstract_id=2076397）。虽然健康保险数据集已删除 PII（个人身份信息），但是还可以通过组合数据集来组合邮政编码、年龄、性别和其他人口统计数据来识别某人。可以考虑 k-anonymity，在这种情况下，（本质上）包括至少 *k* 个无法相互区分的记录。下面将介绍 k-anonymity 和相关概念。

还有一种更高明的侵犯隐私的方法是从经过训练和发布的 ML 算法中提取信息。做到这一点的方法包括重建攻击、提取有关数据集中所有人的一些敏感信息，以及跟踪攻击，试图查看数据集中是否存在特定的人（https://privacytools.seas.harvard.edu/publications/exposed-survey-attacksprivate-data）。如何从训练过的 ML 模型中侵犯隐私是一个活跃的研究领域，随着时间的推移，我们可能会发现更多侵犯隐私的方法。

数据剖析与之前的三个数据隐私问题有关。剖析是指通过个人数据（如网络搜索或访问的网页）来提取有关个人的信息，例如，他们可能感兴趣的产品或个人健康信息。该数据可能会被泄露，也可以与公共数据相结合，或者可以从如上所述的分析中使用的 ML 算法中提取数据。

某些数据子集的发布也可能会侵犯一些人的隐私。例如，如果数据集中只存在一个人的某些属性，例如，他们的邮政编码和年龄范围，并且通过数据表的形式发布出去，其中包含给定邮政编码中人们的汇总统计数据，以及那里常见的医疗状况，那么通过将数据与人口普查数据等公共记录相结合，就可以识别一个人。因此，在发布汇总结果之前，重要的是要考虑在给定数据集内拥有多少具有独特属性的人。这同样与 k-anonymity 有关，随后将会介绍这部分内容。

数据隐私的法规和法律

为了帮助保护个人隐私，世界各地都制定了许多法规和法律。欧盟提出了《通用数据保护条例》(GDPR)。这赋予了欧盟消费者与其数据隐私相关的多项权利，例如，了解正在对其进行的数据收集的权利、索取收集到的数据副本的权利、更正和删除数据的权利，以及一些其他权力。

重要的是，在收集数据之前必须先征得用户同意，然后才能收集他们的数据。例如，从访问网站收集 Cookie 和 IP 地址等数据。此外，任何遭受数据泄露的公司都必须在 72 小时内通知消费者及其监管机构。

在撰写本书时，美国没有关于数据隐私的全国性法律，但一些州已经颁布了法案，例如，纽约的 SHIELD 法案、弗吉尼亚的消费者数据保护法案（CDPA)、加利福尼亚的消费者隐私法案（CCPA）和加州隐私权法案（CPRA)。加利福尼亚州的法案与 GDPR 类似，具有删除和更正数据的权利，并且要求在收集数据时通知消费者。

其他特定领域的美国国家相关法律，包括：

- 健康保险流通与会计法（HIPAA);
- 儿童在线隐私保护法（COPPA);
- Graham Leach Bliley 法案（GLBA);
- 公平信用报告法（FCRA)。

很多人都听说过 HIPAA，它用于管理医疗记录数据的使用。COPPA 为在美国处理 13 岁以下儿童的数据使用制定了规则，例如，保护数据隐私和需要获得孩子父母的同意。GLBA 和 FCRA 与消费者的财务数据隐私有关。

全球还颁布了许多数据隐私法规，但其中大多数有一些共同点：它们主要针对互联网数据收集（例如，cookie，以及来自网站和手机应用程序的跟踪数据)，数据隐私法规适用于管辖区域的公民，并以罚款的方式执行。例如，当公司收集加州公民的数据时，应遵循加州隐私法。确定这一点的一种方法是使用 IP 位置跟踪软件，尽管这并不是万无一失的（例如，如果加利福尼亚居民旅行)。其中一些法规，如加州隐私法案，仅适用于一定规模以上的企业。在处理个人数据时，最好熟悉客户所在地区的数据隐私法，这样公司就不会被罚款，并确保遵循最佳实践。2019 年，Google 和 YouTube 因违反 COPPA 法律而被处以创纪录的 1.7 亿美元罚款。根据公司的规模和问题的大小，罚款金额可能很多。

在收集有关人员的数据时，一些法规要求当事人知情同意。例如，一些联邦机构的法规要求获得被研究人员的知情同意（如药物研究）。征录被研究人员同意时有一些指导方针，如概述研究对受试者的风险和潜在收益。

此外，在美国，组织应该有一个机构审查委员会（IRB）来审查和批准关于人类受试者的研究及研究的知情同意计划。这对于将要公开的数据和知识是必需的，但如果数据将在私人组织内严格保密，则不是必需的。与数据隐私法类似，知情同意法和研究法因国家而异，但总体思路相同。

k-anonymity、l-diversity 和 t-closeness

有一些方法可以保护数据隐私，尤其是当人们要发布数据或与他人共享数据时。例如，可能需要将数据发送到 Amazon Mechanical Turk 之类的服务以进行数据标记，并且不希望数据泄露。保护隐私的第一个方法是 k-anonymity，它于 1998 年首次被引入。这表示如果人们至少有 *k* 个具有相同准标识符（QI）元组的记录，那么就满足 k-anonymity（其中，*k* 是一个正整数）。QI 是半匿名的 PII。例如，年龄和邮政编码可以通过将年龄转换为范围，并删除邮政编码的最后几位来制作准标识符元组。

我们可以通过下面的例子来了解本章 GitHub 存储库中的简单数据集。这是一个模拟数据集，其中包含个人的 HIV 检测结果。首先加载并检查数据：

```
import pandas as pd
df = pd.read_excel('data/HIV_results.xlsx')
```

HIV 检测结果数据如图 20-1 所示。

我们可以看到 PII（Personally Identifiable Information）有 3 个字段：姓名、年龄和邮政编码。数据集内有一列表示 HIV 检测结果，这是敏感列。如果要发布或共享此数据，则敏感列就是不希望被任何人得到的隐私列。

匿名化过程首先删除无法匿名的 PII（对汇总统计数据没有用），例如，删除姓名和社会安全号码。

```
df.drop('Name', axis=1, inplace=True)
```

	Name	Age	Zipcode	HIV diagnosis
0	John	24	80401	Positive
1	Bill	27	81033	Negative
2	Sarah	33	80402	Positive
3	Jimmy	31	80221	Negative
4	Martha	44	81034	Negative
5	Sam	47	80211	Negative

图 20-1　HIV 检测结果数据集

接下来，可以通过抑制或泛化来转换其他 PII。我们将年龄分组，这就是泛化技术：

```
df.loc[(df['Age'] >= 20) & (df['Age'] < 30), 'Age'] = 20
df.loc[(df['Age'] >= 30) & (df['Age'] < 40), 'Age'] = 30
df.loc[(df['Age'] >= 40) & (df['Age'] < 50), 'Age'] = 40
df['Age'] = df['Age'].apply(lambda x: str(x) + 's')
```

在这里，将年龄四舍五入（例如，将 20 多岁的任何年龄替换为 20），然后将其转换为字符串并在末尾添加“s”。接下来，对邮政编码使用抑制，如用星号替换一些值：

```
df['Zipcode'] = df['Zipcode'].apply(lambda x: str(x)[:3] + '**')
```

处理后的数据，如图 20-2 所示：

	Age	Zipcode	HIV diagnosis
0	20s	804**	Positive
1	20s	810**	Negative
2	30s	804**	Positive
3	30s	802**	Negative
4	40s	810**	Negative
5	40s	802**	Negative

图 20-2　经过泛化和抑制的 HIV 检测结果数据集

k-anonymity 过程将数据分成几组，称为等价类。为它们设置标签并打印出来：

```
df['equiv_class'] = [0, 1, 0, 2, 1, 2]
df.sort_values(by='equiv_class')
```

得到的等价类信息如图 20-3 所示：

	Age	Zipcode	HIV diagnosis	equiv_class
0	20s	804**	Positive	0
2	30s	804**	Positive	0
1	20s	810**	Negative	1
4	40s	810**	Negative	1
3	30s	802**	Negative	2
5	40s	802**	Negative	2

图 20-3 HIV 结果数据集经过泛化和抑制及等价类处理后的结果（数据为 2-anonymous）

如果看到每个等价类中有两个人，那么数据是 2-anonymous。尽管有一些方法可以尝试估计 k-anonymity 的理想 *k* 值，但没有确切的方法能够确定 *k* 值，例如 k-Optimize。应该注意的是，k-anonymity 不适用于高维数据集。

可以看到，由于数据集还存在一些问题，敏感信息可能会被泄露。例如，如果已知 John 20 多岁，邮政编码为 80401，人们还是可以从发布的数据中推断出 John 感染了 HIV。这称为同质性攻击，其中敏感类中的标签是相同的。由于等价类 0 中的两个人都是 HIV 阳性，因此这是可能的。还可以使用背景知识攻击来推断数据集中某人的身份。例如，如果知道在某个区号（可能来自人口普查数据）中只有几个特定年龄组的人，就可以通过这种方式推断出某人的身份。

k-anonymity 方法是本章讨论的最古老的隐私处理方法，正如所展示的那样，它存在一些问题。一种更先进的方法是 l-diversity，它旨在确保敏感类至少以 1 的因子多样化。1 这个因子可以是唯一类标签的计数。在上面的示例中，有 1-diversity，因为类标签在每个等价类中是同质的。如果我们的每个等价类至少有 1 个阳性和 1 个阴性 HIV 结果，那么将有 2-diversity。可以用更高级的数学方法来衡量 l-diversity，而不是简单地计算独特的类数量。但是，这仍然可能存在隐私问题。例如，从数据中学习敏感类的分布，可以推断出某人可能拥有敏感类标签的概率。

对 l-diversity 的进一步改进是 t-closeness。该方法确保敏感类的每个等价类分布在整个表分布的 t 因子范围内。

可以用几种方法测量分布之间的距离，但最简单的是变分距离。这里只是取两个分布中唯一值的差。一种更先进的方法是 Kullback-Liebler（KL）距离，它使用熵和交叉熵计算。

人们可以通过下面链接找到有关 k-anonymity、l-diversity 和 t-closeness 的计算和更多示例的论文：https://www.cs.purdue.edu/homes/ninghui/papers/t_closeness_icde07.pdf。

遗憾的是，在撰写本书时，还没有一个全面的 Python 包可以将数据进行匿名化或测量 k-anonymity、l-diversity 和 t-closeness（pyARXaaS 也许可以，但它使用了非免费的 API）。有一个 R 包，sdcMicro 可以完成相关工作。可以使用 Python 中的 rpy2 包通过 Python 运行 R。在撰写本书时，有一个 Python 包处于早期开发阶段，它可以对 k-anonymity 进行一些基本的概括，称为 crowds(https://github.com/leo-mazz/crowds)。

差分隐私

另一种保护隐私的方法是差分隐私。这涉及对发布数据库进行查询，特别是统计查询，如平均值、总和及机器学习模型。其想法是，攻击者可以对公共数据库执行一系列查询，并利用这些查询来推断一个人的敏感信息。差分隐私在每次查询数据时都会给数据添加随机噪声，因此数据集中的每个人都具有大致相同的隐私量。隐私量可以通过参数 epsilon(ε)进行调整，降低该参数会增加隐私量。有一些用于差分隐私的 Python 包，如 IBM 的 ML 包（https://github.com/IBM/differialprivacy-library）和 Google 的差分隐私包 PyDP（https://github.com/OpenMined/PyDP）。

将数据科学用于公共利益

由于数据科学是一个强大的领域，而且数据科学家的薪水通常很高，因此通过将数据科学用于公共利益来回馈社区是一件好事。有几种方法可以做到这一点，它甚至可以用作探索数据科学的一种方式。例如，可以通过 DataKind（https://www.datakind.org/）和 Solve for Good （https://solveforgood.org/）等组织为非营利组织自愿提供我们的技能。

在美国和欧洲还有一些数据科学用于社会公益（DSSG）奖学金，这些奖学金通常是为期 3 个月的暑期项目，数据科学家在这些项目中从事有益于社区的工作，这包括斯坦福大学和卡内基梅隆大学等几所大学的课程。此外，Kaggle 和 DrivenData 等数据科学竞赛将有一些侧重于公共利益的竞赛。DrivenData 尤其专注于为公共利益而进行的数据科学工作。与这些研究基金或志愿者项目合作进行数据科学工作，是提升个人技能并为自己的简历增加光彩的好机会。如果在比赛中名列前茅（例如前 10 名），可以将其收录于作品集放入简历中。

其他道德考虑

上面我们已经讨论了许多与数据科学有关的伦理问题，但还有许多其他问题，包括一些常识性的道德规范需要注意，例如，不要窃取数据或故意做一些恶意的事情。另外，还有一些其他更微妙的问题。本节将着眼于以下几个方面：

- ML 系统的透明性；
- 为统计数据挑选信息；
- 利益冲突；
- 网页抓取；
- 服务条款；
- 人工智能的机器人权利。

当人们创建 ML 系统时，发布算法和支持工作可能符合也可能不符合社会的最佳利益。例如，警察发布使用的面部识别算法可能会使工作的透明度和开放性更高，但也可能会使犯罪分子能够躲避执法部门的调查。

另一个例子是 COMPAS 系统，这是美国法院用来确定某人是否有可能再次犯罪的系统。一方面，将软件公开可以让社区指出缺陷和偏见问题。另一方面，犯罪分子也可能利用该系统为自己谋取利益。总的来说，可以看到这些模型正在向更加开源的方向转变，因为在许多情况下，让机器学习和数据科学软件更加开源似乎可以得到更好的结果。

另一个问题是在计算统计数据时，如健康数据的汇总统计，我们可以丢弃某些数据，使统计数据更符合我们的预期。一般来说，我们在进行分析时要非常小心地丢弃数据，尤其是当它会显著改变结果时。

利益冲突与择优选择密切相关。例如，如果研究经费依赖于获得正面的结果，人们可能会试图修改数据以获得正面的结果，因为伪造或操纵数据而失去博士和教授职位的事例也很多（https://en.wikipedia.org/wiki/List_of_scientific_misconduct_incidents）。当然，人们也可以操纵数据，从而使数据适应想要讲述的特定故事。这可以是有意为之，甚至在清理和准备数据时使用特殊手段。仔细考虑清洗和准备步骤，并与他人协商，可以帮助我们避免问题。

本书第 7 章中介绍了一些网页抓取的道德规范。提醒一下，有关网页抓取的法律正在制定中，并且可能会不断完善。在撰写本书时，HiQ 与 LinkedIn 的最新法庭案件已被裁决，任何面向公众的数据都可以被抓取。然而，这在未来也可能会发生变化，因为它在 21 世纪初期曾经有所不同。在进行网页抓取时，应该注意不要过度增加正在访问的服务器负担，方法是遵守 API 限制，并且不要过快发送太多请求。

网站的服务条款（TOS）带来了另一个道德问题。许多网站和服务改变了它们的服务条款，这通常对消费者不利。虽然这是法律允许的，但仍然是不道德的。如果你是这些团体的成员或是决定修改服务条款的人，应该仔细考虑服务条款和更改的道德后果。tosdr.org 是一个有用的网站，可以快速评估许多网站的 TOS。

随着机器学习，尤其是强化学习变得更加先进，人们可能需要考虑机器人或人工智能拥有哪些权利和责任。一个重要且相关的例子是自动驾驶汽车，如果自动驾驶汽车杀死某人，谁应该承担责任？特斯拉的自动驾驶软件导致伤亡的事件时有发生，随着时间的推移和自动驾驶汽车的进一步发展且被更广泛地使用，这个问题将变得更加重要。

自动驾驶汽车与机器学习算法的使用方式，以及人们对它们的信任程度密切相关。例如，如果 ML 算法阻止某人获得贷款，但没有明确和标准化的方法来评估决策的公平性及 ML 算法是否合乎道德。了解这方面内容，可以阅读 Cathy O'Neil 的 *Weapons of Math Destruction*。

尽管机器学习已经关注了数据科学伦理中的许多方面，但进行数据科学过程的每个步骤仍然有人们应该注意的道德问题。

DrivenData 数据科学道德检查表（https://github.com/drivendataorg/deon#default-checklist）是一个很好的总结。它列出了从数据收集到模型部署的整个数据科学过程中应该注意的道德问题。

本章测试

使用本章的 GitHub 数据文件夹中的信用卡违约数据集，对数据进行泛化和抑制，使 k-anonymity 和 l-diversity 大于 1。敏感类为 LIMIT_BAL 列或每个人的信用限额。

本章小结

本章研究了数据科学家应该关注的许多道德和隐私问题。从意外泄露个人信息到当 ML 系统导致灾难性后果时谁来承担责任，这些都是问题的根源。首先讨论了 ML 算法是如何表现出偏见的，如性别和种族偏见。一些常见的例子是，警察使用的面部识别软件如何在警务工作中导致或增加种族偏见，以及语音识别软件通常对不属于训练数据集的人种不起作用。随后介绍了一些对抗这种偏见的方法，包括像 SMOTE 这样的采样技术，用 GANs 生成合成数据，或简单地收集更多的数据。

接下来，了解了通过将所谓的匿名数据集与公共数据（如人口普查数据）结合起来，隐私有可能会被窃取。我们还看到，全球各地制定了许多保护隐私的法律，以及如果为不同司法管辖区的公民提供服务，人们应该如何谨慎地遵守这些法律。

如果共享或发布数据，有一些方法可以保护数据集中的个人隐私。对于发布原始数据的情况，可以使用 k-anonymity、l-diversity 和 t-closeness 来降低攻击者在数据集内暴露人员的可能性。每个人都有一个敏感类别（或多个类别），如疾病诊断。这些匿名化方法将人们分成等价组，其中每个组具有相同的“准标识符”，如年龄范围和收入范围。组中的最小人数定义了我们的 k 值，而 l 的水平可以通过几种方式进行计算（最简单的是敏感类的唯一类标签的数量)。最后，t-closeness 保证敏感类的分布在整个数据表中处于敏感类总体分布的阈值 t 以内。

最后，总结了其他一些与数据科学相关的伦理问题，如作为数据科学家的责任，以及在数据科学工作中应该使用数据科学伦理清单。

通过对本书的学习，我们已经了解了很多关于数据科学的知识，但这并不是全部。数据科学是一个广泛的领域，有着很多可能。要成为一名严谨的数据科学家，应该紧跟最新的发展趋势，了解可用的工具，这将在本书的最后一章介绍。

第 21 章　数据科学的发展与未来

通过本书，人们了解了许多数据科学工具和技术。但是，作为一个新兴的、动态发展的领域，数据科学在不断地变化和发展。每周都有新的软件包和软件库发布，像 TensorFlow 这样的库每天都会更新，新的统计方法也一直在开发中。与数据科学保持同步与建立坚实的数据科学基础同样重要。本章将介绍如何紧跟数据科学发展的最新趋势，以及讨论那些在本书前面章节没有讨论过的主题，包括：

- 值得关注的博客、时事通讯、书籍和学术资源；
- 数据科学竞赛网站；
- 学习平台；
- 云服务；
- 其他值得关注的领域；
- 其他没有涉及的数据科学领域；
- 数据科学的未来。

在本章的最后，将讨论数据科学的未来，以及如何保持与时俱进，这将帮助人们看到数据科学的未来，并且做好准备。让我们先从一些与最新数据科学发展保持同步的资源开始学习。

博客、newsletter、书籍和学术资源

有大量网站可以让我们随时了解数据科学的最新动态，下面将介绍一些顶级资源。信息来源很多，尝试使用下面讨论的几种来源，直到找到你喜欢的来源，并坚持使用它们，

而不是试图一次查阅太多资源。

博客

数据科学博客发布各种各样的主题，从个人故事到数据科学教程。例如，人们可以通过阅读别人的建议和他们的故事来学习如何获得第一份数据科学工作。以下是一些值得关注的顶级的通用数据科学博客网站：

- towardsdatascience.com（TDS，由 medium.com 托管）；
- medium.com；
- r-bloggers.com；
- kdnuggets.com；
- analyticsvidhya.com/blog。

这些博客很不错，因为它们涵盖了数据科学各种主题，并包括关于 Python、R 语言、SQL 和其他数据科学工具的帖子（以及教程）。另一类博客是学习资源博客。以下学习平台也有博客：

- datacamp.com/community/blog；
- udacity.com/blog；
- blog.udemy.com/data-science/。

这些博客很好，但往往用于推广它们自己的平台。

还有一类是公司博客。正在开发的和前瞻的新技术有时会在公司博客首次公开宣布。这类博客有：

- ai.googleblog.com；
- deepmind.com/blog（谷歌所有）；
- aws.amazon.com/blogs/machine-learning；
- ai.facebook.com/blog。

像谷歌、Amazon、百度和 Azure 这样的顶级云服务提供商通常有多个博客。和学习平台一样，这些平台往往用于推广它们自己的服务。上面列出的 DeepMind 博客特别有趣，因为 DeepMind 是世界上发展强化学习的领导者之一，并已取得了骄人的成就，比如创造的人工智能在一场围棋比赛中击败了世界冠军。

一些学术机构也会有数据科学或相关的博客（如 Berkeley: https://bids.berkeley.edu/resources/blog-data-science-insights）。如人们所料，这些博客往往更注重学术，会比其他普通的博客更频繁地发布有关学习和教育的议题。

数据科学竞赛网站都有相关的博客，如 Kaggle(medium.com/kaggle-blog)和 DrivenData (DrivenData.co/blog.html)。这些博客通常包括对比赛获胜者的采访。

博客的数量比在这里提到的要多得多，而且随着时间的推移，肯定会出现更多新的博客。浏览上面列出的一些热门博客，或者搜索其他博客，并定期查看它们，这将为你的数据科学学习之旅带来诸多益处。

newsletter

一个比查看博客更容易了解最新情况的方法是定期资讯发邮件。就像有几十（甚至成百上千）个数据科学博客一样，现在也有一些数据科学和相关的 newsletter。笔者目前唯一订阅的 newsletter 是 deeplearning 的 The Batch。当然，还有很多其他好的 newsletter。例如，一篇 TDS 文章（https://towardsdatascience.com/13-essentialnewsletters-for-data-scientists-remastered-f422cb6ea0b0），列出了 13 个优秀的 newsletter。注册一个或几个数据科学 newsletter 会很有帮助，这样当我们查收电子邮件时，就可能得到最新的数据科学资讯信息。

书籍

众所周知，Packt 是一个很好的数据科学书籍来源，可以用来学习数据科学，并了解新的数据科学发展，人们可以在 https://www.packtpub.com/上找到相关书籍。当然，还有其他一些出版商也涉及数据科学。亚马逊的网上商店也是一个找书的好地方。我发现另一个有助于发现数据科学书籍的地方是 O'Reilly 的出版物网站 learning.oreilly.com，该网站拥有各种来源和出版商提供的书籍和其他资源。数据科学书籍很多，该网站提供了若干不错的书单。

特别是，以下这些免费的数据科学书籍可能对你的学习会有所帮助：https://www.learndatasci.com/free-data-science-books。特别值得注意的是《统计学习导论》（*Introduction to Statistical Learning*，ISLR）和《统计学习要素》（*the Elements Of Statistical Learning*，ESL），这两本书已经被许多数据科学教师（包括我自己）使用，它们介绍了机器学习技术和统计学背后的许多原理。ISLR 还用 R 语言提供了一些示例。

学术资源

通常，最尖端的研究都会先发表在学术期刊上。这些期刊包括《机器学习研究杂志》（*Journal of Machine Learning Research*, JMLR;jmlr.org）、NeurIPS（用于深度学习，nips.cc）等。arXiv(arxiv.org)是一个有大量数据科学和相关论文的地方，它允许作者在 arXiv 上“预印”论文，然后在学术期刊上正式发表。还有其他预印本数据库，如 HAL（HAL.archivesouvertes.fr），但 arXiv 似乎是数据科学和机器学习主题的首选。

学术期刊和 arXiv 的一个问题是它们的信噪比可能很低。可能有大量的出版物对以前的方法进行了微小的改进，也有一些论文引入了激进的新思想。处理这个问题的一种方法是使用聚合器。在我写这本书的时候，我用的方法是 Arxiv sanitypreserver(arxiv-sanity.com)，它允许人们根据最近 Arxiv 文章的流行程度和其他指标进行排序和过滤。通过这种方式，可以看到机器学习、数据科学和深度学习（例如，通过 top Hype 按钮）的最新趋势是什么。例如，我就获悉最受欢迎的文章往往在写作时更多地关注于深度学习。通过 Arxiv Sanity Preserver，我们可以创建一个账户，并通过推荐系统（基于机器学习的方法）了解推荐论文信息。

另一个可以用来涉足 arXiv 的网站是 paperswithcode.com。这收集了在 GitHub 或其他在线代码存储库上发布了相应代码的学术论文。通常这允许人们运行论文中的示例或使用论文中首次亮相的新工具。与没有代码的论文相比，这有一个很好的优势，因为将学术语言和复杂的数学转换为代码可能非常困难。

数据科学竞赛网站

数据科学竞赛网站也是一个获取如何解决数据科学问题的想法、了解最新发展及向他人学习的好地方。

最顶尖的数据科学竞赛网站是 Kaggle.com，但还有更多像 drivendata.com 这样的网站。这些竞赛的一个聚合器是 mlcontest.com。由于许多比赛都与机器学习有关，所以这个聚合器是 ML 特有的。然而，其他一些地方也会提供了数据科学和分析比赛，如 hackerrank.com/contests。

Kaggle 目前是它自己的平台，聚合了数据科学竞赛、数据集托管、课程和类似社交媒体的内容。只需在 Kaggle 上浏览新闻资源，就可以看到其他人正在使用的一些尖端数据科学和 ML 技术。它也可以是学习编码技巧的地方，尽管这也可能提供一些不好的示范。许多在 Kaggle 上编码的人不使用最佳实践，因此请注意不要盲目地复制其他人在那里所做的一切。

在线学习平台

利用在线学习平台是跟上时代、不断提高技能的好方法。Kaggle 和它提供的其他服务一样，也有一套免费课程。Kaggle 会不断添加课程。这些课程涵盖了 Python 编程的基础知识，以及神经网络工具和技术等更高级的主题。其他几个网站也可以用来学习数据科学，包括：

- DataCamp；
- Dataquest；
- Udacity；
- Udemy；
- 曼宁的 liveProject；
- Coursera；
- fast.ai。

当然，还有很多其他资源。但是，上面列出的这些都是通用的（fast.ai 除外），涵盖了各种主题，它们都有不同的传递内容的方法。DataCamp 和 Dataquest 也是类似的，它们的主要产品是将填空代码与书面指南和视频演示相结合。DataCamp 正在扩展到其他方法，如更开放的项目。Udacity 倾向于开设规模更大的课程和纳米级学位，将视频、小测验和编程项目结合起来。Udemy 是一个由很多人创建的不同课程的大杂烩——任何人都可以创建和发布自己的课程。Manning 提供 liveProjects，这是一个在数据科学和其他主题上有指导的开放项目。Coursera 更像是一门大学课程，有讲座和作业。fast.ai 也提供一个用于深度学习的 Python 包，并提供关于神经网络理论和应用的课程。

这些网站也有相应的博客，因此利用它们的博客和课程材料是学习更多数据科学工具和技术的好方法。

还有其他的学习平台和系统，比如训练营，这包括 Springboard、Galvanize 和 General Assembly。在大多数情况下，这是更复杂和昂贵的选择。然而，数据科学训练营也会有相应的博客和其他资源，用来学习更多的数据科学知识。更重要的是，这可以让人们进入一个网络，帮助人们找到数据科学或相关的工作。

云服务

正如在博客一节中讲到的，提供数据科学和机器学习服务的云提供商都提供关于数据科学的博客。观察云服务商为数据科学和 ML 提供的服务，可以很好地关注数据科学的发展方向。云提供商开发新产品，使数据科学和 ML 更容易操作，并将在可能的情况下推出更先进的工具。云提供商通常有相关会议、博客和其他资源来分享它们正在做的事情。例如，AWS 的“re:Invent”会议通常会在 YouTube 上发布，讨论即将推出的 AWS 产品和最新进展，包括数据科学产品。

其他值得关注的内容

我们还可以在其他地方了解最新的数据科学发展。这包括社交媒体网站，如 YouTube、

Twitter、Facebook、LinkedIn 和 Reddit。本书中也使用了 GitHub（书中的代码和数据都发布在那里）。GitHub、GitLab 和其他在线代码库也是了解数据科学领域正在开发的内容的好地方。

一些数据科学工具包也值得我们去了解，如 Anaconda 和 H2O 的博客。在全球大多数主要城市都有关于数据科学、ML 和更多相关主题的本地用户组（可以通过 meetup.com 找到）。加入本地用户组也是一个很好的社交方式，在那里也许你会找到心仪的工作。

保持与时俱进的策略

每个人都有自己紧跟潮流的策略，这取决于每个人的个性和生活状况。对我来说，我一直在教学和编写课程材料，我在写作这本书时已经担任了四年的教授。

这是跟上数据科学发展的一个好方法，创建教学材料（甚至像写 TDS 或其他博客文章）是保持与时俱进的好方法。

我还订阅了 deeplearning.ai 的 The Batch newsletter。如果时间允许的话，我也会浏览 Kaggle、Twitter 和 YouTube。通过我自己的项目和教学工作，我了解了数据科学的新发展。我偶尔会访问一些特定的博客，如谷歌的博客和 KDnuggets。学生和同事也会把新的资源发给我。我还经常使用谷歌新闻应用程序，它根据每个人的兴趣提供相关新闻报道。

其他没有在本书中涉及的内容

本书虽然介绍了数据科学基础和所需的许多工具，但无法涵盖所有内容。以下是本书未涉及的一些内容：

- 推荐系统；
- 网络与图分析；
- 机器学习的可解释性；
- 测试驱动开发（TDD）；

- 强化学习；
- 神经网络。

推荐系统在书中有提到，它用于向人们推荐产品、电影或文章等内容。它可以基于用户先前的偏好，或组合来自许多用户的数据做出推荐建议。Packt 出版了一本关于 Python 推荐系统的书，是由 Rounak Banik 编写的 *Hands-On Recommendation Systems with Python*。还有许多其他资源可用于学习推荐系统。创建和维护推荐系统是一项重要的工作，需要一个或几个人才能完成。

图分析包括网络，如社交媒体网络。人们可以从网络系统中生成特征，如节点之间的连接等。网络产生了令人印象深刻的可视化效果。图分析还可用于用户跟踪和身份验证安全等方面。同样，人们可以在很多地方了解有关图论和网络分析的更多信息，Packt 有一本关于该主题的书是 Edward L. Platt 编写的 *Network Science with Python and NetworkX Quick Start Guide*。机器学习的可解释性是数据科学的一个较新的研究领域，源于许多更高级的 ML 模型是“黑匣子”这一事实，这意味着人们不知道模型为什么要这样做。

例如，一个 ML 模型在处理特定的数据集时可能出现了严重错误，而且很难找出原因。对于人们看到的基于树的模型，如随机森林和梯度增强模型，理解模型的行为就变得复杂了。在复杂的神经网络模型中，这种情况变得更糟，因为该模型学习了数百万个参数。Packt 有几本关于这个主题的书，包括关于可解释机器学习和可解释人工智能的书。Christoph Molnar 的 *Interpretable Machine Learning* 是其中一本，涵盖了 SHAP 和 LIME 等主题。SHAP 和 LIME 是通过模型解释单个预测的方法，Python 中有一个包是 LIME。

数据科学工作的另一个方面是测试驱动开发（TDD）。这是一个软件开发过程，需要为编写的代码编写测试工具。想法是提高软件的可靠性，并确保在开发和修改代码库时不会对系统造成损害。对于读者来说，这可能是不必要的。有些人认为数据科学正在向软件工程方向发展，在这种情况下，TDD 将非常重要。但在其他情况下，数据科学正在远离软件工程（例如，使用云服务或其他 GUI）。

本书虽然简要地讨论了强化学习（RL），但并没有深入地讨论它。强化学习被用来创建一个代理，它可以在一个有特定目标的环境中操作，如一个试图在迷宫中导航的机器人。某些行为可以被设定为提供奖励，而其他行为则是损失。最基本的 RL 算法之一是 Q-learning，在撰写本书时，一些最先进的方法会使用神经网络，如深度 Q-learning。

神经网络（深度学习）也是一个本书没有涉及的领域，因为它本质上是一个完整的专业领域。正如在 arXiv 中看到的，大多数论文都与神经网络有关。虽然有些包使它们易于使用（如 fast.ai），但在创建神经网络时，有大量的注意事项和细节非常重要。对于处理复杂问题的高级从业者来说，选择使用神经网络有时是最好的解决方案，但最好先尝试一些简单的东西。关于神经网络和深度学习的知识有大量的资源可以学习，包括 Packt 和其他出版商出版的一些书籍。

数据科学的未来发展

虽然没有人能准确预测未来，但可以观察当前的趋势并据此推断未来。在本书中，我们已经了解了数据科学项目的生命周期和许多工具，并看到了一些趋势。下面首先看一下自动化工具的性能是如何提高的。

例如，使用 Python 的 pycaret 包来准备数据，并执行 AutoML。还有其他几个 AutoML 包，其中很多都是在最近几年才创建的。PyCaret 和其他 AutoML 包都执行一些自动数据清理和准备工作，如特征工程。在不久的将来，用于自动化数据清理和准备的工具也会快速增长。对一些人来说，这是很可怕的，人们会问自动化是否会取代数据科学家。答案是否定的，至少不会被完全取代。就像其他行业（如汽车制造）的自动化还没有完全取代工人一样，如果达到了数据科学可以接近或完全自动化的程度，那么这些 AutoML 和其他数据科学自动化工具是可以作为数据科学家学习和使用的另一种技能。学会使用最新和最好的工具，以及如何正确使用它们，在一段时间内依旧是有价值的。

与自动化密切相关的是云工具。主流的云提供商正在发布和改进它们的 AutoML 工具。其他与大数据和数据库相关的工具也在不断被完善。与最新的云工具保持同步是很重要的，因为它们提供了巨大的潜力和巨大的生产力提升。这些云工具和其他工具（如 PyCaret）也允许更大规模地自动化部署 ML 算法。过去配置几十或数百个配置和代码是一项令人痛苦的任务，现在这些繁重的工作只需几行代码或单击鼠标就可以完成。再次强调，云工具是数据科学家可以利用的工具，而不是什么可怕的东西。

另一个可持续发展的趋势是开源软件，如在本书中使用的 Python 包。甚至一些大公司也将一些顶级工具作为开源发布，如 Facebook 的 PyTorch 和其他 Python 包。作为数据科学家，如果有时间，可以为这些开源项目作贡献，这有助于公共利益。

随着时间的推移，物联网的扩展，数据会成倍增加，可能会看到数据科学在越来越多的领域得到应用。任何有数据的地方，都可以使用数据科学。随着数据的大量增加，可能会看到数据集市或数据市场的出现，可以购买或租用专有数据或模型。在 AWS 和谷歌的云数据存储解决方案中，我们已经能够看到这种趋势。在这些解决方案中，可以按访问某些数据的次数付费。还有一些用于机器学习的 API，可以根据自己的情况来使用和付费。这些都是很好的工具，人们可以随时掌握并学习如何使用它们。

未来，数据科学将继续分化为多个专业。在第 1 章“数据科学简介”中，我们讨论了数据科学相关领域和专业，但随着时间的推移，还会出现更多专业。目前，数据工程正在迅速发展，下一个专业可能是数据科学或应用于特定领域的机器学习，例如，医疗保健、金融和 Web 服务。

本章小结

正如本章所介绍的，有很多方法可以让人们了解数据科学的最新动态，例如，博客、数据科学竞赛网站、学术论文、社交媒体等。如果你打算从事数据科学和机器学习相关工作，跟踪它们的最新动态很重要，因为这是一个仍在快速发展的领域。新的算法和技术一直在涌现，这些技术由新的硬件和软件开发商提供支持。

至此，我们学习了这本书的全部内容。然而，你作为数据科学家的旅程才刚刚开始。还有很多东西需要学习，我们可以利用到目前为止学到的知识，用数据科学做一些有趣的事情！

反侵权盗版声明

举报电话：（010）88254396；（010）88258888

传　　真：（010）88254397

E-mail:　　dbqq@phei.com.cn

通信地址：北京市万寿路 173 信箱

　　　　　电子工业出版社总编办公室

邮　　编：100036